普通高等教育"十一五"系列教材

PUTONG GAODENG JIAOYU SHIYIWU XILIE JIAOCAI

JIANZHU ZHITU YU SHITU

建筑制图与识图

（第二版）

主　编　马光红　伍　培
副主编　朱再新　王洪强　刘文燕
编　写　贾　栗　王万力　周亚健　曾　宇
主　审　张志刚

中国电力出版社
CHINA ELECTRIC POWER PRESS

内 容 提 要

本书为普通高等教育"十一五"系列教材。全书共分九章，主要内容为投影基础、立体的投影、形体的表达、制图基础、建筑施工图、结构施工图、单层工业厂房施工图、建筑给水排水工程图和计算机绘制建筑图等内容。本书是在第一版教材的基础上，通过对相关章节内容进行修订编写而成的，内容精炼，重点突出，图文并茂，难易适当，具有较好的实用性。另外，为配合本书的使用，同时出版了《建筑制图与识图习题集（第二版）》。

本书主要作为高等院校房屋建筑工程、工程造价管理、建筑装饰技术、房地产企业管理专业的教材，也可作为函授和自考辅导用书或供相关专业人员学习参考。

图书在版编目（CIP）数据

建筑制图与识图/马光红，伍培主编．—2版．—北京：中国电力出版社，2008.8（2024.5重印）

普通高等教育"十一五"规划教材

ISBN 978-7-5083-7332-4

Ⅰ．建… Ⅱ．①马…②伍… Ⅲ．建筑制图－识图法－高等学校－教材 Ⅳ．TU204

中国版本图书馆 CIP 数据核字（2008）第 077580 号

中国电力出版社出版、发行

（北京市东城区北京站西街 19 号 100005 http://jc.cepp.com.cn）

北京九州迅驰传媒文化有限公司印刷

各地新华书店经售

*

2004 年 8 月第一版

2008 年 8 月第二版 2024 年 5 月北京第十八次印刷

787 毫米×1092 毫米 16 开本 21.25 印张 522 千字 6 插页

定价 **58.00** 元

前　言

　　为贯彻落实教育部《关于进一步加强高等学校本科教学工作的若干意见》和《教育部关于以就业为导向深化高等职业教育改革的若干意见》的精神，加强教材建设，确保教材质量，中国电力教育协会组织制订了普通高等教育"十一五"系列规划。该规划强调适应不同层次、不同类型院校，满足学科发展和人才培养的需求，坚持专业基础课教材与教学急需的专业教材并重、新编与修订相结合。本书为修订教材。

　　为了配合本专科土木工程、建筑工程管理、工程造价、房地产企业管理专业的学生制图教学工作，提高学生制图绘图能力，为其他专业课的学习奠定良好的制图基础，由中国电力出版社组织相关高校教师编写了《建筑制图与识图》一书。

　　本书是在中国电力出版社"十五"系列教材的基础上进行了全面的修订而形成的。在修订中，几乎对所有的章节进行了调整：第一章增加了投影变换的内容；对第五章、第六章、第九章进行了重新编写；第七章增加了识图方面的内容；其余的章节也进行了相应的调整。通过修订以后，新版教材在内容设置、结构安排、图形选用等方面有所更新，新版教材将会具有更好的教学实用性。

　　我们感谢本书自 2004 年第一版出版以来得到国内各高校制图教师的厚爱，感谢许多高校选用本书作为本专科学生的教材，这也是我们竭尽全力修订并不断完善本书的最大动力。

　　本书由马光红编写修订了第一章、第三章；马光红、周亚健编写了第四章；伍培编写了第二章、第八章；马光红、伍培、曾宇编写了第五章；马光红、伍培编写了第六章；贾栗、王万力、刘文燕、王洪强修订了第七章；朱再新编写了第九章；附录部分图样由伍培、曾宇绘制。全书由马光红统稿。本书由张志刚教授审稿，在此表示感谢。

　　由于编者水平有限，书中难免有缺点，欢迎批评指正，以便进一步修改。

编　者
2008.6

第一版前言

随着我国国民经济建设和社会的发展，对高等职业教育提出了新的要求，为了适应新形势的需要，培养具有丰富专业知识和专业技能的人才，根据教育部普通高等教育教材建设与改革的精神，由中国电力教育协会组织编写了高职高专系列教材，本书是系列教材之一。

本书包括投影基础、立体的投影、形体的表达、制图基础、建筑施工图、结构施工图、单层工业厂房施工图、建筑设备施工图、计算机绘图等九部分内容，本书在编写过程中，全面考虑高等职业教育的特点，力求取材恰当，内容精练，重点突出，图文并茂，深入浅出，并注重专业制图部分内容的设置，在注重基本理论知识的同时，加强对学生实践环节的培养。随着科学技术的迅速发展，特别是计算机应用技术的迅猛发展，计算机已经成为工程绘图的主要工具，因此，在本书的编写中，对计算机绘图方法进行了详细的讲解，以期通过本课程的学习，使学生熟练掌握计算机绘图的方法。

本书由马光红、李永存、李宪立共同编写了第一章投影基础、第三章形体的表达、第四章制图基础及附录部分；吴舒琛编写了第五章建筑施工图、第六章结构施工图；贾栗、王万力编写了第七章单层工业厂房施工图；伍培编写了第二章立体的表达、第八章建筑给水排水施工图；伍培、刘琦共同编写第九章计算机绘图。全书承蒙张志刚副教授审稿，在此表示衷心感谢。

由于编者水平有限，书中难免有缺点，甚至错误，热忱欢迎批评指正，以便进一步修改。

编　者

2004.1

目　　录

第一章 投 影 基 础

本章摘要：本章主要介绍了投影图的形成过程、投影图的分类；点、直线、平面的投影特性；点、直线、平面的相互位置关系以及如何根据它们的投影图来判别空间几何元素的相互关系等内容。

第一节 建筑制图与识图课程概述

一、概述

工程项目在施工过程中都必须具有设计图纸。工程图纸是按照一定的原理、规则和方法绘制而形成的。它能准确地表达出房屋建筑及构配件的形状、大小、材料组成、构造方法及有关施工技术要求等内容；工程图纸也是表达设计意图、交流技术思想、研究设计方案、审批建设项目、指导和组织施工、对工程进行质量检查和验收、编制工程概预算和决算、确定工程造价的重要依据。因此，工程图纸被形象地比喻为"工程技术界的语言"。

我国是世界上的文明古国之一，人民在长期的土木工程建设中，不断总结工程建设经验，取得了辉煌的历史成绩。同时在识图理论和制图方法的领域里，也有许多丰富的经验和辉煌的成就。早在三千多年前，我国劳动人民就发明使用了"规、矩、绳、墨、水"等制图工具。宋代李诚所著的《营造法式》是我国历史上集建筑技术、艺术和制图为一体的一部著名的建筑典籍，也是世界上较早刊印的建筑图书。全书一共三十六卷，书中大量的建筑图样的绘制原理和表示方法，与现代土木建筑制图中所用的颇为相近。这充分说明我国人民在很久以前就认识并建立了制图理论。

随着科学技术的迅猛发展，一些制图工具和制图仪器在不断改革，计算机绘图在工程项目设计中被广泛应用，利用计算机可以进行复杂的力学计算，可以绘制各种工程图样，计算机在工程领域的应用为快速、准确的绘制工程图纸提供了支撑平台。

二、本课程的地位、性质和任务

本课程是土木建筑类专业的一门必修的专业基础课。它包括投影的基本知识、基本原理以及绘制土木工程图样的理论和方法。本课程的主要任务是：

（1）学习正投影的基本理论及其应用。

（2）培养学生具有一定的三维空间的逻辑思维和形象思维能力。

（3）培养学生能够阅读建筑工程图样的能力。

（4）培养学生能够利用计算机绘制工程项目施工图纸的能力。

三、本课程的主要内容

建筑制图与识图是一门专业技术基础课。它主要包括以下四个方面的内容：

（1）制图的基本知识：主要包括制图工具及用品的使用及维护、国家建筑制图标准的有关内容和制图步骤、基本的作图方法等。

（2）工程制图的理论基础：主要包括投影的基本原理，正投影和轴测投影的形成和绘制等。

（3）专业制图：本部分内容主要包括房屋建筑工程图和给水排水施工图。主要介绍建筑工程和给排水施工图的形成、图示内容、绘制方法等内容。

（4）计算机绘图：计算机绘图是适应现代化建设的新技术，计算机已成为绘图的主要工具，在本课程中主要利用相关的计算机软件介绍工程图样的绘制方法。

四、本课程的学习方法

（1）本课程是一门实践性较强的课程，在教学中应加强实践性教学环节，在授课时应要求学生完成一定数量的习题和作业，包括上机操作的习题。通过习题和作业将会提高学生的空间逻辑思维和形象思维能力、绘图和读图能力，并熟悉基本的有关专业知识，为专业课的进一步学习奠定基础。

（2）学习投影原理，应该在理解几何形体的投影特性的基础上，通过逻辑思维和形象思维解决图示空间几何形体和图解空间几何形体的步骤，并循序完成形体的投影图。

（3）制图基础部分，应该使学生掌握国家建筑制图标准、基本制图工具的应用，并在绘制专业施工图时，学会利用相应的制图标准。

（4）专业制图应根据所学过的初步的专业知识，运用制图标准、投影原理读懂教材和习题集上的主要图样，并能够绘制一些简单的专业施工图纸。

（5）在学习计算机绘图时，应注重上机操作的练习，熟悉常用的绘图软件的使用，为今后利用计算机绘制专业施工图奠定基础。

第二节 投影的基本知识

一、投影的概念

在日常生活中，通过观察可以看到物体在阳光或者在灯光的照射下，会在墙面或者地面产生影子，人们从这种现象中受到启示，创造了投射线通过物体，向选定的平面投射，并在该平面上得到图形的方法，这种方法称为投影法。根据投影法所得到的图形，称为投影或者投影图。在投影图中，形成投影的平面称为投影面。

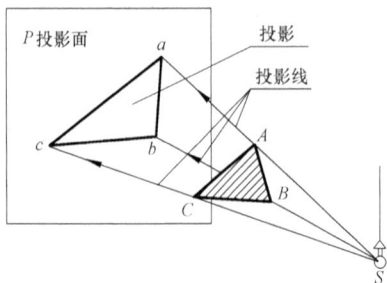

图 1-1 中，用汇交于一点 S 的诸投射线将三角形 ABC 向投影平面 P 投射，在投影面 P 上得到一个投影图 abc，即三角形 ABC 的投影，在图 1-1 中，S 称为投影中心，SA、SB、SC 称为投影线，投影线与投影平面 P 的交点为 a、b、c，a、b、c 即为 A、B、C 在投影面 P 上的投影。在投影中，习惯上用大写字母表示空间的几何元素，用小写的字母表示它们的投影。

图 1-1 中心投影法

二、投影的分类

在投影形成过程中，由于投影线、投影物体、投影面之间的相互位置不同，所形成投影的特性有所差异。根据投影线性质不同，将投影分为中心投影和平行投影两类。平行投影又分为斜投影和正投影两种。

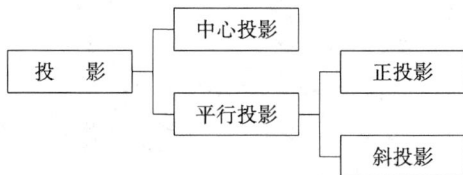

中心投影：投影线集中于投影中心时所形成的投影。如图1-1所示，投射线 SA、SB、SC 都汇交于一点 S，在投影平面上形成投影 abc，这种投影的方法称为中心投影法，根据中心投影法产生的投影称为中心投影。

平行投影：投影线相互平行时产生的投影，称为平行投影。如图1-2所示，用相互平行的投射线将三角形 ABC 向投射平面投射，在投影面 P 上得到图形 abc，即为三角形 ABC 的投影。图中所示的投射线相互平行的投影法，称为平行投影法，由平行投影法得到的投影称为平行投影。在平行投影中，如果投影线与投影平面垂直，所得到的投影称为正投影，见图1-3；如果投射线与投影平面相倾斜，所得到的投影称为斜投影，见图1-4。

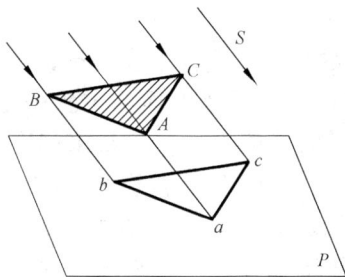

图1-2　平行投影法　　　　　图1-3　正投影法　　　　　图1-4　斜投影法

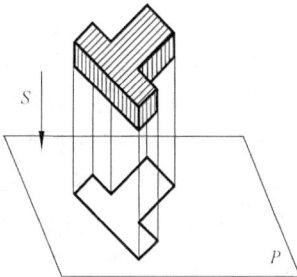

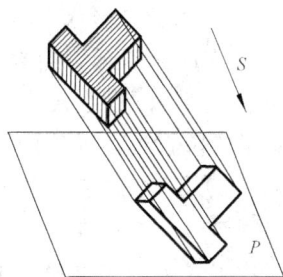

三、建筑工程常用的投影图

建筑工程常用的投影图有正投影图、轴测投影图、透视投影图。正投影图有单面投影图、双面投影图、多面投影图几种。双面投影图是物体在两个相互垂直的投影面上的正投影；多面投影图是物体在三个或者三个以上相互垂直的投影面上的投影。图1-5为两步台阶的三面投影图，它由台阶分别向正立的、水平的和侧立的三个相互垂直的投影面所作的正投影组成。由于多面正投影图能够反映建筑实体的实际尺寸，绘图方便，因此是建筑工程中最主要的图样。在本书中也是以多面正投影图为主要内容进行论述。

轴测投影图是将物体连同其参考直角坐标系，沿不平行于任一坐标平面的方向，用平行投影法将物体投射在某一投影面上所得到的投影图。图1-6是两步台阶的轴测图。轴测投影具有立体感较强的特点，在建筑工程中经常用来绘制给水排水、采暖通风等方面的管道系统图。

透视投影图是利用中心投影法所得到的图形。透视投影图具有非常强的立体感、形象逼真，例如常见的照片、幻灯片等。在建筑工程中，通过透视投影图，人们可以知道新建建筑物的真实形状和立体形象。图1-7为两步台阶的透视图。

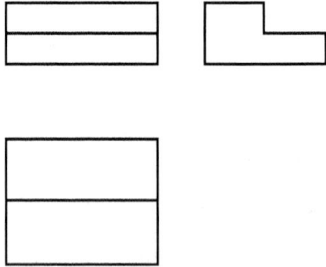

图 1-5　台阶三面正投影图　　　　图 1-6　轴测投影图　　　　图 1-7　透视投影图

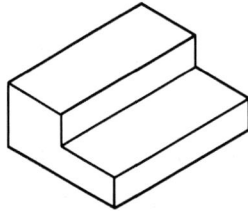

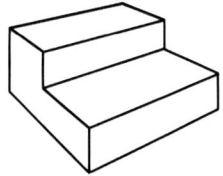

第三节　点　的　投　影

点、直线、平面是组成几何体的最基本的元素，研究建筑实体的投影，首先应研究点、直线、平面的投影特性。

一、点的三面投影

（一）三面投影体系的建立

如图 1-8 所示，由空间一点 A 作垂直于水平投影面 H 的投影线，投影线与投影平面相交于一点 a，即为 A 点在 H 面上形成的投影。如果空间点 A、投影平面的位置一定，则 a 点的位置也是唯一确定的。但是，当 A 点的投影 a 一定时，能否根据投影来确定空间点 A 的位置呢？如图 1-9 所示，由点 A 的投影 a 作垂直于投影面 H 的投影线，在投影线上的所有的点，如 A_1、A_2、A_3、A_4 等，他们在 H 面上的投影均是 a。由本例可知，由点的一个投影不能准确地确定该点的实际位置，因此，在建筑工程中，经常用多面投影来表达物体。

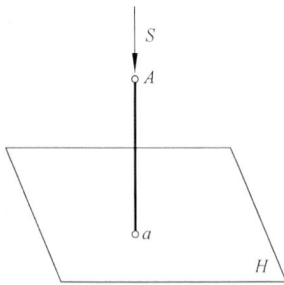

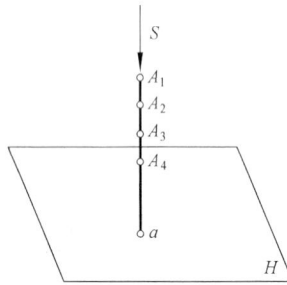

图 1-8　点的单面投影　　　　图 1-9　点的单面投影与其空间
位置不能出现一一对应关系

如图 1-10 所示，可以设置两个相互垂直的投影面，水平投影面 H 和正立铅直的投影面 V，习惯上称为水平面和正立面。两个投影面的交线称为投影轴，投影面 H 和 V 的交线用 OX 轴表示，这样，就建立了两面投影体系，简称两面体系。将 A 点放置于两面投影体系中，如图 1-11 所示，经过 A 点分别向水平面 H 和正立面 V 做投影线，投影线与 H 面和 V 面相交得到 A 点的水平投影 a 和正面投影 a'。在建筑制图中，空间几何元素用大写的字母表示，而用与大写字母相同的小写字母表示点在水平面上的投影，用小写字母加一撇表示该点在正立面上的投影。下面来分析能否根据点的 H 面和 V 面投影来确定点的空间位置,如图 1-12 所示,由 a 作垂直于 H 面的投影线,由 a' 作垂直于 V 面的投影线,两条投影线相交,交点就是 A 点的位置,因此,根据点的两面投影能够确定点的空间位置。

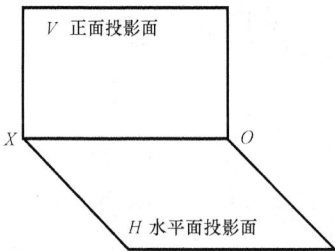

图 1-10 两面投影体系

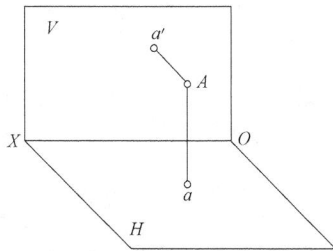

图 1-11 点的两面投影

在建筑工程中,建筑物及其内部的构件形状都较为复杂,采用两面投影时往往不能确定其形状,因此,可以再设置与水平面 H、正立面 V 都垂直的侧立投影面 W,如图 1-13 所示,侧立面 W 与 H 面和 V 面的交线分别是投影轴 OY、OZ,于是就建立了三面投影体系,简称三面体系。在三面投影体系中,三个投影面、三条投影轴都是相互垂直的,三条投影轴 OX、OY、OZ 交与一点,称为原点 O,OX 轴向左,OY 轴向前,OZ 轴向上。

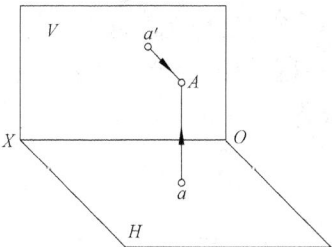

图 1-12 由点的两面
投影确定点的位置

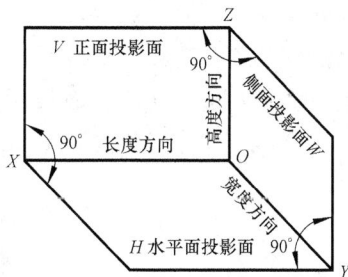

图 1-13 三面投影体系

（二）点的三面投影的形成

如图 1-14 所示,将空间一点 A 置于三面投影体系中,分别作垂直于 H 面、V 面、W 面的投影线,分别得到 A 点的水平面投影 a、正面投影 a'、侧面投影 a'',点的侧面投影用与该点的大写字母相同的小写字母加两撇表示。过 A 点的投射线两两相交,形成了与 W、V、H 面平行的平面,过 a、a'、a'' 分别作 OX、OY、OZ 的垂线,与投影轴 OX、OY、OZ 分别交于 a_x、a_y、a_z 点。

在三面投影体系中,将 A 点和投影线移去,V 面保持不变,沿着 OY 轴将 H 面和 W 面分开,H 面沿着 OX 轴向下旋转 $90°$,W 面沿着 OZ 轴向右旋转 $90°$,H 面、W 面与 V 面成为一个平面,这样三面投影体系就被展开,如图 1-15 所示。随着 H 面旋转的 OY 轴及其上的点 a_y,用 OY_H 和 a_{yH} 表示,随着 W 面旋转的 OY 轴及其上的点 a_y,用 OY_W 和 a_{yW} 表示。

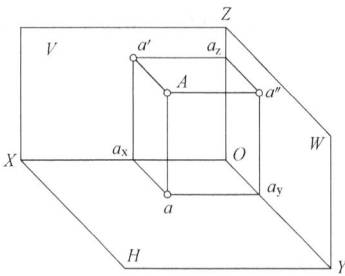

图 1-14　点的三面投影

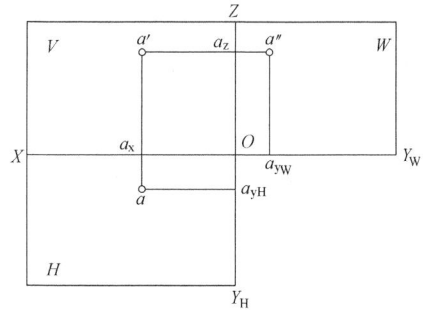

图 1-15　点的三面投影图的展开

由于投影平面可以是无限延展的，因此，在展开后的投影图中可以不必绘制投影平面的边框，也可以不必注明投影平面的名称，甚至把 a_x、a_{yH}、a_{yW}、a_z 等省略掉，如图 1-16 所示。

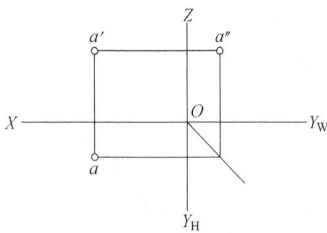

图 1-16　点的三面投影图

二、点的坐标

三面投影体系可以看作一个空间直角坐标体系，投影面 H、V、W 便是坐标体系中的三个坐标平面，OX、OY、OZ 便是直角坐标体系中的坐标轴，O 点为坐标原点，如图 1-17 所示。以相同的尺寸单位量取 Oa_x、Oa_y、Oa_z 的长度，可以得到点 A 的 x 坐标 x_A、y 坐标 y_A、z 坐标 z_A，由点的三个坐标 x_A、y_A、z_A 分别在坐标轴 OX、OY、OZ 上量取得到相应的点 a_x、a_y、a_z，再由点 a_x、a_y、a_z 分别作坐标面 YOZ、ZOX、XOY 的平行面，这三个平行面相交得到一个交点，交点就是点 A 的空间位置。所以，点在三面投影体系中可以用它的三个坐标来表示，A 可以写成 $A(x_A, y_A, z_A)$，A 点的三个投影 a、a'、a'' 的坐标为 $a(x_A, y_A, 0)$，$a'(x_A, 0, z_A)$，$a''(0, y_A, z_A)$。

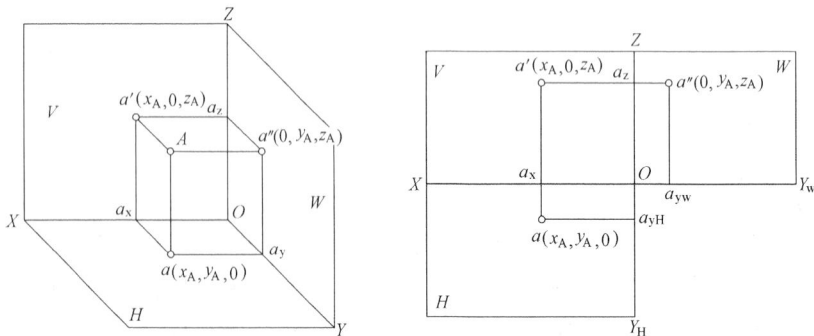

图 1-17　点的坐标和投影特性

三、点的投影特性

从图 1-17 中可以看出，过空间 A 点的两条投影线 Aa 和 Aa' 所决定的平面，与 V 面和 H 面同时垂直相交，交线分别是 aa_x 和 $a'a_x$，因此，OX 轴必然垂直于平面 Aaa_xa'，也就垂直于 aa_x 和 $a'a_x$。而 aa_x 和 $a'a_x$ 是相互垂直的两条直线，当 H 面绕着 X 轴旋转至与 V 面成为同一平面时，aa_x 和 $a'a_x$ 就成为一条垂直于 OX 轴的直线，即 $aa' \perp OX$ 轴。同理，

$a'a'' \perp OZ$ 轴，a_y 在投影平面展平以后，被分为 a_{yH}、a_{yW} 两个点，所以 $aa_{yH} \perp OY_H$，$a''a_{yW} \perp OY_W$，即 $aa_x = a''a_z$。

通过上面的分析，可以得出点的投影规律：

（1）正面投影和水平面投影的连线必定垂直于 X 轴，即

$$aa' \perp OX \text{ 轴}$$

（2）正面投影和侧面投影的连线必定垂直于 Z 轴，即

$$a'a'' \perp OZ \text{ 轴}$$

（3）水平投影到 X 轴的距离等于侧面投影到 Z 轴的距离，即

$$aa_x = a''a_z$$

从图 1-17 中还可以看出，$Aa = a'a_x = a''a_y$，其中 Aa 是空间点 A 到 H 面的距离；$Aa' = aa_x = a''a_z$，其中 Aa' 是空间点 A 到 V 面的距离；$Aa'' = a'a_z = aa_y$，其中，Aa'' 是空间点 A 到 W 面的距离。因此，可以得到，点的三个投影到各投影面的距离，分别代表空间点到相应的投影面的距离。

【例 1-1】　已知点 A 的坐标 A（18，10，15），求作点的三面投影图。

解　点 A 的坐标（18，10，15），则点 A 三投影面上的投影 a、a'、a'' 的坐标分别为 a（18，10，0），a'（18，0，15），a''（0，10，15）。

（1）画展平后的坐标轴 X、Y、Z 及坐标原点 O。

（2）在 X 轴上量取 $Oa_x = 18$，在 Y_H，Y_W 轴上量取 $Oa_{yH} = Oa_{yW} = 10$，在 Z 轴上量取 $Oa_z = 15$。

（3）过 a_x 作 OX 轴的垂线，过 a_{yH}、a_{yW} 作 OY_H，OY_W 轴垂线，过 a_z 作 OZ 轴的垂线。所作的垂线两两相交，得到三个交点 a、a'、a''，即为空间 A 点在三投影面上的投影。

作图过程见图 1-18。

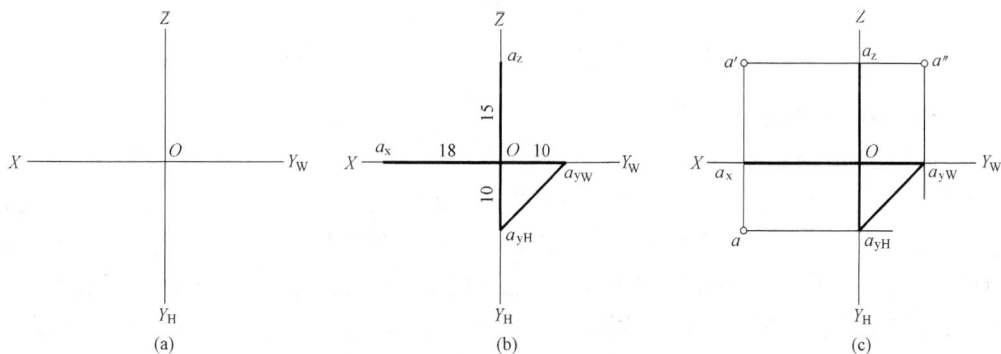

图 1-18　由点的坐标确定点的三面投影的位置

【例 1-2】　已知点 B 的 H 面、W 面投影 b、b''，求作点 B 的 V 面投影 b'。

解　根据点的三面投影规律，即正面投影和水平面投影的连线必定垂直于 X 轴，正面投影和侧面投影的连线必定垂直于 Z 轴，水平投影到 X 轴的距离等于侧面投影到 Z 轴的距离，过 b 点、b'' 点分别作 OX 轴、OZ 轴的垂线，两条垂线相交，交点就是 b' 点。

作图过程如图 1-19 所示。

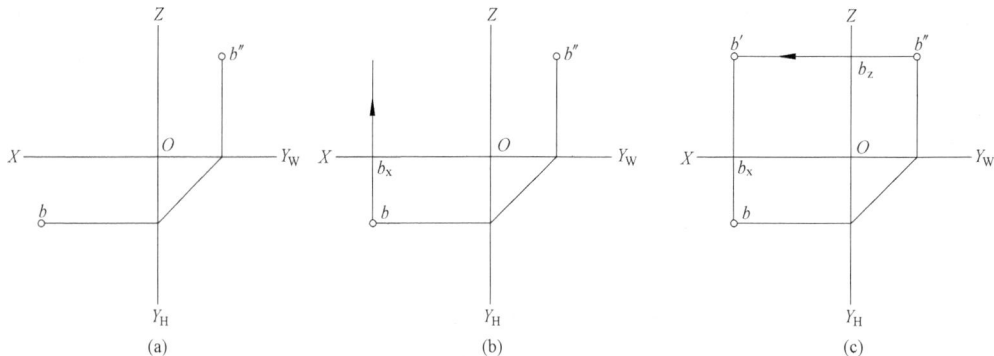

图 1-19　由点的 H、W 面投影求其 V 面投影

【例 1-3】　已知点 C 的 H、V 面投影 c、c'，求点的 W 面投影 c''。

解　见图 1-20，过 c 点作 OY_H 垂线，与 OY_H 相交于 c_{yH}，过 c_{yH} 作 45°斜线，与 OY_W 相交于 c_{yW}。过 c' 点作 OZ 轴的垂线，与 OZ 轴相交于 c_z，所作的 OY_W 的垂线与 OZ 轴的垂线相交，得到交点，则交点就是 C 点在 W 面上的投影 c''。

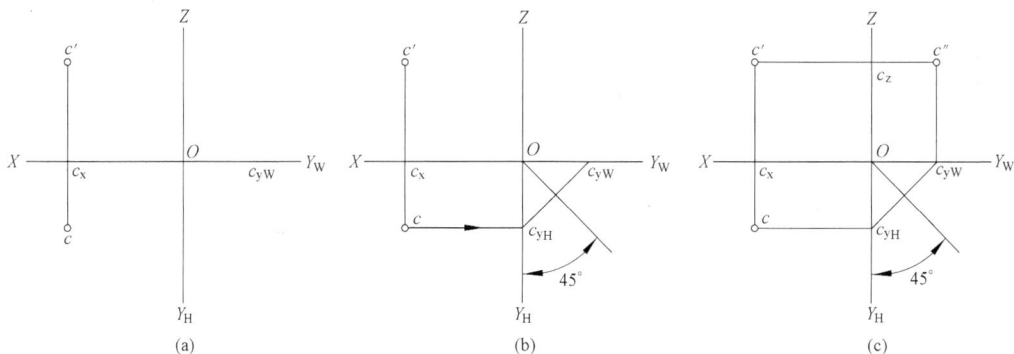

图 1-20　由点的 H、V 面投影求其 W 面投影

四、两点的相对位置

（一）两点的相对位置

如图 1-21 所示，空间有长、宽、高三个方向的向度，投影轴 OX、OY、OZ 分别表示向左的长度方向、向前的宽度方向、向上的高度方向，在其中的某一投影面上，只能反映两个方向的向度，水平面 H 反映左右方向的长度和前后方向的宽度，正立面 V 只能反映左右方向的长度和上下方向的高度，侧立面 W 只能反映前后方向的宽度和上下方向的高度。

在展开以后的投影图上，XOY_H、XOZ、Y_WOZ 分别表示水平面 H、正立面 V、侧立面 W，在投影面的展平过程中，正立面 V 保持不变，所以在正立面上反映左右方向的长度和上下方向的高度与展平以前的情况相符。由于水平面 H 绕着 OX 向下旋转 90°，所以在水平面上反映左右方向的长度与实际相符，而前后方向的宽度，在展平以后与 OY_H 平行，沿着 Y_H 向下，实际上反映向前。由于侧立面 W 绕着 OZ 轴向右旋转 90°，这样在 W 面投影图上，反映上下方向的高度与实际情况相符，而前后方向的宽度，在投影图中成为平行于 OY_W 方向，沿着 OY_W 轴向右，实际上反映向前。

在三面投影图中，可以用两个点对三个投影面的距离差，确定两点的相对位置，如图

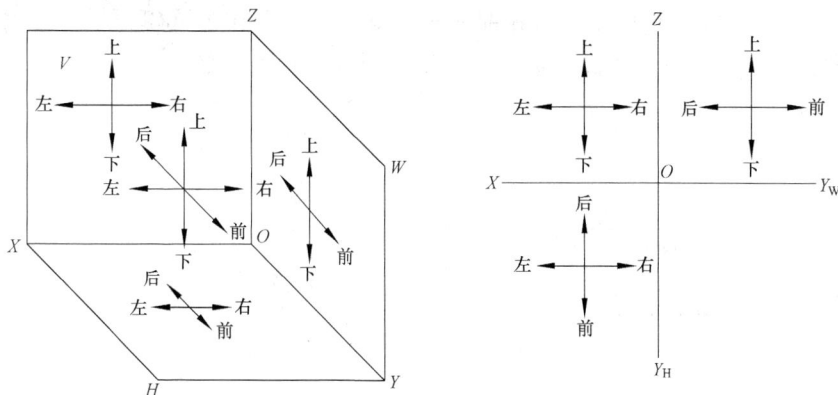

图 1-21　在三面投影图中所反映的三个向度

1-22所示，在投影图中，由 A、B 两点的水平投影 a、b 可知，a 离 V 面的距离大于 b 离 V 面的距离，a 离 W 面的距离大于 b 离 W 面的距离，因此，根据 A、B 两点的水平面投影，可以确定 A 点在 B 点的前侧、左侧；根据 A、B 两点的 V 面投影可知，a' 离 H 面的距离大于 b' 离 H 面的距离，因此，根据 V 面投影，可以确定 A 点在 B 点的上方。同样，可以根据点的 W 面投影判别空间两点上下、前后的关系。

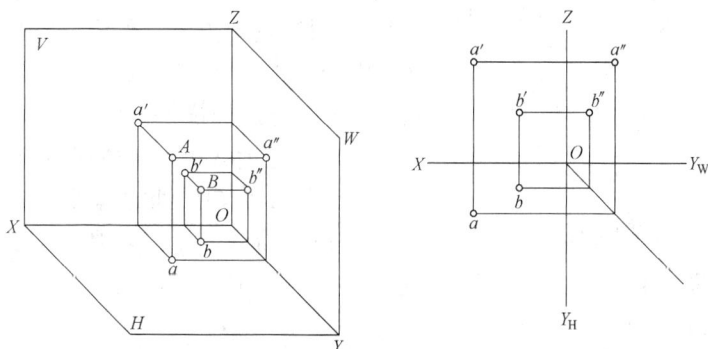

图 1-22　两点的相对位置

（二）重影点及其可见性

如果有两点位于某一投影面的同一条投射线上，则这两个点在该投影面上的投影是重合的，这两个点被称为该投影面的重影点。如果有一点正好位于另一点的正上方，则这两个点在 H 面上的投影重合，这两点是 H 面的重影点；如果有一点正好位于另一点的正前方，这两点在 V 面上的投影重合，这两点即是 V 面的重影点；同样，如果有一点正好位于另一点的正左侧，这两点在 W 面上的投影是重合的，这两点是 W 面的重影点。这三对点的投影特性是，上面的点把下面的点给遮挡住，前面的点把后面的点遮挡住，左侧的点把右侧的点遮挡住，为了在重影的投影图上区别可见的点和不可见的点，在重影点的投影重合部位，我们把不可见点的投影添加一括号。如图 1-23 所示，根据 H 面投影，可知 A 点在 C 点的正前方，这两点正好位于垂直于 V 面的同一条投影线上，它们在 V 面上的投影是重合的，因此，A、C 两点是 V 面的重影点，A 点的 V 面投影是可见的，C 点的 V 面投影是不可见的，因此用 (c') 表示。同样对 A、D 两点，位于 W 面的同一条垂直的投射线上，A 点在左侧，D

点在右侧，A、D 两点在 W 面上的投影是重合的，A、D 是 W 面的重影点，其中，A 点的侧面投影是可见的，D 点的 W 面投影是不可见，用（d''）表示。

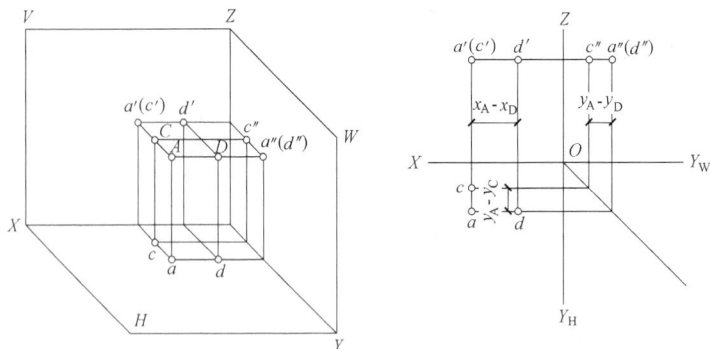

图 1-23　重影点的投影图

【例 1-4】　已知 A 点的投影，B 点在 A 点的正下方 5mm 处，C 点在 A 点正后方 10mm 处，D 点在 A 点正右侧 8mm 处，求作 B、C、D 点的投影。如图 1-24 所示。

解　由于 B 点在 A 点的正下方，因此，B 点和 A 点位于同一条垂直于 H 面的投影线上，A 点和 B 点是 H 面的重影点，它们在 H 面上的投影是重合的，由于 A 点在上，B 点在下，A 点的 H 面投影是可见的，B 点的 H 面投影是不可见的，用（b）表示。

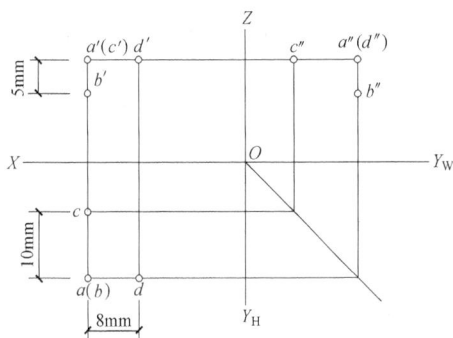

图 1-24　求未知的重影点的投影

根据以上的分析，具体作图如下：

（1）过 a' 作 OX 轴的垂线，在垂线上 a' 的下方量取 5mm，得到一个点，则该点就是 B 点 V 面投影 b'。B 点的 H 面投影与 A 点的 H 面投影重合，用（b）表示，过 a'' 点作 OY_W 的垂线，在 a'' 的下方量取 5mm 得到一点，即为 b'' 点。

（2）过 a 点作 OX 轴的垂线，在垂线上靠近 OX 轴的部位量取 10mm，得到一点，这一点就是 C 点在 H 面上的投影 c，由于 C 点位于 A 点的正后方，因此，两点在 V 面上的投影是重合的，C 点在 V 面上的投影不可见，用（c'）表示，过 a'' 作 OZ 轴的垂线，向左侧量取 10mm，得到一点，这一点就是 C 点在 W 面上的投影 c''。

（3）过 a 点作 OY_H 轴的垂线，在垂线上靠近 OY_H 轴的部位量取 8mm，得到一点，这一点就是 D 点在 H 面上的投影，用 d 表示，由于 D 点在 A 点的正右方，D 点的 W 面投影与 A 点的 W 面投影是重合的，并且是不可见的，用（d''）表示，过 d 和（d''）分别作 OX 轴和 OZ 轴的垂线，两垂线相交，交点就是 D 点的 V 面投影 d'。

第四节　直 线 的 投 影

一、直线的投影

两点可以确定一条直线，点沿着一定的方向运动的轨迹也是直线。为了表示的方便，在本书中经常用线段代表直线。求作直线的投影时，可以这样来进行，如图 1-25 所示，直线

AB 与 H 面是倾斜的，过 A、B 两点分别作 H 面的垂线，两垂线分别与 H 面相交，得到 A 点和 B 点的投影 a、b，连接 a、b 两点，ab 就是过直线 AB 上的各点的投影线与 H 面的交点集合，也就是 AB 上各点在 H 面上的投影，因此，ab 就是直线 AB 在 H 面上的水平投影。由于直线 AB 与 H 面是倾斜的，Aa 和 Bb 均垂直于 H 面，所以四边形 $AabB$ 是一个梯形，$\angle Aab$ 是一直角，投影 ab 的长度小于 AB 的实长。

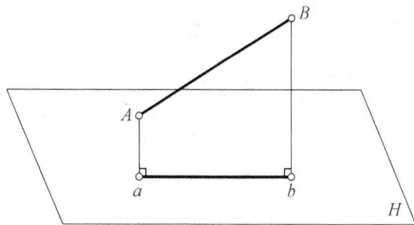

图 1-25　直线的投影

二、直线与投影面的相对位置及投影特点

根据直线与投影面的相对位置不同，可以将直线分为三种：

一般位置直线、投影面的平行线、投影面的垂直线。其中投影面的平行线、投影面的垂直线又称为特殊位置直线。由于在三面投影体系中，存在着三个相互垂直的投影面，这样投影面的平行线和投影面的垂直线又包括三种位置。

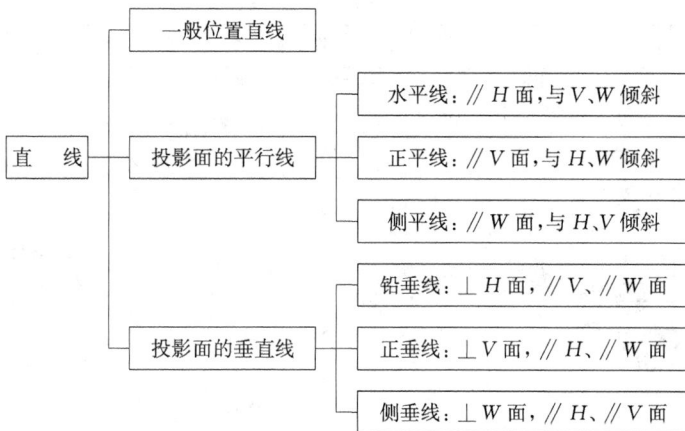

（一）一般位置直线

在介绍一般位置直线的投影时，首先介绍直线与平面的夹角，直线与其在投影面上的正投影之间的夹角，称为直线与平面的夹角。由于在三面投影体系中，存在着 H 面、V 面、W 面，因此，直线与 H 面、V 面、W 面的夹角分别是直线与其在水平面的投影、正立面的投影、侧立面的投影所形成的夹角，分别用 α、β、γ 表示。

一般位置直线是指与三个投影面都是倾斜的直线，如图 1-26 所示，直线 AB 与 H 面、V 面、W 面都倾斜，直线在三个投影面上的投影分别是 ab、$a'b'$、$a''b''$。由于直线 AB 与三个投影面倾斜，因此，在三投影面上的投影长度均小于直线 AB 的实长。

一般位置直线的投影特性是：在三个投影面上的投影与投影轴 OX、OY、OZ 都是倾斜的，投影的长度都小于直线的实长，直线的投影与投影轴的夹角，不等于直线与投影面的夹角。

（二）投影面的平行线

与一个投影面平行，而与另外两个投影面倾斜的直线，称为投影面的平行线。投影面的平行线分为三种情况：

正平线：与 V 面平行，而与 H 面、W 面倾斜的直线。

水平线：与 H 面平行，而与 V 面、W 面倾斜的直线。

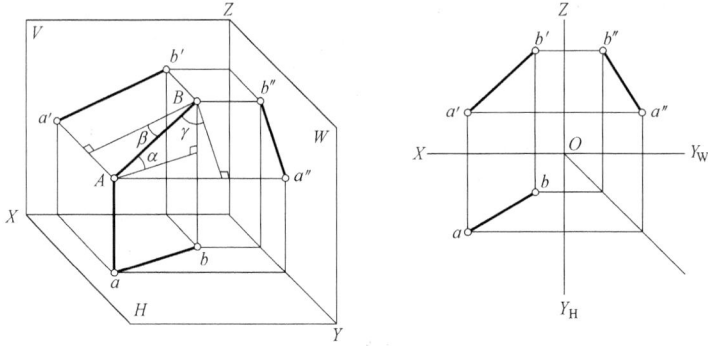

图 1-26　一般位置直线的投影

侧平线：与 W 面平行，而与 H 面、V 面倾斜的直线。

表 1-1 表示了投影面平行线的投影图和投影特性。

表 1-1　　　　　　　　　　　投 影 面 的 平 行 线

名　称	立 体 图	投 影 图	投影特性
水平线			1. 水平投影 ab 反映实长，$ab=AB$，反映倾角 β、γ。 2. 正面投影 $a'b'/\!/OX$，$a''b''/\!/OY_W$
正平线			1. 正面投影 $c'd'$ 反映实长，$c'd'=CD$ 并反映倾角 α、γ。 2. 水平面投影 $cd/\!/OX$ 轴，$c''d''/\!/OZ$ 轴
侧平线			1. 侧面投影 $e''f''$ 反映实长，$e''f''=EF$ 并反映倾角 α、β。 2. 水平面投影 $ef/\!/OY_H$，正面投影 $e'f'/\!/OZ$

从表 1-1 的图中可以得到平行线具有的投影特性如下：

水平线：在 H 面上的投影反映线段的实长，H 面的投影与 OX、OY 之间的夹角反映空间直线与 V 面、W 面之间的夹角 β、γ；在 V 面、W 面上的投影分别与 OX、OY_W 轴平行，投影不反映线段的实长，$a'b'$、$a''b''$ 都小于 AB 的长度。

正平线：在 V 面上的投影反映线段的实长，V 面投影与 OX、OZ 轴之间的夹角反映空间直线与 H 面、W 面之间的夹角 α、γ；在 H 面、W 面上的投影分别与 OX、OZ 轴平行，投影不反映线段实长，cd、$c''d''$ 都小于 CD 的长度。

侧平线：在 W 面上的投影反映实长，与投影轴 OY_W、OZ 之间的夹角反映空间直线与 H 面、V 面之间的夹角 α、β；在 H 面、V 面上的投影分别与 OY_H、OZ 平行，投影不反映线段的实长。ef、$e'f'$ 都小于 EF 的长度。

因此，投影面平行线的投影特性是，在平行的投影面的投影，反映直线的实长以及对另外两个投影面的倾角。在另外两个投影面上的投影，平行于相应的投影轴，长度缩短。

（三）投影面的垂直线

与一个投影面垂直同时与另外两个投影面平行的直线，称为投影面的垂直线。

投影面的垂直线分为以下三种情况：

铅垂线：与 H 面垂直，又与 V、W 面平行的直线。

正垂线：与 V 面垂直，又与 H、W 面平行的直线。

侧垂线：与 W 面垂直，又与 H、V 面平行的直线。

表 1-2 表示了投影面垂直线的投影图和投影特性。

表 1-2   **投 影 面 的 垂 直 线**

名　称	立　体　图	投　影　图	投影特性
铅垂线	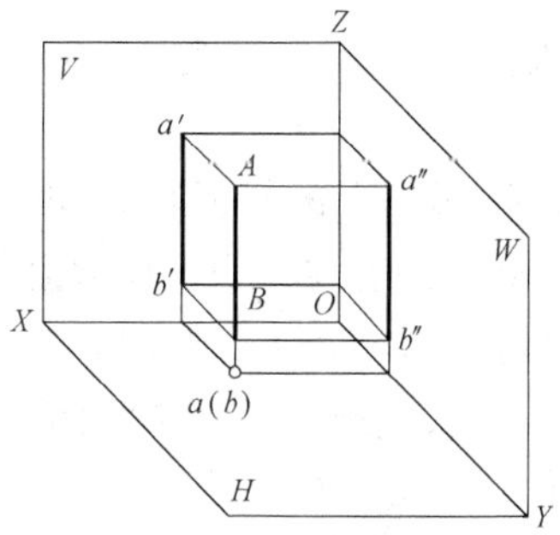	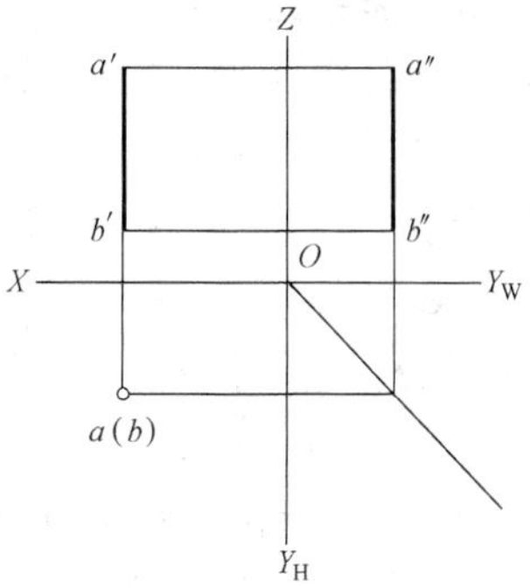	1. 水平投影积聚成一点。 2. 正面投影 $a'b' \perp OX$ 轴，$a''b'' \perp OY_W$ 轴，并且都反映实长
正垂线	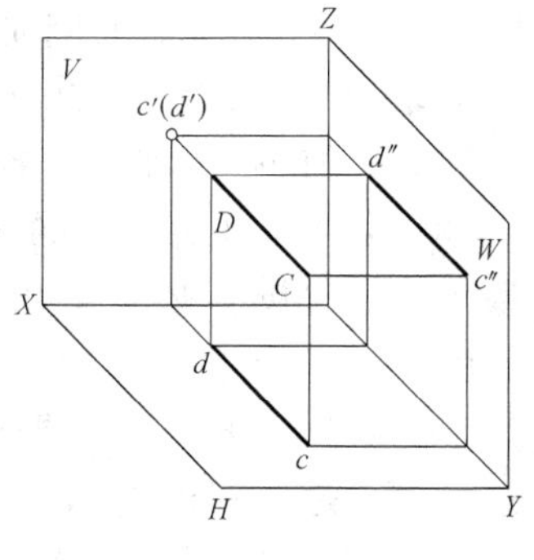	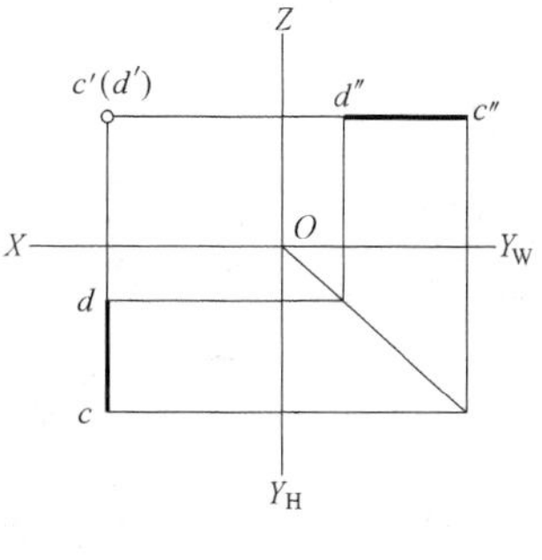	1. 正面投影积聚成一点。 2. 水平面投影，$cd \perp OX$ 轴，$c''d'' \perp OZ$ 轴，并且都反映实长

名　称	立　体　图	投　影　图	投　影　特　性
侧垂线			1. 侧面投影积聚成一点。 2. 正面投影 $e'f'\perp OZ$ 轴，水平面投影 $ef\perp OY_H$ 轴，并且都反映实长

从表 1-2 的图中可以得到投影面垂直线具有的投影特性如下：

铅垂线：在 H 面上的投影积聚成一点，在 V 面、W 面上的投影分别垂直于 OX 轴、OY_W，投影的长度与直线的长度相等。

正垂线：在 V 面上的投影积聚成一点，在 H 面、W 面上的投影分别垂直于 OX 轴、OZ 轴，投影的长度与直线的长度相等。

侧垂线：在 W 面上的投影积聚成一点，在 H 面、V 面上的投影分别垂直于 OY_H 轴、OZ 轴，投影的长度与直线的长度相等。

因此，投影面垂直线的投影特性是，在与其垂直的投影面上的投影积聚成一点，在其余两个投影面上的投影与投影轴是垂直的，投影的长度与直线的长度相等。

三、点与直线的相对位置及其投影特性

点与直线的相对位置，可以分为两种情况，点在直线上和点不在直线上。如果点在直线上，那么直线上的点的投影有什么特性呢？

如图 1-27 所示，垂直于投影面 H 的直线 AB 在该投影面上的投影具有积聚性，积聚成一点 a (b)，在 AB 上有一点 C，则 C 点在 H 面上的投影也在直线的积聚投影上，c 与 a 点重合，由于不可见，用 (c) 表示。直线 DE 为一般位置直线，与 H 面倾斜，它在 H 面上的投影 de，F 点是直线 DE 上的一点，过 F 点作 H 面的垂线，垂线与 H 面交于一点 f，由于 $Dd/\!/Ff/\!/Ee$，F 点又在 DE 上，Ff 在平面 $DdeE$ 上，因此，f 一定在 de 上；同样，当直线 GH 与 H 面平行时，直线上的点 K 的投影也在 GH 的水平投影上。同理，可以证明，直线上点的正面投影，必在直线的正面投影上，直线上点的侧面投影也在该直线的侧面投影上，几何形体在同一个投影面的投影称为同名投影。所以，可以得到直线上点的投影特性，直线上点的投影必在直线的同名投影上。

在图 1-28 中，一般位置直线 AB，C 点是 AB 上的点，C 点分线段 AB 成一定的比例，即 $AC：CB$，则

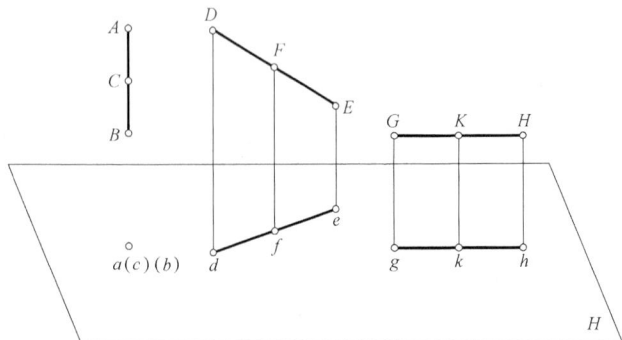

图 1-27　直线上点的投影特性

C 的投影 c 也分 AB 的水平投影 ab 成相同的比例，即 $AC：CB=ac：cb$，由于直线 $Aa /\!/ Bb /\!/ Cc$，并且位于同一个平面内，根据初等几何的定理"在同一平面上，两直线被一组平行线相截，截得的对应线段成比例"，上述结论很容易证明；同样，可以得到在 V 面投影图上，$a'c'：c'b'=AC：CB$，点 C 的侧面投影也具有上述特性，因此，可以得到直线上点的另一投影特性，如果直线与投影面不垂直，线段上的点分割线段的长度比，与该点的投影分割线段的同名投影的长度比相等。

由直线上点的投影特性，可以根据投影图来判别点是否在直线上。如图 1 - 29 所示，判别 C、F、I、L 点是否在直线 AB、DE、GH、JK 上，如果绘制的图形是三面投影图，可以根据点的第一个投影特性，即可判别；如果投影图中只绘制双面投影图，在判别点是否在直线上时，可以根据点的两个投影特性共同判别，也可只根据点的第一个投影特性进行判别。由于 C、F 的投影分别在直线 AB、DE 的同名投影上，所以 C、F 分

图 1 - 28 点分线段的定比特性

别在直线 AB、DE 上；I 的正面投影 i' 不在直线 GH 的正面投影 $g'h'$ 上，因此，点 I 不在直线 GH 上。对于 L 点而言，虽然 L 的两个投影都在直线的同名投影上，但是由于直线 JK 是特殊位置直线，不能只根据点的第一个投影特性简单判别，需要根据点的第二个投影特性来确定，由于 $jl：lk \neq j'l'：l'k'$，所以 L 点不在直线 JK 上。具体判别过程可以通过作辅助线来进行。

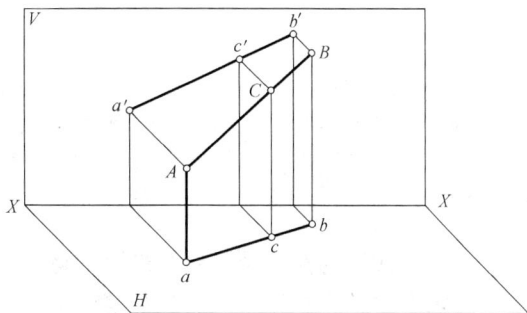

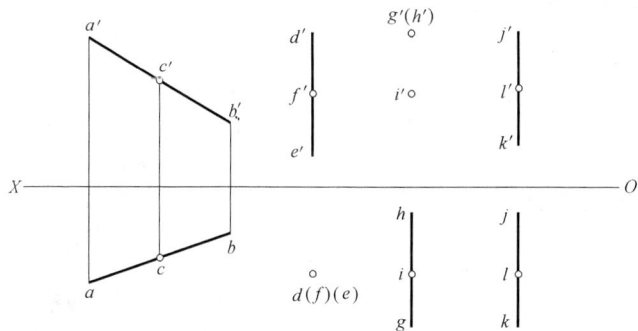

图 1 - 29 根据点的投影特性判别点是否在直线上

【例 1 - 5】 已知直线 CD 及点 E、F 的两面投影，补全直线 CD 及点 E、F 的 W 面投影，并判别点 E、F 是否在直线 CD 上，见图 1 - 30。

解 过 c、d、c'、d' 作 OX 轴的平行线，与 OY_H 轴、OZ 轴相交于点 c_{YH}、d_{YH}、c_Z、d_Z，过 c_{YH}、d_{YH} 作 $45°$ 斜线，与 OY_W 相交得交点 c_{YW}、d_{YW}，过 c_{YW}、d_{YW} 作 OY_W 轴的垂线，与 $c'c_Z$、$d'd_Z$ 的延长线交于 c''、d''，连接 c''、d''，即为直线 CD 的 W 面投影。利用相同的方法，可求得 E、F 两点的 W 面投影 e''、f''。根据 E、F 两点的三面投影，可以判别 E 点在直线 CD 上，而 F 点不在直线 CD 上。

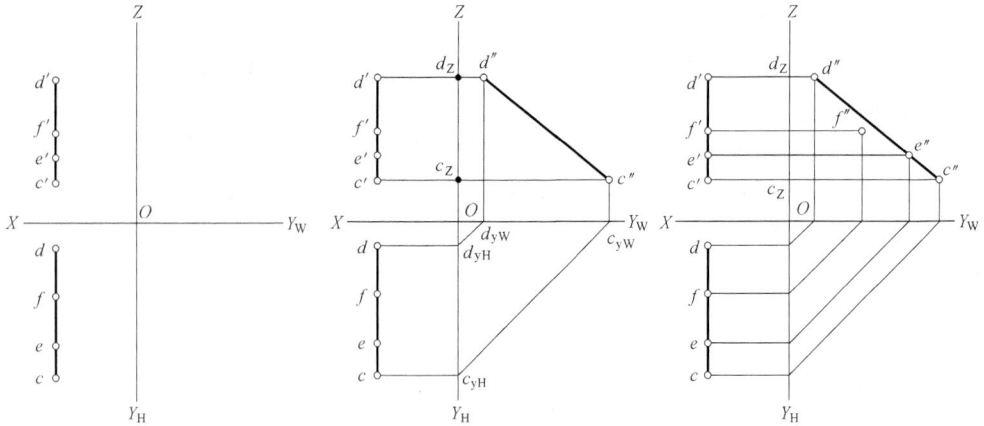

图 1 - 30   判别点是否在直线上

四、求线段的实长及其对投影面的倾角

根据直线的投影特性，可以知道，特殊位置直线在投影图中的投影能够反映直线的实长，但是一般位置直线与三个投影面都是倾斜的，在三个投影面上的投影都不能反映线段的实长，投影与投影轴的夹角也不能反映直线与投影面的夹角，为此，可以采用直角三角形法求线段的实长和倾角。

在图 1 - 31 所示的两面投影体系中，AB 是一般位置直线，过 A 点在平面 $AabB$ 上作直线 $AC /\!/ ab$，则三角形 ACB 是直角三角形，直角边 $AC = ab$，而 $BC = Bb - Cb = b'b_X - c'b_X = b'c' = \Delta z$，因此，直角三角形 ACB 的两条直角边，一条与直线 AB 的 H 面投影相等，另一条与直线在 V 面上投影的两端点与 OX 轴的高度差相等。在直角三角形中，如果两条直角边长度已知，就能够确定斜边的长度。

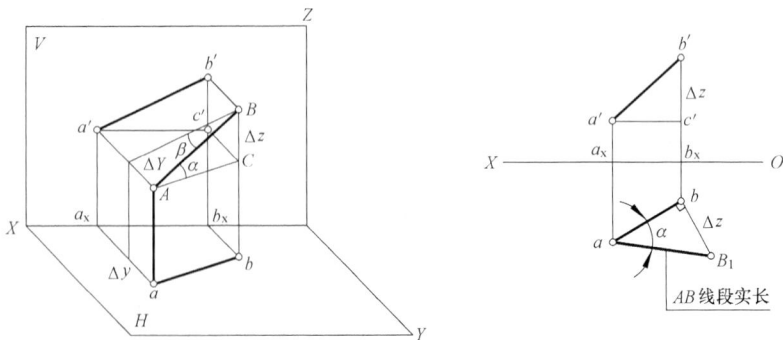

图 1 - 31   利用直角三角形法求一般位置直线的实长和倾角

这样，在 H 面投影上，过 b 点作垂线 bB_1，并且使 $bB_1 = \Delta z$，连接 aB_1，则三角形 aB_1b 与三角形 ACB 是全等的两个三角形，斜边相等，$AB = aB_1$，$\angle baB_1 = \angle BAC = \alpha$，因此，在投影图中，可以根据直线的两面投影，利用直角三角形法求得一般位置直线的实长以及和投影面所形成的夹角。

综上所述，用直角三角形法求一般位置直线的实长和与投影面所形成夹角的作图过程如下：

（1）以直线的一个投影为直角边。

（2）以直线的另一个投影的两个端点至相应的投影轴距离之差为另一直角边。

（3）连接两直角边的直角三角形，其斜边的长即为直线的实长，斜边与直线在该投影面上的投影之间的夹角即为直线与该投影面的倾角。

【例 1 - 6】已知直线 AB 的 H、V 面投影，求直线 AB 的实长和对 V 面的倾角 β，见图 1 - 32。

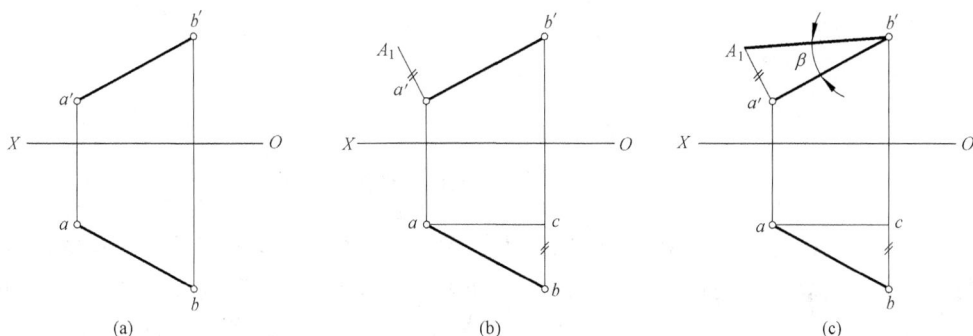

图 1 - 32　用直角三角形求 AB 的实长及倾角 β

解　过 a 作 $ac/\!/OX$ 轴，过 a' 作 $a'b'$ 的垂线，并在垂线上截取 $a'A_1 = bc$，连接 $b'A_1$，即为所求直线的实长，$\angle a'b'A_1$ 为所求角 β。

五、两直线相对位置

空间两直线的相对位置，有三种类型：

两直线平行：如图 1 - 33 所示，直线 AB 与 EF，AE 与 BF。

两直线相交：如图 1 - 33 所示，AB 与 BF，CD 与 CG 等。

两直线交叉：如图 1 - 33 所示，AB 与 CL，BF 与 CD 等。

平行两直线和相交两直线，都是在同一平面上的两条直线，所以称为共面两直线。交叉两直线，既不平行又没有交点，两条直线不在同一平面上，所以称为异面直线。

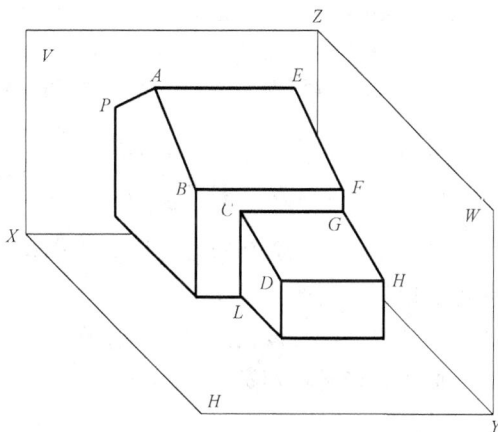

图 1 - 33　两直线的相对位置

（一）平行两直线的投影特性

如图 1 - 34 所示，直线 AB 与 CD 相互平行，则过 AB 与 CD 向 H 面作投影线所形成的两个平面也相互平行，该两平面与 H 面的两条交线 ab 与 cd 也一定是相互平行的。同理 $a'b'$ 与 $c'd'$，$a''b''$ 与 $c''d''$ 也是相互平行的。所以，空间相互平行的两直线，它们的同名投影也是相互平行的。反之，如果两直线的同名投影都相互平行，则这两条直线在空间也是相互平行的。但是，对于一些特殊位置直线，只根据它们在两面投影体系中的投影是平行的，并不能断定这两条直线在空间也是平行，须根据它们的三面投影图来判别，如图 1 - 34 中右图所示。AB 和 CD 这两条直线，H 面和 V 面投影是平行的，但是他们的 W 面投影并不平行，因而直线 AB 和 CD 是异面直线。

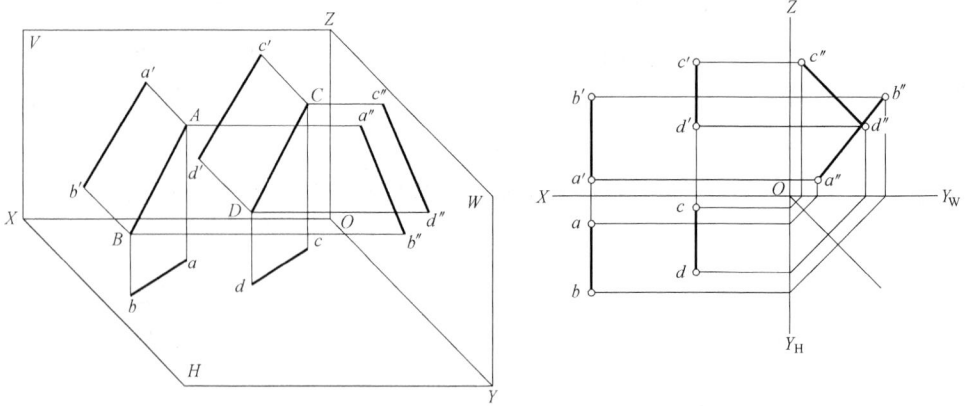

图 1 - 34　平行两直线的投影

相互平行的两条直线，如果垂直于某一投影面，则两直线在该投影面上的投影积聚成两点，两点之间的距离反映两直线之间的距离，如图 1 - 35 所示，AB 和 CD 两条直线均垂直于 H 面，则 ac 的长就是 AB 和 CD 的距离。

（二）相交两直线的投影特性

如图 1 - 36 所示，直线 AB 与 CD 相交于 K 点，K 点既在直线 AB 上，又在直线 CD 上，是 AB 与 CD 两直线的共有点。根据直线上点的投影特性，点 K 的投影必在直线 AB 的同名投影上，同时也在直线 CD 的同名投影上，即 k 在 ab 上，又在 cd 上，所以 ab 与 cd 必然交于 k 点。同理，a′b′ 与 c′d′ 必然交于 k′ 点，a″b″ 与 c″d″ 必然交于 k″ 点。因此，两条直线相交，它们的同名投影也必定相交，且各同名投影的交点应符合点的投影规律。反之，如果两直线的同名投影相交，且交点符合点的投影规律，则这两条直线在空间也必定是相交的。对于一般位置直线，只要在两面投影图上，投影有交点，且交点满足点的投影规律，就可以判别两直线相交，但是，对于特殊位置直线，两直线是否相交，需要根据三面投影来进行判别。

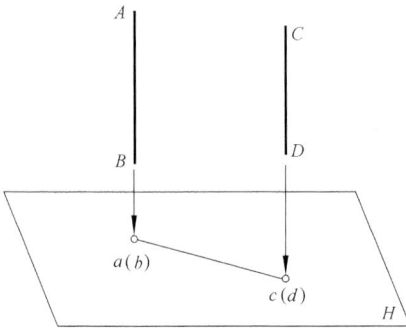

图 1 - 35　平行两直线与投影面垂直

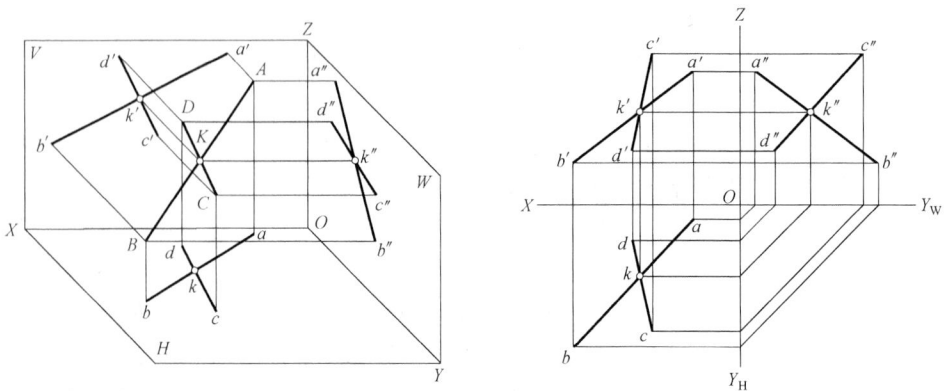

图 1 - 36　相交的两直线的投影

（三）交叉两直线的投影特性

既不平行又不相交的两条直线，称为交叉两直线。如图 1 - 37 所示，直线 AB 与 CD 的同名投影都不平行，虽然它们的同名投影都相交，但是交点不符合点的投影规律。所以，AB 与 CD 两直线在空间既不平行又不相交，是交叉的两条直线。

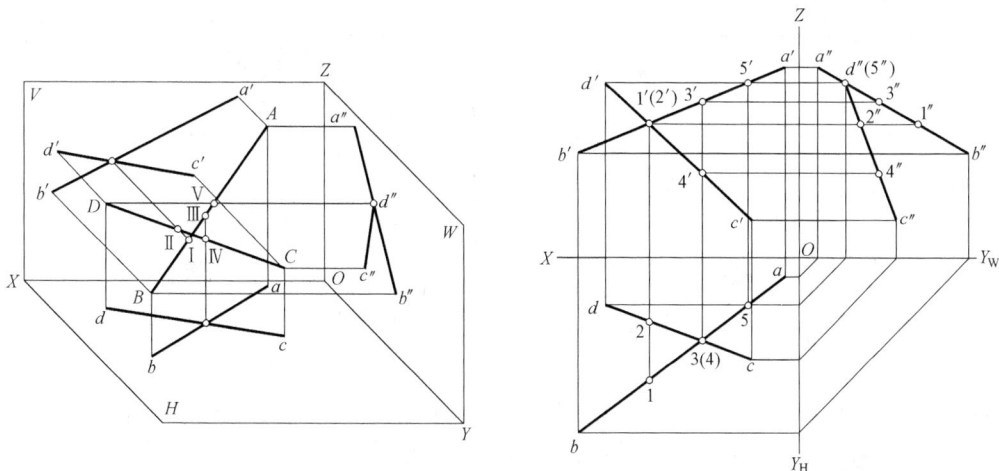

图 1 - 37　交叉两直线的投影

交叉的两条直线，同名投影可能会相互平行，但是在三个投影面上的投影不可能全都平行；交叉两条直线的同名投影也可能有时会相交，但是其投影的交点不符合点的三面投影规律。如果在两面投影中无法判别时，可以根据直线的三面投影进行判别。

交叉两直线还有一个可见性的问题。从图 1 - 37 中可知，点 Ⅰ 与点 Ⅱ 分别位于直线 AB 与 CD 上，且都位于对 V 面所作的同一条投影线上，点 Ⅰ 在前，点 Ⅱ 在后面，在向 V 面投射时，点 Ⅰ 可见，点 Ⅱ 不可见，也就是直线 AB 在点 Ⅰ 处遮挡住了 CD。在投影图中，可以这样来判别：过两直线的 V 面投影的交点 $1'$（$2'$）向下引垂线，先于 CD 的 H 面投影 cd 相交于 2，然后与 AB 的 H 面投影 ab 相交于 1，这就说明 CD 上的点 Ⅱ 在后，AB 上的点 Ⅰ 在前，AB 在点 Ⅰ 处挡住了 CD。同样的道理，在向 H 面投射时，点 Ⅲ 在上，点 Ⅳ 在下，AB 在点 Ⅲ 处挡住了 CD；在向 W 面投射时，D 点在左，点 Ⅴ 在右，CD 在端点 D 处挡住了 AB。

【例 1 - 7】　判别图 1 - 38 中两直线的相对位置，如果是交叉两直线，判别重影点的可见性。

解　从投影图中，可知 AB 与 CD 是侧平线，它们的 V 面、H 面投影分别相互平行。由于是特殊位置直线，需要根据三面投影来判别两直线的相对位置。判别过程如下：

补全直线 AB 与 CD 的 W 面投影 $a''b''$ 与 $c''d''$，由于 $a''b''$ 与 $c''d''$ 是相交的，因此，AB 和 CD 是交错两直线。直线 AB 和 CD 重影点的 W 面投影用 $3''$（$4''$）来表示。过 $3''$（$4''$）作 OZ 轴的垂线，与 $c'd'$ 先交于 $4'$ 点，然后与 $a'b'$ 交于 $3'$ 点，$3'$ 在左，$4'$ 在右，因此，直线 AB 上的 Ⅲ 点是可见的，直线 CD 上的 Ⅳ 点是不可见的。

【例 1 - 8】　已知直线 AB 和点 C 的投影，求作过点 C 与直线 AB 平行的直线 CD 的投影，如图 1 - 39 所示。

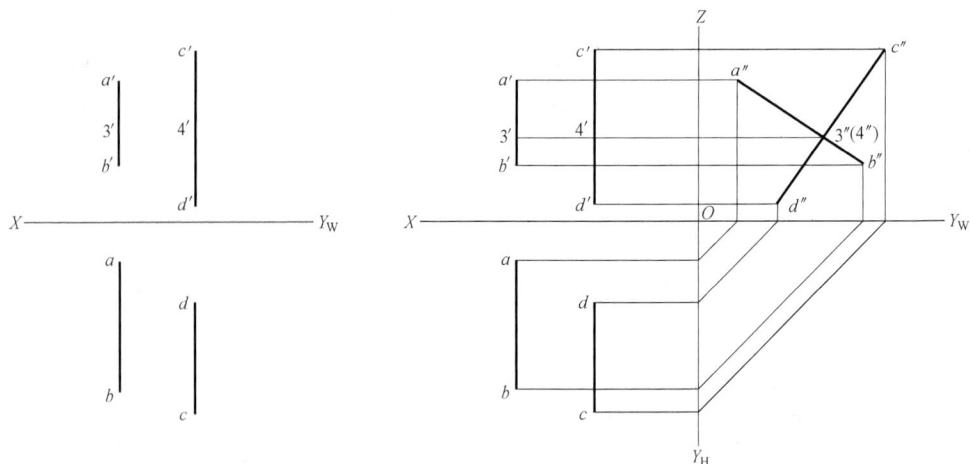

图 1-38 判别两直线的相对位置

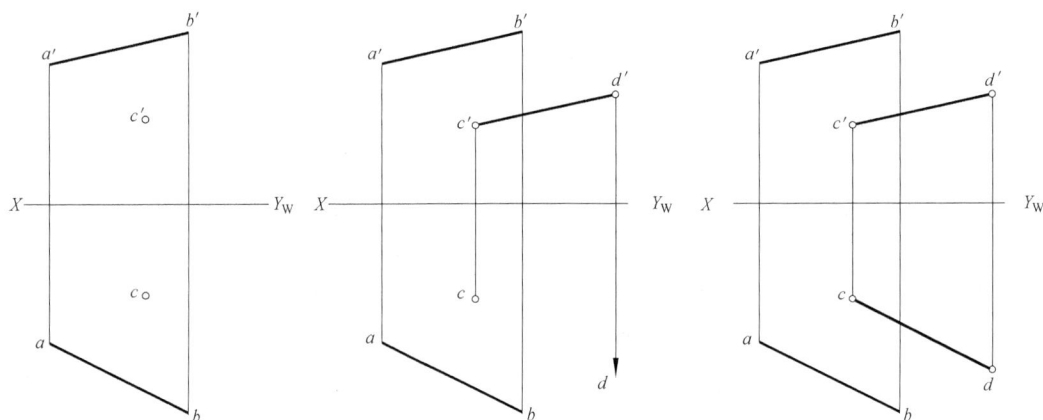

图 1-39 过已知点作已知直线的平行线

解 过 c' 点作 $a'b'$ 的平行线 $c'd'$，并自 d' 向下引垂线。过 c 作 ab 的平行线，与过 d' 向下引的垂线相交于 d 点，得到 cd，cd、$c'd'$ 即为所求。

六、一边平行于投影面的直角投影

相交两直线的夹角，在投影图中一般都不能真实地反映出来。只有当两直线同时平行于某一投影面时，直线的夹角在与其平行的投影面上的投影才能真实地反映出来。但是，对于直角，只要有一边平行于某一投影面，则此直线在该投影面上的投影仍是直角。

如图 1-40 所示，直线 $AB \perp CB$，同时 AB 是一条水平线，ab、bc 是直线 AB 和 BC 在 H 面上的投影，则 $AB \perp Bb$（水平线和铅垂线在空间一定垂直），根据初等几何的内容，直线 AB 与平面 $BCcb$ 垂直（如果一条直线垂直于某一平面内的两条相交直线，则直线与该平面垂直）。所以，直线 AB 垂直于平

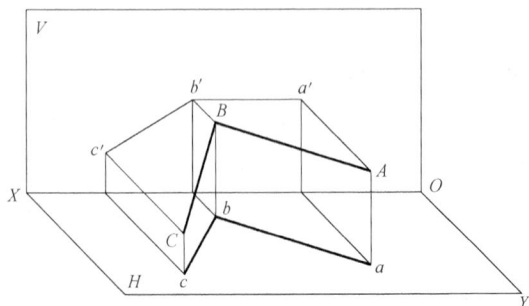

图 1-40 一边平行于投影面的直角的投影

面 $BCcb$ 内的任意一条直线。$AB \perp bc$，又因为 $AB /\!/ ab$，从而有 $ab \perp bc$，也就是 $\angle abc = 90°$。

【例 1 - 9】 判别图 1 - 41 中所示的两直线是否垂直。

解 由投影图可知，$cb /\!/ OX$ 轴，因此，BC 是一条正平线，同时 $a'b' \perp b'c'$，根据一边平行于投影面的直角投影特性可知，直线 $AB \perp BC$。

【例 1 - 10】 已知点 C 和正平线 AB 的投影，求点 C 到直线 AB 的距离，见图 1 - 42。

解 过一点向已知直线只能作一条垂线，垂线的长度就是点到直线的距离。作图时，可以根据一边平行于投影面的直角投影的做法，作出垂线的两个投影，然后利用直角三角形法求出垂线的实长。

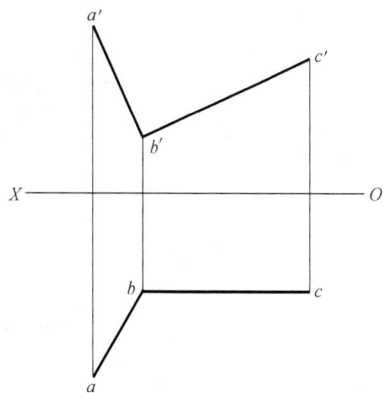

图 1 - 41　判别直线 AB 与
BC 是否垂直

自 c' 作 $a'b'$ 的垂线，得到交点 d'，自 d' 向下引线与 ab 交于 d，连接 cd。然后，利用直角三角形法求出 CD 的实长，即图中 cC_1 所示。

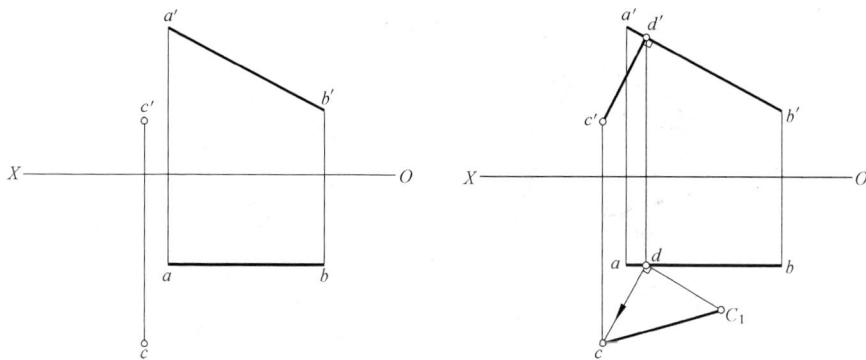

图 1 - 42　求点到正平线的距离

第五节　平 面 的 投 影

一、平面的表示方法

（一）用几何元素来表示平面

平面经常用平面上的点、直线、或者平面图形等几何元素表示。例如，用不在同一直线上的三个点可以表示一个平面，一直线和直线外的一点、相交的两条直线、平行的两直线、平面几何图形等都可以表示平面，如图 1 - 43 所示。在上述几何元素表示平面的方法中，较多采用的是用平面图形来表示平面。但是应该注意的是，这种平面图形可能仅仅表示其本身，也可能表示包括该图形在内的一个无限扩展的平面，为了使用的方便，以上两种情况均统称为平面。

（二）用迹线表示平面

平面可以无限延展，因此，平面一定与投影面相交产生交线，这种平面与投影面的交

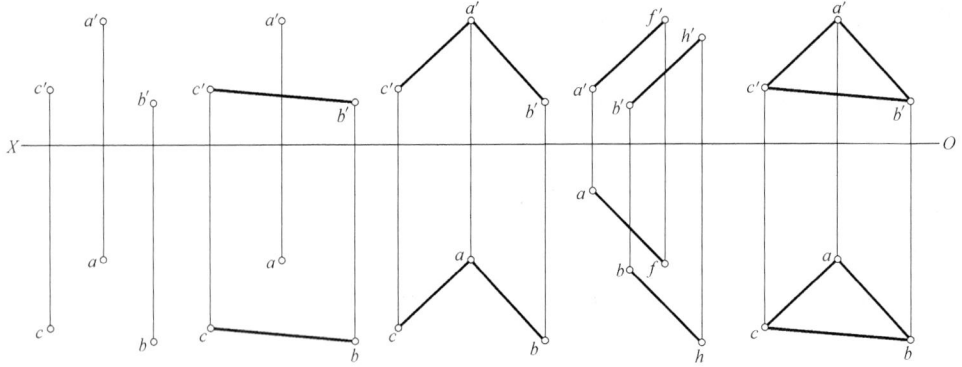

图 1 - 43　用几何元素表示平面

线，称作迹线。如图 1 - 44 所示，空间平面 P 与 H 面产生的交线，称为水平迹线，用 P_H 表示；与 V 面产生的交线，称为正面迹线，用 P_V 表示；与 W 面产生的交线称为侧面迹线，用 P_W 表示。

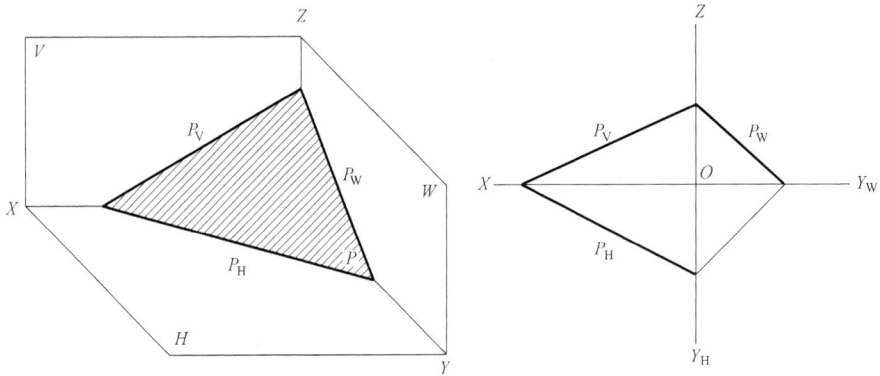

图 1 - 44　用迹线表示平面

二、平面投影的求作方法

平面一般由点、直线、平面几何图形表示，因此，求作平面的投影，实际上就是求作平面上点和直线的投影。如图 1 - 45 所示的三角形 ABC，求其投影时，可以先求出它的三个顶点 A、B、C 的投影，然后将三点的同名投影连接起来，就得到三角形 ABC 的投影。

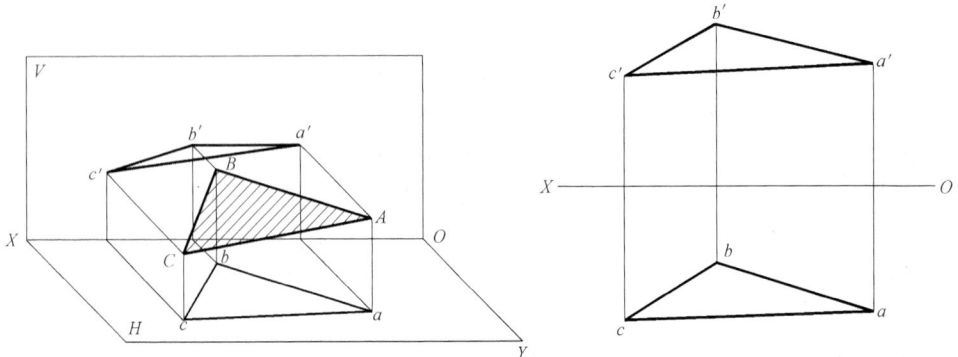

图 1 - 45　平面投影的求法

三、平面与投影面的相对位置及投影特点

平面相对于投影面来说，有三种不同的位置，即平行于投影面的平面、垂直于投影面的平面和一般位置平面，其中平行于投影面、垂直于投影面的平面又称为特殊位置平面。

两平面之间的夹角，是用与两平面都垂直的平面和它们相交所得到的两交线之间的平面角来度量的。平面与水平面 H、正面 V、侧面 W 形成的夹角，称为该平面对 H、V、W 的倾角，也用 α、β、γ 表示。当平面平行于投影面时，倾角为 $0°$；垂直于投影面时，倾角为 $90°$；倾斜于投影面时，倾角大于 $0°$，小于 $90°$。

平面与投影面的相对位置见下面所示：

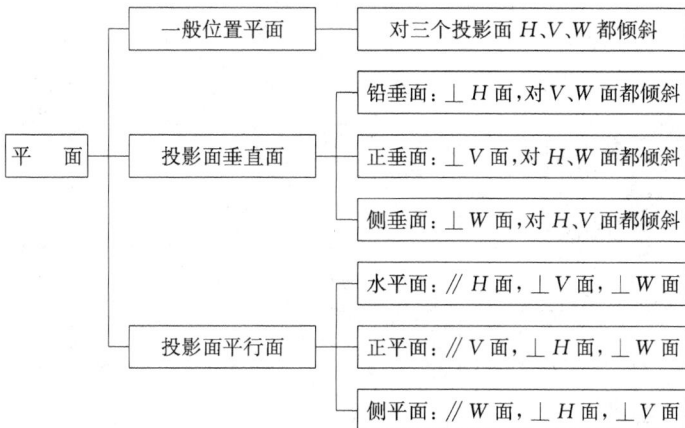

平 面	一般位置平面	对三个投影面 H、V、W 都倾斜
	投影面垂直面	铅垂面：$\perp H$ 面，对 V、W 面都倾斜
		正垂面：$\perp V$ 面，对 H、W 面都倾斜
		侧垂面：$\perp W$ 面，对 H、V 面都倾斜
	投影面平行面	水平面：$/\!/ H$ 面，$\perp V$ 面，$\perp W$ 面
		正平面：$/\!/ V$ 面，$\perp H$ 面，$\perp W$ 面
		侧平面：$/\!/ W$ 面，$\perp H$ 面，$\perp V$ 面

（一）一般位置平面

对三个投影面都倾斜的平面，称为一般位置平面。见图 1 - 46 所示，$\triangle ABC$ 与三个投影面都倾斜，它的三个投影 $\triangle abc$、$\triangle a'b'c'$、$\triangle a''b''c''$ 都是面积缩小的类似形。因此，一般位置平面的投影特点是：它在三个投影面上的投影都没有积聚性，都反映原平面图形的几何形状，但是小于实形。

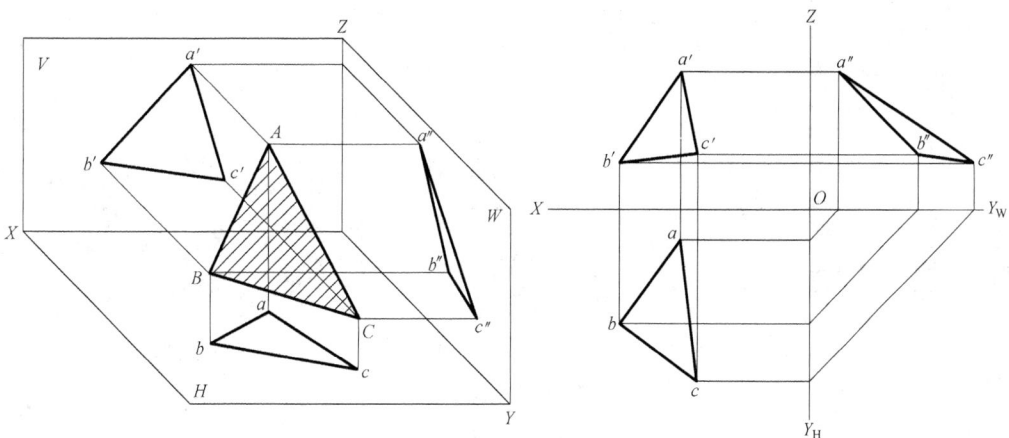

图 1 - 46　一般位置平面的投影

（二）投影面的垂直面

在三面投影体系中，垂直于某一投影面，同时倾斜于另外两个投影面的平面，称为投影

面的垂直面。投影面的垂直面分为三种：

　　铅垂面：垂直于 H 面、倾斜于 V 面、W 面的平面。

　　正垂面：垂直于 V 面、倾斜于 H 面、W 面的平面。

　　侧垂面：垂直于 W 面、倾斜于 H 面、V 面的平面。

　　三种投影面垂直面的投影及其投影特点如表 1 - 3 所示。

表 1 - 3　　　　　　　　　　　　　　　**投 影 面 的 垂 直 面**

名　称	立　体　图	投　影　图	投 影 特 点
铅垂面	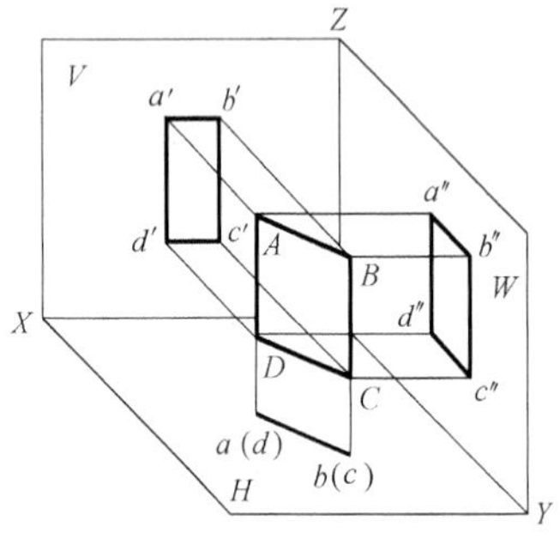	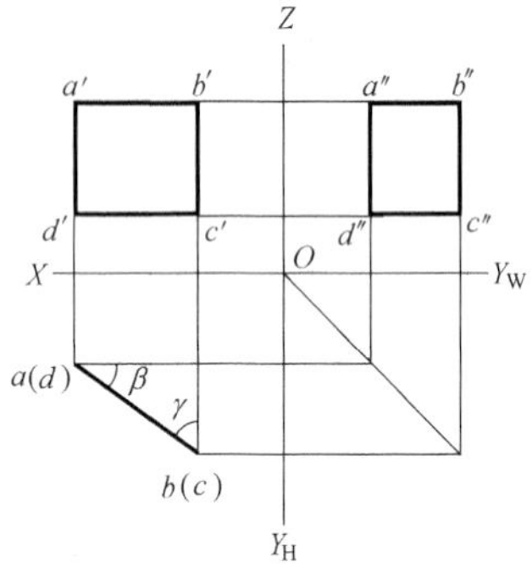	1. 在 H 面上的投影积聚成一条与投影轴倾斜的直线。 2. β、γ 反映平面与 V 面、W 面的倾角。 3. 在 V、W 面上的投影小于平面的实形
正垂面	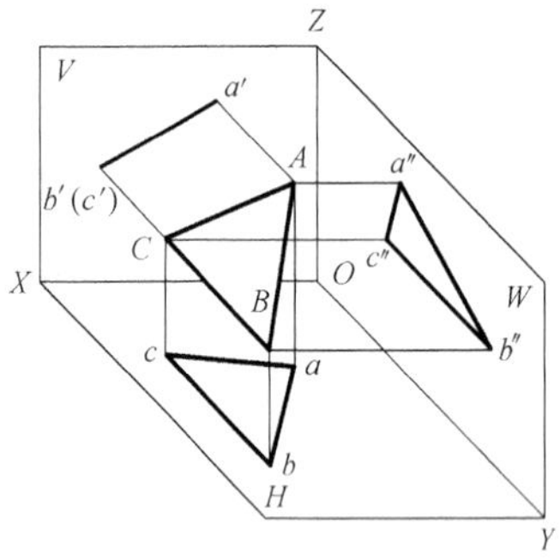	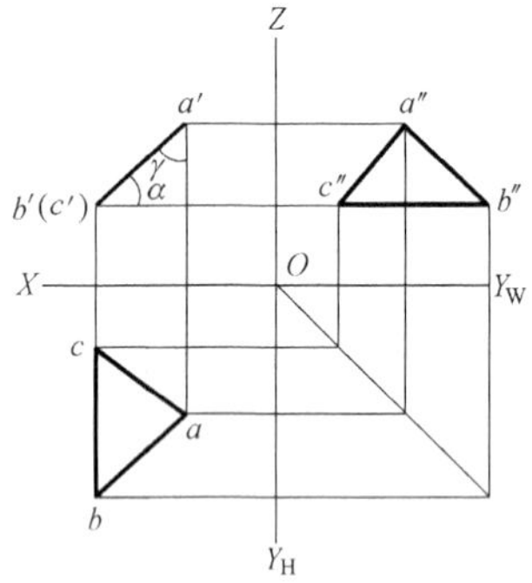	1. 在 V 面上的投影积聚成一条与投影轴倾斜的直线。 2. α、γ 反映平面与 H 面、W 面的倾角。 3. 在 H、W 面上的投影小于平面的实形
侧垂面	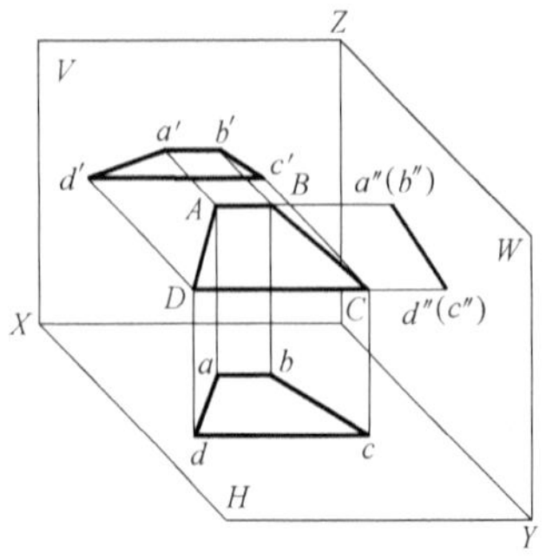	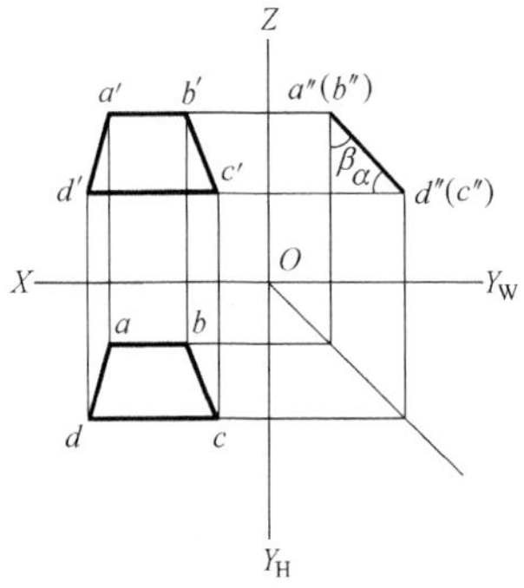	1. 在 W 面上的投影积聚成一条与投影轴倾斜的直线。 2. α、β 反映平面与 H 面、V 面的倾角。 3. 在 H、V 面上的投影小于平面的实形

　　根据表 1 - 3 中的图形分析，投影面垂直面的投影特点为：

　　（1）投影面垂直面在它所垂直的投影面上的投影，积聚成直线，并反映与另外两投影面的倾角。

（2）在另外两个投影面上的投影，仍然是平面，但是两个投影都比实形小。

（三）投影面的平行面

在三面投影体系中，平行于一个投影面，同时又垂直于另外两个投影面的平面，称为投影面的平行面。投影面的平行面分为三种：

水平面：平行于 H 面，同时又垂直于 V 面、W 面的平面。

正平面：平行于 V 面，同时又垂直于 H 面、W 面的平面。

侧平面：平行于 W 面，同时又垂直于 H 面、V 面的平面。

三种投影面平行面的投影及其投影特点见表 1 - 4 所示。

表 1 - 4　　　　　　　　　　　投 影 面 的 平 行 面

名　称	立 体 图	投 影 图	投 影 特 点
水平面			1. 在 H 面上的投影反映实形。 2. 在 V 面、W 面上的投影具有积聚性，积聚成直线，分别平行于 OX 轴、OY_W 轴
正平面			1. 在 V 面上的投影反映实形。 2. 在 H 面、W 面上的投影具有积聚性，积聚成直线，分别平行于 OX 轴、OZ 轴
侧平面			1. 在 W 面上的投影反映实形。 2. 在 V 面、H 面上的投影具有积聚性，积聚成直线，分别平行于 OZ 轴、OY_H 轴

根据表 1 - 4 中的图形分析，投影面平行面的投影特点为：

（1）投影面在它所平行的投影面上的投影，反映该平面的实形。

（2）在另外两个投影面上的投影具有积聚性，积聚成直线，并且分别与相应的投影轴平行。

四、平面的迹线

一般位置平面与三个投影面都是倾斜的，因此，一般位置平面与三个投影面均相交，在三个投影面上都有迹线，每条迹线都倾斜于投影轴，并且每两条迹线分别相交于投影轴上的同一点，见图 1 - 44。

投影面的垂直面与投影面的迹线，如图 1 - 47 所示，由于投影面的垂直面与投影面垂直，因此，垂直面的迹线在与其垂直的投影面上是倾斜的直线，在另外两个投影面上与相应的坐标轴垂直。

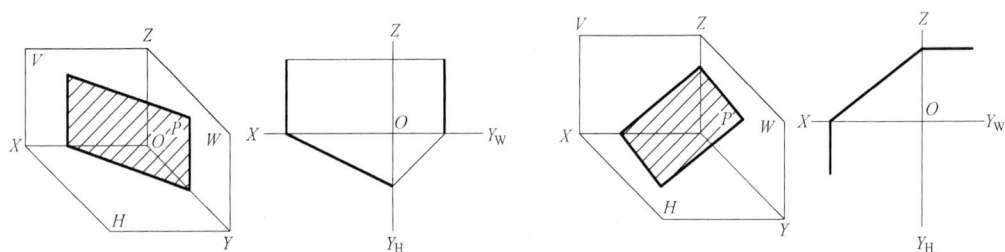

图 1 - 47　投影面垂直面的迹线

投影面的平行面与投影面的迹线，见图 1 - 48，由于投影面的平行面，与其中的某一投影面是平行的，平行面与该投影面没有迹线，因此，投影面的平行面只有两条迹线，并且两条迹线与相应的投影轴平行。

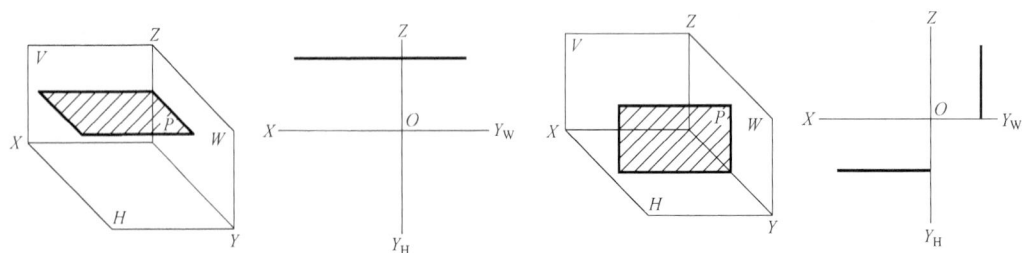

图 1 - 48　投影面平行面的迹线

五、平面上的点和直线

平面上点和直线的几何条件是：

如果一条直线经过平面内的两点；或者经过平面内的一点，同时又与平面内的另外一条直线平行，该直线一定位于该平面内。当一点位于平面内的一条直线上时，则点一定在平面上。如图 1 - 49 所示，直线 EF 和 GH，EF 经过平面 H 内的两点，GH 经过平面 H 上的 C 点，又与 AB 平行，因此，EF 和 GH 都是平面 H 上的直线。

如图 1 - 50 所示，G、H 两点，G 点在直线 EF 上，H 在直线 AC 上，而 EF 和 AC 都

是平面 H 内的直线，因此，G、H 两点在平面 H 上。

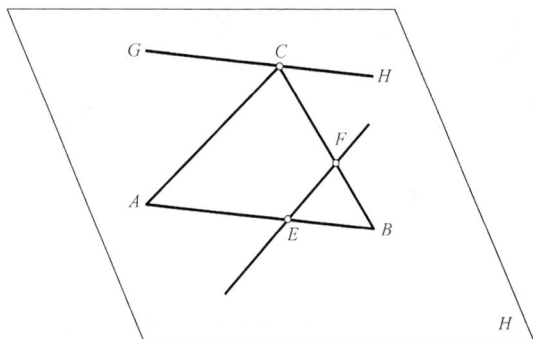

图 1-49　直线位于平面上　　　　图 1-50　点在平面上

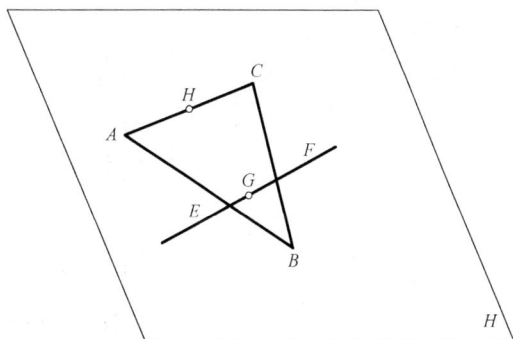

【例 1-11】　已知平面 ABC 内一点 M 的正面投影 m'，求点 M 的水平投影 m，见图 1-51。

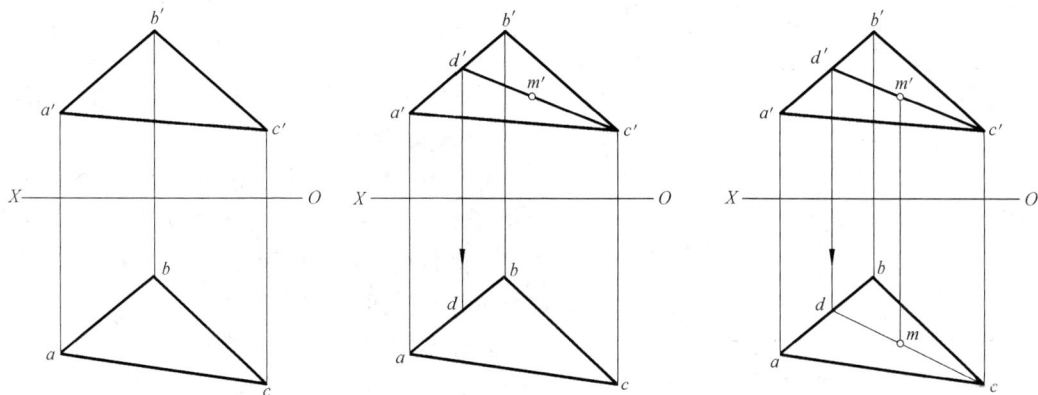

图 1-51　求平面 ABC 内一点 M 的水平投影

解　首先在平面 ABC 内，过 M 点作任意一条辅助线，则 M 点的投影一定在所作的辅助线的同名投影上。

连接 c'、m' 两点，并延长与 $a'b'$ 相交于 d' 点，得到辅助线 $c'd'$。过 d' 点向下作 OX 轴的垂线，与 ab 交于 d 点，连接 cd，过 m' 点向下作垂线，与 cd 相交，得到交点，此交点就是 M 的水平投影 m。

【例 1-12】　已知平面 ABC 的投影，在平面 ABC 内，过 A 点作一条正平线，见图 1-52。

解　可以根据正平线在 H 面上的投影与 OX 轴平行的投影特性来作图。在 $\triangle abc$ 内，过 a 点作直线与 OX 轴平行，该直线与 bc 相交于 m 点；过 m 点向上引铅垂线与 $b'c'$ 相交于 m' 点，连接 a'、m'，则 am、$a'm'$ 所确定的直线 AM 就是一条正平线，并且在平面 ABC 之内。

六、直线与平面平行

直线与平面平行的几何条件是：直线平行于该平面内的一条直线。如图 1-53 所示，直

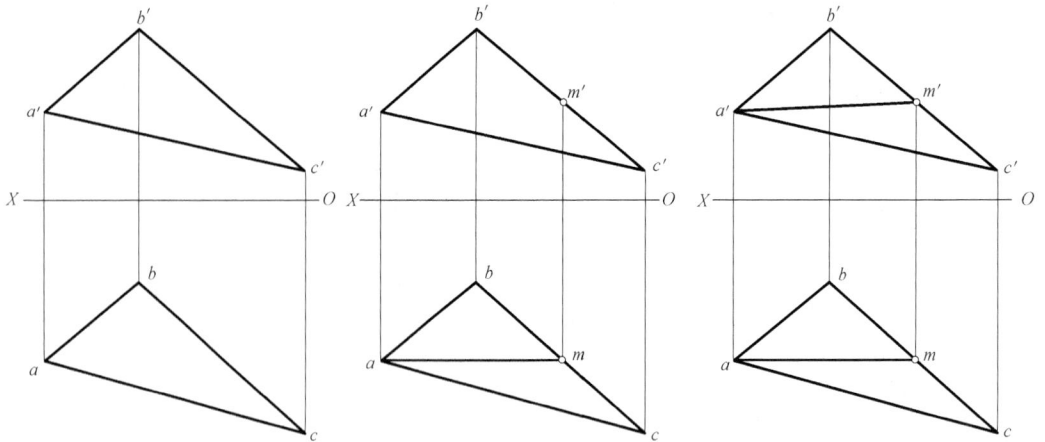

图 1-52 在平面 ABC 内作正平线

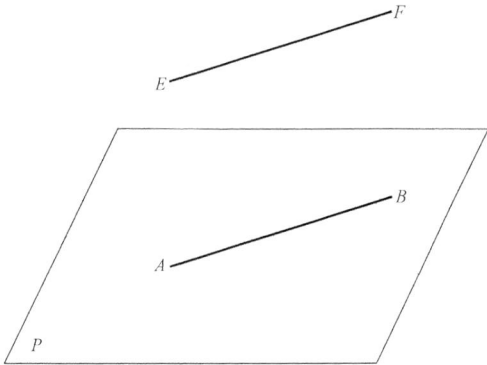

图 1-53 直线与平面平行

线 EF 与平面 P 内的直线 AB 平行，则 EF 与平面 P 平行。

【例 1-13】 判别图 1-54 中，直线 AB 与平面 CDE 是否平行。

解 解这类题时，主要是看能否在平面 CDE 上作出一条与 AB 平行的直线，如果能够作出，则直线 AB 与平面 CDE 是平行的，否则，直线 AB 与平面 CDE 不平行。

具体步骤如下：在 V 面上作直线 $1'2'$ 平行于 $a'b'$，过 $1'$、$2'$ 向下作垂线，分别与 cd 和 ce 交于 1、2 两点，连接 1、2 两点，因为 12 与 ab 不平行，即直线 AB 不平行于直线 I II，所以直线 AB 与平面 CDE 不平行。

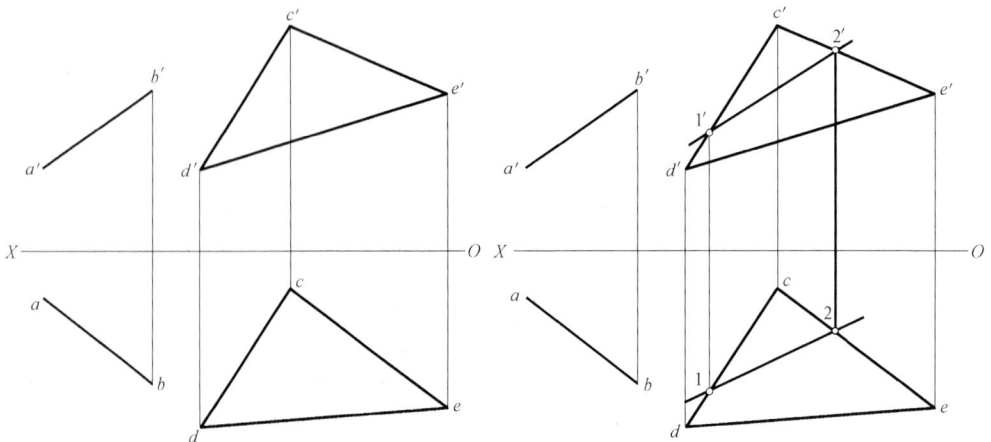

图 1-54 判别直线 AB 与平面 CDE 是否平行

【例1-14】　如图1-55所示，经过A点，作一条正平线，与平面CDE平行。

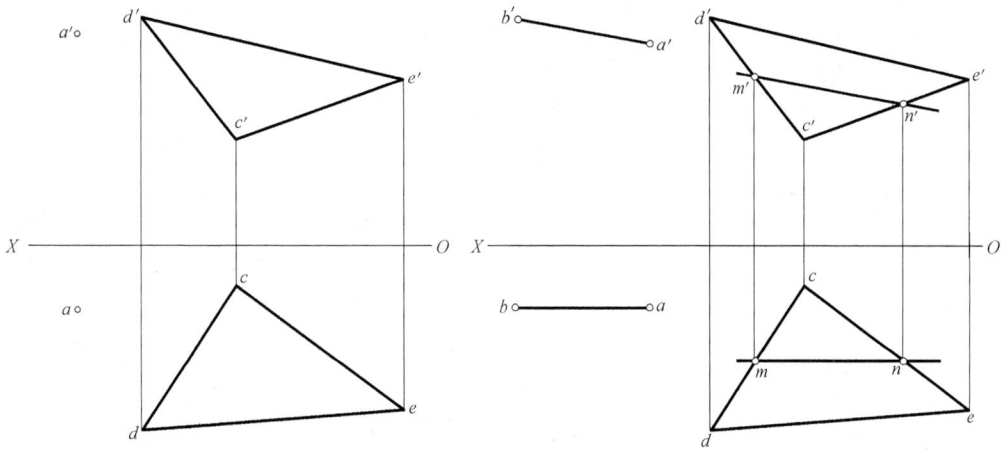

图1-55　求作正平线

解　首先在平面CDE之内作一条正平线MN，然后过A点作一条直线AB与MN平行，则AB既是一条正平线，同时又与平面CDE平行。

具体步骤如下：在H面上，作一条直线与OX轴平行，与cd和ce交于m、n两点。过m、n两点分别向上引铅垂线，与c′d′和c′e′交于m′、n′两点，连接m′、n′两点，则直线MN就是平面CDE内的一条正平线。过a、a′分别作ab∥mn、a′b′∥m′n′，则AB既是一条正平线，同时也与平面CDE平行。

当平面是特殊位置平面时，判别直线与平面是否平行，只要看该平面积聚为一直线的投影是否与直线的同名投影平行就可以了。见图1-56，三角形ABC为铅垂面，它在H面上的投影积聚成一条直线abc，直线EF的H面投影ef∥abc，因此，直线EF平行于平面ABC。

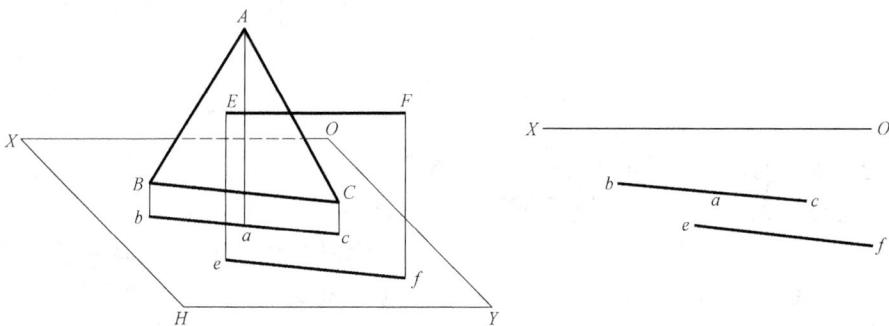

图1-56　直线与平面平行

七、平面与平面平行

平面与平面平行的几何条件是：一平面内的两条相交直线，分别平行于另一平面内的两条相交直线。根据上述条件，可以判别一条直线是否与平面平行，或者判别两平面是否平行。如图1-57所示，直线MN∥M₁N₁，PQ∥P₁Q₁，MN、PQ是平面H内的两条相交直线，M₁N₁、P₁Q₁是平面H₁内的两条相交直线，则平面H与平面H₁是平行的。

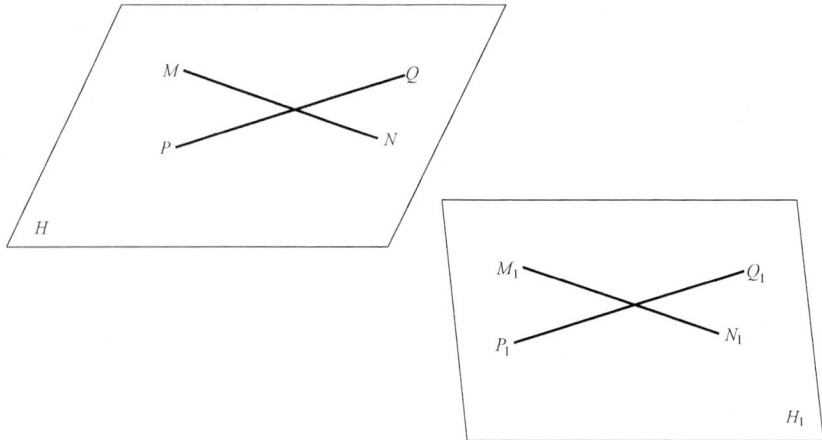

图 1 - 57　平面与平面平行

【例 1 - 15】 判别图 1 - 58 中，平面 ABC 与平面 $DEFG$ 是否平行。

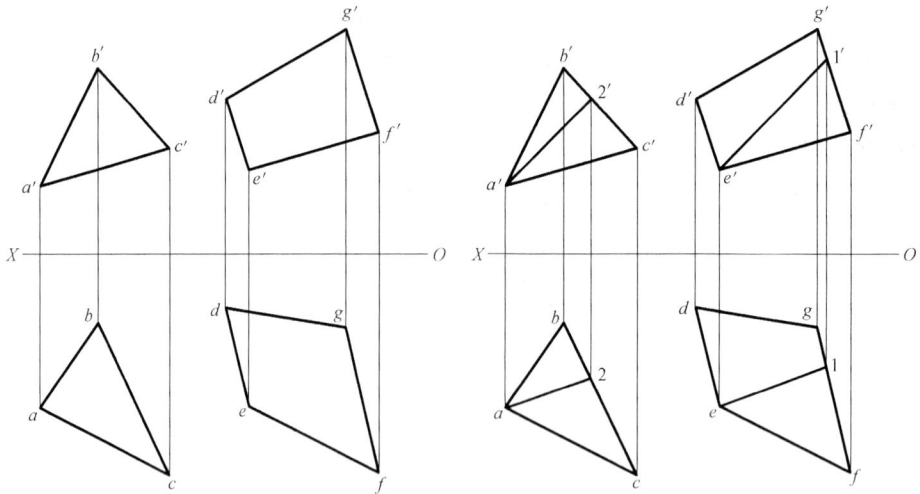

图 1 - 58　判别平面 ABC 与平面 $DEFG$ 是否平行

解　进行判别时，只要看能否在一平面内找到两相交直线，与另一平面内的两相交直线平行，如果能够找到，则两平面是平行的，否则，两平面不平行。

具体判别过程如下：由于 $a'c'$∥$e'f'$，ac∥ef，则直线 AC∥EF。过 a 点作 $a2$ 直线，过 2 点向上引铅垂线，与 $b'c'$ 交于 $2'$ 点，连接 a'、$2'$ 点，得到直线 $a'2'$，在平面 $defg$ 内，作 $e1$∥$a2$，利用相同的方法，求得 $1'$ 点，连接 $e'1'$，由图中可知，$e'1'$∥$a'2'$，因此，直线 EⅠ∥AⅡ，由此，可以判别平面 ABC 与平面 $DEFG$ 是平行的。

【例 1 - 16】 已知平面 ABC 和点 M，作一平面经过 M 点，并与平面 ABC 平行，见图 1 - 59。

解　解题时，过 M 点作两条相交的直线，分别与平面 ABC 内的两条相交直线平行即可。

具体步骤如下：过 m 点作 de∥ab，过 m' 点作 $d'e'$∥$a'b'$；采用相同的方法作出 fg∥bc；

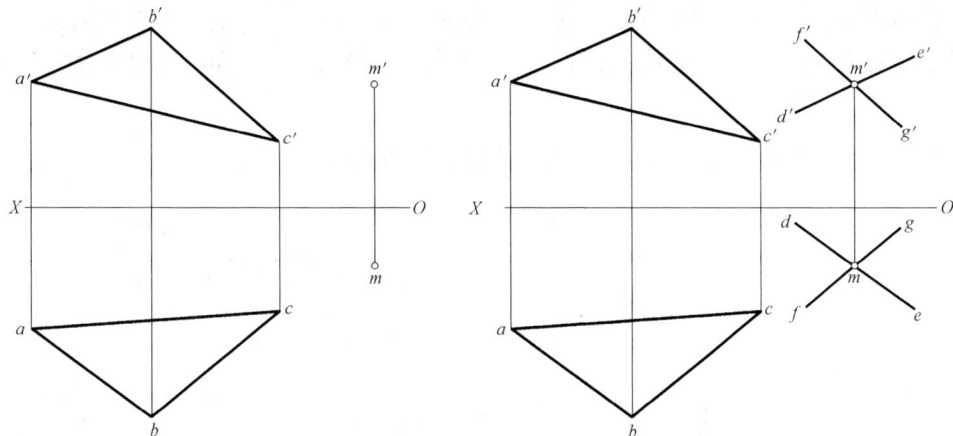

图 1 - 59　过一点作已知平面的平行面

$f'g' /\!/ b'c'$。则由 DE 和 FG 所确定的平面与平面 ABC 是平行的，同时又经过 M 点。

八、直线与平面相交、平面与平面相交

直线与平面相交，就是研究直线和平面的交点如何确定的问题。直线和平面的交点，是直线与平面的共有点。当直线与平面相交时，只有一个交点。

（一）直线与特殊位置平面相交

求直线与特殊位置平面的交点时，应该利用特殊位置平面投影的积聚性。如图 1 - 60 所示，直线 AB 与平面 CDE 相交于 M 点，由于平面 CDE 是铅垂面，它在 H 面上的投影具有积聚性，积聚成直线 cde，M 点既在直线上，同时又在平面上，所以 M 点的 H 面投影一定在 cde 上，M 点的 H 面投影又在 ab 上，因此，ab 与 cde 的交点就是 M 点的 H 面投影 m。确定了 m 以后，过 m 点向上引垂线，与 $a'b'$ 相交，交点就是 m' 点。

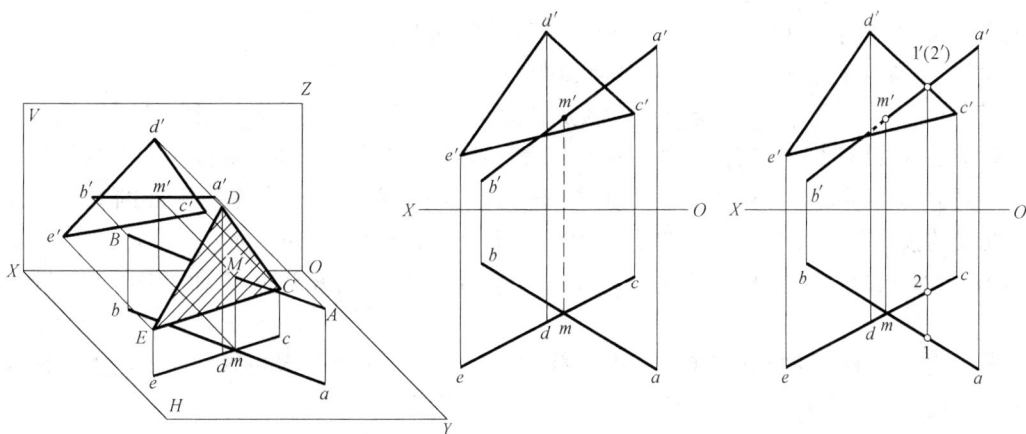

图 1 - 60　求直线与特殊位置平面的交点

直线与平面相交时，直线的某一部分可能被平面所遮挡，见图 1 - 60，直线 AB 在 CDE 平面以后的部分中，局部被平面遮挡，因此，需要判别直线的可见性。判别过程如下：自 $a'b'$、$c'd'$ 的投影重合点，$1'$、$(2')$ 向下引铅垂线，铅垂线首先与 cde 交于 2 点，然后与 ab 交于 1 点，由于 1 点在前，1 点在直线 AB 上，说明直线上的点是可见的，平面上的点在后；

所以 MA 的 V 面投影 $m'a'$ 是可见的；由于交点 M 是可见与不可见的分界点，因此，MB 的 V 面投影 $m'b'$ 是不可见的，不可见的部分用虚线表示。但是，在平面以外的部分仍然用实线表示。

【例 1 - 17】 如图 1 - 61 所示，求作直线和正垂面的交点。

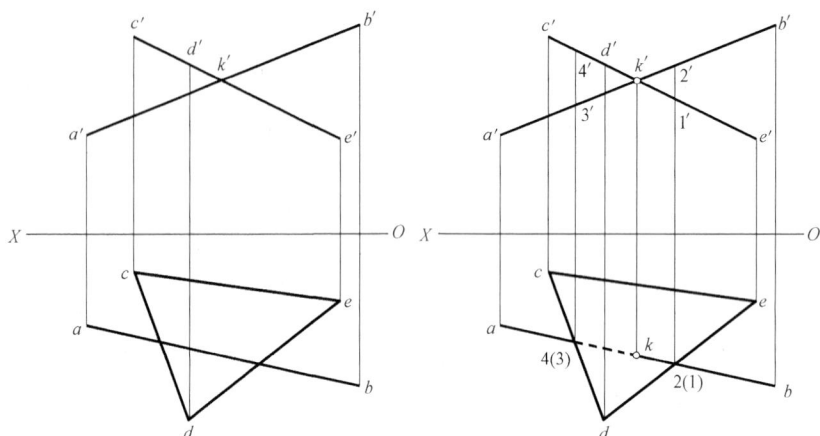

图 1 - 61　求直线与正垂面的交点

解　用字母 k' 表示 $a'b'$ 与 $c'd'e'$ 产生的交点。由 k' 向下引垂线与 ab 相交，则交点就是直线 AB 与平面 CDE 交点 K 的 H 面投影 k。

可见性的判别：自 2（1）向上引垂线，交 $c'd'e'$ 于 $1'$ 点，交 $a'b'$ 于 $2'$ 点，由于 $2'$ 点在上，是可见的，$1'$ 点在下是不可见的，II 点在直线 AB 上，I 点在平面 CDE 上，因此，kb 是可见的，而 k 是直线 ab 可见与不可见的分界点，从而 ka 被平面遮挡，为不可见，用虚线表示，但是平面以外的部分 $4a$，仍然画成实线。本题中，在判别 ka 是否可见时，也可以利用重影点 4（3）向上引线进行判别，所得结果是相同的。

（二）一般位置平面与特殊位置平面相交

两个平面相交，交线是一条直线，交线上的点是两平面的共有点。求一般位置平面与特殊位置平面的交线时，应该充分利用特殊位置平面的投影特性，即特殊位置平面在与其垂直的投影面上的投影具有积聚性，积聚成一条直线，因为交线上的点是两平面的共有点，所以，交线的投影和特殊位置平面的积聚投影一定重合。如图 1 - 62 所示，铅垂面 P 与平面 ABC 在 H 面上的投影为 P_{H} 和 abc，平面 P 和 ABC 的交线 RS 的 H 面投影，一定与 P_{H} 重合。

求一般位置平面与特殊位置平面的交线时，可以归结为求一般位置平面上两条直线与特殊位置平面的两个交点，交点的连线就是两平面的交线。

【例 1 - 18】 求平面 ABC 与平面 DEF 的交线，如图 1 - 63 所示。

解　由于 ABC 是一铅垂面，它在 H 面上的投影具有积聚性，积聚成一条直线，因此，两平面的交线一定在 ABC 的积聚投影上。用 12 表示出交线的水平投影；自 1、2 分别向上引垂线，与 $d'e'$、$d'f'$ 分别产生交点 $1'$、$2'$，连接 $1'$、$2'$ 两点，则 $1'2'$ 就是交线的 V 面投影。由于 $1'$ 点在图形 $a'b'c'$ 之外，因此交线为两平面公共部分。

平面与平面相交，同样存在着可见性的问题。判别时，利用重影点来确定。具体判

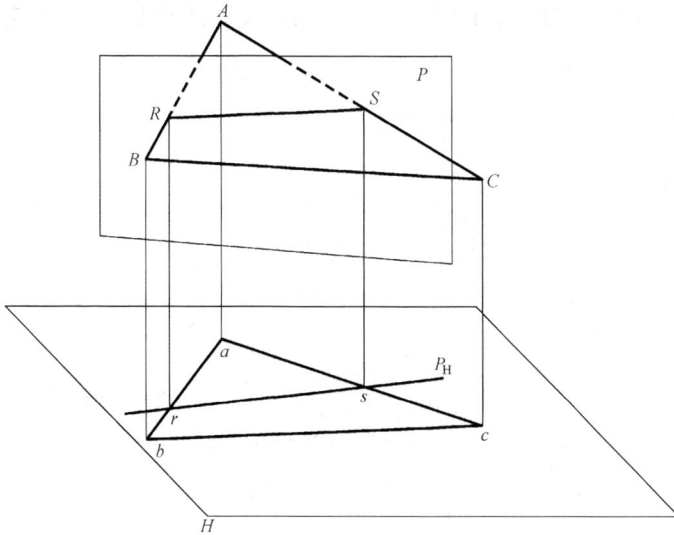

图 1-62 求一般位置平面与特殊位置平面的交线

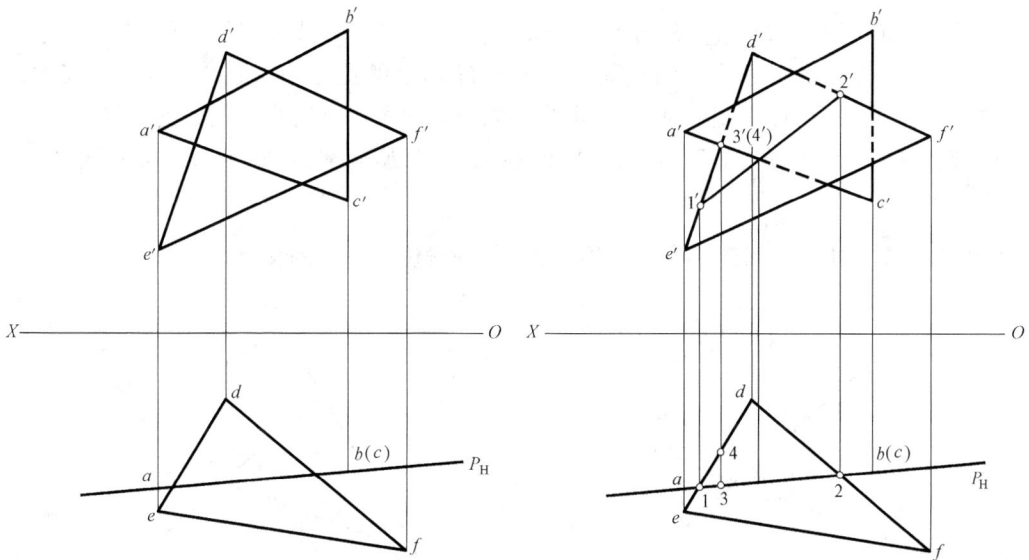

图 1-63 求平面 ABC 与平面 DEF 的交线

别过程如下：过 3′（4′）向下引垂线，首先与平面 DEF 的 H 面投影交于 4 点，然后与平面 ABC 的 H 面投影交于 3 点。由于 3 点在前，是可见的，3 点在平面 ABC 上，所以，在 V 面投影中，$1′2′e′f′$ 是可见的，用实线表示，而 $1′2′c′$ 是不可见的，用虚线表示，图形以外的部分仍然用实线表示。由于交线是可见与不可见的分界线，在 $1′2′$ 的另一侧，$1′2′a′b′$ 是可见的，$1′2′d′$ 是不可见的，用虚线表示，图形以外的部分同样用实线表示。

（三）直线与一般位置平面相交

直线与一般位置平面相交，求交点。首先过直线作一辅助平面，该辅助平面必须是特殊位置平面，一般为投影面的垂直面，通常用迹线来表示。然后求出辅助平面与一般位置平面的交线，交线与已知直线的交点就是直线与一般位置平面的交点，如图 1 - 64 所示。

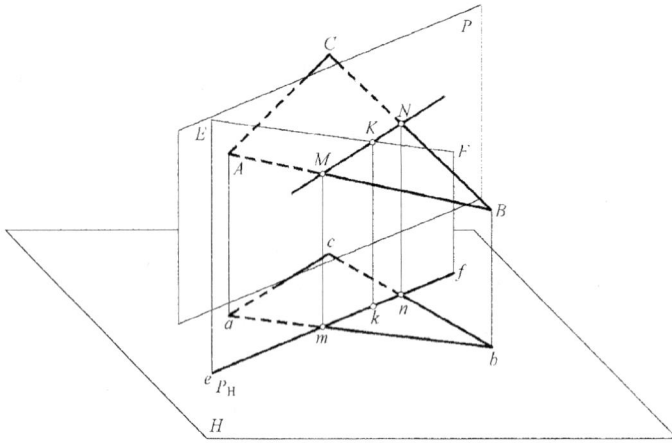

图 1 - 64　直线与一般位置平面相交

如图 1 - 64 所示，求直线 EF 与平面 ABC 的交点 K 时，可以按照下面的步骤进行：

首先，过已知直线 EF 作一铅垂面 P，P 在 H 面上的投影用迹线 P_H 表示。其次，求出辅助平面 P 与平面 ABC 交线 MN 的水平投影 mn，然后求出交线的其他未知投影。最后，求出直线 MN 与直线 EF 的交点 K 的投影，则 K 点就是直线 EF 与平面 ABC 的交点。

【例 1 - 19】　如图 1 - 65 所示，求直线 EF 与一般位置平面的交点。

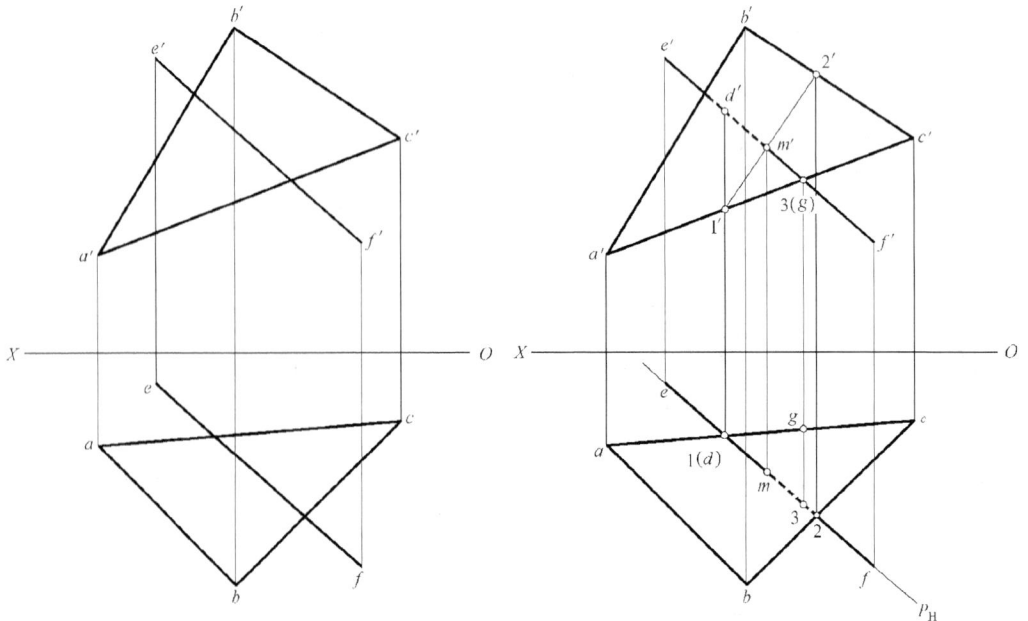

图 1 - 65　求直线 EF 与平面 ABC 的交点 M

解　过直线 EF 作一铅垂面，用 P_H 表示。先求出平面 P 与平面 ABC 交线的 H 面投影 12，然后过 1、2 分别向上引垂线，得到两平面交线的 V 面投影 $1'2'$，$1'2'$ 与直线 EF 的 V 面投影 $e'f'$ 的交点 m'，则 m' 就是直线 EF 与平面 ABC 交点的 V 面投影。过 m' 向下作垂线与 ef 相交，得到交点 m，即为交点的 H 面投影。

直线可见性的判别如下：从 d（1）点向上引铅垂线，与 $a'c'$ 交于 $1'$ 点，与 $e'f'$ 交于 d' 点，d' 在上，$1'$ 点在下，因此，在 H 面投影上，me 是可见的，另一部分 mf 中 $m2$ 是不可见的，用虚线表示。从 $3'$（g'）向下引铅垂线，与 ac 交于 g，交 ef 于 3，3 点在前，g 点在后，则 $m'f'$ 是可见的，$m'e'$ 位于平面内的部分是不可见的。

（四）两一般位置平面相交

两一般位置平面相交，求两相交平面产生的交线时，可以采用上述求一般位置直线与一般位置平面交点的方法，求出一个平面上的两条直线与另一平面产生的交点，两交点连接起来就是两一般位置平面相交产生的交线。

【例 1 - 20】　如图 1 - 66 所示，求两一般位置平面 ABC 与 DEF 的交线。

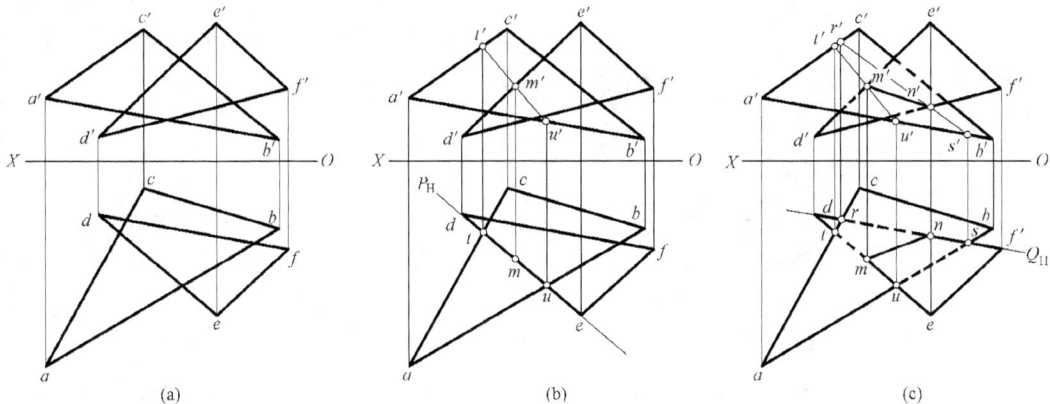

(a)　　　　　　　　　　(b)　　　　　　　　　　(c)

图 1 - 66　求两一般位置平面 ABC 与 DEF 的交线

解　过 DE 作辅助平面 P，P 为铅垂面，在 H 面上的投影用迹线 P_H 来表示，作出辅助平面 P 与平面 ABC 的交线 TU 的两面投影，求出 TU 与 DE 的交点 M 的投影。采用同样的方法，过直线 DF 作辅助铅垂面 Q，求出 Q 与平面 ABC 的交线 RS 的投影，作出交线 RS 与 DF 的交点 N 的投影，连接 MN 的同名投影，则 mn 与 $m'n'$ 即为两平面产生的交线。平面可见性的问题同样可以采用重影点来判别。

（五）直线与平面垂直

由初等几何可知，判别直线和平面垂直的规则是：一条直线如果和平面内的任意两条相交直线垂直，则该直线与该平面垂直。这样直线与平面的垂直问题，就转化为直线与直线的垂直问题。平面内的直线有无数条，在选取平面内的两条相交直线时，一般选择特殊位置直线，其中一条为水平线，另一条为正平线；如果直线与平面垂直，则该直线一定与平面内的水平线和正平线垂直。在同一平面内的正平线和水平线一定是相交的，利用前边所学过的一边平行于投影面的直角投影特性，就能够判别直线与平面是否垂直，或者作已知平面的垂线。如图 1 - 67 所示。

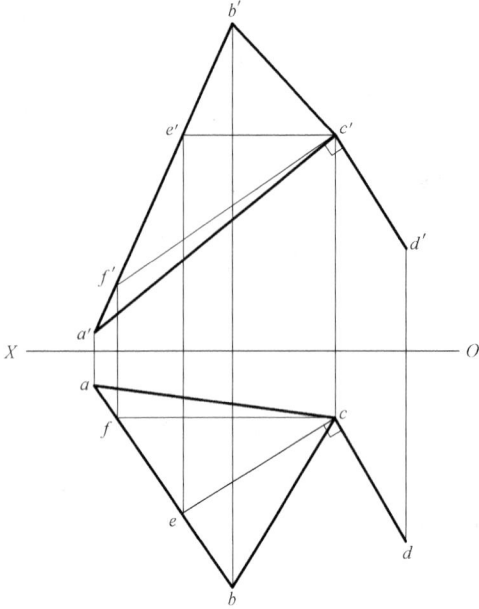

图 1 - 67　直线与一般位置平面垂直的特性

【例 1 - 21】　如图 1 - 68 所示，过已知点 M 作平面 ABC 的垂线。

解　过 b' 作直线平行于 OX 轴，与 $a'c'$ 交于点 d'，过 d' 作铅垂线，与 ac 相交得到 d 点，过 m 作 bd 的垂线 mn。

过 c 作平行于 OX 轴的平行线 ce，用同样的方法求出 $c'e'$ 的投影，过 m' 作 $c'e'$ 的垂线。过 n 点向上引垂线，与过 m' 点所作的垂线相交，交点就是 n'，则 MN 即为所求。

（六）平面与平面垂直

判定两平面垂直的基本规则是：如果一个平面经过另一个平面的一条垂线，或者一个平面上有一条直线垂直于另一平面，这两个平面相互垂直。根据上述规则可以判定两平面是否垂直，也可以作已知平面的垂面。

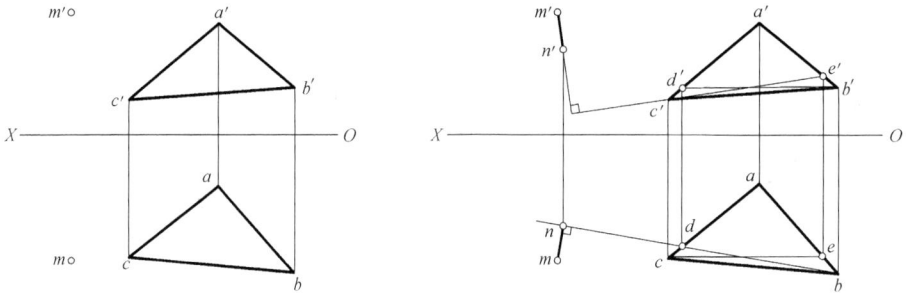

图 1 - 68　过 M 点作平面 ABC 的垂线

【例 1 - 22】　如图 1 - 69 所示，判别两平面是否垂直。

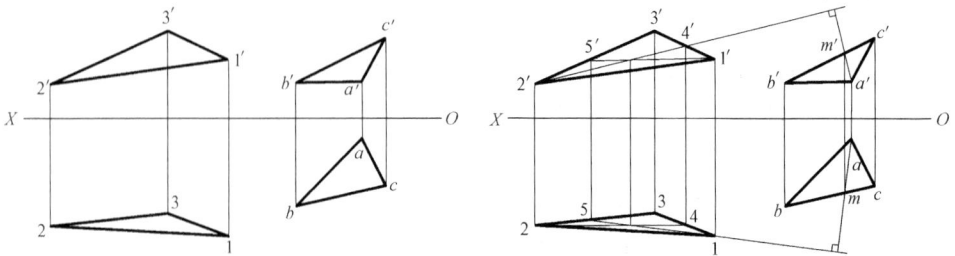

图 1 - 69　判别两平面是否垂直

解　在 Ⅰ Ⅱ Ⅲ平面上，分别作水平线和正平线 15、$1'5'$，24、$2'4'$。

过 a 点作 15 的垂线，交 bc 于 m 点，根据点的三面投影规律求得 m' 点，延长 $a'm'$、$2'4'$，两直线垂直，则说明直线 AM 垂直于平面 Ⅰ Ⅱ Ⅲ，直线 AM 又在平面 ABC 内，因此，两平面垂直。

（七）平面多边形的实形

前已述及，利用直角三角形法可以求一般位置直线的实长，对于平面多边形而言，可以重复利用直角三角形法把平面多边形的每一条边的实长求出来，然后利用几何作图法，最终求出平面多边形的实形，如图 1-70 所示。

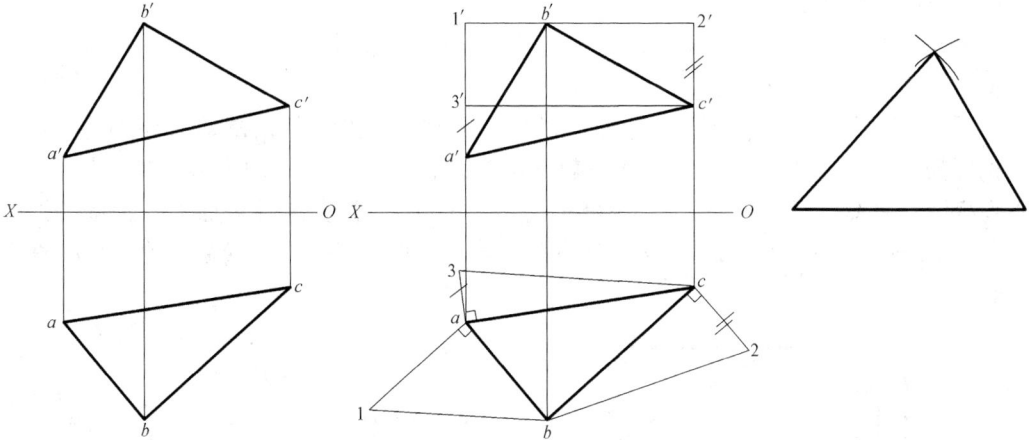

图 1-70 利用直角三角形法求平面的实形

第六节 投 影 变 换

通过前面几节的内容可知，当空间几何元素在投影体系中处于特殊位置时，其投影能够反映它们的特性；而空间几何元素在投影体系中处于一般位置时，求直线、平面的实长或者实形就较为繁琐；因为在投影图中，不能反映它们的实长或者实形。为了解决上述问题，可以通过投影变换将几何元素由一般位置变换为特殊位置。投影变换通常有两种方法，即换面法和旋转法。

一、换面法

换面法是指保持空间几何元素的位置不变，而通过设置新的投影面，使空间几何元素与新的投影面处于特殊位置，这样空间几何元素的投影能够反映它们的特征。

利用换面法解题时，应该满足的基本条件是：新投影面必须与原来的某一个投影面垂直；新投影面必须与空间几何元素处于有利的位置，如平行或者垂直于空间的直线或者平面。如图 1-71 所示，V/H 是原来的投影面，平面 ABC 为一铅垂面，它在两个面上的投影均不反映实形，为了在某一个投影面上

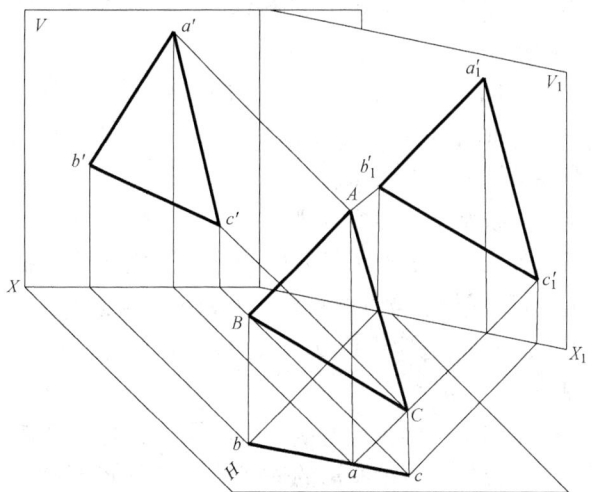

图 1-71 换面法

的投影反映实形，利用一个新的铅垂面 V_1 来替代 V 面，形成一个新的投影体系 V_1/H，其中 V_1 垂直于 H，V_1 与 H 的交线形成新投影轴 X_1。

（一）换面法的基本规律

1. 点的变换

（1）点的一次变换。

只变换一次投影面就能够满足解题的要求，称为一次变换。

变换正立投影面（V 面）：

如图 1-72 所示，设置新的铅垂面 V_1 与 H 面垂直，形成新投影轴 X_1，作 A 点在 V_1 面上的投影 a_1'，称之为新投影；V 面投影 a' 称为旧投影。H 面上的投影没有发生变化，称为不变投影。将 V_1 面绕 X_1 轴旋转到 H 面上，再随同 H 面旋转到 V 面上，所得的投影如图1-72（b）所示。Aa 与 Aa_1' 组成一个平面，与 X_1 轴交于 a_{x1}；旋转后，连线 aa_1' 垂直于 X_1 轴。

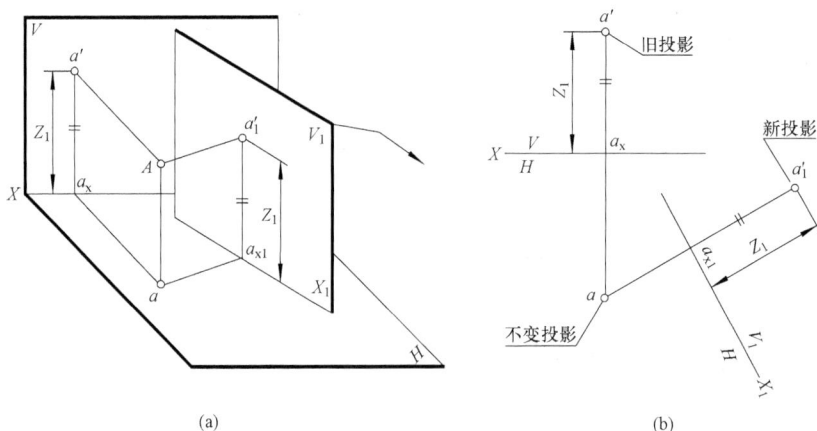

图 1-72　点的一次变换（换 V 面）

由图 1-72（a）可知，A 点在 V_1 面上的投影 a_1' 至 X_1 轴的距离 $a_1'a_{x1}$ 和 a' 至 X 轴的距离 $a'a_x$ 相等，即新投影到新轴的距离与 V 面投影到 X 轴的距离一样，都表示 A 点到 H 面的距离。

由此可以看出，V_1 面上的投影与原投影体系的投影有如下关系：

a 和 a_1' 的连线垂直于新投影轴 X_1，即 $aa_1' \perp X_1$ 轴。a_1' 到 X_1 轴的距离等于 a' 到 X 轴的距离，即 $a_1'a_{x1} = a'a_x$。

变换水平投影面（H 面）：

如图 1-73（a）所示，设置一个垂直于 V 面的新投影面 H_1，变换 H 面，A 点在 H_1 面上的新投影 a_1 与原来的投影 a 和 a' 的关系为：

a' 与 a_1 的连线垂直于 X_1 轴，即 $a'a_1 \perp X_1$ 轴；a_1 到 X_1 轴的距离等于 a 到 X 轴的距离，即 $a_1a_{x1} = aa_x$。

由以上点的一次变换，可以得出点的一次变换规律为：

新投影与不变投影的连线垂直于新投影轴；新投影到新轴的距离等于旧投影到旧轴的距离。

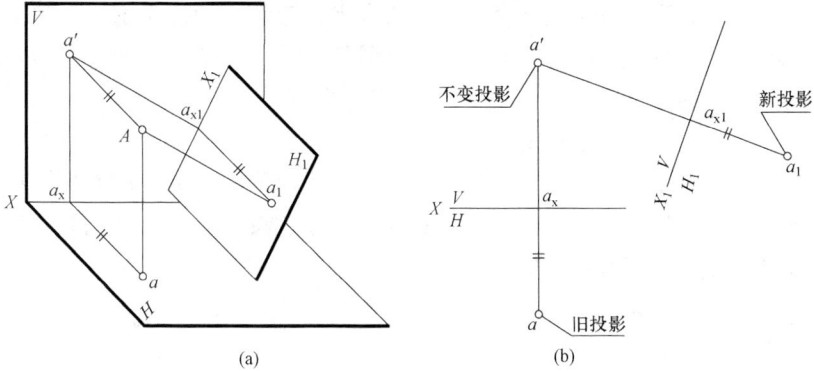

图 1-73 点的一次变换（换 H 面）

（2）点的二次变换。

在换面法中，有时需要连续增设两个或两个以上的新投影面。在上述一次变换的基础上，再设置第二个新投影面与第一次设置的新投影面垂直，以组成新的投影面体系，这种两次变换投影面的方法称为二次变换。如图 1-74（a）所示，连续增设了两个新投影面。先建立一个新投影面 V_1，确立 V_1/H 投影面体系。在此基础上，再增设第二个新投影面 H_2 垂直于 V_1 面，确立 V_1/H_2 投影面体系，A 点在 H_2 面上的投影为 a_2。

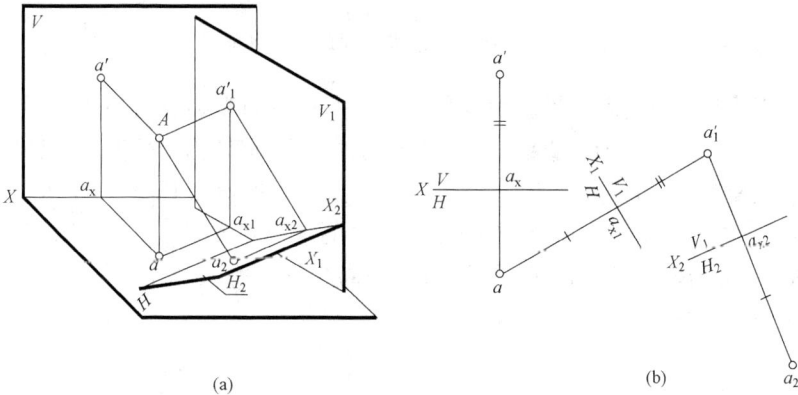

图 1-74 点的二次变换

先将 H_2 面旋转到 V_1 面上，再随同 V_1、H 面旋转到 V 面上，所得到的投影图如图 1-74（b）所示。Aa_1' 与 Aa_2 也组成一个平面，旋转后，连线 $a_1'a_2$ 垂直于 X_2 轴，并且 $a_2a_{x2} = Aa_1' = aa_{x1}$，表示 A 点到 V_1 面的距离。点的二次变换的具体作图步骤为：

首先，进行一次变换，确立 H/V_1 投影面体系，选定 X_1 轴的位置，作 $aa_1' \perp X_1$ 轴，取 $a_1'a_{x1} = a'a_x$；然后进行二次变换，确立 V_1/H_2 投影面体系，选定 X_2 轴的位置，作 $a_1'a_2 \perp X_2$ 轴，取 $a_2a_{x2} = aa_{x1}$。

同样，也可以第一次变换 H 面确立 V/H_1 体系，第二次变换 V 面确立 H_1/V_2 体系。

2. 直线的变换

（1）将一般位置直线变换成投影面的平行线，使变换后的投影反映实长和对相应投影面的倾角。

如图 1-75（a）所示，一般位置直线 AB 的水平投影和正面投影都不反映实长，欲求线段的实长，可以变换 V 面或 H 面。若设 V_1 面平行于直线 AB，且垂直于 H 面，则投影 $a'_1b'_1$ 反映直线 AB 的实长及倾角 α。此时，X_1 轴平行于 ab。

如图 1-75（b）所示，作图步骤如下：

首先，作任意远近的 X_1 轴，使其平行于 ab；然后，分别由 a、b 两点作 X_1 轴的垂线，截取 a'_1、b'_1 到 X_1 轴的距离分别等于 a'、b' 到 X 轴的距离；连接 $a'_1b'_1$，即为实长，$a'_1b'_1$ 与 X_1 轴的夹角反映直线与 H 面的倾角 α。

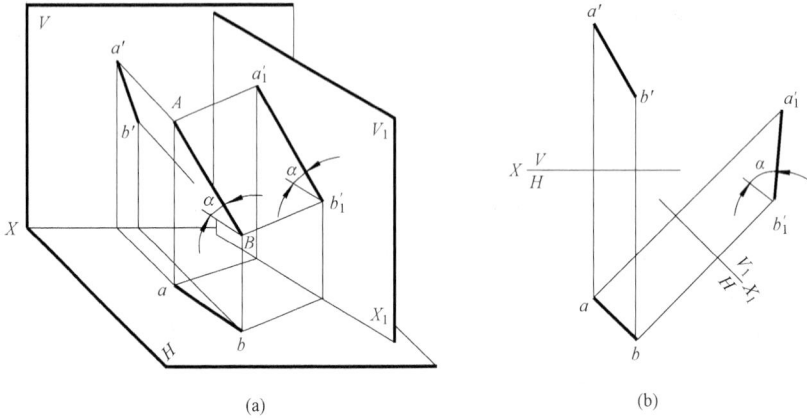

图 1-75　一次变换求直线的实长和倾角

（2）将投影面平行线变换成投影面垂直线，使变换后的投影成为一点。

如图 1-76（a）所示，因为直线 AB 平行于正立投影面 V 面，垂直于 AB 的平面必垂直于 V 面，因此应变换 H 面。如图 1-76（b）所示，作图步骤如下：

首先，作 X_1 轴垂直于 $a'b'$；再由 $a'b'$ 作 X_1 轴的垂线并截取 a_1（b_1）至 X_1 轴的距离等于 a 和 b 至 X 轴的距离，因为 a 和 b 至 X 轴的距离相等，所以，a_1、b_1 重合为一点。

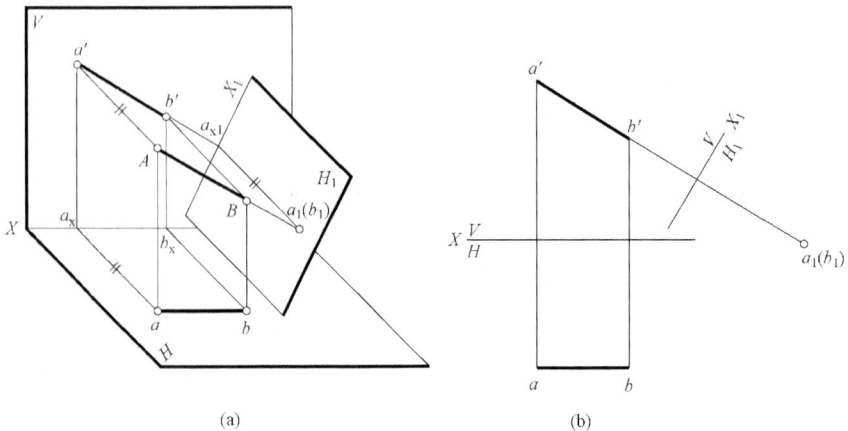

图 1-76　正平线变成投影面垂直线

（3）将一般位置直线变换成投影面垂直线，使变换后的投影成为一点。

如图 1-77（a）所示，AB 是一般位置直线，要使变换后的投影成为一点，首先应使其变换成投影面的平行线，然后再变换成投影面的垂直线，也就是要经过两次变换，即将上面两种情况结合，如图 1 - 77（b）所示，作图步骤为：

首先，选定 X_1 轴平行于 ab；再分别由 a、b 两点作 X_1 轴的垂线，截取 a_1'、b_1' 到 X_1 轴的距离分别等于 a'、b' 到 X 轴的距离；连接 $a_1'b_1'$，再选 X_2 轴垂直于 $a_1'b_1'$；由 $a_1'b_1'$ 作 X_2 轴的垂线并截取 a_2（b_2），因为 a 和 b 到 X_1 轴的距离相等，所以 a_2（b_2）重合为一点。

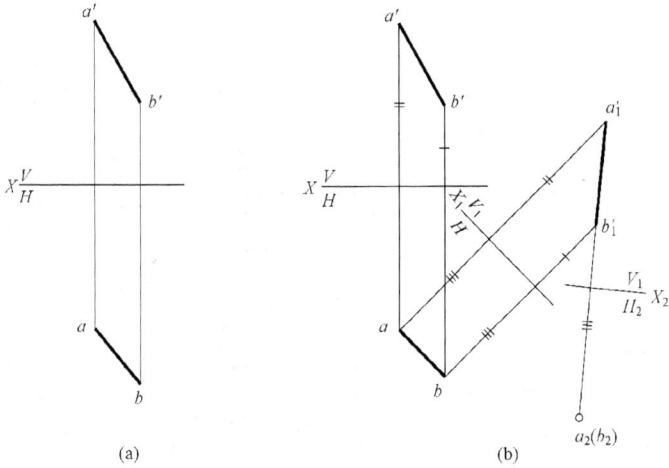

图 1 - 77　一般位置直线变换成垂直线

3. 平面的变换

（1）将一般位置平面变换成投影面垂直面，使变换后的投影成为一条直线。

如图 1 - 78（a）所示，$\triangle ABC$ 是一般位置平面，怎样才能使一般位置平面变换成投影面的垂直面？只有当新设置的投影面垂直于平面上的一条直线时，平面的新投影才能积聚成一条直线。

如图 1 - 78（b）所示，作图步骤为：

在 $\triangle ABC$ 平面上作水平线 AD，$a'd' // X$ 轴，再求得 ad；作 X_1 轴垂直于 ad，求得 $a_1'b_1'c_1'$ 为一条积聚直线。

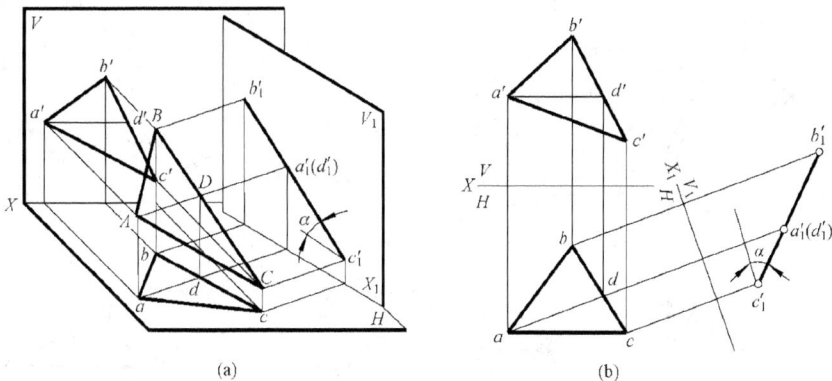

图 1 - 78　一般位置平面变换成投影面的垂直面

（2）将投影面垂直面变换成投影面平行面，使变换后的投影反映实形。

如图 1 - 79（a）所示，△ABC 平面的 V 面投影积聚为一直线，倾斜于 X 轴，所以 △ABC 是正垂面，水平面投影不能反映它的实形。想要求它的实形，应该选择垂直于 V 面 且平行于△ABC 的新投影面 H_1。如图 1 - 79（b）所示，作图步骤为：

首先，作 X_1 轴平行于积聚投影 $a'b'c'$；分别由 a'、b'、c' 作 X_1 轴的垂线，并截取 a_1、 b_1、c_1 各点到 X_1 轴的距离分别等于 a、b、c 各点到 X 轴的距离；然后连接 a_1、b_1、c_1 三 点，△$a_1b_1c_1$ 即为所求。

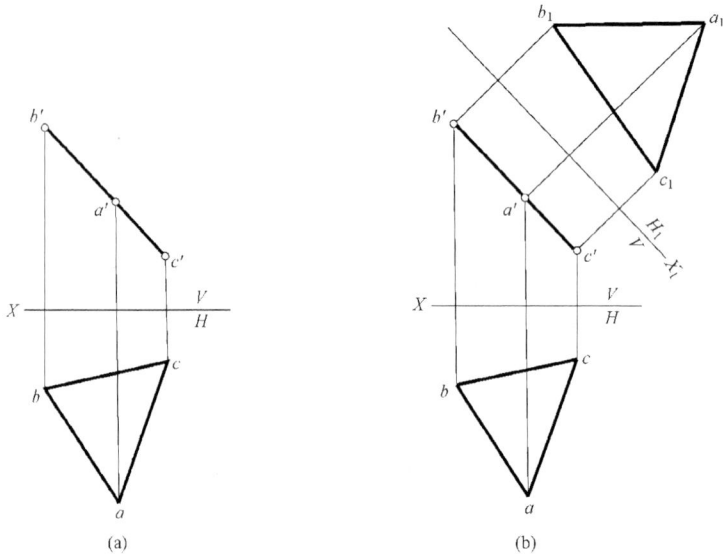

图 1 - 79　正垂面变换后反映实形

（3）将一般位置平面变换成投影面平行面，使变换后的投影反映实形。

如图 1 - 80（a）所示，△ABC 是一般位置平面。所以，首先把它变换成投影面的垂直 面，然后再变换成投影面的平行面，即经过两次变换，也就是以上两种情况的组合。

作图步骤为：首先在△ABC 上作水平线 AD，$a'd' /\!/ X$ 轴，再求得 ad；然后作 X_1 轴垂直于 ad，求得 $a_1'c_1'b_1'$ 为一直线；最后作 X_2 轴平行于 $a_1'b_1'c_1'$，再求得△$a_2b_2c_2$，△$a_2b_2c_2$ 即为所求。

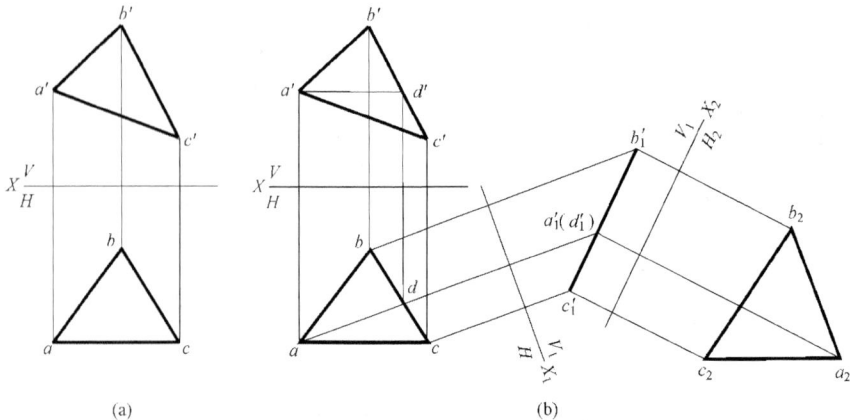

图 1 - 80　一般位置平面二次变换后反映实形

（二）换面法的实际应用举例

【例1-23】 已知 A 点和直线 BC 的两面投影，求点 A 到直线 BC 的距离，如图1-81所示。

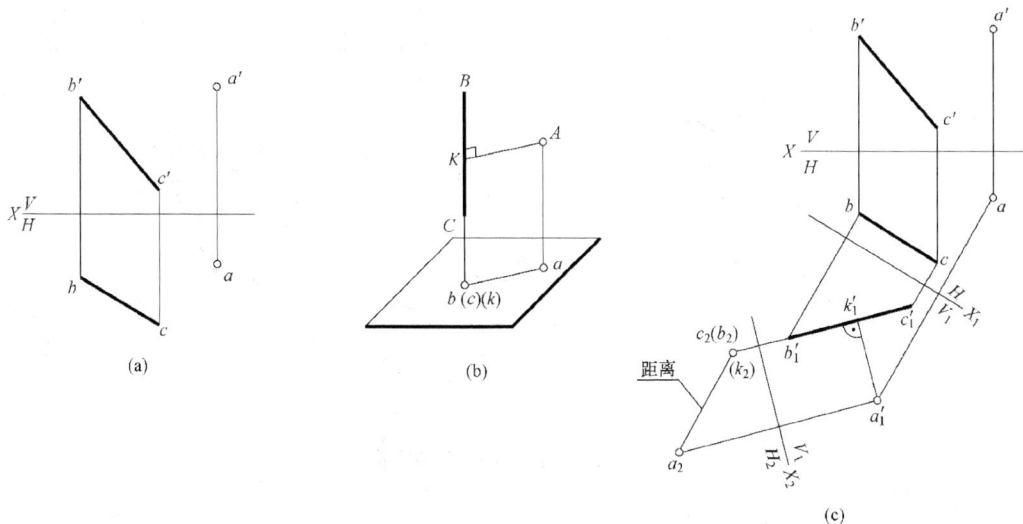

图1-81 求点到直线的距离
(a) 原图；(b) 空间分析；(c) 作图过程

解 分析：当直线 BC 垂直于某一投影面时，点 A 到 BC 的距离在该投影面上的投影反映实长，如图1-81（b）所示。所以，过 A 点作 BC 的垂线，垂足 K 到 A 点的距离就是点到直线的距离，因此，首先将一般位置直线 BC 变换成投影面的平行线，然后再将其变换成投影面的垂直线。

作图：首先，作 X_1 轴平行于 bc，求出 $b_1'c_1'$ 和 a_1'；然后作 X_2 轴垂直于 $b_1'c_1'$，求出 c_2（b_2）和 a_2；a_2c_2 的长度即为 A 点到直线 BC 的距离。

【例1-24】 已知 K 点和 $\triangle ABC$ 的两面投影，求点 K 到平面 ABC 的距离及垂足的投影，如图1-82所示。

解 分析：当平面垂直于某一投影面时，一点到平面的距离可以在该投影面上的投影反映出来。

作图：在 $\triangle ABC$ 内作 H 面的平行线 AD，作 X_1 轴垂直于 ad；由 k、a、b、c 点作直线垂直于 X_1 轴；并在对应直线上截取 k_1'、a_1'、b_1'、c_1'，$\triangle ABC$ 的投影积聚成线段 $a_1'b_1'c_1'$；过 k_1' 作 $a_1'b_1'c_1'$ 的垂线，得到垂足 i_1'；过 i_1' 作 X_1 轴的垂线与所作 $ki /\!/ X_1$ 轴的线交于 i；根据 i' 到 X 轴的距离等于 i_1' 到 X_1 轴的距离，即可确定出 i'。

【例1-25】 已知直线 $AB /\!/ CD$，且距离为10mm，求 CD 的正立面投影，如图1-83所示。

解 分析：由于直线 AB 和 CD 都是一般位置直线，欲求两平行线之间的距离，可以将平行线都转换成投影面的垂直线，两积聚投影之间的距离就是两平行线之间的距离。

作图：作 X_1 轴 $/\!/ cd$（ab），求出 $a_1'b_1'$；作 X_2 轴 $\perp a_1'b_1'$，得到 a_2（b_2），以 a_2（b_2）为圆心，作一半径为10mm的圆；量取 X_1 轴到 cd 之间的距离 Δ，以 X_2 轴为基准，以 Δ 的长

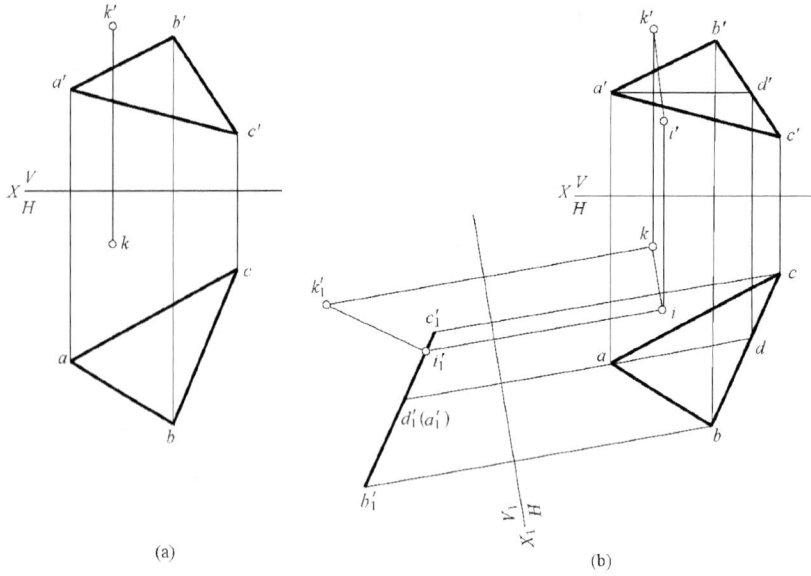

图 1 - 82 求点到平面的距离

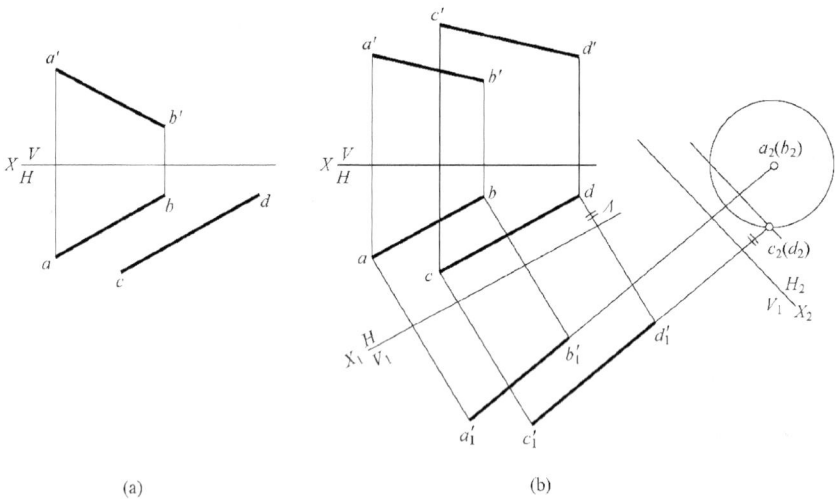

图 1 - 83 求直线 CD 的正立面投影

度作一条平行于 X_2 轴的直线，交圆于两点，得到 c_2（d_2）；返回求得 $c'_1 d'_1$，再返回求得 $c'd'$。

【例 1 - 26】 已知两平面的投影，求平面 ABC 与平面 ABD 之间的夹角，如图 1 - 84 所示。

解 分析：当两个平面垂直于某一投影面时，交线也垂直于该投影面，则两平面在该投影面上的投影积聚成两条直线，两直线的夹角即是两平面之间的夹角。

作图：作 V_1 平行于两平面的交线 AB，并且垂直于 H 面，求出 $\triangle a'_1 b'_1 d'_1$ 和 $\triangle a'_1 b'_1 c'_1$，$a'_1 b'_1$ 为交线的实长；再作 H_2 垂直于 AB，即 X_2 轴垂直于 $a'_1 b'_1$，a_2（b_2）积聚为一点，$\triangle a_2 b_2 d_2$ 和 $\triangle a_2 b_2 c_2$ 积聚成两条直线，其夹角 φ 即为所求。

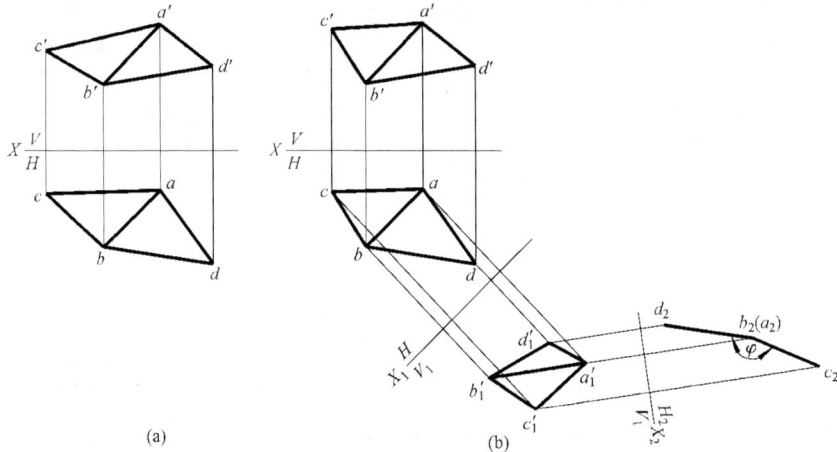

图 1 - 84 求两平面的夹角

二、旋转法

原投影面保持不变，使空间几何元素绕一条垂直于某个投影面的轴线旋转一定的角度，使之相对另一个投影面处于有利于解题的特殊位置，这种方法称为旋转法。旋转法按旋转轴与投影面的位置不同，可分为两类：

若旋转轴垂直于某个投影面时，称为绕垂直轴旋转；若旋转轴平行于某个投影面时，称为绕平行轴旋转。一般情况下，常用绕垂直轴旋转法解题。

（一）基本概念

如图 1 - 85 所示，一点绕一直线旋转形成一圆周，该点 A 称为旋转点，该直线称为旋转轴，圆周称为旋转圆周，圆心 O_A 称为旋转中心，圆周半径 $O_A A$ 称为旋转半径，旋转圆周形成的一个平面称为旋转平面。旋转点和旋转轴确定后，旋转中心、旋转半径、旋转圆周和旋转平面即随之确定。

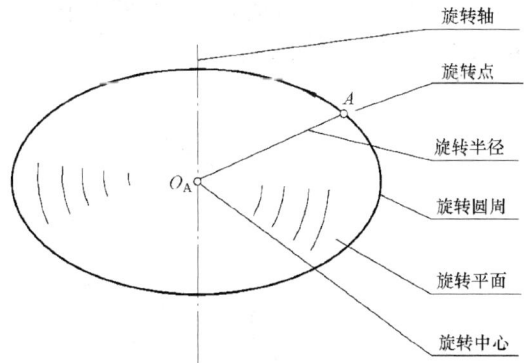

为了作图的方便，在投影图中，一般应采用垂直或平行于投影面的旋转轴，使旋转圆周的投影成为圆或直线。旋转轴的选择原则是：能够使几何元素旋转到有利于图解的位置；旋转轴的方向和位置，在能够把几何元素旋转到所需要位置的前提下，应该尽量使作图方便。

图 1 - 85 旋转法的基本原理

（二）旋转法的基本规律

1. 点绕投影面垂直轴的旋转

点绕投影面垂直轴的旋转分为点绕正垂轴的旋转和点绕铅锤轴的旋转，这里主要介绍点绕正垂轴的旋转规律，如图 1 - 86 所示，A 点绕正垂轴旋转的情形。旋转中心为 O_A 点，旋转半径为 $O_A A$，A 点绕正垂轴旋转时，其旋转轨迹为平行于正面的圆周，它的正面投影反映实形，水平投影为平行于 X 轴的线段，线段长度等于圆周的直径。

掌握了点的旋转规律，就不难进行线段和平面图形的旋转。两点确定一直线，不在同一线

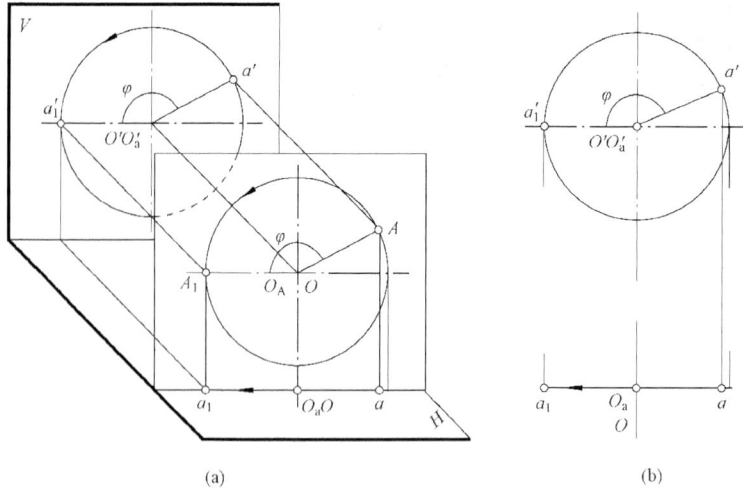

图 1 - 86　点绕正垂轴旋转

上的三个点确定一平面。线段和平面的旋转可由旋转线段的两个端点和旋转平面上的点来实现。但要注意，进行旋转时，一经确定了旋转轴的方向和位置后，线和面上所有点均应绕同一旋转轴、按同一方向、同样大小的角度旋转，才能保持各空间几何元素间的相互位置不变。

2. 直线绕投影面垂直轴的旋转

（1）将一般位置线旋转成投影面平行线，使旋转后的投影反映实长。

如图 1 - 87 所示，AB 是一般位置直线，它的两面投影均不反映实长。要求其线段实长，可将其旋转成正平线。使 AB 绕着过 B 点的铅垂轴旋转，则 B 点始终位于轴线上，A 点绕轴线做圆周运动，当旋转到 A_1B 平行于正面的位置时，它的水平投影平行于 X 轴，其正面投影反映实长及其倾角 α。

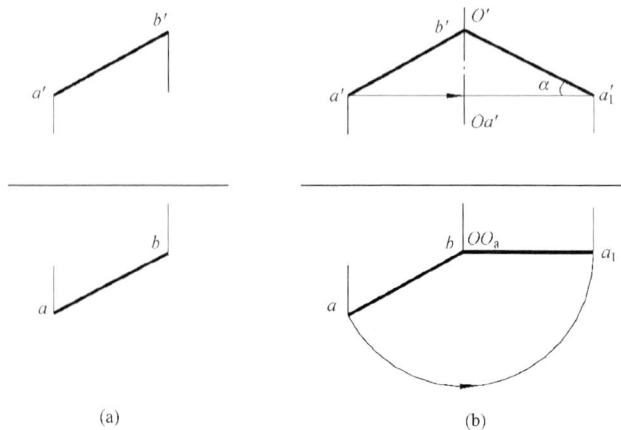

图 1 - 87　一般位置直线旋转成正平线

作图步骤为：

以 b 点为圆心，ab 为半径作圆弧与过 b 点所作 X 轴的平行线相交于 a_1 点；然后过 a_1 点作 X 轴的垂线与过 a' 点所作 X 轴的平行线相交得 a_1' 点。连接 $a_1'b'$ 即为实长，$\angle a'a_1'b' = \angle\alpha$。

（2）将投影面平行线旋转成投影面垂直线，使旋转后的投影成为一点。

如图 1 - 88（a）所示，AB 是正平线，要使旋转后的投影成为一点，以通过 A 点的正垂线为轴，使 AB 绕该轴旋转至垂直于 H 面的位置，其水平投影就积聚成一点。

如图 1 - 88（b）所示，以 a' 为圆心，以 $a'b'$ 为半径作弧，使 $a'b'$ 旋转至竖直位置 $a'b_1'$，此时，b_1 与 a 重合。

（3）将一般位置直线旋转成投影面垂直线，使旋转后的投影成为一点。

如图 1 - 89（a）所示，AB 是一般位置直线，如绕铅垂轴旋转，因 AB 与 V 面的倾角不变，不能一次旋转成 H 面或者 V 面的垂直线。只有先旋转成 V 面平行线 A_1B，再绕一正垂轴旋转，才能旋转成 H 面的垂直线。作图过程将上面两种情况结合即可，如图 1 - 89（b）所示。

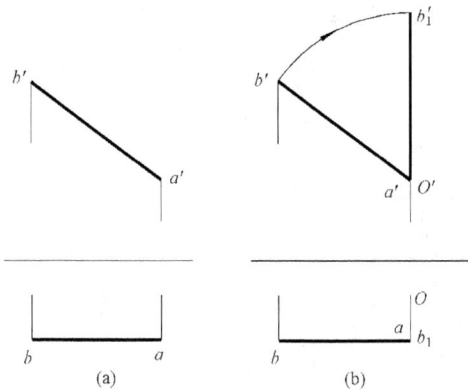

图 1 - 88 平行线旋转成垂直线

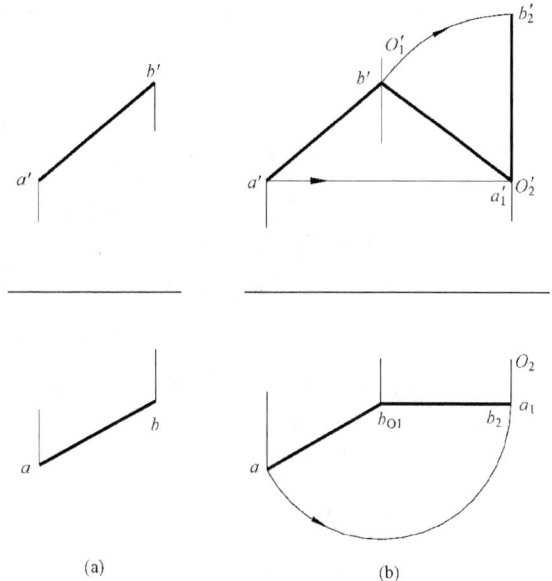

图 1 - 89 一般位置直线旋转成垂直线

3. 平面绕投影面垂直轴的旋转

（1）将一般位置平面旋转成投影面的垂直面，使旋转后的投影积聚为一条直线。

如图 1 - 90（a）所示，$\triangle ABC$ 为一般位置平面，要使 $\triangle ABC$ 旋转成垂直于 H 面的一条直线，可以先作一条正平线 BD，将 BD 旋转成铅垂线 BD_1，则 $\triangle ABC$ 一定旋转成垂直于 H 面的 $\triangle A_1BC_1$。

如图 1 - 90（b）所示，在 $\triangle ABC$ 上，取一条正平线 BD，即 $bd \parallel X$ 轴，作出 $b'd'$；以 b' 为圆心，旋转 $b'd'$ 成竖直方向，作 $\triangle a_1'b'c_1' \cong \triangle a'b'c'$；将 a、c、d 向右平移至 a_1、c_1、d_1，则 a_1、b、c_1 三点必为一条直线。

（2）将投影面垂直面旋转成投影面平行面，使旋转后的投影反映实形。

如图 1 - 91（a）所示，$\triangle ABC$ 为铅垂面，欲求其实形，可以将平面旋转至与 V 面平行，这时 $\triangle A_1B_1C$ 的水平投影平行于 X 轴，其正面投影反映实形。

如图 1 - 91（b）所示，在水平投影面上，以 c 点为圆心，分别以 ca、cb 为半径作圆弧，与过 c 点作 X 轴的平行线相交于 a_1、b_1 两点；由 a_1、b_1 两点作 X 轴的垂线与过 a'、

b' 所作 X 轴的平行线相交得 a_1'、b_1' 两点，连接 a_1'、b_1'、c' 三点，$\triangle a_1'b_1'c'$ 即反映 $\triangle ABC$ 的实形。

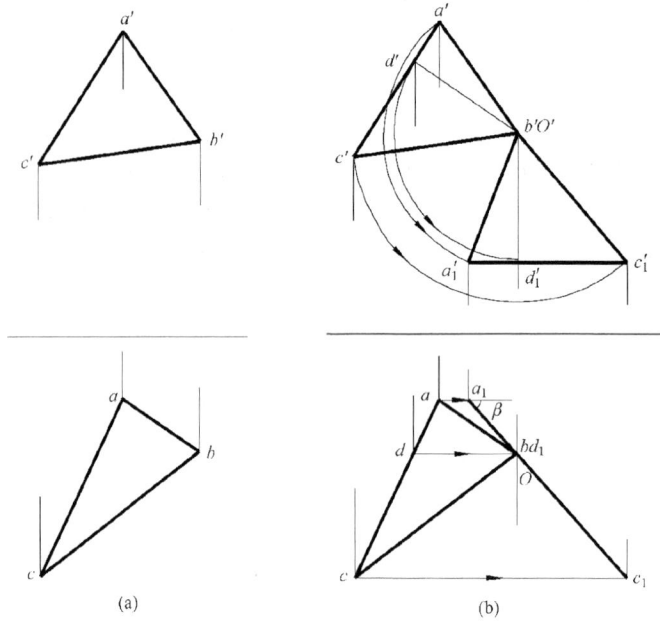

图 1 - 90 一般位置平面旋转成投影面的垂直面

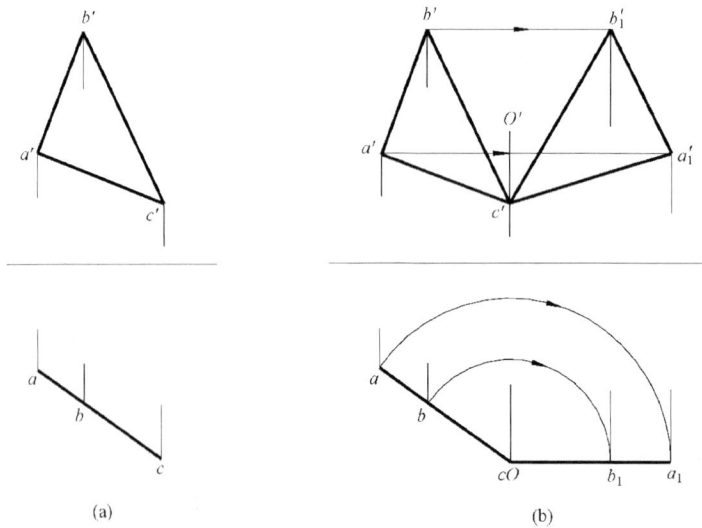

图 1 - 91 投影面的垂直面旋转成投影面的平行面

（3）将一般位置平面旋转成投影面的平行面，使旋转后的投影反映实形。

如图 1 - 92（a）所示，一般位置平面绕投影面垂直轴旋转时，只能旋转成另一投影面的垂直面。由于平面与旋转轴所垂直的投影面之间的倾角不变，故不能一次旋转成投影面的平行面，而要先将平面旋转成投影面垂直面，再旋转成投影面平行面。具体如图 1 - 92（b）所示。

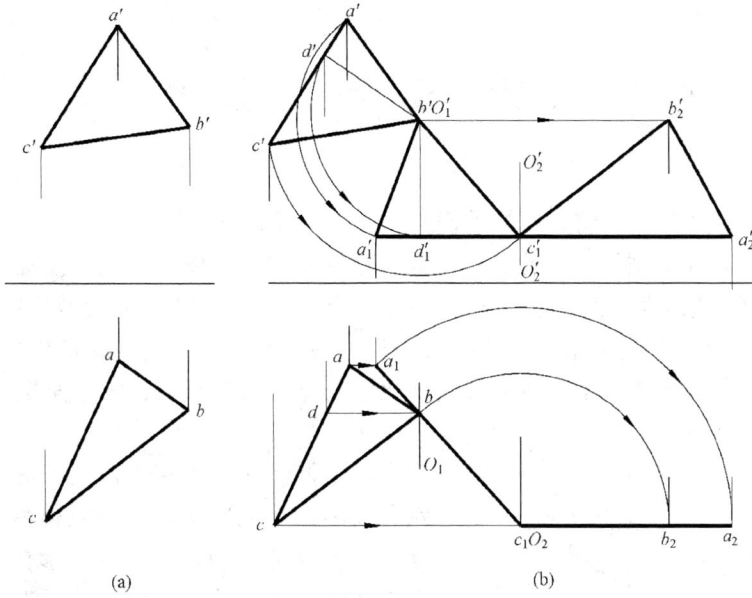

(a)　　　　　　　　　　(b)

图 1-92　一般位置平面旋转成投影面的平行面

第二章 立体的投影

本章摘要： 在本章中，将在掌握前面点、线、面投影特性的基础上进一步学习和认识各种在建筑工程中比较典型的立体的投影特性。这些典型的立体有棱柱、棱锥、圆柱、圆锥，还有圆球和圆环。除了掌握它们的投影特性外，当平面与这些立体相交或这些立体之间相交（称为相贯）时，如何求得它们的截交线或相贯线的三面投影，则是需要努力掌握的基本技能。掌握这些技能，会更科学、更明显地强化空间感，深化对点、线、面投影特性的认识，为今后从事专业制图与识图工作打下良好的基础。

在投影理论的研究中，只考虑空间物体的形状和大小，并把这样的空间物体称为形体。各种建筑可看成是一些比较复杂的形体，但如果我们细心观察，就会发现无论多么复杂的建筑形体都可以分解成若干个简单的基本形体，并把建筑形体看成这些基本形体的组合。

在图 2-1 中可以看到，一个房屋模型被分解为了两个四棱柱、两个三棱柱和一个三棱锥。因此，理解并掌握基本形体的投影规律，有助于认识和理解建筑物的投影规律，更好地掌握识图与制图技能。

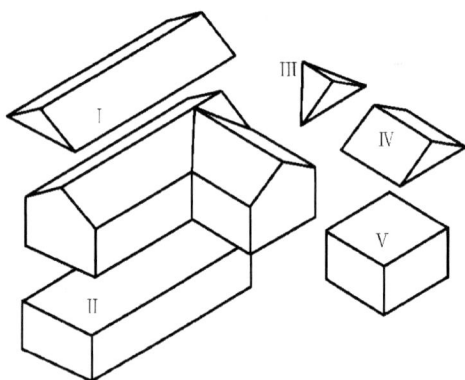

图 2-1 建筑形体的分解

基本形体都是简单的几何体，分为平面立体和曲面立体两大类。本章介绍各种典型的平面立体和曲面立体的投影特征。下面，先从比较简单的平面立体开始。

第一节 平 面 立 体

有代表性的平面立体有棱柱、棱锥和棱台等，它们都是由平面围成的，这是平面立体最本质的特征，所以把平面围成的立体称为平面立体。平面立体的投影就是围成立体的面、线、点的投影，这是研究平面立体投影特征的基本出发点。

一、棱柱及表面点的投影

（一）棱柱体的投影

棱柱体包括三棱柱、四棱柱、多棱柱等，现在从观察最简单的四棱柱入手，即长方体。通过掌握长方体上点、线、面的投影特征来掌握棱柱及表面点的投影特征。

如图 2-2（a）所示，有一长方体，它的顶面和底面为水平面，前后两个棱面为正平面，左右两个棱面为侧平面。

图 2-2（b）是这个长方体的三面投影图。H 面投影是一个矩形，为长方体顶面和底面的重合投影，顶面可见，底面不可见，反映了它们的实形。矩形的边线是顶面和底面上各边的投影，反映实长，也是四个棱面积聚性的投影。矩形的四个顶点是顶面和底面四个顶点分

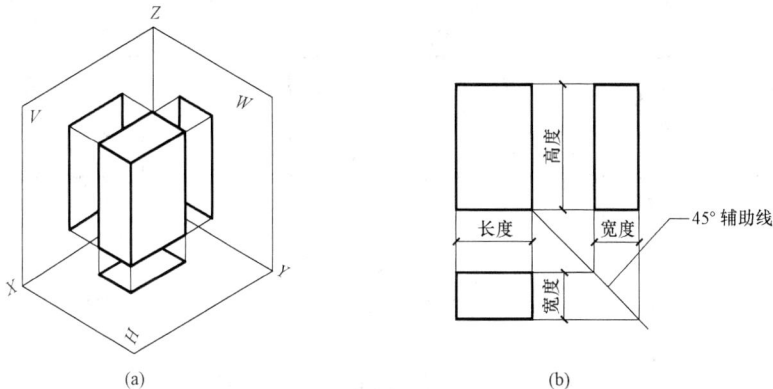

图 2 - 2　长方体的三面投影

（a）长方体的投影模型；（b）三面投影及其对应关系

别互相重合的投影，也是四条垂直于 H 面的侧棱积聚性的投影。同理，也可分析出该长方体的 V 面和 W 面投影，也分别是一个矩形。

　　从现在起，教材中将不再画出投影轴。这是因为在立体的投影图中，投影轴的位置只反映空间的立体与投影面之间的距离，与立体的投影形状和大小无关，而两相邻投影之间的距离，不影响立体的投影形状和大小。省略不画投影轴后，在立体的三个投影之间仍应保持对应关系，这个对应关系在图 2 - 2（b）中可以看得十分清楚：形体在 V 面和 H 面上反映的长度相同，应该左右对齐，称为"长对正"，形体在 V 面和 W 面上反映的高度相同，应该上下对齐，称为"高平齐"；形体在 H 面和 W 面上反映的宽度相同，应该前后对齐，称为"宽相等"，省略投影轴后，就利用这个对应关系来画立体的投影图。

　　值得说明的是，在生活中人们总是习惯把形体外形最长的外形尺寸称为长度，而在三面投影体系中，形体长度是指形体最左和最右两点间平行于 X 轴方向的距离，宽度是指形体最前和最后两点平行于 Y 轴方向的距离，高度是指形体最高和最低两点平行于 Z 轴方向的距离。在图 2 - 2 中，有意识地让长度尺寸短于高度尺寸就是基于这种提醒。

　　（二）棱柱体表面的投影

　　既然能够通过投影的上述对应关系来画立体的投影图，那么能不能利用这个对应关系来寻找长方体上点或线的投影呢？来看例 2 - 1。

　　【例 2 - 1】　如图 2 - 3 所示，已知长方体顶面内的 A 点和底面内的 B 点的 H 面投影 a、b，求 A、B 两点在 V 面和 W 面上的投影。

　　解　作法一　由 a、b 分别向 V 面投影作投影连线，与长方体顶面和底面的 V 面投影相交得到 a′、b′，然后利用 45°辅助线求出 a″、b″。

　　作法二　根据"长对正"，在长方体顶面和底面的有积聚性的 V 面投影上作出 a′、b′；然后根据"宽相等"，直接利用 H 面投影中显示的 a（b）位于后棱面之前的宽度距离 Y，分别在长方体 W 投影的顶面和底面作出 a″、b″。

　　读者可思考这个问题，如果例 2 - 1 的已知条件没有给出长方体的 W 面投影，还能不能作出 a′、b′和 a″、b″。

　　图 2 - 4 是一个竖立的三棱柱三面投影：顶面和底面是水平面，三个侧面一个是正平面，两个是铅垂面，三条棱线是铅垂线。

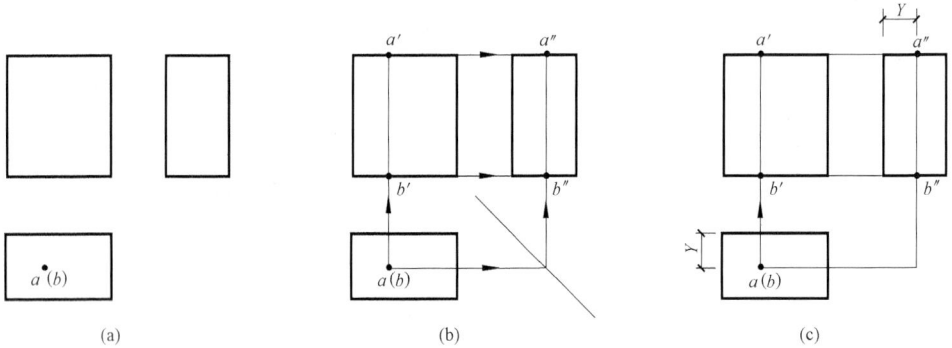

图 2 - 3　在长方体表面上求点的投影
(a) 已知条件；(b) 作法一；(c) 作法二

在 H 面投影中，棱柱投影为三角形，此三角形所确定的面是棱柱顶面和底面。投影顶面可见，底面不可见。围成三角形的三条边分别表示三棱柱上下底棱的投影和侧棱面的积聚投影，侧棱分别积聚成三角形的三个顶点。

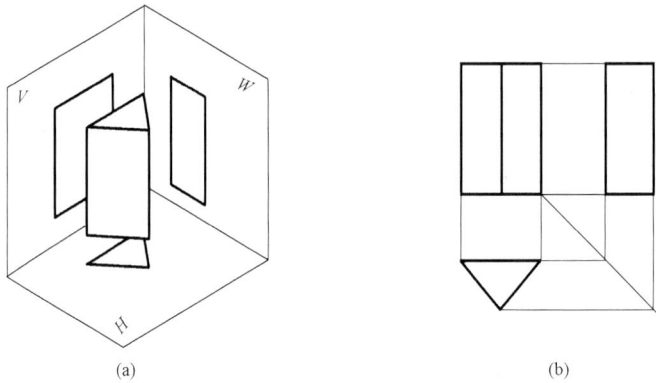

图 2 - 4　三棱柱的三面投影
(a) 三棱柱的投影模型；(b) 三面投影图

在 V 面投影中，看到的是两个矩形线框，分别是三棱柱左前和右前两个侧棱面的投影，两个矩形之和是三棱柱后棱面的投影。三条处于铅垂位置的直线分别是三棱柱的三条侧棱。上下两条直线则是顶面和底面的积聚投影，同时也是上下底棱的投影。

三棱柱的 W 面投影是一个矩形，它是三棱柱前左和前右侧棱面的投影，左前侧棱面可见，右前侧棱面不可见；因为侧棱面不是 W 面的平行面，所以 W 面投影并不反映侧棱面的实形。同时，上下两条直线也是三棱柱顶面和底面的积聚投影。

同学们可根据上述分析进一步思考，在这种情况下的三面投影，哪些能够反映三棱柱表面和棱线的实形或实长，哪些点和线是面或线的积聚投影。

【例 2 - 2】　在图 2 - 5 中，已知三棱柱的三面投影和三棱柱侧棱面上直线 AB 和 BC 在 V 面上的投影 $a'b'$、$b'c'$，求 AB、BC 在其他两个面上的投影，要求清楚表达所求直线投影的可见性。

解　首先观察 AB、BC 直线两个端点在其他两个投影面的投影位置。点 A 在前左棱面

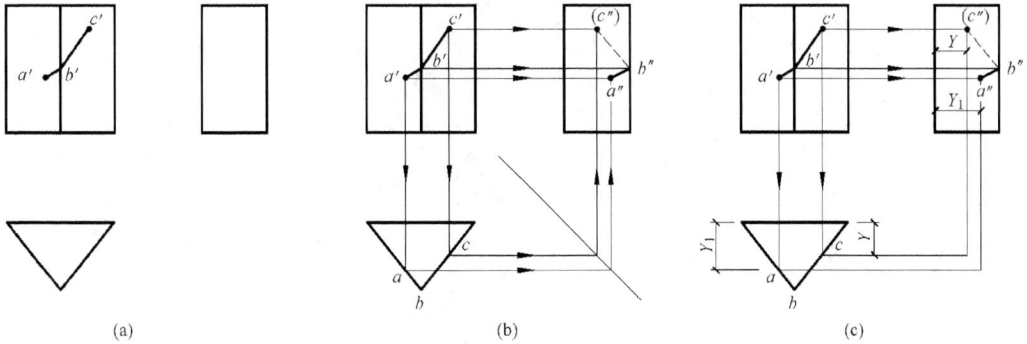

图 2-5 求三棱柱表面上点和线的投影

(a) 已知条件；(b) 作法一；(c) 作法二

上，点 B 在前棱上，点 C 在前右棱面上，它们在 V 面投影中均可见。在 H 面投影中，前左棱面积聚成一直线，过 a' 直接向 H 面投影引投影连线与前左棱面的积聚投影相交就得到点 a。同理，也可得到点 c。前棱线在 H 面上积聚成一点，点 b 也就在这个点上。在得到 H 投影面上的点 a、b、c 后，就可以通过以下两种方法求得 a''、b''、c''。

作法一　通过 45°辅助线，由 A、C 在 H、V 两个投影面上的有关投影分别向 W 面投影面引投影连线，相交得到点 a''、c''，点 b'' 则由 b' 向 W 面直接引投影连线与前棱 W 面投影相交得到。

作法二　量取 a、c 距棱锥后棱面的宽度距离 Y_1 和 Y，直接在由 V 面投影引出的投影连线上按宽相等和前后对应量取得到点 a''、c''。点 B 在 W 面上的投影仍由上述方法得到。

得到 A、B、C 的三面投影后，就可得到相应直线的三面投影。如何来判别这些直线的可见性？只要一条直线有一个端点在投影面上处于不可见位置，那么这条直线在相应投影面上的投影就不可见。在作图时将其画为虚线。点 C 在 W 投影面上的投影不可见，所以 BC 在 W 面上的投影不可见，就把线段 $b''c''$ 画为虚线。

二、棱锥及表面点的投影

把一个边线均为直线的平面多边形作为形体底面，把不属于该多边形平面的空间任意一点与多边形各顶点用直线连接起来，由此形成的平面立体，称为棱锥体。由此可见，棱锥体表面上所有相邻的两个平面的交线都交于一点。求棱锥体的投影就是作出棱锥体面上各棱线的投影。

（一）棱锥体的投影

图 2-6 是一个正三棱锥的三面投影图。这个三棱锥的底面是一个水平的等边三角形，在 H 面上的投影反映它的实形；棱面是三个全等的等腰三角形，与 H 面成相等的倾角。相邻棱面的交线是棱线，三条棱线等长，且也与 H 面成相等的倾角。棱线交于的一点，称为棱锥顶点。棱锥顶点与底面中心的连线，称为棱锥轴线，所有正棱锥的轴线都与底面垂直。投影时将正三棱锥放置于底面水平，左右对称的位置：底面为水平面，后棱面是侧垂面，左前棱面和右前棱面为一般位置平面；前棱线是侧平线，其余两条为一般位置线；后底边是侧垂线，其余两条底边是水平线。

由于正三棱锥的 H 面投影反映其底面的实形，顶点 S 的 H 面投影 s 应在底面的投影（等边三角形 abc）的中心，s 与各顶点 a、b、c 的连线，是各棱线的 H 面投影 sa、sb 和 sc，

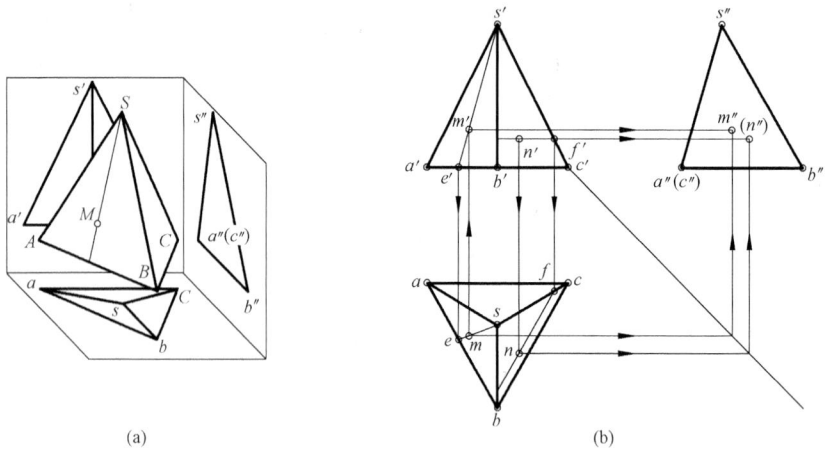

图 2 - 6 三棱锥及其面上点的投影

(a) 正三棱锥的投影模型；(b) 求三棱锥面上点的投影

它们均等长。正棱锥的底面与某投影面平行时，它在该投影面上的投影都具有这样的投影特性。所以，求这类棱锥的三面投影时，均应该尽量使其轴线与某一投影面（常为 H 投影面）垂直，且首先作出它在该投影面上的投影。读者还可根据以上投影分析自行判断各棱面和棱线在三面投影中哪些可见、哪些不可见。

（二）棱锥体表面点的投影

接下来看看三棱锥表面上的点有些什么投影特性。

【例 2 - 3】 如图 2 - 6（b），已知点的 V 面投影 m'、n'，来求 m、n 和 m''、n''。

解 先看点 M，M 位于 $\triangle SAB$ 上，此棱面为一般位置平面，无积聚投影可资利用，需采用一些辅助方法。

在 V 面上，连接 $s'm'$ 与底边交于 e'，由 e' 向 H 面引投影连线，得到 e，然后得到 SE 在 H 面上的投影 se。M 点在 SE 上，所以由 m' 向 H 面引投影连线，与 se 相交得到 m。已知了 m 和 m'，就可以根据点的投影规律，得到 m''。这种求解方法称为辅助线法。

再来看 N 点，N 也位于一般位置平面上，也可以通过同样的辅助方法来求出它的 H 面投影。但这一次，不利用顶点作辅助线，而是过 n' 在棱面上作一条与底边 $b'c'$ 平行的直线 $n'f'$，f' 是该直线与棱边 $s'c'$ 的交点。过 f' 向 H 面引投影连线与 sc 相交得到 f，过 f 作 bc 的平行线，再由 n' 向 H 面引投影连线，与这条平行线 H 面投影相交得到 n。最后根据点的投影规律，由 n' 和 n 得到 n''。

求出点的投影位置后，要判别其可见性。如何判别点投影的可见性呢？这得由点所在平面的可见性决定。平面的投影可见，则点可见，否则就不可见。N 点位于 $\triangle SBC$ 上，该棱面在 H 面的投影可见，所以 n 可见；但该棱面在 W 面上的投影不可见，因为 W 面投影的投射方向是由左向右，$\triangle SBC$ 被 $\triangle SAB$ 遮挡，所以点 n'' 不可见，n'' 加上括号。

总结点、线投影的可见性判别方法就是：平面可见，则面上的点可见；点可见，则其连线可见；否则，就不可见。

第二节 曲 面 立 体

曲面立体是由曲面或曲面与平面所围成的几何形体。在建筑工程中，常见的曲面立体是圆柱、圆锥、球和环，都是曲面立体中最基本的形体。因为可以把它们的曲面看成是由直线或曲线绕轴线旋转形成的，所以也有人把它们称为回转体。

一、回转体的投影

（一）圆柱及其表面点的投影

在图 2-7 中，可以看到轴线垂直于 H 面的圆柱的三面投影。

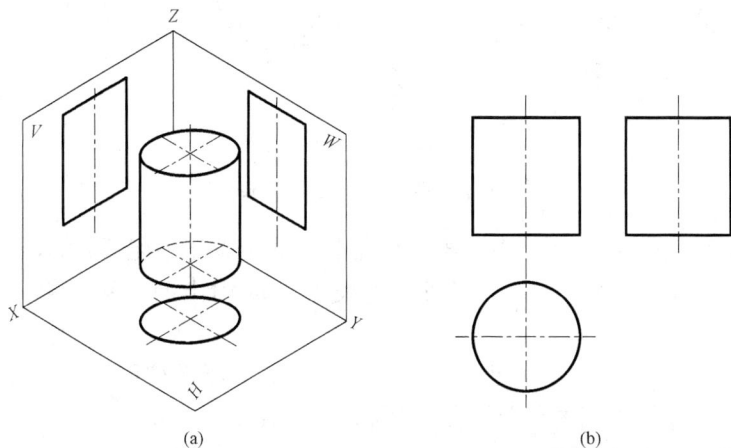

(a) (b)

图 2-7 圆柱体的投影
(a) 圆柱体的投影模型；(b) 圆柱体的三面投影

圆柱的 H 面投影是一个圆：它既是圆柱的顶面和底面重合的投影，反映了顶面和底面的实形，又是圆柱面的积聚性的投影。

圆柱的 V 面投影是一个矩形：上下两条水平线分别为顶面和底面的积聚投影，长度与顶圆和底圆的直径相同。圆柱面是光滑的曲面，当把圆柱面向 V 面投影时，圆柱面上最左素线和最右素线投影为 V 面投影的左、右轮廓线，称为圆柱面的 V 面投影的轮廓线。最左素线和最右素线是前半圆柱面和后半圆柱面的分界线，前半圆柱面的 V 面投影为可见，后半圆柱面的 V 面投影不可见，两者的 V 面投影重合在一起，都是这个矩形，而圆柱面的 V 面投影的可见和不可见的分界线，就是 V 面上矩形的左右轮廓线。

圆柱的 W 面投影也是一个矩形：上下两条水平线分别是顶面和底面的积聚投影，长度与它们的直径相同。当把圆柱面向 W 面投射时，圆柱面上的最前素线和最后素线分别投影为右、左轮廓线，它们也被称为圆柱面的 W 面投影的轮廓线，也是圆柱面可见柱面与不可见柱面的分界线。

通过上面的讨论，可以比较顺利地画出圆柱体的三面投影。下面，来考虑如何求圆柱面上点的投影。

通过下面这个例题进行讨论。

【例 2 - 4】 如图 2 - 8（a）所示，已知 m' 和（n''），求它们在其他两个投影面上的投影。

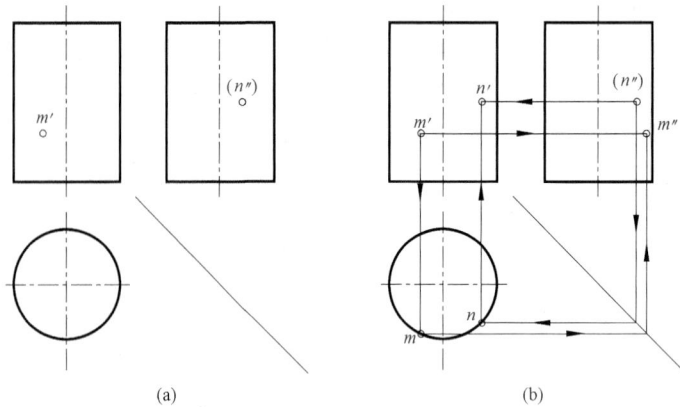

图 2 - 8 求圆柱表面上点的投影

（a）已知条件；（b）作图过程与结果

解 由于 m' 可见，所以 M 点在前半圆柱面上，由 m' 向下引铅垂线，与前半圆柱面的积聚投影交得 m；然后过 m 点向 W 面引投影连线，与 m' 引出的水平线相交，在 W 面上得到 m''。

另外，从已知条件知，n'' 不可见，所以可知 N 点在右半圆柱面上，由 n'' 向 H 面引投影连线，在 H 面与右半圆柱面的积聚投影交得 n，然后由 n'' 和 n 就可得到 n'。

（二）圆锥及表面点的投影

在图 2 - 9 中，可以看到轴线垂直于 H 投影面的圆锥的三面投影。

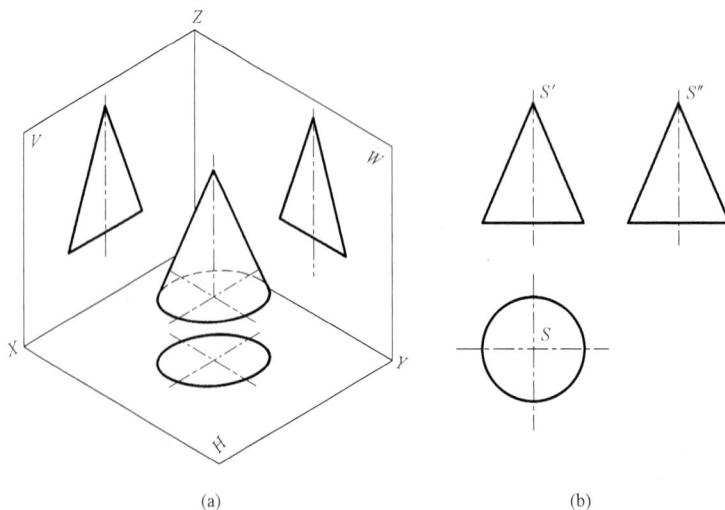

图 2 - 9 圆锥体的投影

（a）圆锥体的投影模型；（b）圆锥体的三面投影

圆锥的 H 面投影是一个圆：它既是底面的投影，反映了底面的实形，同时也是圆锥面的投影，它们重合成同一个圆。因为圆锥面在底面之上，所以圆锥面的投影可见，底面的投影不可见。锥顶 S 的 H 面投影即为这个圆的圆心，常用两条中心线的交点来表示。

圆锥的 V 面投影是一个等腰三角形：底边是底面的积聚投影，长度是底圆直径的实长；两边是圆锥面上的最左素线和最右素线 V 面投影，成为圆锥面 V 面投影的轮廓线，将圆锥面分为前半圆锥面和后半圆锥面。根据投射线的投射方向可知，前半圆锥面的 V 面投影可见，后半圆锥面不可见，两者的 V 面投影重合在一起，投射成这个三角形。

同样，圆锥的 W 面投影也是一个等腰三角形：底边是底面的积聚投影，长度反映底圆直径的实长，两边是圆锥面的最前素线和最后素线的 W 面投影，成为圆锥面的 W 面投影的轮廓线，将圆锥面分为左半和右半圆锥面。根据投射线的投射方向可知，左半圆锥面的 W 面投影可见，而右半圆锥面的 W 面投影不可见，两者的 W 面投影重合在一起，投射成三角形。

掌握了圆锥的投影特性，那么如何求作圆锥面上点的投影呢？

求作圆锥面上的点的投影，常用纬圆法或素线法，下面通过例题来介绍这两种方法。

【例 2 - 5】　如图 2 - 10 所示，已知圆锥表面上 K 点的 V 面投影 k'，求作圆锥的 W 面投影，以及 K 点在其他两个投影面上的投影。

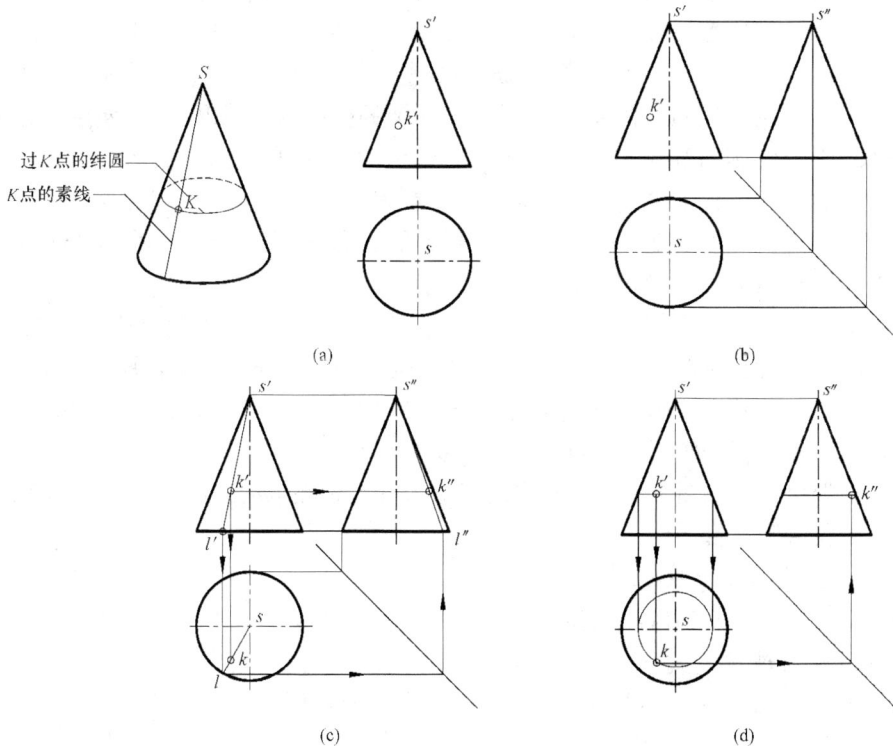

图 2 - 10　求圆锥表面点的投影
(a) 已知条件及立体示意图；(b) 求 W 面投影；(c) 利用素线法求解；(d) 利用纬圆法求解

解　已知条件如图 2 - 10 (a) 所示。根据在前一节所学知识，可以判断圆锥面上任一点与锥顶的连线，均是圆锥面上的素线。作图时可以通过先求素线的投影，再求出素线上点的投影来寻找点，这种利用圆锥面上素线找点的方法称为素线法。另外，圆柱、圆锥、球和圆环在形成回转面时，母线上的各点都会随母线一起绕轴线旋转，形成回转面上的纬圆，因而作圆锥面上的点，也可先求出点所在纬圆的投影，再利用纬圆找出点，这种找点的方法称为纬圆法。

素线法

（1）连接 $s'k'$，将其延长，与底圆的 V 面投影交于 l'，$s'l'$ 就是圆锥面上包含 K 点的素线 SL 的 V 面投影。K 点在前半圆锥面上，素线 SL 也在前半圆锥面上，L 点必在前半底圆周上，于是由 l' 向 H 面引投影连线，与前半圆周在 H 面上相交得 l，再根据点的投影特性，由 l' 和 l 得到 l''。分别将 l 和 l'' 与 s、s'' 相连，就得到 K 点所在素线 SL 的三面投影。

（2）由点的投影规律可知，直线上点的投影必在直线的投影上，那么由 k' 分别向 H 面和 W 面引投影连线，分别与 sl 和 $s''l''$ 相交就得到 k 和 k''。

（3）最后判别可见性。因为 K 所在的圆锥面在 H 和 W 投影面上都可见，所以 k 和 k'' 都可见。标注 k 和 k'' 后，完成作业。

纬圆法

（1）由图可知，圆锥轴线垂直于 H 面，包含 K 点的纬圆就是一个水平圆，V 面投影就是圆锥面 V 面投影轮廓线之间的一段过 k' 的水平线，水平线的长度就是这个纬圆的直径。那么，就根据纬圆直径，在 H 面上直接作出这个纬圆的实形。

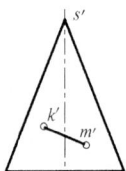

（2）因为 k' 可见，K 点在前半圆锥面上，k 也必在前半纬圆上，于是由 k' 向 H 面引投影连线，与纬圆的投影相交就得到 k。然后由 k' 和 k，在纬圆的 W 面投影上作出 k''。最后判别其可见性，完成作业。

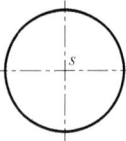

接下来，请读者思考如下题目：

在图 2 - 11 中，已知圆锥的两面投影及锥面上一条曲线 KM 的 V 面投影，要求求出 KM 的 H 面投影。

如果能够求出曲线上各点的 H 面投影，那么将其平滑连接起来就能得到 KM 的 H 面投影。已经知道如何根据 k' 求出 k，那么也可以求出 m，并可在 $k'm'$ 上选若干点，分别求出它们的 H 面投影。至于如何求点在 H 面上的投影，则可以根据作图简便与否采用素线法和纬圆法。

图 2 - 11 圆锥上曲线的投影

读者可仿照例题完成图 2 - 11 所提出的问题，并观察在求曲线的投影时，如何恰当地选择曲线上点的位置和数目。

（三）圆球及其表面点的投影

在图 2 - 12 中，可看到球的三面投影，是三个大小相同的圆，其直径即为球的直径，圆心分别是球心的投影。由此，也可以想到，球在任一投影面上的投影都是大小相同的圆。

H 面上的圆，是球 H 面投影的轮廓线，也是上半球面和下半球面相互重合的积聚投影，也是上半球面和下半球面的分界线。其中，上半球面的 H 面投影可见，下半球面的 H 面投影不可见。

V 面上的圆，是球 V 面投影的轮廓线，也是前半球面和后半球面相互重合的投影，也是前半球面和后半球面的分界

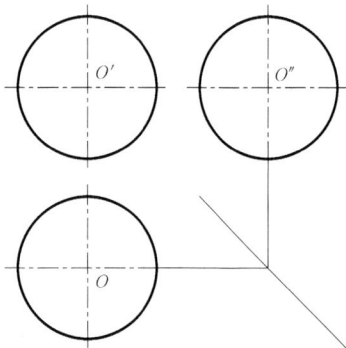

图 2 - 12 球的三面投影

线。其中，前半球面的 V 面投影可见，后半球面的 V 面投影不可见。

W 面上的圆，是球 W 面投影的轮廓线，也是左半球面和右半球面相互重合的投影，也是左半球面和右半球面的分界线。其中，左半球面的 W 面投影可见，右半球面的 W 面投影不可见。

那么，如何得到球面上点的投影呢？看下面这个例题。

【例 2 - 6】 如图 2 - 13 所示，已知球的 V 面投影、W 面投影以及球面上 A 点的 W 面投影 a''，求作球的 H 面投影以及 A 点的其他两面投影。

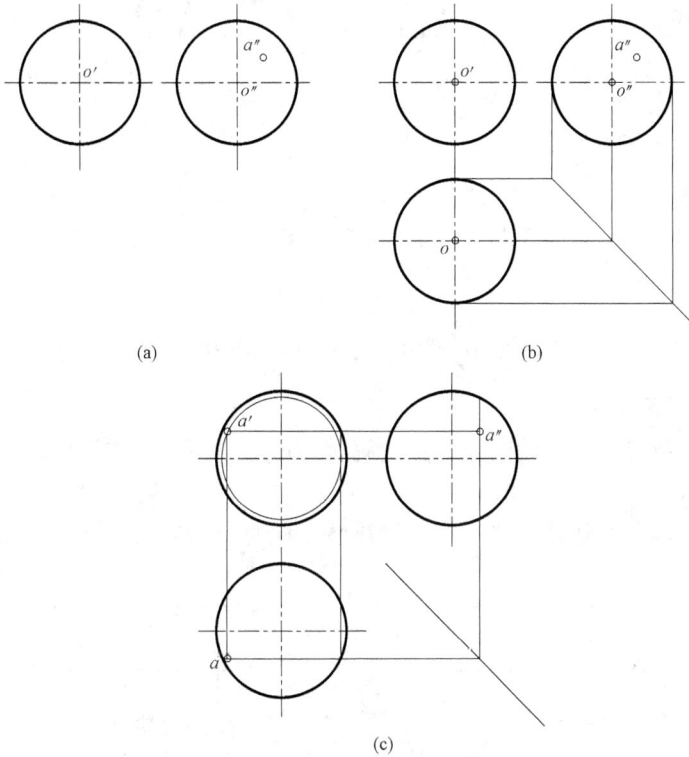

图 2 - 13 求球表面上的点
(a) 已知条件；(b) 作球的 H 面投影；(c) 利用正平纬圆找点

解 （1）作球的 H 面投影。

在球的 W 面投影的下方适当位置作 45°辅助线，由球心的 V 面投影和 W 面投影向 H 面引投影连线，相交得到球心的 H 面投影，然后以此为圆心，作与球的 V 面投影或 W 面投影相同大小的圆，求出球体的 H 面投影。

（2）求球面上任意一点 A 的投影。

求球面上的点常用纬圆法。球的轴线可以是任意一根过圆心的直线，但为了作图方便，通常只用投影面垂直线作为轴线，使纬圆都能在投影面平行面上。

把过球心的正垂线作为球的轴线，则作出的纬圆是正平纬圆。现在利用正平纬圆来确定球面上点的位置，具体步骤如下：

1）在 W 面上，过 a'' 作球面轮廓线范围内的竖直线，这根竖直线就是包含 A 点的正平

纬圆的 W 面投影，线段的长度就是这个纬圆的直径。

2）根据纬圆直径，直接作出纬圆的 V 面投影。又由于在 W 面投影中 a'' 可见，所以 A 点在左半球面上，于是由 a'' 得到 a'。

3）根据点的投影特性，由 a'' 和 a'，作出 a。

本例也可通过作水平纬圆和侧平纬圆求得点的三面投影，请同学们根据图 2-14 自行思考具体作图步骤。

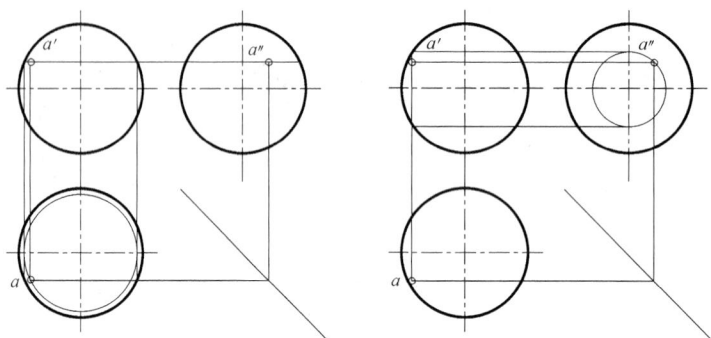

图 2-14　利用水平纬圆和侧平纬圆找点

（四）圆环及表面点的投影

以圆为母线，绕与它共面的圆外一直线旋转而形成的曲面，称为环面，由环面形成的立体就是圆环。

在图 2-15 中，可看到环的两面投影，显然，此时环的中心线圆与 H 面平行。

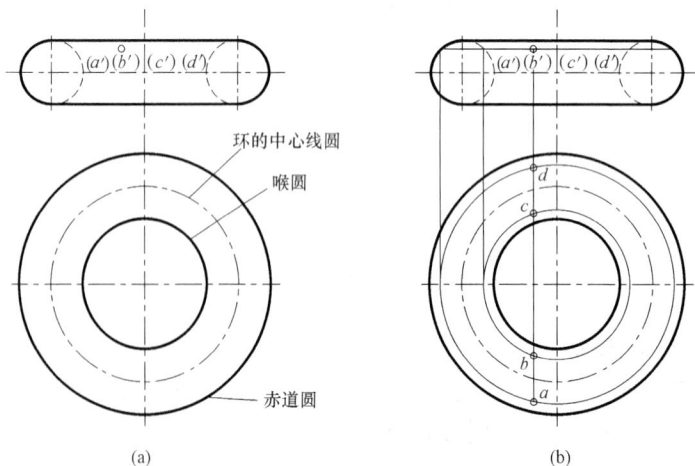

图 2-15　求圆环上点的投影
（a）已知条件；（b）作图过程示意

在 H 面上，环面的 H 面投影轮廓线是两个圆，分别是它的最大和最小水平圆的 H 面投影，分别把它们称为赤道圆和喉圆。这两个圆之间，是上半环面和下半环面的重合投影，所以两个圆也是可见的上半环面和不可见的下半环面的分界线。图中可见，赤道圆、喉圆及中心线圆在 H 面投影中都反映实形。

在 V 面投影中，环的赤道圆、喉圆和中心线圆的积聚投影与上下对称线重合。环面的 V 面投影左右轮廓线为最左、最右两素线圆，上下轮廓线为环面上最高、最低的两个水平圆的投影：外侧半圆是外环面上的素线圆的投影，可见，内侧半圆是内环面上的素线圆的投影，被外环面遮住而不可见。在 V 面上能看到可见的前半外环面和不可见的后半环面重合的投影，还有不可见的前半内环面和不可见的后半内环面重合的投影。

【例 2-7】 如图 2-15 所示，在环的两面投影中，已知环面上从前向后的四个点 A、B、C、D 互相重合的 V 面投影 a' (b') (c') (d')，求作它们的 H 面投影 a、b、c、d。

解 根据已知，由前向后想象，点 A、B、C、D 依次处于前半外环面、前半内环面、后半内环面、后半外环面上，它们都位于同一正垂线上。于是在 V 面上过已知点的投影作一水平线，这条水平线在环外轮廓线间的线段长度反映包含点 A 和 D、处于外环面上的纬圆的直径实长；在环内轮廓线虚线间的长度，反映包含 B 和 C、处于内环面上的纬圆的真长，根据得到的两个纬圆直径的长度分别在 H 面投影上直接作出两个纬圆，然后由点在 V 面上的合投影向 H 面引投影连线，由前至后就分别得到点 a、b、c、d。

从 V 面投影可以判断，点 A、B、C、D 都位于环的上半环面上，所以这四个点的 H 面投影 a、d、b、c 均可见。

通过上述学习，可以总结出以下两点：

（1）圆柱面上的点，可直接利用圆柱面的积聚投影作图；圆锥面上的点，可用素线法或纬圆法作图；球面和环面上的点，用纬圆法作图。

（2）除了直线素线和纬圆可直接在回转面上作出外，若求回转面上的其他线的投影，都得利用上述方法作出线上若干点的投影，然后将这些点的投影平滑连接就可得到这条线的投影。

二、螺旋楼梯的画法

（一）楼梯扶手弯头

【例 2-8】 根据给出的投影图完成楼梯扶手弯头的 V 面投影。

解 从给出的投影图看出，弯头由矩形 $ABCD$ 绕轴线 O 作螺旋形旋转和上升运动形成的。矩形的边 AB、CD 分别形成楼梯扶手的平螺旋面，AD 和 BC 则分别形成扶手内外两个圆柱面。根据螺旋面的画法把半圆分成六等份，分别作出 AB 和 CD 形成的平螺旋面，最后判别可见性，就可以作出扶手的 V 面投影。

具体画法参见图 2-16。

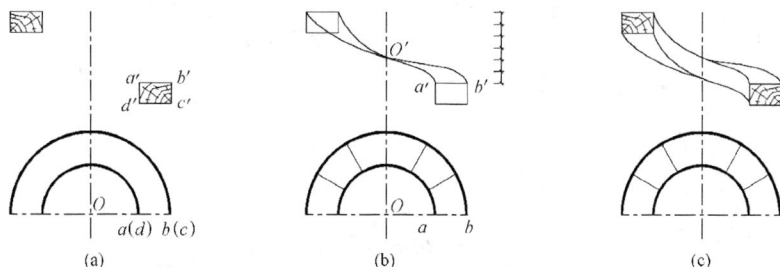

图 2-16 螺旋楼梯扶手的画法

(a) 已知条件；(b) 作过 AB 的平螺旋面；(c) 作图结果

（二）螺旋楼梯

螺旋楼梯两面投影图的画法介绍如下：

（1）确定螺旋面的螺距及其所在圆柱面的直径。现在假设沿螺旋梯走一圈有十二级，一圈高度就是该螺旋面的螺距。螺旋梯内外侧到轴线的距离，就是内外圆柱的半径。

（2）根据内、外圆柱的半径、螺距的大小，以及梯级数，画出螺旋面的两面投影 [图 2-17 （a）]。画螺旋梯的 H 投影特别简单，按一个螺距的步级数目（即在楼梯上完成地走一圈的级数）等分螺旋面的 H 投影，就可以完成了。

（3）画第一步级的 V 面投影 [图 2-17 （b）]。第一级踢面 $I_1 II_1 II_2 I_2$ 的 H 投影积聚成一水平线段 $1_1 2_1 2_2 (1_2)$，踢面的底线 $I_1 I_2$ 是螺旋面的一根素线，求出其 V 面投影 $1_1' 1_2'$ 后，过两端点分别画一竖线，截取一级的高度，得点 $2_1'$ 和 $2_2'$。连 $2_1' 2_2'$，矩形 $1_1' 2_1' 2_2' 1_2'$ 就是第一级踢面的 V 面投影，它反映踢面的实形。

第一级踏面的 H 面投影 $2_1 2_2 3_2 3_1$ 是螺旋面 H 投影的第一等份。第一级踏面的 V 面投影积聚成一水平线段 $2_1' 2_2' 3_2' (3_1')$，其中 $(3_1') 3_2'$ 是第二级踢面底线（螺旋面的另一根素线）的 V 面投影。

（4）画第二步级的 V 面投影 [图 2-17 （c）]。过点 $3_1'$ 和 $3_2'$ 分别画一竖直线，截取一级的高度，得点 $4_1'$ 和 $4_2'$。矩形 $3_1' 3_2' 4_2' 4_1'$ 就是第二级踢面的 V 面投影。

第二级踏面的 V 面投影积聚成一水平线段 $4_1' 4_2' 5_2' (5_1')$，它与该踏面的 H 投影 $4_1 4_2 5_2 5_1$ 相对应。依次类推，可以画出其余各级的踢面和踏面的 V 面投影。

（5）最后画螺旋梯板底面的投影。梯板底面的形状和大小与梯级的螺旋面完成一样，但与梯级螺旋面相距一个梯板沿竖直方向的厚度。可对应于梯级螺旋面上的各点，向下截取相同的高度，求出底板螺旋面相应各点的 V 面投影，然后将它们平滑连接起来，就可得到螺旋梯板底面的 V 面投影，如图 2-17 （d）所示。

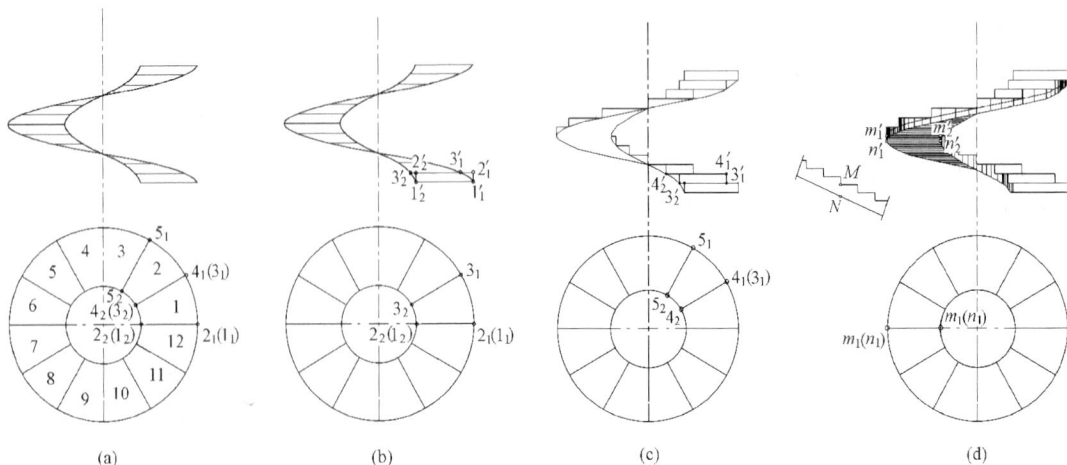

图 2-17　螺旋梯的画法示意

（a）画出圆柱螺旋面以及螺旋梯的 H 面投影；（b）画出第一级踢面和踏面的 V 面投影；
（c）画出第二级踢面和踏面的 V 面投影；（d）最后得到的螺旋梯的两面投影

第三节　立体的截交线

一、平面立体的截交线

有些构件的形状就是由平面与其组成形体相交，截去基本形体的一部分而形成的。把与立体相交，截割形体的平面，称为截平面。截平面与形体表面的交线称为截交线。截交线围成的平面图形称为断面，或称截断面、截面。如图 2 - 18 所示。仔细观察图 2 - 18，可以想到，截平面每截到立体一个面，就会形成一条截交线，那么，截平面截到立体 n 个面，就会形成 n 条截交线。

平面体的表面由平面组成，被平面截割所产生的断面必定是一个闭合的多边形。无论是求截交线的投影还

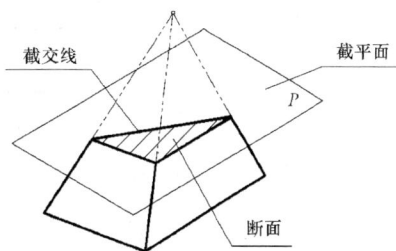

图 2 - 18　平面截割立体

是求断面的投影，基本的解题思路就是先求出平面体各棱线与截平面的交点，然后将各交点对应连接，最后判别其可见性，得到截交线或断面的投影。

下面分别从平面与平面立体相交和平面与曲面立体相交两方面入手，观察平面立体相交后截交线和断面投影的特点。

（一）棱锥体的截交线

当棱锥体被一个任意位置的平面截断后，其投影特征比较复杂，在此仅讨论截平面处于特殊位置时的情况。

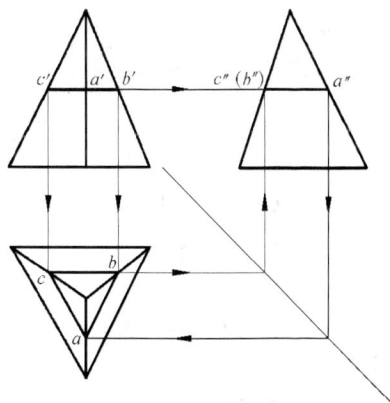

图 2 - 19　三棱锥与水平面相交

当截平面为投影面的平行面时，所截得的截交线必定与投影面平行，截交线所围成的断面必然也是投影面的平行面，把握这个特点能比较顺利地求得平面与立体相交后截交线的投影。

在图 2 - 19 中，三棱锥被平行于 H 面的水平面 ABC 所截，在已知 V 面投影的情况下，为了求得被截后的截交线，分别从 b'、c' 向 H 面引投影连线，分别与相应的棱在 H 面上的投影相交，得到 b、c 两点；然后再由 b'、c' 向右向 W 面引投影连线，分别与各棱的 W 面投影相交，得到点 b''、c''；过 a' 作水平线，得到 a''，由 a'' 可求得 a 点。接下来，判断截交线各端点的可见性。CB 是侧垂线，投射线在向 W 面投影时，先经 C 点，再经 B 点，

所以 b'' 不可见，最后，将截交线各点的投影连接起来，就得到截交线的投影。此时，可根据前述方法来判别截交线的可见性。

当截平面为投影面的垂直面时，所截得的断面必然也是投影面的垂直面，掌握这个特点，也可顺利地求得截交线、断面和被截体的投影。下面，通过例题对有关求解方法进行讨论。

【例 2 - 9】　如图 2 - 20（a）所示，已知三棱锥 SABC 被正垂面所截的 V 面投影和三棱锥在 H 面上的投影轮廓，求三棱锥被切割后的 H 面投影。

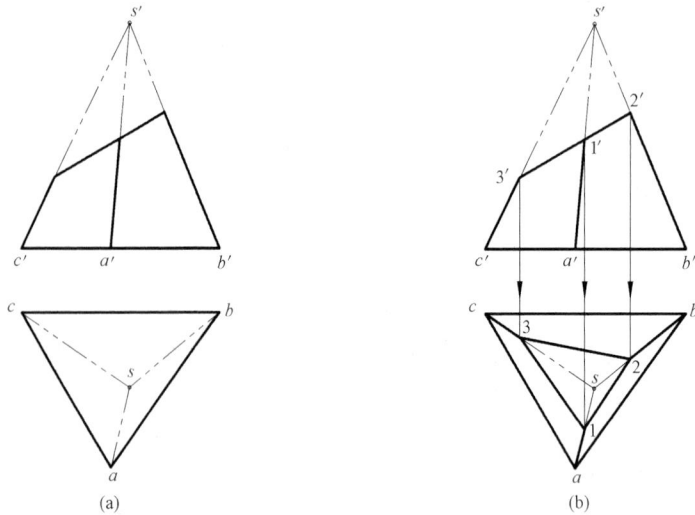

图 2 - 20　三棱锥被正垂面切割后的投影

(a) 已知条件；(b) 求解过程及结果

解　截平面截到了三棱锥的三面，因而有三条截交线，断面为三角形。三角形的三个顶点就是三条棱线与截平面的交点，这些点同截平面一起积聚投影在 V 面上，所以这三个交点可以直接在 V 面投影上找到，即图 2 - 20（b）中的 $1'$、$2'$、$3'$。找到 $1'$、$2'$、$3'$，分别向 H 面引投影连线与有关棱的投影相交，就得到 1、2、3。连接各个顶点，对连线判别其可见性，加以处理就得到断面和棱锥的投影。

（二）棱柱体的截交线

【例 2 - 10】　如图 2 - 21（a）所示，已知带缺口三棱柱的 V 面投影和 H 面投影轮廓，要求补全这个三棱柱的 H 和 W 面投影。

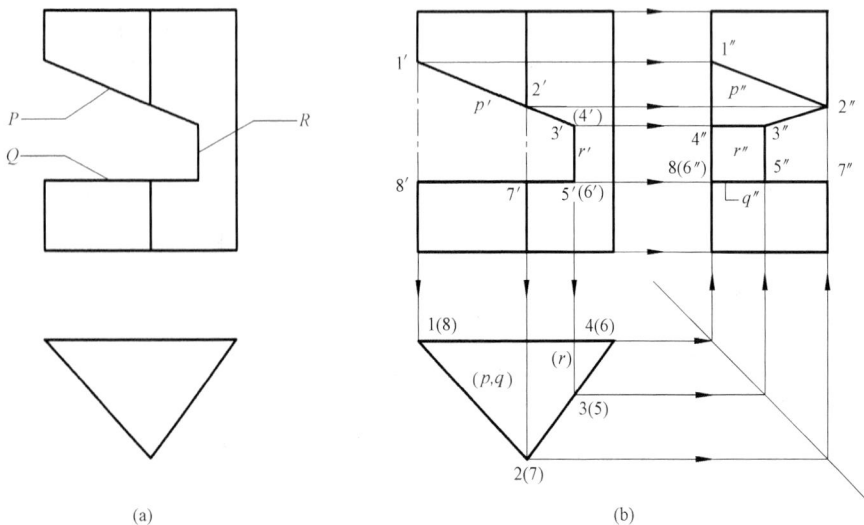

图 2 - 21　求带缺口三棱柱的三面投影

(a) 已知条件；(b) 作图过程及结果

解 从已知条件可以看出，三棱柱的缺口是三个截平面 P、Q、R 截割的结果。其中，P 为正垂面，Q 为水平面，R 为侧平面，在 V 面投影中可以看到它们的积聚投影，这就可以较易补全 H 面投影。只要得到 H、V 两面投影，其 W 面投影就迎刃而解了。作图过程分步介绍如下：

(1) 仔细观察 V 面投影，将各截平面截割棱柱时在棱线和柱面上形成的交点编上号。

(2) 各交点向 H 面引投影连线，确定各交点的 H 面投影。

(3) 连接有关交点，判断其可见性，补全 H 面投影。

因为三棱柱的棱面垂直于 H 投影面，属于三棱柱棱面上的截交线必然与三棱柱棱面的 H 面投影积聚在一起。R 面是侧平面，在 H 投影中积聚为一条直线，即 (r)，因为它被上部形体遮挡，所以在 H 面投影中画为虚线。

(4) 根据三面投影的对应关系，不考虑缺口，绘出三棱柱在 W 面上的轮廓线。

(5) 根据各交点的 H、V 面投影求出各交点的 W 面投影。

(6) 连接有关交点，判断截交线的可见性，补全 W 面投影。

在 W 投影面上，$1''$、$2''$、$3''$、$4''$，$1''$ 是截面 P 的投影；$3''$、$4''$、$5''$、$6''$ 是 R 的投影；Q 为水平面，在 W 投影面上积聚成一条线 $5''$、$6''$、$7''$、$8''$。

最后来观察三个断面的投影结果：H 投影反映 Q 面的实形，W 投影反映了 R 面的实形，P 面的实形则未直接在投影中显现出来。

二、曲面立体的截交线

对平面截割曲面体，介绍平面截割圆柱、圆锥及球三种典型情况。平面截割它们，当截平面与回转面相交时，是一条封闭的平面曲线；当曲面体由回转面和平面围成，且截平面通过回转体的平面表面时，截交线是由曲线和直线组成的封闭的平面图形，在特殊情况下是三角形或矩形。

截交线是截平面与曲面体表面的公共线，截交线上的点是截平面与回转体表面的公共点，截交线围成的平面图形就是断面。因此，求截交线的投影要先求出这些公共点的投影，然后再连接成为截交线的投影。

需特别注意截平面垂直于投影面时，截交线的求解方法。此时，已知截交线相关投影积聚成直线，常用已知曲面上的点和线的一个投影，求作另一面投影或另两面投影的方法作图。

求解平面截割曲面体，应尽量利用圆柱面的积聚投影；若无积聚投影可供利用，则用素线法或纬圆法作图（如圆锥多用素线法，球体则多用纬圆法），求出若干点，然后用连点法求出曲面立体表面的截交线。此时，常应先求出截交线上特殊位置点的投影，如最左、最右、最前、最后、最高和最低的点等。然后在连点较稀疏处或曲率变化较大处，按需要在适当的位置求出截交线上一般位置点，最后将特殊点和一般点连接成截交线的投影。

（一）平面截割圆柱

当平面截割圆柱时，由于截平面与圆柱轴线的相对位置不同，会形成不同形状的截交线。如图 2-22 所示，当截平面垂直于圆柱的轴线时，截交线为圆；截平面与圆柱的轴线倾斜并与所有素线相交时，截交线为椭圆；截平面与圆柱的轴线平行时，截交线为矩形。

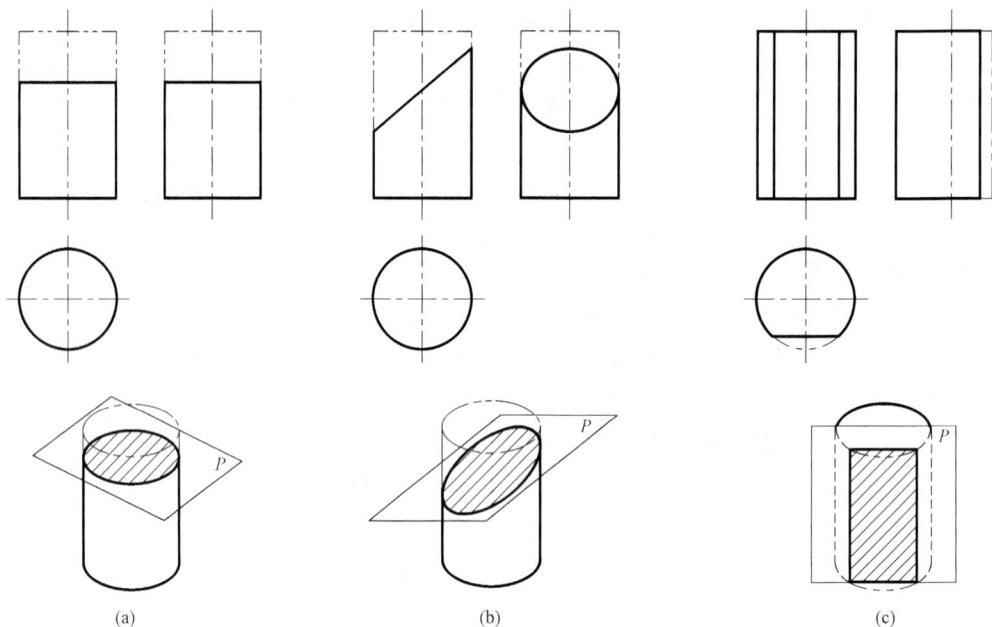

图 2 - 22　截平面处于不同位置截割圆柱

（a）截平面垂直于圆柱的轴线时；（b）截平面倾斜于圆柱的轴线时；（c）截平面平行于圆柱的轴线时

【例 2 - 11】　如图 2 - 23（a）所示，请补全这个圆柱被截割后的 H 面投影和 W 面投影。

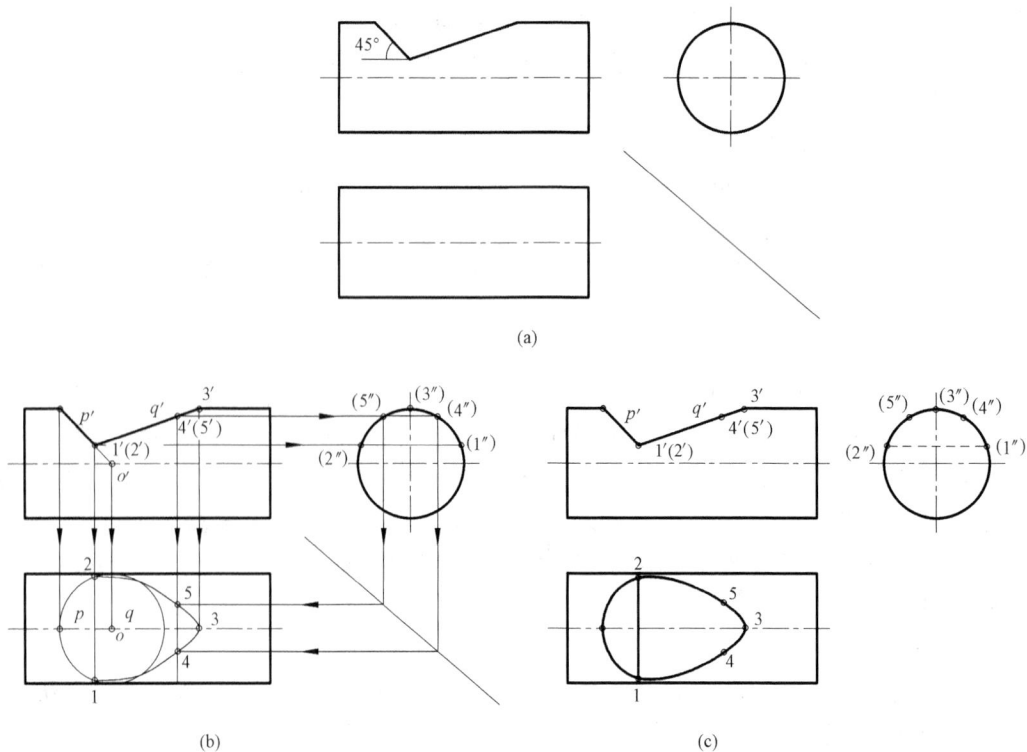

（a）

图 2 - 23　求圆柱被切割后的投影

（a）已知条件；（b）作图过程；（c）作图结果

解　圆柱可以看作被 P、Q 两个平面所截，P 面与轴线夹角 $45°$的正垂面，则圆柱被 P 切后的断面轮廓为椭圆的一部分，在 H 面的投影必为圆周曲线，圆心在轴线上，半径等于圆柱的半径。Q 面则是一个一般角度的正垂面，圆柱被 Q 面切后的断面轮廓仍为椭圆一部分。在 H 面的投影为椭圆曲线。根据这个思路，按下列步骤作图：

（1）作 P 面的 H 面投影。延长 p' 交轴线得 o'，由 o' 向 H 面引投影连线得到 o，然后以 o 为圆心，圆柱半径作圆，与 $(1')$ $2'$ 向 H 面引的投影连线相交得到点 1、2。

（2）作 Q 面的 H 面投影。自最右点 $3'$ 向 H 面引投影连线，与圆柱的 H 面投影的对应线相交得 3；由 P 面求得的 1、2 两点也是 Q 面的最前最后点。然后在 V 面取一般位置点 $4'$、$5'$，向 W 面引投影连线与圆柱轮廓线相交得到 $4''$、$5''$，然后由点的 V、W 两面投影得到 4、5。照此步骤，作多个一般位置点，在 H 面得到其投影后，将它们依次平滑连接，得到形状为椭圆曲线的截交线。

（3）P、Q 两面的 W 投影积聚在圆周上，而 P、Q 两面的交线的投影为虚线 $1''2''$。作图结果如图 2-23（c）所示。

（二）平面切割圆锥

当平面截割圆锥时，截交线的形状随截平面与圆锥的相对位置不同而异。如图 2-24 所示，当截平面垂直于圆锥的轴线时，圆锥面上的截交线为圆；截平面倾斜于圆锥的轴线，且与圆锥面上的所有素线都相交时，圆锥面上的截交线为椭圆；截平面平行一条素线时，圆锥面上的截交线为抛物线；截平面平行两条素线时，圆锥面上的截交线为双曲线；当截平面通过锥顶与圆锥面相交时，截交线为一个等腰三角形。

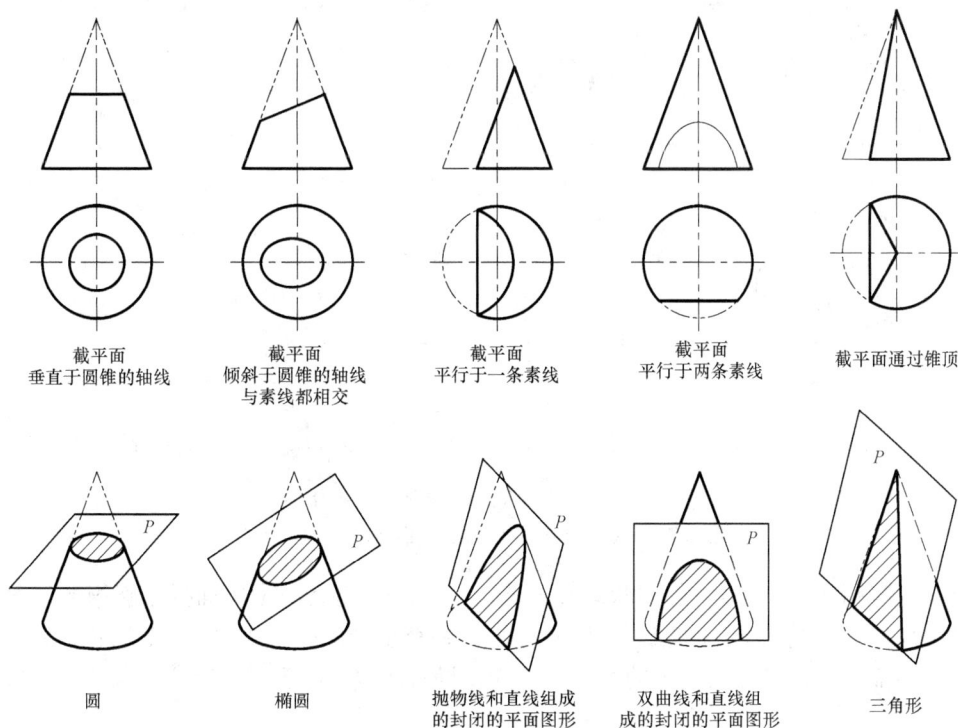

截平面 垂直于圆锥的轴线	截平面 倾斜于圆锥的轴线 与素线都相交	截平面 平行于一条素线	截平面 平行于两条素线	截平面通过锥顶
圆	椭圆	抛物线和直线组成 的封闭的平面图形	双曲线和直线组成 成的封闭的平面图形	三角形

图 2-24　截平面在不同位置截割圆锥

【**例 2 - 12**】 如图 2 - 25（a）所示，要求补全截断体的 H 面投影和 W 面投影，并作出断面的真形。

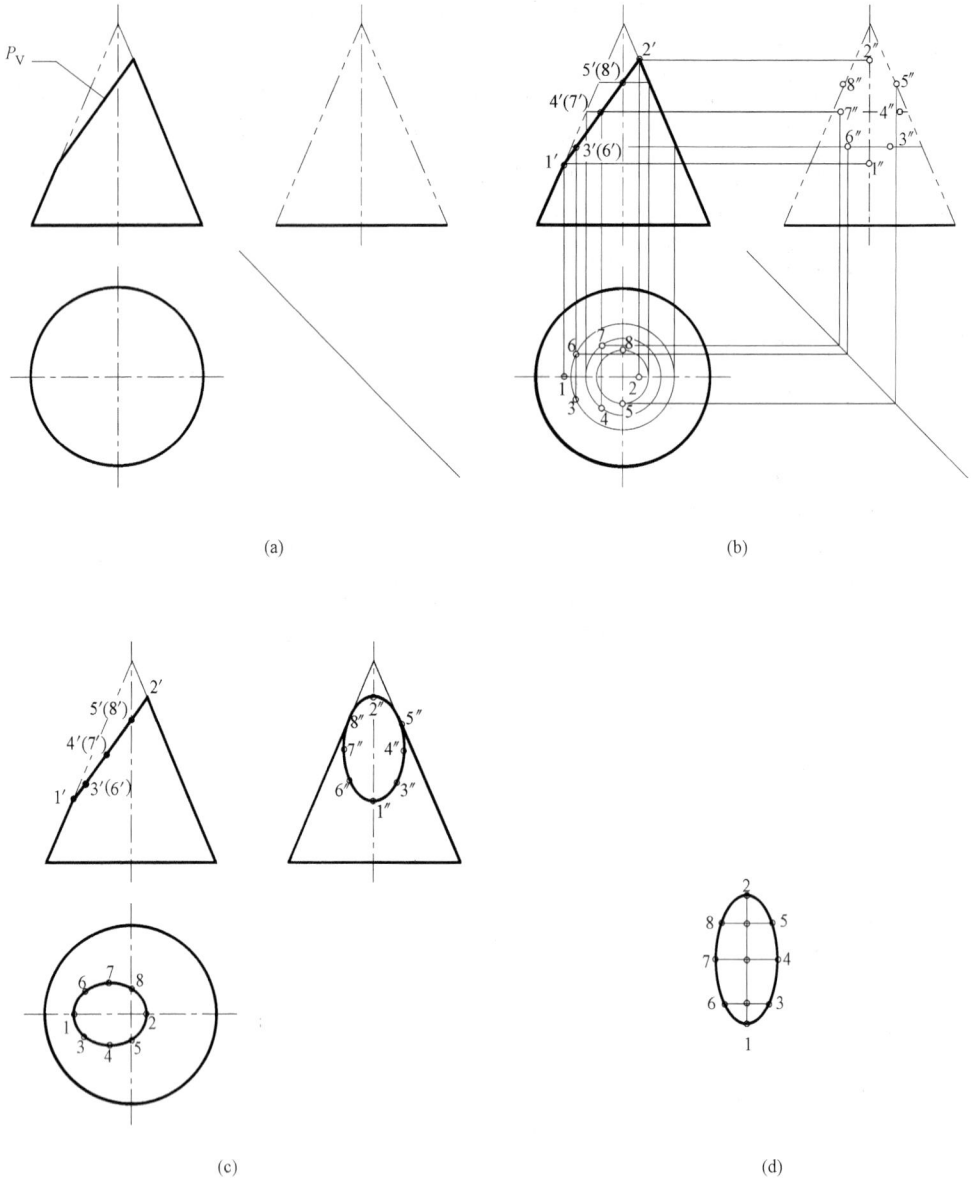

(a)   (b)

(c)   (d)

图 2 - 25 平面截断圆锥体后的投影

（a）已知条件；（b）作图过程；（c）作图结果；（d）断面实形

解 观察图 2 - 25（a），可判断截交线是一个椭圆。截交线的 V 面投影就积聚在 P_V 上，由它就可作出截交线的 H 面投影和 W 面投影，并补全截断体的 W 面投影的轮廓线。最后根据断面各部分在投影面上显示的实际尺寸作出断面的实形。整个作图过程如图 2 - 25（b）所示。

（1）作截交线上的特殊点。

最左、最右素线的截交点的连线ⅠⅡ是这个椭圆的长轴，标出 $1'$、$2'$，再由 $1'$、$2'$ 向 H

面引投影连线，在最左、最右素线的 H 面投影和 W 面投影上作出 1、2 和 $1''$、$2''$。椭圆短轴ⅣⅦ是过长轴中点的正垂线，它的 V 面投影 $4'（7'）$ 投影在 $1'2'$ 的中点。先标出 $4'$、$7'$，过短轴端点Ⅳ、Ⅶ作水平纬圆求出 4、7。

截交线在圆锥面的 W 面投影轮廓线上的点是Ⅴ、Ⅷ两点，可直接利用点的投影规律由 $5'$、$8'$求出 $5''$、$8''$，再作出 5、8。

（2）作截交线上的一般点。

在截交线的 V 面投影上，与已作出的特殊点的间距较大处，任意取Ⅲ、Ⅵ互相重合的投影 $3'（6'）$，按纬圆法或素线法作出点Ⅲ、Ⅵ的 H 面投影 3、6 和 W 面投影 $3''$、$6''$（图中是用纬圆法作出的）。

（3）依次连接各点的 H、W 投影。

按截交线在 V 面投影中所显示的顺序，分别依次连出截交线的 H 面投影和 W 面投影。由于截去上部后，截断体的截交线椭圆的 H 面投影和 W 面投影都是可见的，都画实线。

（4）作断面的真形。

从 V 面投影上 $1'2'$ 的长度可得到椭圆长轴的实长，以及 H 面投影上 36、58 至短轴的实际距离，在 H 面投影上可由 36 的长度得到短轴的实长以及 58、47 的实长，那么就可以在一个平面上把 1、2、3、4、5、6、7、8 的位置确定下来，然后平滑连接这些点就得到了椭圆的实形。

为了巩固对平面截割曲面体的认识，请读者自己来设想一下图 2-26 中带缺口圆锥 H 面投影具体的作图步骤。图中圆锥同时被一水平面和正垂面切割，形成缺口，在已知 V 面投影的条件下，求 H 面投影。解题思路是分别求水平面和正垂面的 H 面投影，然后整理得到结果。

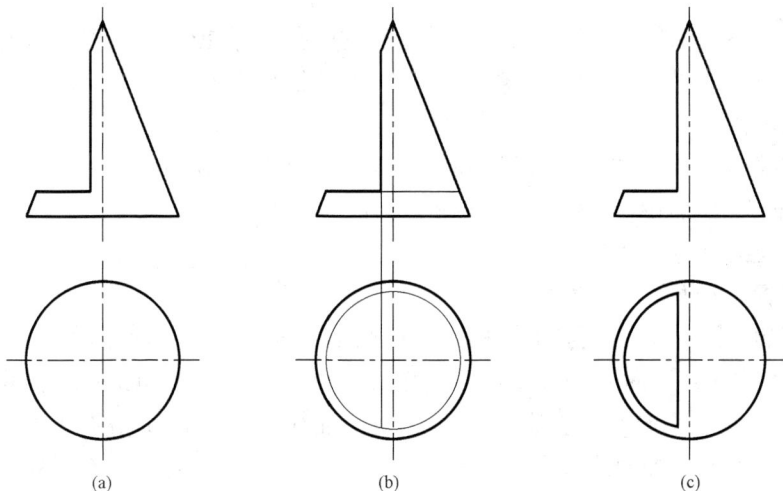

图 2-26　求带缺口圆锥的投影
（a）已知条件；（b）作图过程；（c）求解结果

（三）球的截交线

平面截割球时，截交线总是圆。当截平面平行投影面时，截交圆在该投影面上的投影反映实形；当截平面垂直于投影面时，截交圆在该投影面上的投影积聚成为一条长度等于截交圆直径的直线；当截平面倾斜于投影面时，截交圆在该投影面上的投影为椭圆。

【例 2 - 13】 如图 2 - 27 (a) 所示，要求作出截断体的 H 面投影和 W 面投影。

解 观察题意可知，截交圆是一个正垂椭圆，它在 V 面中投影为直线，它的 H 和 W 两面投影也是椭圆。作图过程如图 2 - 23 (b) 所示，说明如下：

（1）作截交圆上的特殊点。

在 V 面上，直接标出正平线直径 Ⅰ Ⅱ 的 V 面投影 1'2'。1'2' 的中点，是截交圆上与 Ⅰ Ⅱ 相垂直的正垂线直径 Ⅴ Ⅵ 的 V 面投影 5'（6'），它们在 V 面上的投影重合成一点。

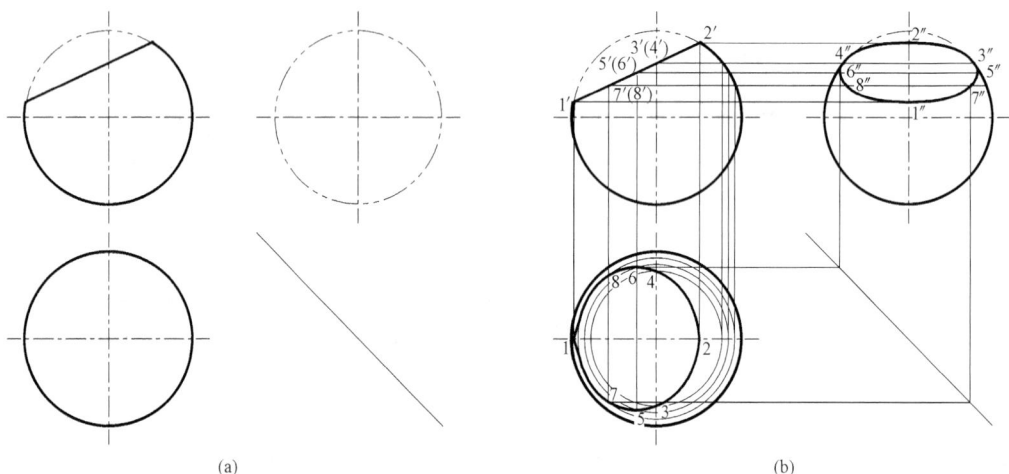

图 2 - 27 平面切割球体

(a) 已知条件；(b) 作图过程及结果

由此判断，56、5"6" 分别是截交圆上最前最后点的投影；12 和 1"2" 则分别是投影圆的最左最右点的投影。从 1'、2' 分别作投影连线，求得 H 面投影 1、2 和 W 面投影 1"、2"。利用点 Ⅴ Ⅵ 在球面上作水平纬圆，就可由 5'、6' 作出 5"、6"。

截交线在球面的 W 面投影轮廓线上的点，可直接在截交圆的 V 面投影上标出，即 3'、4'。由 3'、4' 向 W 面引投影连线，在球面的 W 面投影轮廓线上得到 3"、4"。

（2）作截交圆上的一般点。

作一般位置点的投影用纬圆法。

在截交圆的已知 V 面投影上，标出截交圆上一般位置上、前后对应的两点投影 7'、8'。然后作这个水平纬圆的 V 面投影，得到纬圆直径后，作这个纬圆的 H 面投影，然后作它的 W 面投影。由它们的 V 面投影向 H 面引投影连线，与水平纬圆的 H 面投影相交得对应投影点 7、8。再按投影对应关系找到 W 面投影。用同样方法，就可在需要处作出截交圆上一般点。

（3）补全截断体的 H 面投影和 W 面投影。

按截交圆在 V 面投影中已显示的各截交点的顺序，依次连接 H 面投影和 W 面投影中这些截交点的投影，就作出了截交圆的 H 面投影椭圆和 W 面投影椭圆。由于在 V 面投影中可以看出，截去左上方的一块球冠后，截交圆的 H 面投影和 W 面投影都可见，所以都连成实线。

第四节 立体的相贯线

一、两平面立体相贯

两立体相交,称为两立体相贯。无论是平面立体还是曲面立体,只要相贯,都把它们称为相贯体。立体相贯,相贯体的表面会出现交线,把这种由于立体相交而形成的交线称为相贯线。相贯线有两个特点:一是公共性,即相贯线上的点是两立体表面的共有点。二是封闭性,因为立体表面是有限的,所以两平面立体的相贯线一般是封闭的空间折线,这些折线可在同一平面上,也可不在同一平面上。平面体相贯时,每段折线是两个平面立体上有关表面的交线,折点是一个立体上的棱线与另一立体表面的贯穿点。

求两平面立体相贯线的方法通常有三种:

(1) 直接作图法。适用于两立体相贯时,有一立体在投影面上有积聚投影的情况。

(2) 辅助直线法。适用于已知相贯点某面投影、求其他投影面上投影的情况。

(3) 辅助平面法。适用于相贯两立体均无积聚投影或其他情况。

下面,就通过例题分别介绍这三种求解方法。

(一) 直接作图法

【例 2-14】 如图 2-28(a)所示,由两个四棱柱形成相贯体,已知它们的投影轮廓,求作相贯线,并补全相贯体的投影。

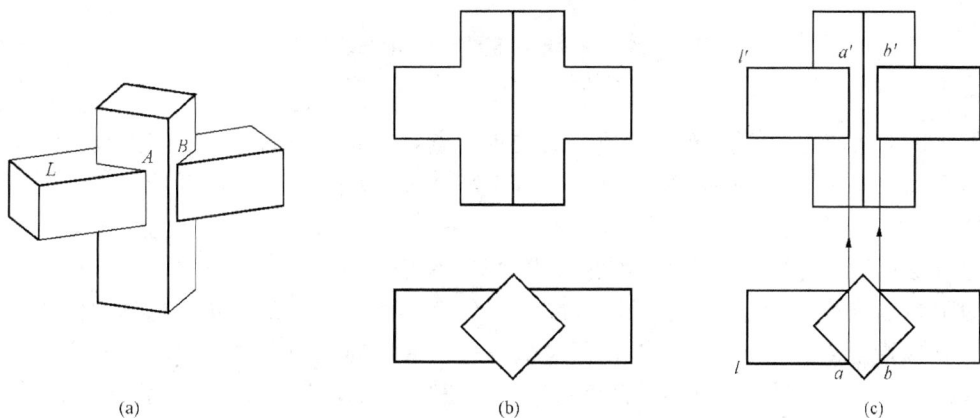

图 2-28 用直接作图法求相贯线

(a) 立体示意图;(b) 已知条件;(c) 作图过程及结果

解 要求相贯线就得先求出贯穿点,然后把贯穿点连接起来就能得到相贯线。观察题目所给的两个平面立体的两面投影,就会发现,求贯穿点的问题实际上可以简化为求横放四棱柱棱线 L 与竖立四棱柱的贯穿点,这也是求解两平面体相贯线的基本思路,即将问题转化为求立体的各棱线与另一立体的贯穿点。

如图 2-28 所示,先求 L 贯穿竖立四棱柱的贯穿点。在 H 面投影上,L 与竖立四棱柱相交于 a、b 两点,由 a、b 两点向 V 面引投影连线,得到 a'、b'。同理,可求得其他棱线与竖立四棱柱的贯穿点。最后判别可见性,得到结果。

相贯线的可见性是如何判别的呢?原则如下:只要是位于两立体都可见的侧面上的交

线，则相贯线可见；只要有一个侧面不可见，面上的交线就不可见。

此题给的启示是：在解决两平面立体有关相贯问题时，一定要善于把立体相贯问题转化为直线与立体相交的问题。在立体表面或棱线有积聚投影时，要尽量利用积聚投影直接求出贯穿点。

（二）辅助直线法

有时，虽然立体表面或棱线有积聚投影，但由于位置特殊，不能完全利用积聚性直接求出相贯点的各面投影，此时就得在立体表面作辅助线来求得相贯点。

【例 2 - 15】　如图 2 - 29 所示，已知烟囱与屋面的 H 面投影和 V 面投影轮廓，求它们的 V 面投影。

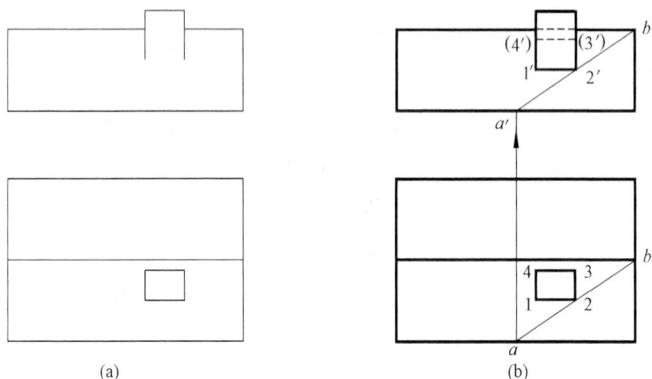

图 2 - 29　通过辅助直线法求相贯线（一）

(a) 已知条件；(b) 作图过程与结果

解　在 H 面投影中过侧棱与屋顶坡面的贯穿点 Ⅱ 在屋顶坡面上作一辅助线，它与檐口线和屋脊线 H 面投影分别在 a、b 两点相交。然后自 a、b 向 V 面投影引投影连线，分别与檐口线和屋脊线 V 面投影相交得到 a'、b'。连接 $a'b'$，$a'b'$ 与烟囱相应的侧棱相交得 $2'$。同理，也可得到 $1'$。连接 $1'$、$2'$ 就得到相贯线的 V 面投影。

由于烟囱和屋顶两立体均处于特殊位置，在 H 面投影上 12 与檐口线 H 面投影平行，则在 V 面投影上 $1'2'$ 也与檐口线的 V 面投影平行，由 $2'$ 向烟囱的另一侧棱引平行线也可得到 $1'$。同理，可得到 Ⅲ、Ⅳ 两点的两面投影 3、4 和 $3'$、$4'$，其中 $3'4'$ 在 V 面上投影不可见。

【例 2 - 16】　如图 2 - 30（a）所示，已知四棱柱与三棱锥的三面投影轮廓，求它们相贯后的三面投影。

解　观察已知条件，四棱柱的 W 面投影有积聚性，相贯线在 W 面上与四棱柱的投影重合，可以直接在 W 面给贯穿点编号。但贯穿点在 H、V 面的投影则难以直接得到，可以在 W 面将顶点与相贯点的投影连接起来，并延长至底棱，成为辅助线。利用这些辅助线，就可以求出相贯点在 H、V 面的投影了。

连接 $s''3''$，将其延长与底棱 $a''c''$ 交于 m''，然后按点的投影规律，在棱线 ac 上找到点 m。连接 sm，与相关棱线交于点 3，然后由点 3 向 V 面引投影连线得到 $3'$。用同样方法可以求出四棱柱棱线与三棱锥表面的贯穿点 Ⅰ、Ⅱ、Ⅳ 的 H、V 投影。

最后，把各贯穿点连接起来并判别其可见性，即得到两立体相贯的三面投影。

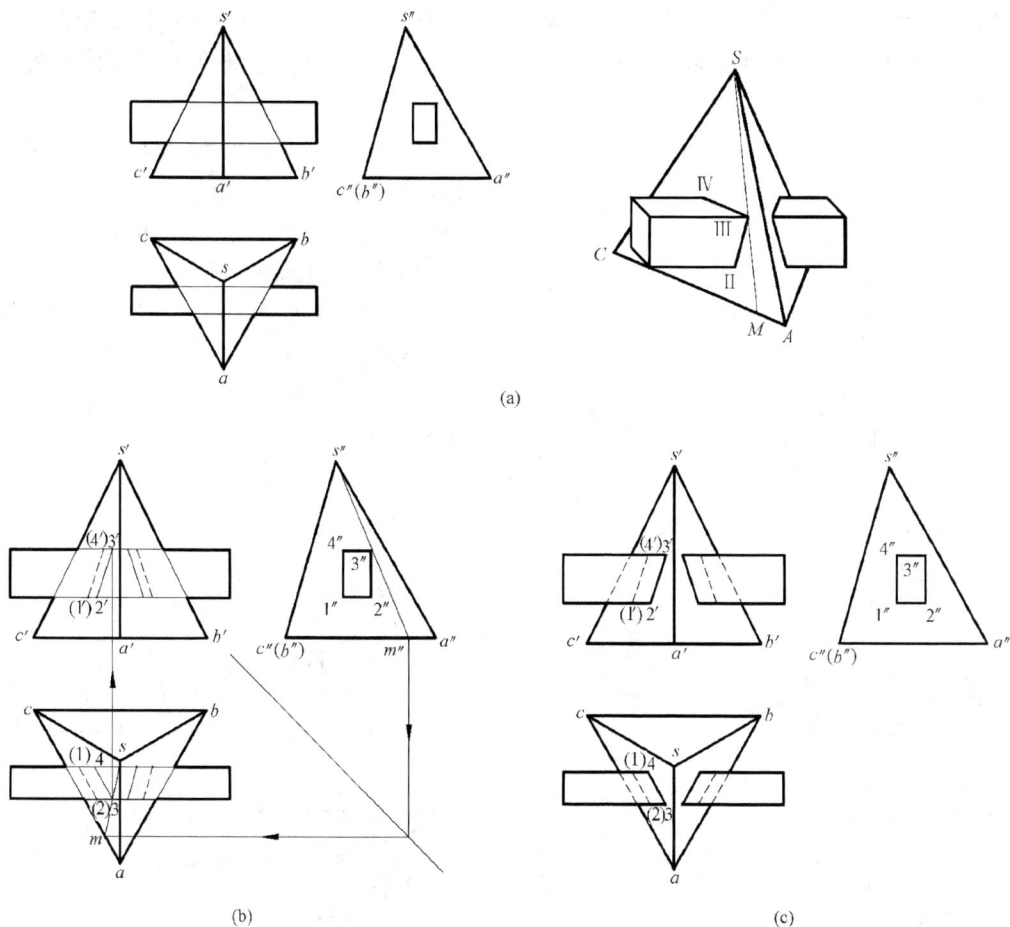

图 2 - 30　通过辅助直线法求相贯线（二）
（a）已知条件及立体示意；（b）求解过程；（c）求解结果

（三）辅助平面法

为便于理解，现将上例的求解方法换成辅助平面法，读
者可比较它们的求解过程。

在图 2 - 31 中，沿四棱柱上下两个棱面，各作水平辅助
面 P_{1V}、P_{2V}。辅助面与三棱锥的截交线在 H、V 两面的投
影，都是直线；它们与三棱锥截交线的 H 面投影，是两个
不同大小的三角形。在 H 投影面上，这两个不同大小的
三角形的边，分别与四棱柱顶面与底面的两条侧棱相交，
得到四个贯穿点的 H 面投影。由 1、2、3、4 向 V 面引投
影连线，与相关棱线相交，就得到它们的 V 面投影。最
后连接贯穿点，判别相贯线的可见性，完成相贯体的 V
面投影。

在理解辅助平面法的作图原理后，再来看下面一个
例题。

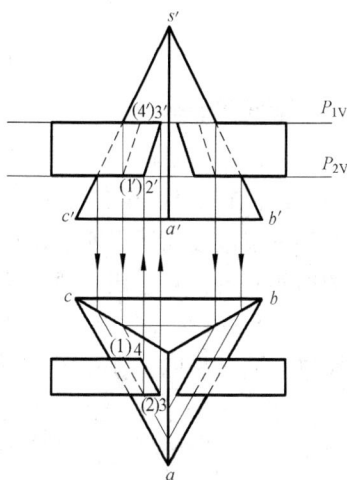

图 2 - 31　通过辅助平面
法求相贯线（一）

【例 2 - 17】　已知一个三棱锥中间被挖出一个矩形孔，它的 V 面投影已知，见图 2 - 32（a）。但在 H 和 W 投影面上只知三棱锥的轮廓线，请补全这个带矩形孔洞的三棱锥的 H、W 两面投影。

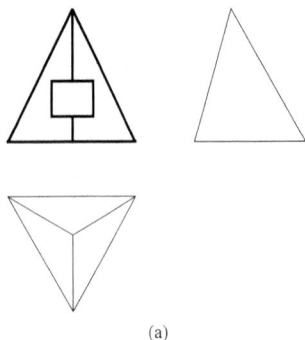

解　初看上题，似与立体相贯无关，但设想，如果将适当尺寸的四棱柱塞入三棱锥的矩形孔洞，就变成了两立体相贯，此时求出的相贯线，也就是矩形孔（或称为四棱柱孔）与三棱锥表面的交线。因而此题求解方法与求相贯线无异，但线的虚实与相贯线则有所区别，在判别"相贯线"可见性时，应加注意。

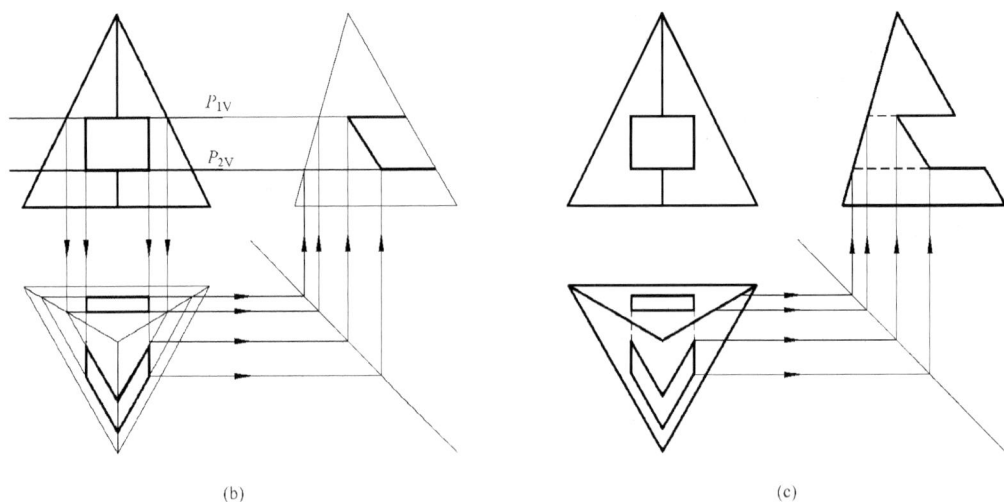

图 2 - 32　通过辅助平面法求相贯线（二）

(a) 已知条件；(b) 作图过程；(c) 作图结果

解题步骤如下：

（1）通过孔洞顶面作水平面 P_{1V}，求出 H 面的上截交线的投影。

P_{1V} 与三棱锥相交后的截交线在 H 投影面上的投影是一个三角形，从孔洞顶面两条侧棱贯穿三棱锥表面所得四个顶点的 V 面投影向 H 面引投影连线，在 H 投影面上与这个三角形的边相交就得到这四个顶点的 H 面投影。

（2）采用相同方法，过孔洞底面作水平辅助面 P_{2V}，也可得到孔洞底面两条侧棱贯穿三棱锥表面所得四个顶点的 H 面投影。

（3）在 H 面上连接各个顶点，判别其可见性，用实线连接可见线段的投影，用虚线连接不可见线段的投影，最后得到三棱锥被挖后的 H 面投影。

根据投影的对应关系，由 H、V 面投影得到 W 面投影。作图结果见图 2 - 32（b）。为便于学习和理解，图 2 - 32（c）保留了部分投影连线。

二、平面立体与曲面立体相贯

在这一节中介绍平面立体与圆柱、圆锥及球相贯的几种典型情形。在这些情况下，平面立体与曲面体的相贯线由若干平面曲线或直线段组合而成。其中，每段平面曲线或直线是平面立体某表面与曲面体表面的截交线，每段相贯线的交点，是平面体棱线与曲面体的贯穿点。所以，常把求平面体与曲面体相贯线问题，转化求平面体表面与曲面体的截交线和求平面体棱线与曲面体的贯穿点。

相贯线只有位于两立体投影都可见表面上时，相贯线的投影才可见，否则，就不可见。

相贯体是一个实心的整体，在作图时可将其视为两个立体，在求出相贯线后，整理求解结果时应注意，凡相贯的立体的轮廓线都只画到相贯线为止。

（一）平面体与圆柱相交

在建筑中，矩形梁与圆形断面的柱相贯，其中心轴线相交且相互垂直，这是建筑中常见的平面体与圆柱相交情形。此时，梁与柱的相贯线是由直线 Ⅰ Ⅱ、Ⅲ Ⅳ 和曲线 Ⅱ Ⅲ、Ⅰ Ⅳ 所组成。由于梁、柱处于特殊位置，相贯线的 H 面和 W 面投影可直接画出，在作图时，主要是求解相贯线的 V 面投影。

【例 2 - 18】　如图 2 - 33 所示，已知四棱柱与圆柱相贯的 H 面和 W 面两面投影，求 V 面投影。

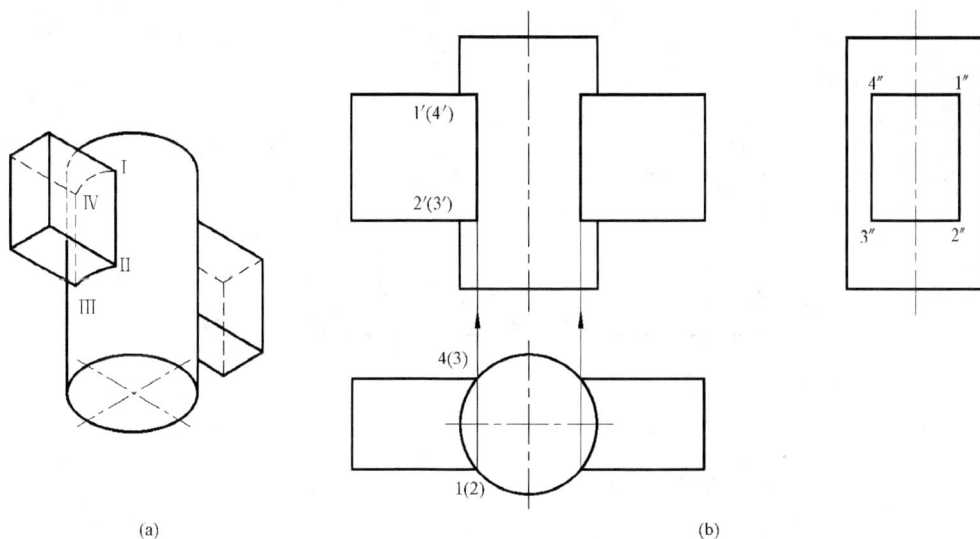

图 2 - 33　求四棱柱与圆柱的相贯线
（a）立体示意图；（b）作图过程及结果

解　（1）先根据已知的 H 面和 W 面投影作出四棱柱和圆柱在 V 面的投影轮廓。

（2）在 H 面上，由 1（2）向 V 面引投影连线，与四棱柱对应棱线的 V 面投影相交得到 1′、2′。线段 1′2′ 即是相贯线上的直线 Ⅰ Ⅱ 的 V 面投影。直线 Ⅲ Ⅳ 的 V 面投影则与其重合。

（3）曲线 Ⅱ Ⅲ 的 V 面和 W 面投影都是一段水平的直线。虽然在 V 面上，2′3′ 重合为一点，但结合它的 H 面和 W 面投影来看，在它们的 V 面投影中四棱柱底线与柱轮廓的交点至

$2'$的那段线，就是曲线Ⅱ Ⅲ的V面投影。

（4）同理，求出梁柱相贯的另一面相贯线投影。

（二）平面体与圆锥相交

【例 2 - 19】 如图 2 - 34 所示，已知相贯的四棱柱与正圆锥的投影轮廓，求两者相贯的三面投影。

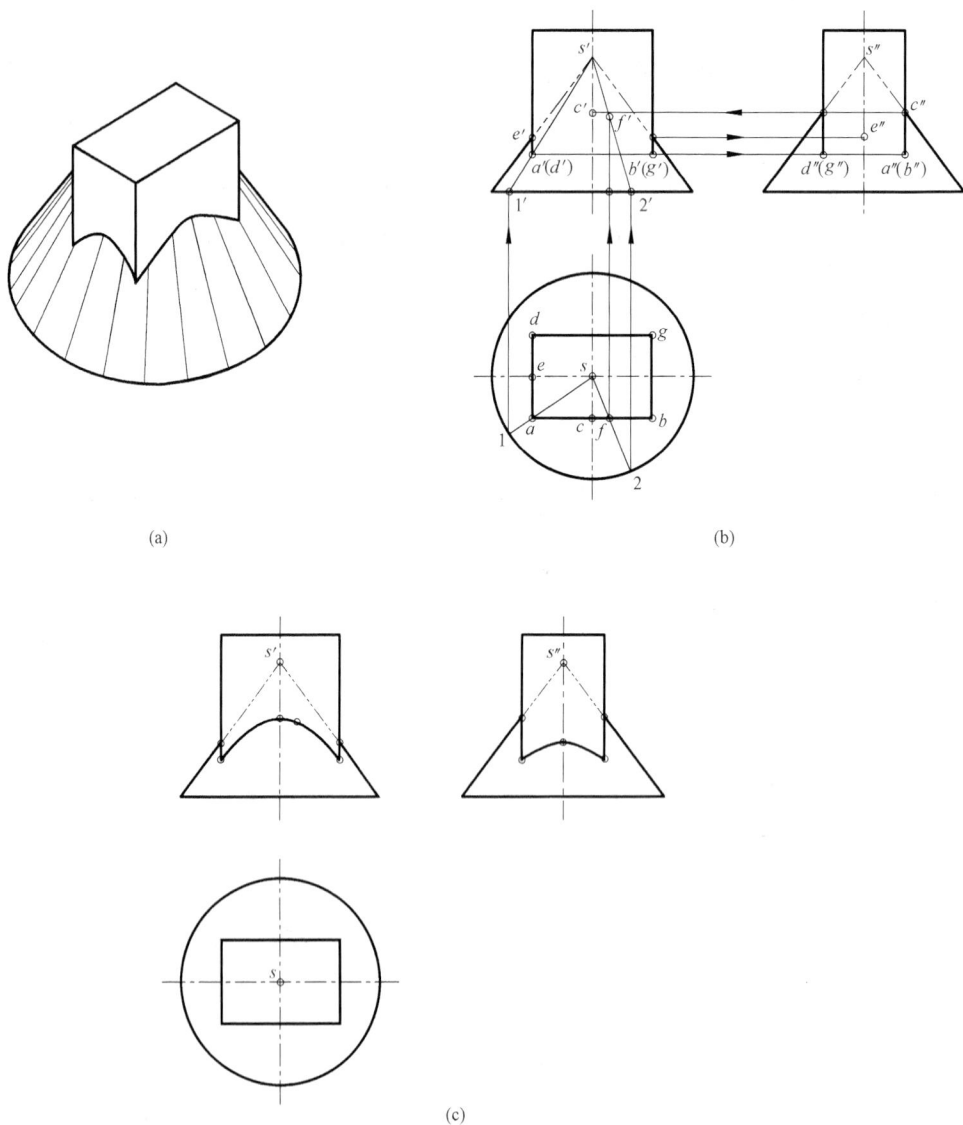

(a)

(b)

(c)

图 2 - 34 求四棱柱与正圆锥的相贯线

(a) 立体示意图；(b) 已知条件及作图过程；(c) 作图结果

解 建筑中的圆锥薄壳基础由平面体正四棱柱与正圆锥相贯而成。如图 2 - 34（a）所示，其相贯线是由四条双曲线组成的空间曲线，这四条双曲线的交点，也就是四棱柱四条棱线与正圆锥面的贯穿点。求此时的相贯线，一般是先求棱线与曲面体的贯穿点，然后求双曲线的顶点，再用素线法或纬圆法求双曲线上一般位置上的点，最后将双曲线上的点平滑连接得到平面体表面与曲面体的截交线，判断可见性后得到相贯体的所求投影。

（1）求四棱柱棱线与正圆锥面的贯穿点。

由于四棱柱棱面垂直于 H 面，四条棱线的 H 面投影有积聚性，四条双曲线的连接点的 H 面投影与各棱线的投影重合。自点 s 过 a 画素线，与圆锥底边交于 1，利用这条素线，求得 a'，即贯穿点 A 的 V 面投影。由于四棱柱四条棱线与锥面的贯穿点处于同一水平高度，那么四棱柱其他棱线与圆锥面贯穿点的 V、W 面投影可直接作水平线求出，如 a'（d'）、b'（g'）、a''（b''）、d''（g''），它们也分别是各双曲线的交点和双曲线的最低点。

（2）求双曲线的顶点。

圆锥面上最前和最后的素线对四棱柱的贯穿点，应是前后双曲线的最高点。圆锥面上最左和最右素线对四棱柱的贯穿点，就是左右双曲线的最高点，按已学的投影对应关系，直接求得双曲线顶点在各投影面上的投影。

（3）求双曲线上的一般点。

在它们的 H 面投影上取相贯线上任意一点，如图中的 f，过 s 和 f 作一条素线与圆锥底边交于 2，然后利用这条素线在 V 面和 W 面上的投影，求得 f' 和 f''。同理，可以求出很多个一般位置上点的 V、W 面投影，并依次将其光滑连接成双曲线。

而左右侧双曲线的 V 面投影是一段直线，如图中的 $a'e'$ 是左侧双曲线的 V 面投影。

得到有关贯穿点和双曲线的三面投影后，判断其可见性，得到如图 2 - 34（c）所示结果。

读者可自行思考，如果此题不用素线法而用纬圆法，应如何作图求解？

（三）平面体与球相交

如四棱柱与球的相贯，球心位于四棱柱的中心轴线上，常见于建筑工程中的一些节点或装饰构造。相贯线是球被柱表面截割后纬圆的一部分，所以常用纬圆法求出平面体与球的相贯线。

【例 2 - 20】 如图 2 - 35（a）、（b）所示，已知相贯的四棱柱与球的两面投影轮廓，求它们相贯后的两面投影。

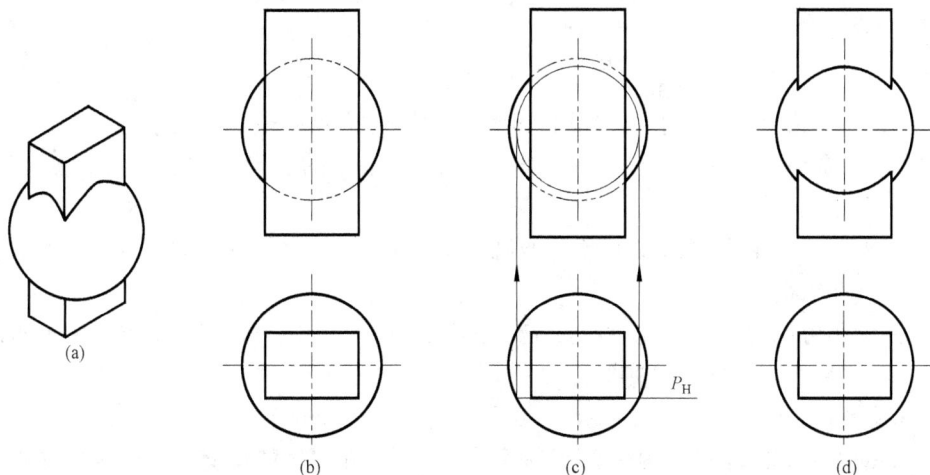

图 2 - 35 求球与四棱柱的相贯线

（a）立体示意图；（b）已知条件；（c）求解过程；（d）求解结果

解 观察已知条件可以知道，四棱柱与球的相贯线是四棱柱各棱面与球的截交线，是一段圆弧，且由于四棱柱处于与 H 面垂直的特殊位置，这些截交线在 H 面上与四棱柱各棱面积聚投影成矩形。所以，相贯线的 H 面上的投影可直接得到。

想象用四棱柱的前棱面切割球，如图 2 - 35（c）所示，截交线是一个与 V 面平行的纬圆，可在 H 面上取得这个纬圆的直径，然后在 V 面上画出这个纬圆的投影。纬圆的 V 面投影与前棱面两条棱线的交点，就是棱线与球表面的贯穿点。最后，判断可见性，整理得到图 2 - 35（d）的结果。

三、两曲面立体相贯

两曲面体的相贯线，一般是封闭的空间曲线，在特殊情况下是平面曲线。求相贯线的方法通常有直接作图法和辅助平面法。

（一）利用积聚性，用直接作图法求作相贯线

【**例 2 - 21**】 已知一仓库屋面是两拱形屋面相交，如图 2 - 36 所示，求它们的交线。

解 由图可知屋面的大拱是抛物线拱面，小拱则是半圆柱面。前者素线垂直于 W 面，后者素线垂直于 V 面，两拱轴线相交且平行于 H 面。相贯线是一段空间曲线，其 V 面投影重影在小圆柱的 V 投影上，W 投影重影在大拱的 W 投影上，H 投影的曲线，可求出相贯线上一系列的点而作出。

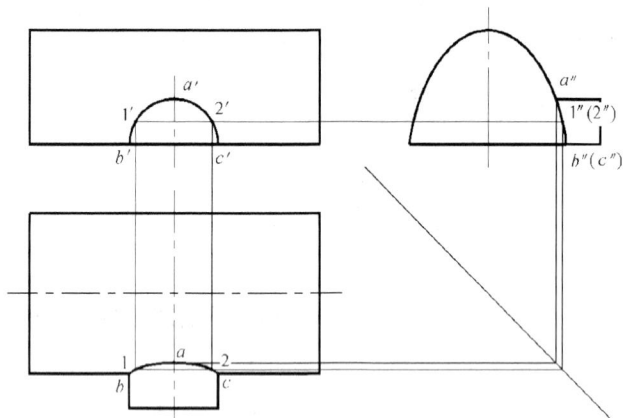

图 2 - 36 求两圆拱的相贯线

求特殊点：最高点 A 是小圆柱最高素线与大拱的交点，最低、最前点 B、C（也是最左、最右点），是小圆柱最左、最右素线与大拱最前素线的交点。它们的三投影均可直接求得。

求一般点 1、2。在相贯线 V 投影的半圆周上任取点 $1'$ 和 $2'$。$1''$、$(2'')$ 必在大拱的 W 积聚投影上，据此求得 1、2。

连点并判别可见性。在 H 投影上，依次连接 $b-1-a-2-c$，即为所求。由于两拱形屋面的 H 投影均为可见，所以相贯线的 H 投影可见，画成实线。

（二）辅助平面法

作一辅助平面截断相贯的两曲面体，可同时得到两相贯体的截交线，这两相贯体的截交线的交点，就是两曲面体表面上的公共点，把许多这样的公共点连接起来，就能求得相贯线。

为使作图简便，所作的辅助平面通常是投影面的平行面，且应选择适当的截割位置，使其与两曲面体截割后产生的截交线简单易画。如图 2 - 37 所示，正圆锥与水平方向的圆柱相贯，选择的辅助平面应与圆锥轴线垂直，使截交线成为矩形或圆的组合形式，两截交线的交点为相贯线上的点。如果所作的辅助平面与圆锥轴线平行，除重合外，则圆锥体的截交线是双曲线，不能直接作出，解题烦琐，不得采用。

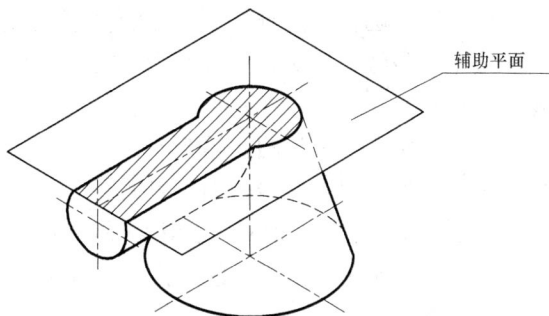

图 2 - 37 辅助平面的选用位置

【例 2 - 22】 如图 2 - 38（a）所示，求作正圆柱与正圆锥的相贯线。

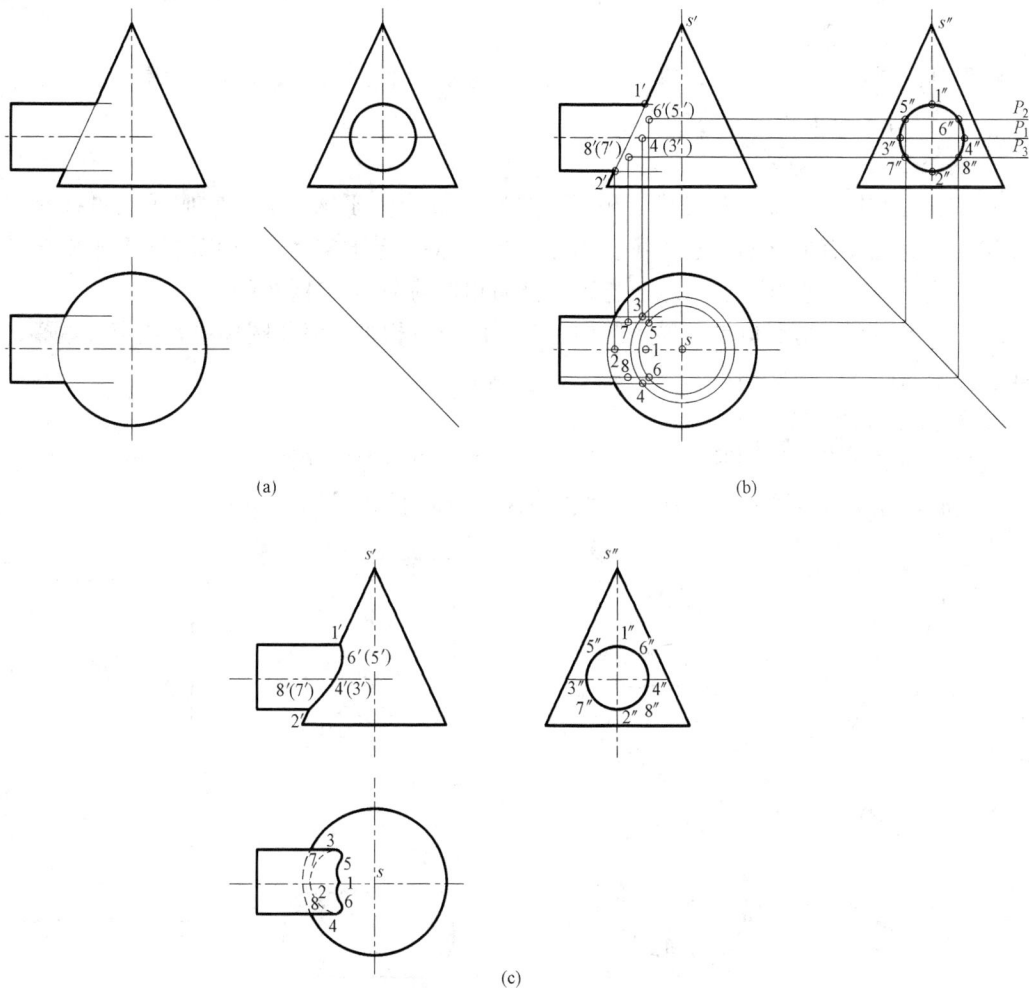

(a)

(b)

(c)

图 2 - 38 用辅助平面法求圆柱与圆锥的相贯线

（a）已知条件；（b）作图过程；（c）作图结果

解 图中圆柱与圆锥的两条轴线垂直相交且平行于 V 面，圆柱与圆锥相贯，因此圆柱的素线全部与圆锥相交，相贯线为一封闭的空间曲线。利用辅助平面法来求作这类曲面体的相贯线比较合适。

先求特殊点。因为圆柱的 W 面投影有积聚性，因此相贯线与圆柱的 W 面投影重合，圆柱最上和最下的两条素线与圆锥表面的贯穿点 Ⅰ、Ⅱ 的 V 面投影 $1'$、$2'$ 均可直接找出，得到点 $1''$、$2''$ 和 $1'$、$2'$ 后，就可由投影对应关系找出 1 和 2。

圆柱最前和最后两条素线与圆锥表面的贯穿点 Ⅳ、Ⅲ 的 W 面投影可直接找到，然后用一水平辅助面 P_1 过这两点截割圆柱和圆锥，Ⅲ、Ⅳ 两点就是截交线的交点，在它们的 V 面投影中量取纬圆半径，于其 H 面投影中作一圆弧，此为圆锥被平面截割后产生的截交线，它与圆柱前后两条轮廓线的两个交点，即为 Ⅲ、Ⅳ 两点的 H 面投影 3、4。过 3、4 向上作垂线，得到 $3'$、$4'$，其中点 $3'$ 为不可见。

同理，可用这种方法再设水平辅助面 P_2、P_3，求出相贯线上一般位置点的三面投影，如图中的 Ⅴ、Ⅵ、Ⅶ、Ⅷ 四点。

将得到的贯穿点连接起来，判别其可见性，将不可见部分画成虚线，就得图 2-38（c）。

（三）曲面体相交的几种特殊情形

1. 圆锥、圆柱与球相贯

在图 2-39 中，正圆锥面与球面相贯。当圆锥轴线位于球心时，它们的相贯线是水平圆，如图中的位置有上下两个水平圆。由于圆锥轴线平行于 V 面，所以这两个水平圆的 V 面投影各是一条水平直线，这是球面与正圆锥面相贯的一种特殊情况。

球面与圆柱相贯情况也是一样。假如有两个曲面体相贯，只要圆柱中心线穿过球心，相贯线就为平面曲线。在此不再赘述。

2. 圆柱与圆柱相贯

直径相同的两个圆柱轴线正交时，相贯线为两大小相等的椭圆，见图 2-40（b）。它们的轴线斜交时，相贯线为两长轴不相等，但短轴相等的椭圆，见图 2-40（a）。

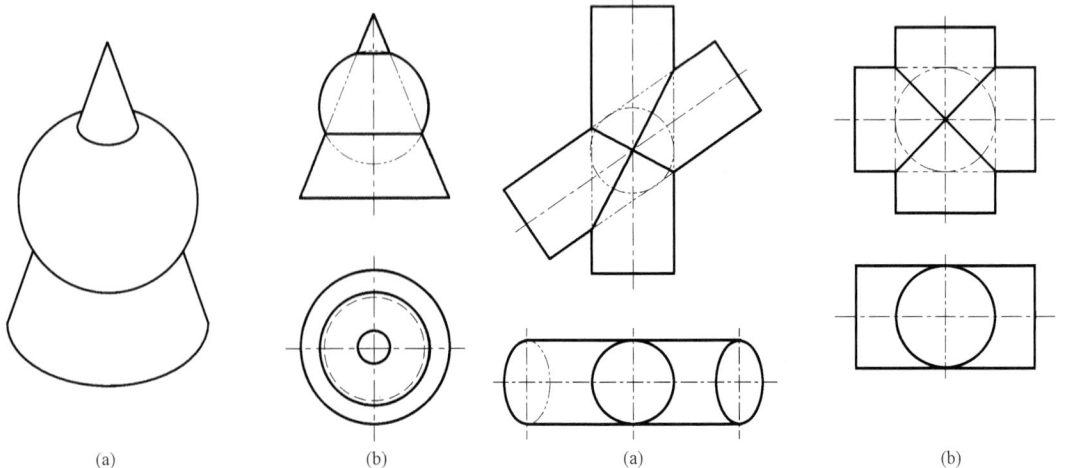

(a)   (b)   (a)   (b)

图 2-39 球与圆锥的相贯线　　　　　图 2-40 两圆柱相贯

（a）立体示意；（b）投影图

3. 圆柱与圆锥相贯

圆柱与圆锥轴线垂直时，相贯线的投影见图 2-41（a）。圆柱与圆锥轴线重合时，相贯线为平面圆，见图2-41（b）。

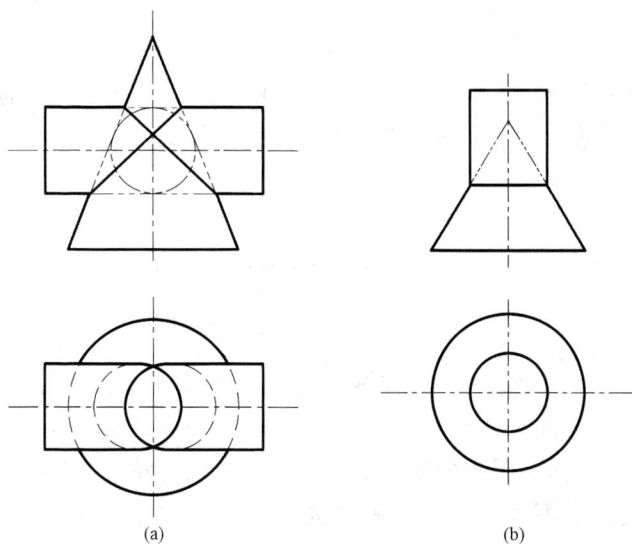

(a)   (b)

图 2-41 圆柱与圆锥相贯

第三章　形 体 的 表 达

本章摘要：本章主要介绍了轴测投影图、组合体的三面正投影图、剖面图和截面图等内容，通过本章内容的设置，使学生掌握投影图的分类、形成过程，绘制方法，应用特点等内容，为今后专业课的学习奠定基础。

第一节　轴 测 图 基 础

一、轴测投影的形成

前面已经详细分析了正投影的识读及画法，任何复杂的空间实体均可以用正投影图来表示，但是正投影图是平面图形，缺乏立体感，对于没有掌握制图知识的人员而言，读懂正投影图较为困难。而轴测投影图，具有立体感较强的特点，因而在工程制图中也被广泛的应用。但轴测投影不能够真实反映物体的形状和大小，在建筑工程中一般作为辅助图样。

为了获得有立体感的投影图，将物体和物体上的直角坐标系，按平行投影的方法一并投影到已选定的投影面上，便得到具有立体感的图形；如图 3-1 所绘制的图形中，物体上各顶点的投影位置是根据它的坐标值用"沿轴向测量的方法"来确定，因此被称为轴测图。

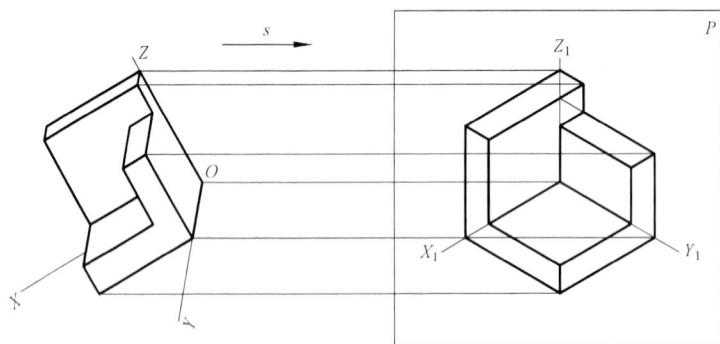

图 3-1　轴测投影图的形成过程

二、轴测投影图的分类

1. 轴测投影的相关知识

为了对轴测投影图有全面地了解，在介绍轴测投影图的分类以前，首先介绍几个概念：

轴测投影面：用来作投影的平面称为轴测投影面，如在图 3-1 中，用 P 表示轴测投影面。

投射方向：见图 3-1，就是在形成轴测投影过程中，投射线的方向。

轴测投影轴：空间形体上的坐标轴 OX、OY、OZ 在轴测投影面 P 上的投影 O_1X_1、O_1Y_1、O_1Z_1 就称为轴测投影轴，简称轴测轴。

轴间角：在轴测投影图上，轴测投影轴之间的夹角即是轴间角。

轴向变形系数：坐标轴上单位长度在轴测投影图上的投影长度与坐标轴单位长度的比值，分别称为 X、Y、Z 轴的轴向变形系数，习惯上用 p、q、r 来表示：

$$p=O_1X_1/OX, \quad q=O_1Y_1/OY, \quad r=O_1Z_1/OZ$$

2. 轴测投影图的分类

根据投射方向、轴测投影面及空间坐标系之间的相对位置变化，可以得到不同的轴测投影图，一般经常用的有正轴测投影图和斜轴测投影图两类。

正轴测投影图：在形成轴测投影时，投射线与投影面是相互垂直的，而空间形体与投影平面是倾斜的，在此种情况下所得到的轴测投影图，为正轴测投影图，如图 3-2 所示。

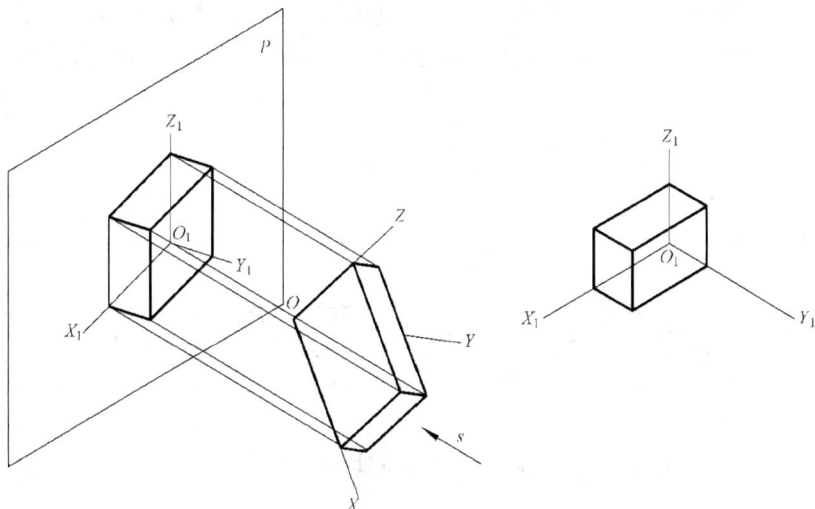

图 3-2 正轴测投影

斜轴测投影图：在形成轴测投影时，投射线倾斜丁投影面，空间形体与投影面平行，在此种情况下所得到的轴测投影图，为斜轴测投影图，如图 3-3 所示。

3. 轴测投影图的基本特性

轴测投影具有以下几方面的特性：

（1）直线的投影仍然是直线。

（2）空间相互平行的直线，它们的轴测投影仍然相互平行。因此，与坐标轴平行的线段，它们的轴测投影也平行于相应的轴测轴。

（3）只有与坐标轴平行的线段，才能与坐标

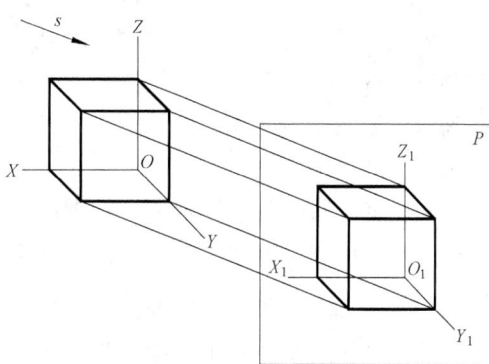

图 3-3 斜轴测投影

轴发生相同的变形，因此其投影长度才能够按照变形系数 p、q、r 来确定和测量。

第二节 轴测图的画法

由于形体上的坐标轴与投影面的倾斜角度不同，对同一形体所作出的正轴测图也有所差异，这样，同一形体可以作出不同的正轴测图，但是，在实际工程中，经常采用的正轴测投

影是正等测和正二测两种。

一、正等测图

当投射线与投影面相互垂直，使空间形体上的三个坐标轴 OX、OY、OZ 和轴测投影面所形成的夹角相等，所形成的正投影图就是正等测投影。

（一）正等测图的轴测轴的画法

由于形体的三个坐标轴与投影面所形成的夹角相等，因此，轴测轴之间的三个轴间角是相等的，$\angle X_1 O_1 Y_1 = \angle Y_1 O_1 Z_1 = \angle Z_1 O_1 X_1 = 120°$，在绘制正等测图时，通常使 $O_1 Z_1$ 轴成铅垂位置，$O_1 X_1$ 和 $O_1 Y_1$ 与水平线所形成的夹角为 $30°$，三个轴的轴向变形系数也相同，$p = q = r = 0.82$。在绘图时，为了绘图的方便，通常采用简化系数，即 $p = q = r = 1$，这样所绘制的正等测图比实际扩大了 1.22 倍，但是，形状保持不变。正等测轴的画法如图 3-4 所示。

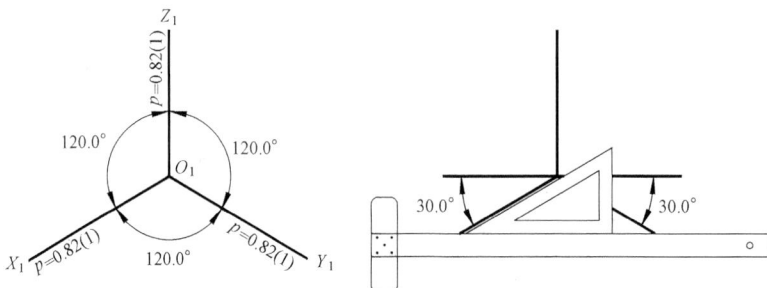

图 3-4　正等测图的轴测轴的画法

（二）正等测图的绘制

绘制正等测图时，首先应该对形体进行分析，分析形体的组成，每一部分的几何形状，确定合适的投影角度，然后绘制轴测轴，并按照轴测轴的方向以及正等测轴的变形系数，确定形体上各点的位置，最后绘制成形体的正等测图。在绘图时，凡是与坐标轴平行的线段，在轴测投影图中也与相应的轴测轴平行，并且只有与坐标轴平行的线段，其轴向缩短系数才等于 0.82。

由于空间形体的差别，为了绘图的方便，在绘制正等测图时，可以分别采用不同的绘图方法，常用的作图方法有：叠加法、切割法、坐标法。

【例 3-1】　用叠加法绘制形体的正等测图，如图 3-5 所示。

解　形体分析：根据三面正投影图，可知该形体是由三部分通过叠加而形成的，下部是一长方体的底板，上部后侧是一长方体的立板，右侧前方是一三棱柱。

作图：在正投影图中确定空间坐标轴的位置，将坐标原点放置在立体的右后下角。画出正等测的轴测轴，绘图时，可以按照简化系数绘制。分别在 $O_1 X_1$ 轴上量取第一个形体的长度尺寸，在 $O_1 Y_1$ 轴上量取宽度尺寸，在 $O_1 Z_1$ 轴上量取高度尺寸，分别作相应轴的平行线，画出下部长方体的正等测图。

根据竖板和下部长方体的相对位置，首先确定第二部分竖板的位置，然后按照相同的方法把竖板绘制出来。

在绘制第三部分三棱柱时，量取该形体的长、宽和高，从而把第三部分绘制出来。

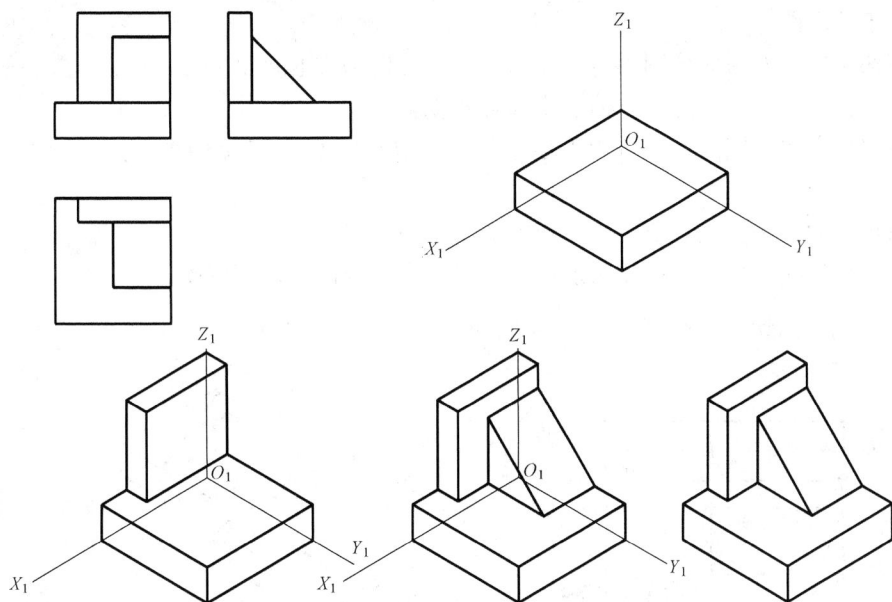

图 3-5 用叠加法绘制形体的正等测图

最后把不可见的线条擦掉，组合体的正等测图就绘制完毕。

【例 3-2】 用叠加法绘制形体的正等测图，如图 3-6 所示。

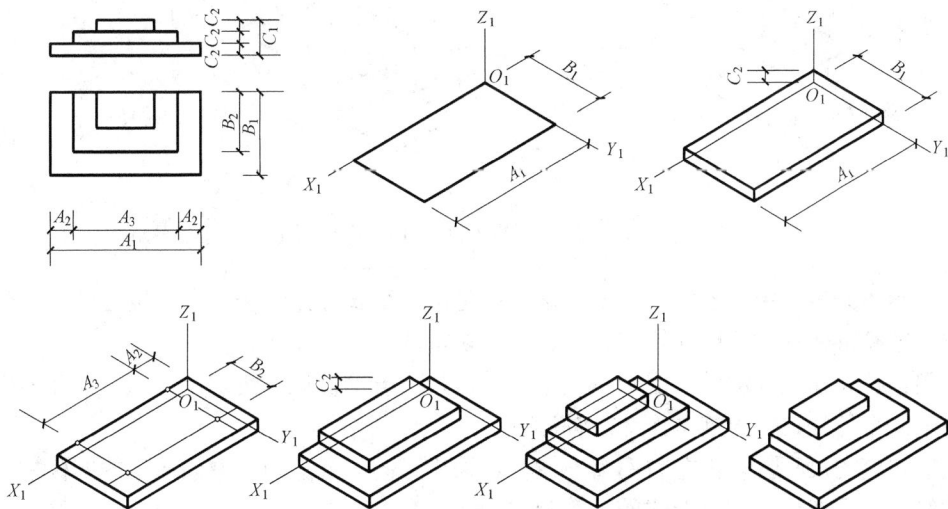

图 3-6 用叠加法绘制形体的正等测图

解 形体分析：根据两面正投影图，可知该形体是由三个长方体叠加而成，因而用叠加法较为方便，叠加法绘图时，一般先把复杂的形体进行分解，分解成若干个简单的几何形体，然后从底面开始，依次向上叠加，最终完成图形。

作图：首先确定轴测轴，在轴测轴的基础上画第一个长方体的底面，沿着 O_1X_1、O_1Y_1 方向截取长度 A_1、B_1，并各引直线作相应轴的平行线。

从最下部长方体的底面各顶点向上引垂线，截取高度 C_2，连接四个顶点，即得到下部长方体的正等测图。

从下部长方体的顶面分别沿着 O_1X_1、O_1Y_1 方向截取长度 A_2、A_3、B_2，并各引直线作相应轴的平行线，得到中间长方体的底面轴测投影。

从中间长方体的底面各顶点向上引垂线，截取高度 C_2，连接四个顶点，即得到中间长方体的正等测图。

采用相同的方法把顶部长方体的正等测图绘制出来。

擦去多余的线，把保留的线条加深，最终完成组合体的正等测图。

【例 3 - 3】 用切割法绘制形体的正等测图，如图 3 - 7 所示。

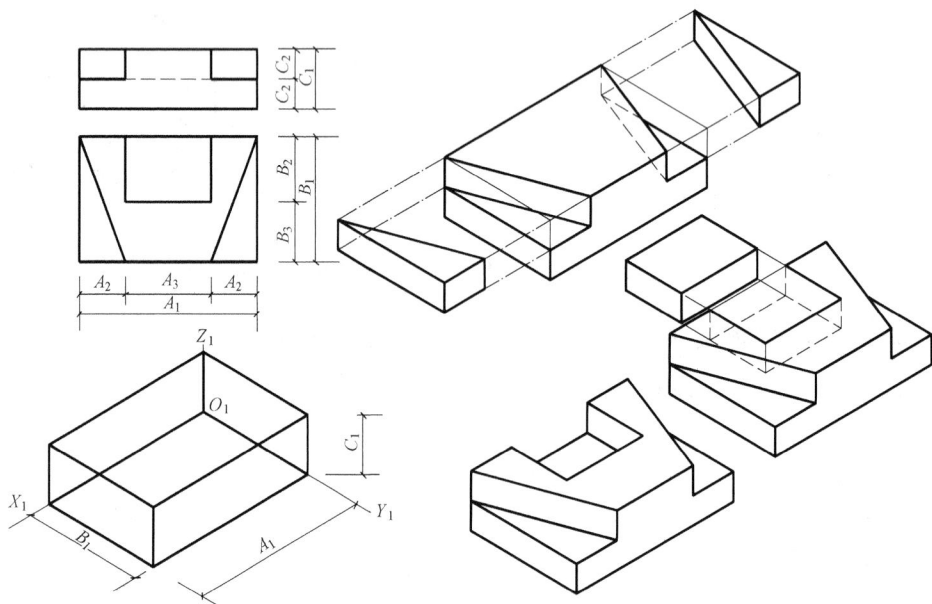

图 3 - 7 用切割法绘制形体的正等测图

解 形体分析：由正投影图可知，该形体是由一个长方体切去两个三棱柱和一个四棱柱而形成，这类形体的轴测图在绘制时，适合用切割法。

作图：首先建立轴测轴，沿 O_1X_1、O_1Y_1、O_1Z_1 方向截取长度 A_1、B_1、C_1 并各引直线作相应轴的平行线，作出基本形体的轴测图。

量取相应的尺寸，切去左右两个三棱柱，采用相同的方法切去中间部位的四棱柱。擦去多余的线，加深图线，完成形体的正等测图。

【例 3 - 4】 用坐标法绘制形体的正等测图，如图 3 - 8 所示。

解 形体分析：根据投影图可知，形体是由两部分组成，由四棱柱和四棱台组成，在确定四棱台的上底面的四个顶点位置时，用坐标法较为方便。所谓坐标法，就是将形体上各点的坐标通过轴向变形系数换算成轴测轴上的坐标，作出这些点的轴测投影，然后连接各点便得到形体的轴测图。

作图：画轴测轴，首先作出下部四棱柱的轴测图。

在四棱柱的上表面，沿轴向分别量取 A_2、A_3、B_2、B_3 得四个交点，过这四个交点作

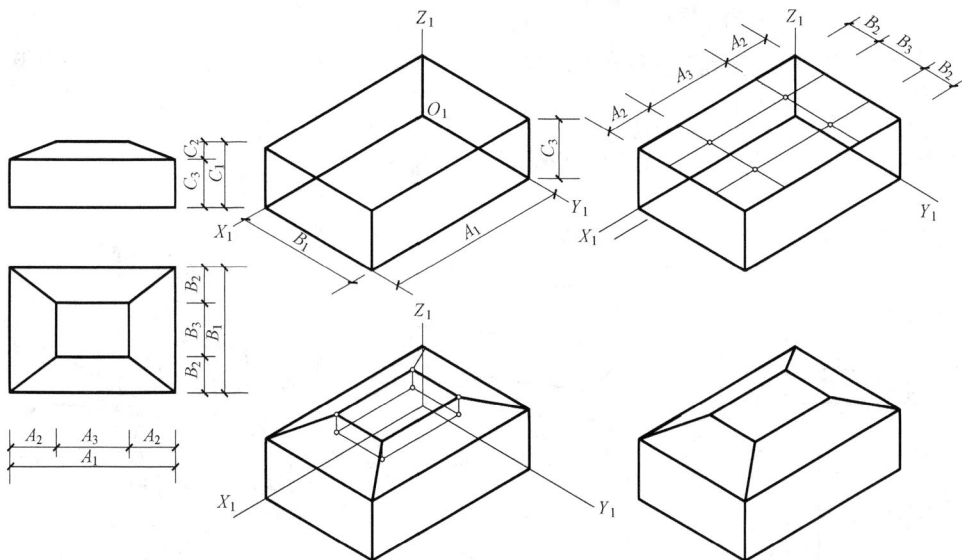

图 3-8　用坐标法画形体的正等测图

O_1Z_1 轴的平行线，在平行线上量取 C_2，得到四棱台的四个顶点，顺序连接这些顶点，得到上部四棱台的轴测图。擦去多余的线，并加深图线，完成形体的正等测图。

通过上面几个例题，介绍了几种绘制轴测图的方法，在实际应用中，可以根据形体的特点，选择合适的绘图方法，如果遇到较为复杂的形体时，可以几种方法联合使用。

二、正二测图

在正投影的条件下，形体的三个坐标轴中有两个坐标轴与轴测投影面的倾斜角度相同，所得到的轴测投影，就是正二测图。

(一) 正二测图的轴测轴的画法

如图 3-9 所示，O_1Z_1 轴为铅垂线，O_1X_1 轴与水平线的夹角为 $7°10'$，O_1Y_1 轴与水平线的夹角为 $41°25'$，即 $X_1O_1Y_1$ 与 $Y_1O_1Z_1$ 轴间角为 $131°25'$，$Z_1O_1X_1$ 轴间角为 $97°10'$，这时三个轴向变形系数有两个是相同的，即 $p=r=0.94$，$q=0.47$。为了作图的方便，可将正二测的轴向变形系数简化为 $p=r=1$，$q=0.5$，这样画出的正二测图，相当于把物体放大了 1.06 倍。

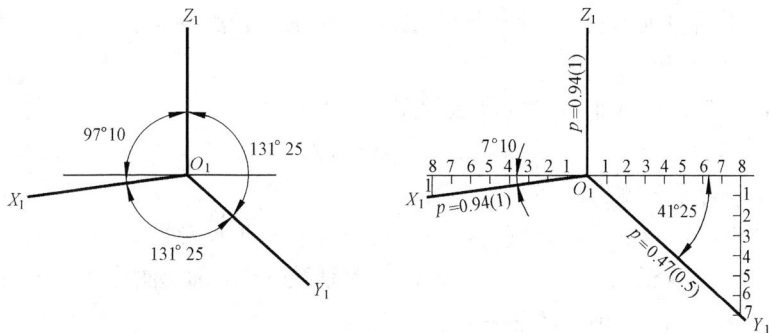

图 3-9　正二测图的轴测轴的画法

（二）正二测图的绘制

正二测图的作图和正等测图的作图方法基本相同，该种图形直观性强，但是作图较为繁琐。

【例 3 - 5】 如图 3 - 10 所示，绘制形体的正二测图。

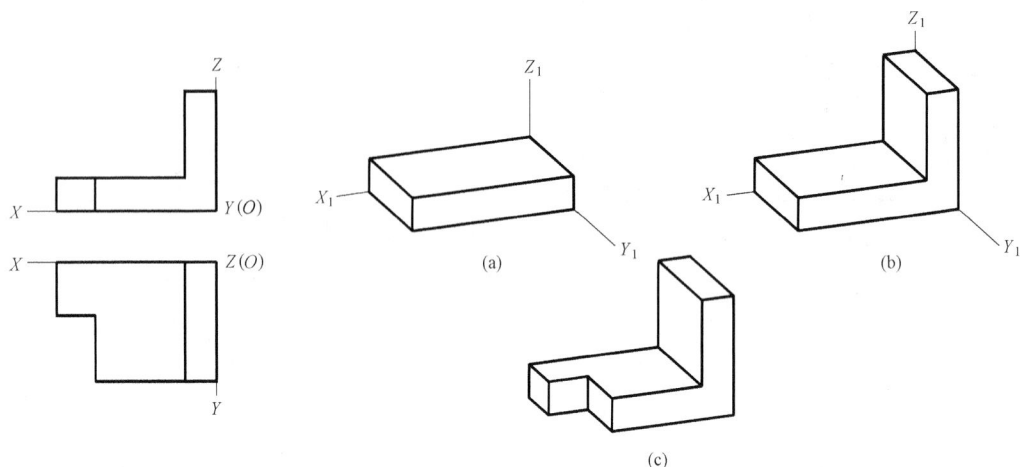

图 3 - 10　绘制形体的正二测图

解　形体分析：根据正投影图可知，该形体是由两个四棱柱叠加，同时在底部的四棱柱的左前部切去了一个小的四棱柱而形成的，因此，在作图时，叠加法和切割法联合使用。

作图：首先绘制正二测的轴测轴。根据底部四棱柱的长、宽、高尺寸，作出其正二测图。在第一个四棱柱的上表面量取上部四棱柱的长和宽，沿着 O_1Z_1 轴量取高度，作相应轴的平行线，得到第二个四棱柱的轴测图，切去第一个四棱柱左前部的小四棱柱体。然后加深可见轮廓线，完成形体的正二测图。

三、斜轴测图

斜轴测投影与正轴测投影有所不同。投射线方向与轴测投影面是倾斜的，空间形体的一个面与轴测投影面是平行的，在这种情况下所得到的轴测投影图，就是斜轴测投影图。

当空间形体的正面平行于正平面，而正平面作为轴测投影面时，所得到的斜轴测图称为正面斜轴测图；当空间形体的底面平行于水平面，而且以水平面作为轴测投影面，所得到的斜轴测图称为水平面斜轴测图；正面斜轴测图和水平面斜轴测图又统称为斜二测图。

（一）正面斜轴测图

正面斜轴测图的形成和轴测轴的画法如图 3 - 11 所示。

由于空间形体的立面平行于轴测投影面，而轴测投影面又是正平面，因而空间形体的坐标轴 OX 和 OZ 平行于轴测投影面，其轴测投影不发生变形，即 $p=r=1$，轴间角等于 $90°$。

坐标轴 OY 是与轴测投影面垂直的，由于投影线倾斜于投影面，因而 OY 轴的投影也是倾斜的，O_1Y_1 与 O_1X_1 的夹角，一般取 $45°$，变形系数 $q=0.5$，轴测轴 O_1Y_1 方向，作图时可根据需要选择图 3 - 11 两种中的任一种。

正面斜轴测图作图时，一般将物体上的特征面平行于正面轴测投影面，因而这个面在正面斜轴测投影中反映实形，这样在绘图时较为方便。

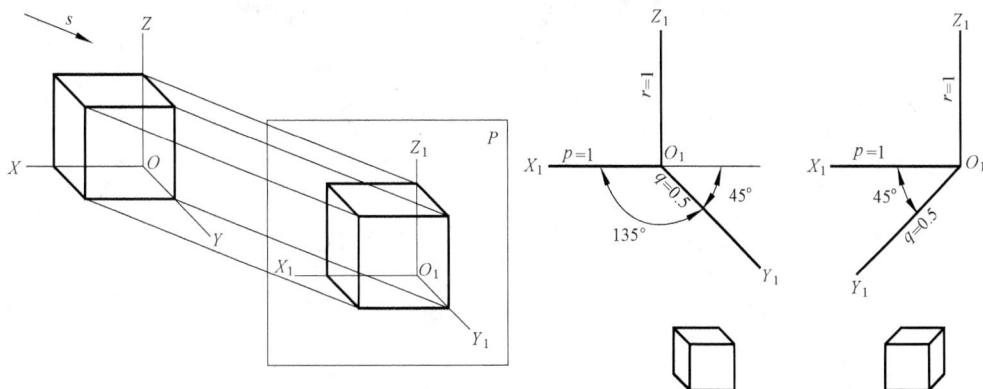

图 3-11　正面斜轴测图的形成和轴测轴的画法

【例 3-6】　如图 3-12 所示，绘制形体的正面斜轴测图。

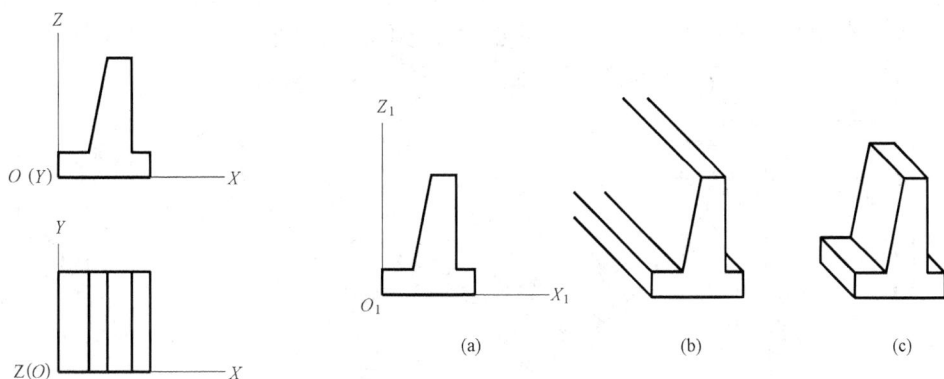

图 3-12　绘制形体的正面斜轴测图

解　形体分析：根据形体的正投影图可知，正面是该形体特征面，因而在投射时，让正面平行于轴测投影面，其投影反映实形。

作图：绘制轴测轴。在 $X_1O_1Z_1$ 平面内，把形体的正面投影按照实形绘制出来。

从各个顶点作 O_1Y_1 轴的平行线，并且按照轴向变形系数 $q=0.5$ 量取相应的长度。依次连接后面的各点，并且加深相应的轮廓线，完成正面斜轴测图。

利用正面斜轴测图中有一个面不发生变形的特点，来绘制斜轴测图，较为简便，因此，在绘制建筑形体的小型配件和工程管线系统图时经常采用。

（二）水平面斜轴测图

水平面斜轴测图的形成和轴测轴的画法如图 3-13 所示。

由于空间形体的坐标轴 OX 和 OY 轴平行于水平的轴测投影面，因此，OX 和 OY 轴，或者与 OX 轴、OY 轴平行的线段轴测投影长度不变，$p=q=1$，其轴间角为 90°。坐标轴 OZ 轴与轴测投影面垂直，由于投射方向是倾斜的，轴测轴 O_1Z_1 是倾斜的，为了与习惯绘图方法保持一致，通常将 O_1Z_1 仍然画成铅垂的，将 O_1X_1 和 O_1Y_1 相应的旋转一个角度，30°、45°、60°都可以。变形系数 r 通常小于 1，为了简化绘图，$r=1$。

由于水平面斜轴测图具有以上特点，一般适宜于画建筑形体的轴测图。作图时，只需要

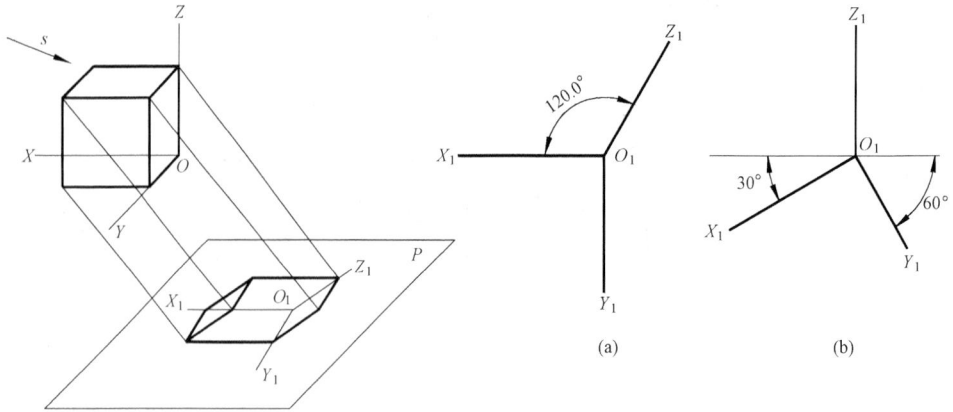

图 3-13　水平面斜轴测图的画法和轴测轴的画法

将建筑形体的水平面投影图旋转一个角度，30°、45°、60°均可，然后过建筑形体的平面转角处作铅垂线，量取相应建筑形体的高度，得到建筑形体的各个顶点，依次将各个顶点连接起来，就得到建筑形体的水平面斜轴测图，如图 3-14 所示。

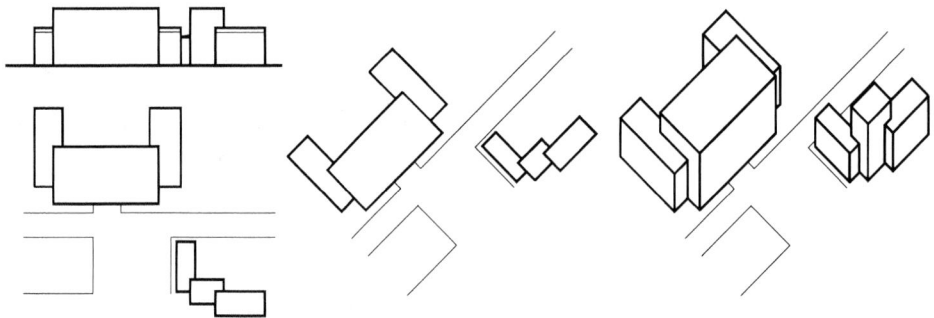

图 3-14　建筑形体水平面斜轴测图

四、曲面体的轴测图

在曲面体的轴测图中，应用较多的是圆周曲线的轴测图，如圆柱体的轴测图就是由上下底圆轴测图和两侧的公切线形成的；圆锥体的轴测图是由下底圆的轴测图和由锥顶所作的公切线形成。因而，绘制曲面体的轴测图，首先应该学习圆周的轴测图的画法。

（一）圆的轴测投影图

在轴测投影图中，圆的轴测投影除了斜二测有一个面不发生变化外，其余面上圆的轴测投影均为椭圆，在绘制圆的轴测投影时，可借助于圆的外切四边形的轴测图，如果圆的外切四边形的轴测图是平行四边形，绘制椭圆时，可用"八点法"，如果圆的外切四边形的轴测图是菱形，可用"四心法"作图。如图 3-15 所示，三个方向圆的轴测图。

正等测圆的近似画法：正等测圆的近似画法，是采用四心法作椭圆，具体画图步骤如图 3-16 所示：

（1）根据圆的直径作出圆的外切正四边形的正等测图，也就是夹角为 60°、120° 的菱形，圆与外切四边形的切点在菱形四边的中点，即 a、b、c、d 四点。

（2）菱形两钝角的顶点为 O_1 及 O_2，连接 O_1a、O_1b，交菱形锐角连线于 O_3、O_4，得四

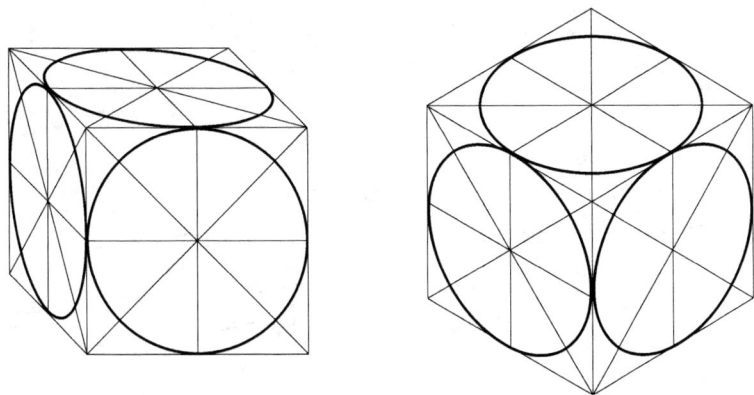

图 3-15 三个方向圆的轴测图

个圆心 O_1、O_2、O_3、O_4。

(3) 以 O_1b 为半径，分别以 O_1、O_2 为圆心，作上下两段弧，再以 O_3a 为半径，分别以 O_3 和 O_4 为圆心，作左右两段弧，即可得到椭圆。

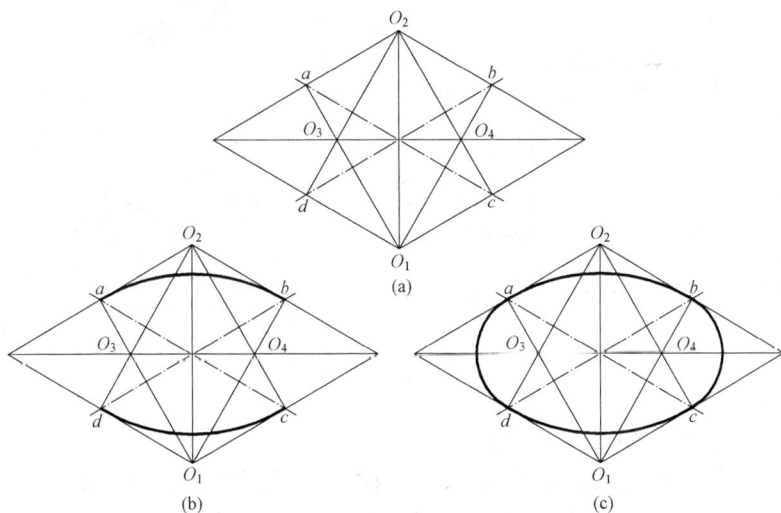

图 3-16 正等测圆的近似画法

用八点法作斜二测椭圆：

用八点法作斜二测椭圆，首先在圆周上选取八个点，把这八个点的轴测投影确定下来以后，用曲线板依次连结各点，就可以得到椭圆，具体作图步骤如图 3-17 所示。

(1) 根据轴测轴的变形系数，画出圆的外切正四边形的轴测图，即平行四边形，平行四边形四条边的中点 a、b、c、d 四点是圆周上的点。

(2) 以 bk 为斜边，作一个等腰直角三角形 bmk。以 b 为圆心、bm 为半径作弧，交 kb 于 n、q，过 n、q 分别作 bd 的平行线，并与对角线交于 e、f、g、h 四个点。

(3) 连接 a、e、b、f、c、g、d、h、a 八个点，就得到椭圆。

圆角的正等测图的画法：同样可以采用上述介绍的近似画法，如图 3-18 所示，作图时，实际上是画四分之一椭圆，因此，首先延长与圆角相切的两边线，形成直角，并按照直

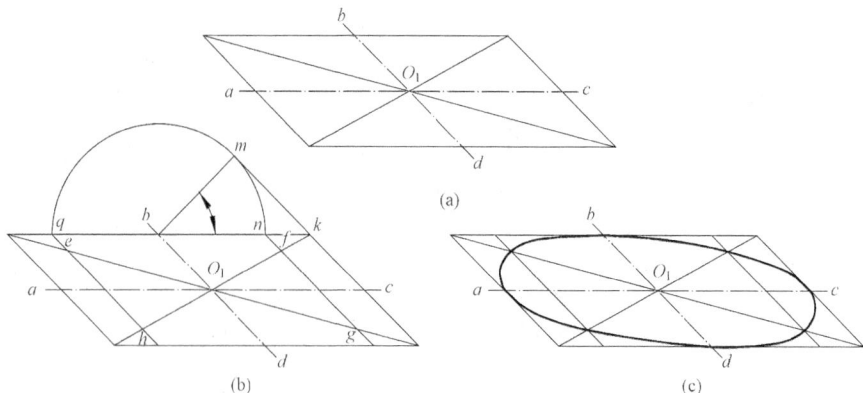

图 3-17 用八点法画椭圆

角作出它的正等测图，正等测图可能是钝角也可能是锐角。以钝角和锐角的顶点为起点，两边量取半径 r 的长度，得到 a_1、d_1 两点，过 a_1、d_1 点作所在边的垂线，两垂线的交点就是轴测圆角的圆心，然后再作圆弧，得到圆角的正等测图。

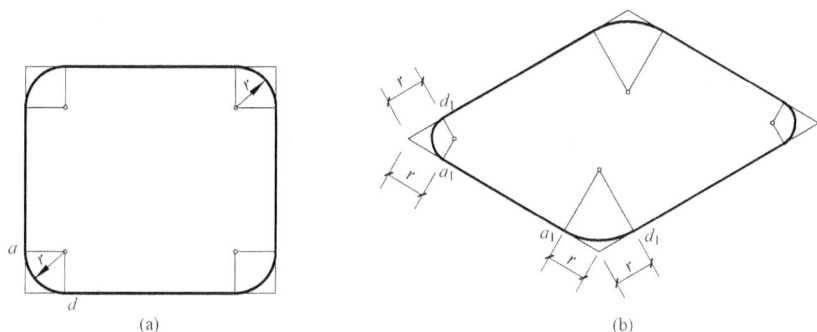

图 3-18 圆角的正等测图

（二）回转体的轴测投影

掌握了平面上圆的轴测投影的画法以后，就可以作简单的回转体的轴测投影了。画回转体的轴测投影时，应注意分析圆所在的平面位置，首先根据正投影图确定圆心的位置，然后利用近似画法分别作出各椭圆，最后画出形体的外形轮廓线，即各椭圆的公切线，就可以得到回转体的轴测图。

【例 3-7】 如图 3-19 所示，已知带缺口圆柱的正投影图，绘制正等测图。

解 形体分析：根据正投影图可知，该曲面立体是由一个圆柱被一个水平面和一个侧平面切割而形成的，作图时可以采用切割法。

作图：

（1）画轴测轴，画圆柱的中心线，确定三个水平圆的圆心 O、O_1、O_2，用四心法画出三个椭圆和它们的公切线。

（2）自点 O 沿着 O_1X_1 轴量取 b，并作 O_1Y_1 轴的平行线，与所作的椭圆交于 1、2 两点，过 1、2 两点作 O_1Z_1 轴的平行线，交第二个椭圆于 3、4 两点，连接 3、4，就完成缺口部分的作图。

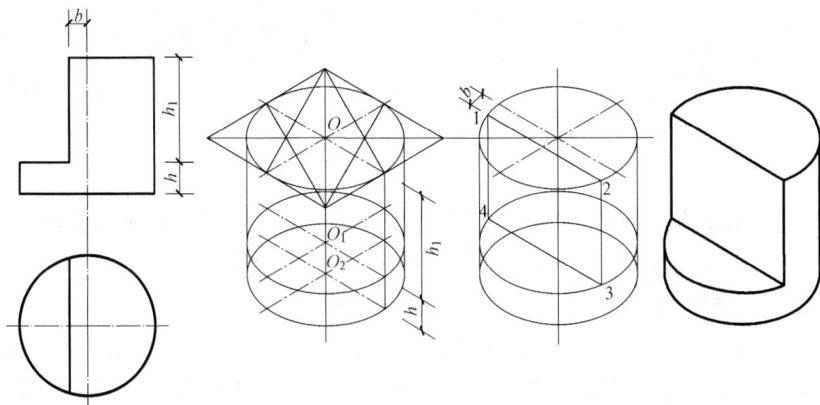

图 3-19　绘制形体的正等测图

（3）擦去不需要的线条，加深可见轮廓线，最后完成形体的作图。

【例 3-8】　如图 3-20 所示，根据正投影图，绘制管柱的正面斜二测图。

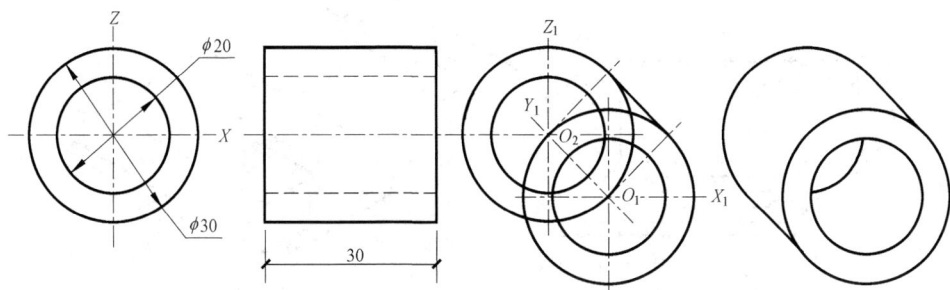

图 3-20　管柱的正面斜二测图

解　形体分析：根据正投影图可知，该形体是由一个较大的圆柱体切去一个同轴较小圆柱体而形成。

作图：

（1）在正投影图上确定空间坐标轴的位置。

（2）画出轴测轴，在 O_1Y_1 轴上截取管柱轴向尺寸的一半，得到 O_1、O_2，以 O_1、O_2 为圆心作同心圆。

（3）作出前后两个较大圆的公切线，即外形轮廓线，擦去不需要的图线，加深可见轮廓线，即得管柱的正面斜二测图。

五、轴测投影图的选择

在前面中已经介绍了几种轴测投影图：

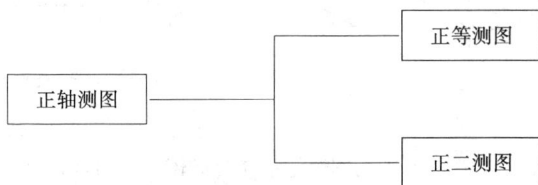

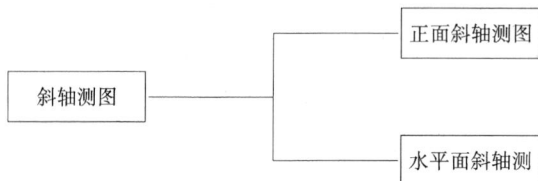

在建筑工程中经常用到轴测投影图，绘图时究竟采用哪一种投影图比较理想，这主要根据所表达的立体的形状来确定，在作图时可以根据以下几个方面来考虑。

1. 表达的形体要清晰、完整

由于各种类型的轴测图轴测轴的方向不同，形体与观看者的相对位置也不同，在绘制比较复杂的建筑形体时，尽量要把形体的各个组成部分表达清楚，避免出现遮挡。如图 3-21 所示，图（a）是正面斜轴测图，底板上后面是否有切割，在该图形中无法表示清楚。图（b）是正等测图，在该图形中，形体的每一部分均能表示清楚，通过对比分析，不难发现对于该形体而言，采用正等测图比正面斜轴测图效果要好。

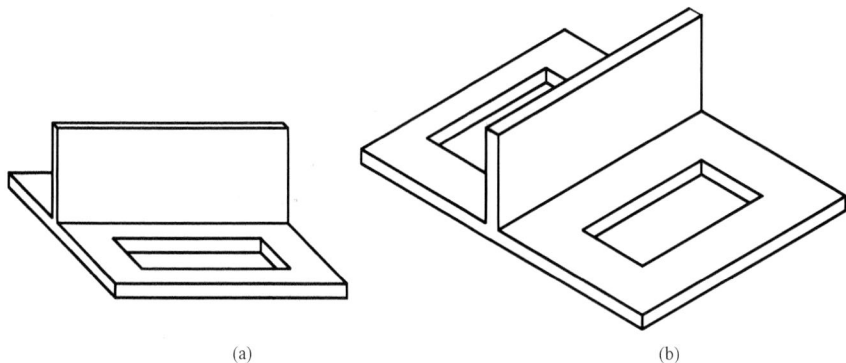

图 3-21　轴测图类型选择对比
(a) 正面斜轴测图；(b) 正等测图

2. 表达立体的轴测图要有立体感

对于一般形体而言，三种轴测图以正二测投影图的立体感最强，正二图看起来比较自然，与人们日常观察物体所得的印象大体相似。如图 3-22 所示，图（a）是物体的正等测

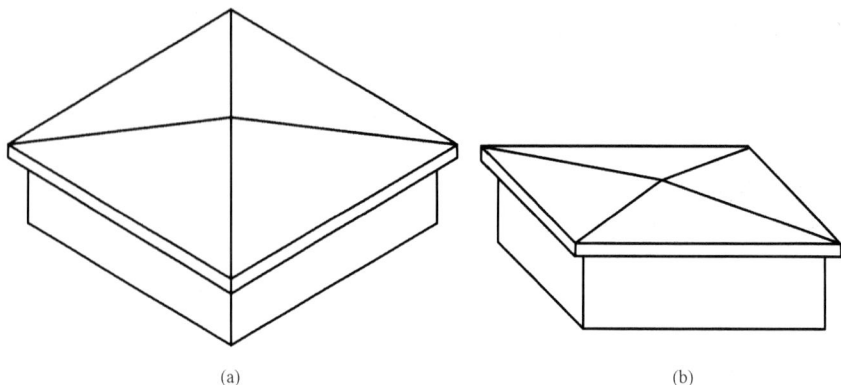

图 3-22　不同轴测图表达形体时立体效果的差异分析
(a) 正等测图；(b) 正二测图

图，图（b）是形体的正二测图，通过对比，不难看出，正等测图所表达的形体没有正二测图立体感强，为了使所绘制的轴测图具有较强的立体感，符合人们的视觉，以采用正二图为宜。

第三节 组合体的投影

一、形体分析

任何建筑形体都可以看作是由一些基本形体组合而形成的。由基本形体组合而形成的立体称为组合体。为了方便地把复杂的建筑形体的投影图绘制出来，通常将一些复杂的建筑形体分解成一些简单的几何形体，即对形体进行分析，以上方法称为形体分析法。

组合体按照形成方式不同，一般可以归纳为下列三种：

（1）叠加型组合体：由若干基本形体堆砌或者拼合而形成的。

（2）切割型组合体：由一个基本形体切除某些部分而形成。

（3）混合型组合体：由叠加型和切割型形体混合而形成的。

图 3 - 23 为一柱下独立基础模型，由三个四棱柱和一个四棱台堆砌而形成，可以看作是叠加形组合体。

如图 3 - 24 所示的形体，由一个圆柱体内部去掉一个同轴等高的小圆柱体，上端切掉一段半圆管，该形体可以看作是切割型组合体。

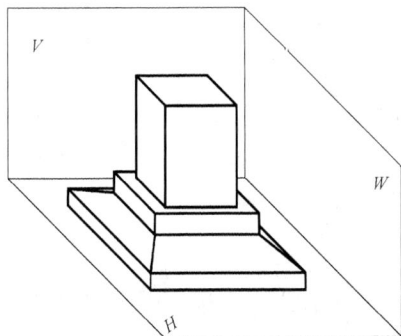

图 3 - 23 叠加型组合体

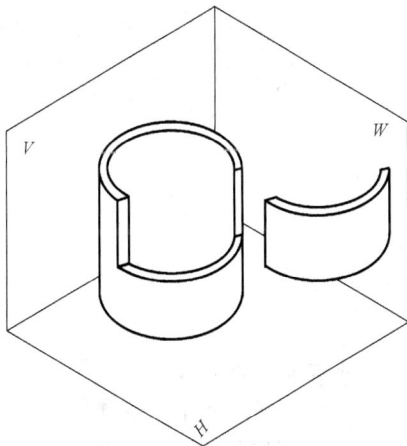

图 3 - 24 切割型组合体

如图 3 - 25 所示的形体，从总体上分析，可以认为是由一个水平的底板和一块竖直的立板组成，底板可以看作由一个长方体的板和一块半圆柱形状的板组合而成，再在中间切去一个圆柱。竖板部分，可以认为在长方体的基础上切去一个三棱柱。该种形体可以看作是混合型组合体。

上述三种类型的划分，主要是为了绘图的方便，作形体分析使用。有的组合体可以按照叠加型来分析，也可以采用切割型来分析，究竟是采用哪一种方式，主要看绘图者思考问题的思路，绘图习惯等。

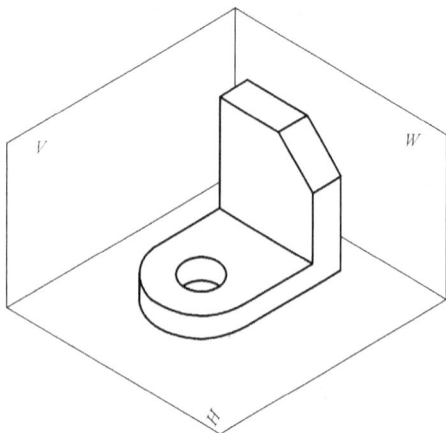

图 3-25　混合型组合体

二、组合体的正投影

作组合体的投影图时，应首先进行形体分析，再根据基本形体的投影特性和相对位置，作出各种基本形体的投影，即可画出组合体的投影图。

画组合体投影图的方法有以下几种。

1. 形体分析

图 3-26 是一个台阶，绘图前首先进行形体分析，可以把它看作是由三块四棱柱的踏步板和一块五棱柱的挡板组成。三块踏步板上下叠加在一起，一块挡板拼合在踏步板的右侧。

2. 确定组合体在投影时的投影位置

作图之前，应首先确定组合体与投影面的相对位置，一般应使正面投影较能明显地反映出组合体的形体特征，尽可能使组合体的主要特征面与投影面平行，以便使投影反映实形，减少投影图中的虚线。

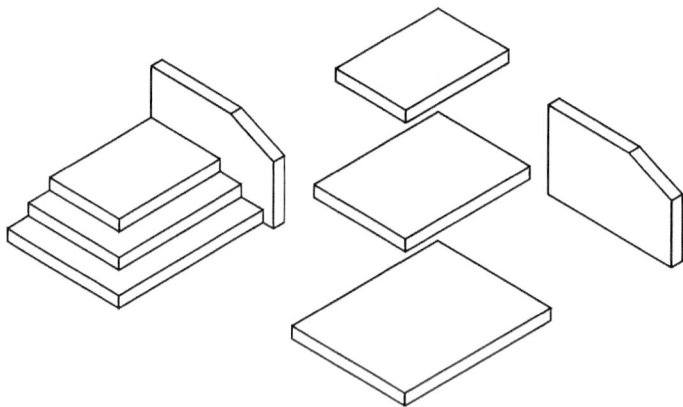

图 3-26　形体分析

3. 组合体投影图的绘图步骤

（1）布置投影图的位置。根据所选比例和投影图之间的关系，选择所画图形的位置。

（2）根据组合体的组合方式逐个画出其投影图。

（3）最后加深图线。

如图 3-23 所示柱下独立基础的模型，其投影图的作图步骤如图 3-27 所示。

如图 3-24 所示的组合体，其投影图的求作方法和步骤如图 3-28 所示。

如图 3-25 所示的混合型组合体，其投影图的求作方法和步骤如图 3-29 所示。

将组合体分解成若干基本形体是一种作图方法。组合体是一个整体，基本形体相互组合时产生的交线是否存在应具体分析，如图 3-29 中，形体 1 和形体 2 侧面的交接处，由于两个形体的宽度相同，因此，在交接处立面投影图上不应绘制交线。

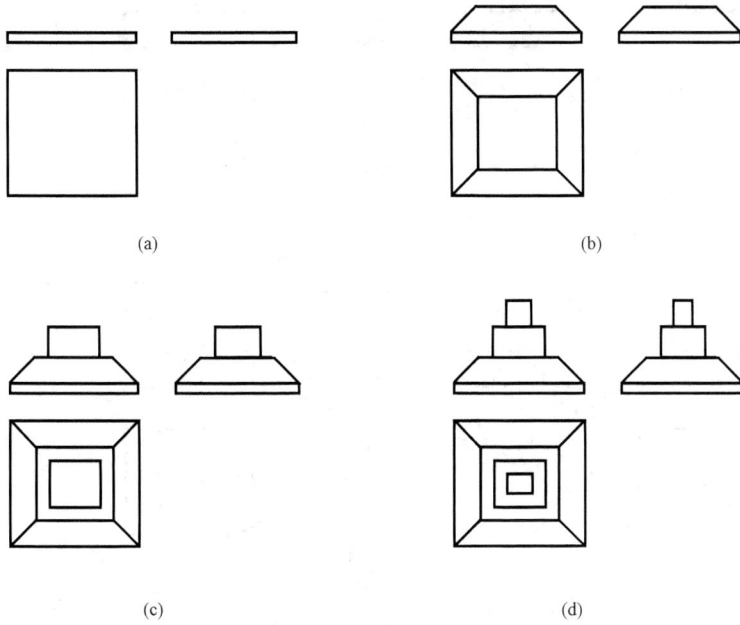

(a)　　　　　　　　　　　　　　　　(b)

(c)　　　　　　　　　　　　　　　　(d)

图 3 - 27　叠加型组合体投影图的作法

（a）作下部四棱柱的投影；（b）作四棱锥台的投影；（c）作中间四棱柱的投影；

（d）作上部四棱柱的投影

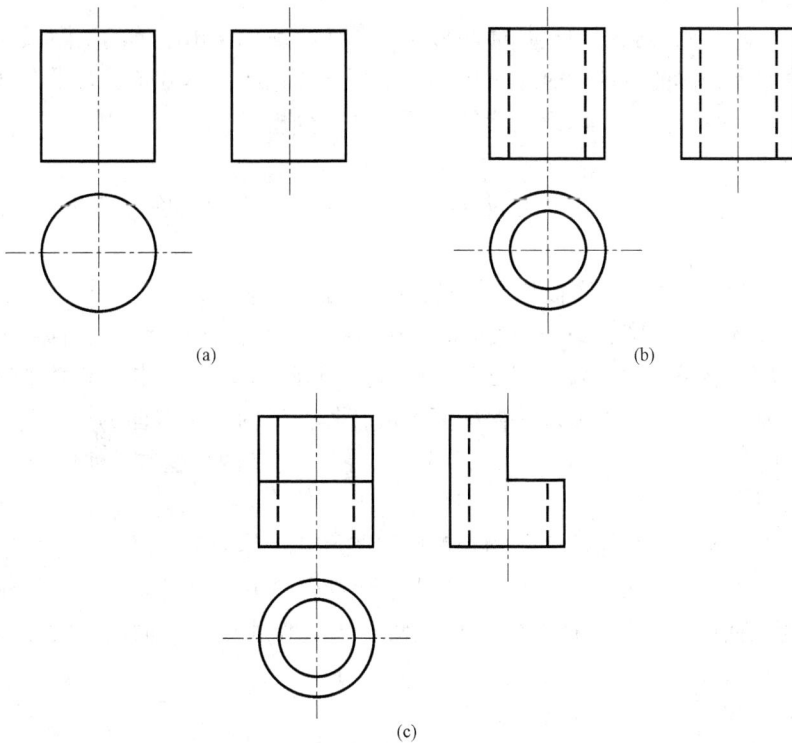

(a)　　　　　　　　　　　　　　　　(b)

(c)

图 3 - 28　切割型组合体投影图的作法

（a）作圆柱的投影；（b）作挖去小圆柱的投影；（c）作切割上端半圆管后的投影

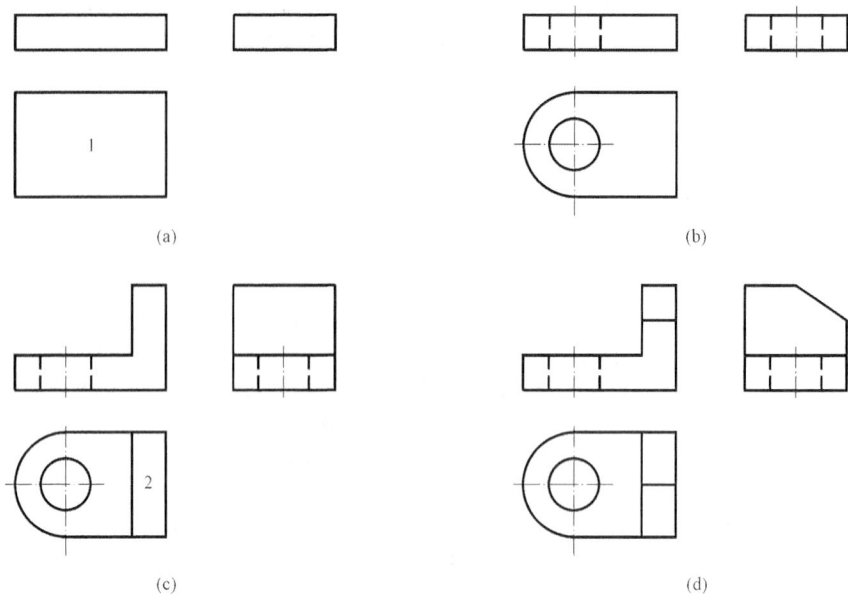

图 3-29　混合型组合体的投影图的作法
(a) 作形体 1 的投影；(b) 在形体 1 上作出半圆柱和挖去的小圆柱的投影；
(c) 作未切角时形体 2 的投影；(d) 在形体 2 上切去一角并完成投影

三、组合体的尺寸标注

在工程图中除了用投影图表达物体的形状外，还必须标注出物体的实际尺寸，以确定它的大小。在绘制组合体的投影图时，常用形体分析方法把组合体分解成若干个基本形体。在标注组合体的尺寸时，同样可以运用形体分析方法来分析组合体的尺寸。

1. 定形尺寸

确定构成组合体的各基本形状的尺寸称为定形尺寸。它用来确定各基本几何体的形状、大小。

如图 3-30 所示，由一块底板和一块竖板组成的组合体，底板由长方体、半圆柱及圆柱孔组成。其长方体的长、宽、高分别是 30、30、10；半圆柱体的尺寸为半径 $R=15$，高度为 10；圆柱孔尺寸为直径 $\phi=15$，高度为 10。其中高度 10 是长方体、半圆柱及圆柱孔的公用尺寸。竖板为一长方体切去一块三棱柱而形成，长方体的三个方向的尺寸为 10、30、20；切去的三棱柱的定形尺寸为 15、10、10。其中，厚度 10 是两个基本几何体的公用尺寸。

2. 定位尺寸

确定组合体中各基本几何体之间的相对位置的尺寸，称为定位尺寸。它用来确定各基本几何体之间的相对位置。如图 3-30 所示的水平面投影图中，确定圆孔和半圆柱中心位置的尺寸为 30，侧立面中切去的三棱柱到竖板左侧轮廓线和底板上表面的尺寸分别为 15 和 10等，都是定位尺寸。

3. 总尺寸

确定组合体的总长、总宽、总高的尺寸称为总尺寸。如图 3-30 中，组合体的总宽和总高为 30，它的总长应为圆孔的定位尺寸 30 和半圆柱的半径 15 之和 45。

在标注组合体的尺寸时，一般应遵循下列原则：

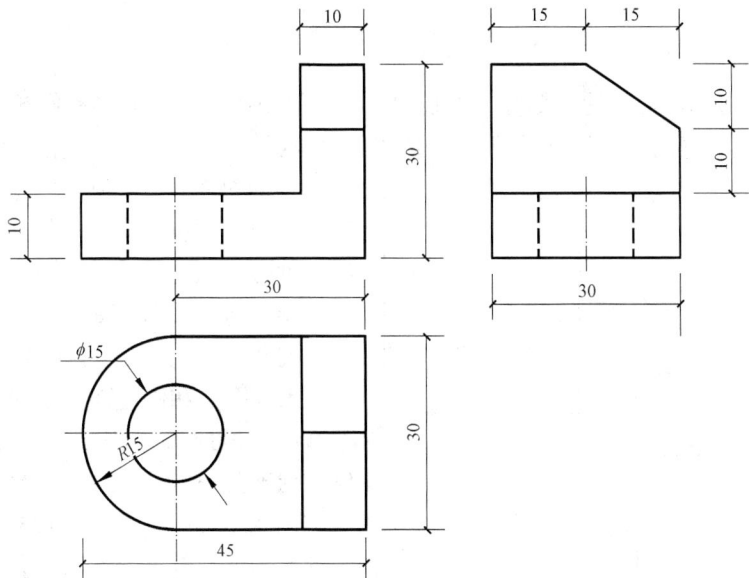

图 3 - 30　组合体的尺寸标注

（1）尺寸标注要明显。尽可能把尺寸标注在反映形体主要特征的投影图上，并靠近被标注的轮廓线，最好标注在图形之外，尽可能不把尺寸数字标注在虚线上。

（2）尺寸标注要集中。表示同一基本形体的尺寸尽量集中标注，与两个投影图有关的尺寸宜标注在两投影图之间。

（3）尺寸布置要整齐。尺寸数字应写在尺寸界限的中间位置，互相平行的尺寸线间隔应相等，小尺寸标注在里面，较大尺寸标注在外面。

（4）尺寸不要重复。在三面投影图中，每个投影图都可以表示形体三个方向尺寸中的两个方向尺寸，在标注尺寸时，一个方向的尺寸只需标注一次即可。

四、组合体投影图的读图方法

根据已经绘制的三面投影图，想象出组合体的立体形状、大小的过程，称为投影图的识读。识读组合体的投影图时，要以点、直线和平面的投影理论作为基础，同时在读图时应采用正确的读图方法。读图时，要把三个投影图联系起来看，不能只看其中一个或者两个投影图，因为形体的单面投影和双面投影与形体不能呈现一一对应的关系。

如图 3 - 31 是一组合体的三面投影图，如果不看正立面投影图就不知形体 3 上部有两个圆角；如果不看侧立面投影图就不知形体 2 是长方体切去了一半。

此外，在读图时，要注意各基本形体的相互位置及形体长、宽、高三个向度的投影关系，才能对组合体投影图进行正确的识读。

识读投影图的方法一般有形体分析法和线

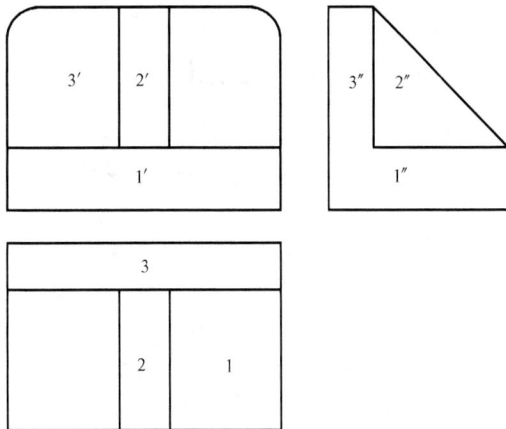

图 3 - 31　投影图的识读

面分析法两种。

1. 形体分析法

这种方法是以基本形体的投影特点为基础，根据组合体的组合方式和各部分的相对位置，综合想象出组合体的完整形状。读图时，一般以正面投影为中心，联系其他投影进行分析。

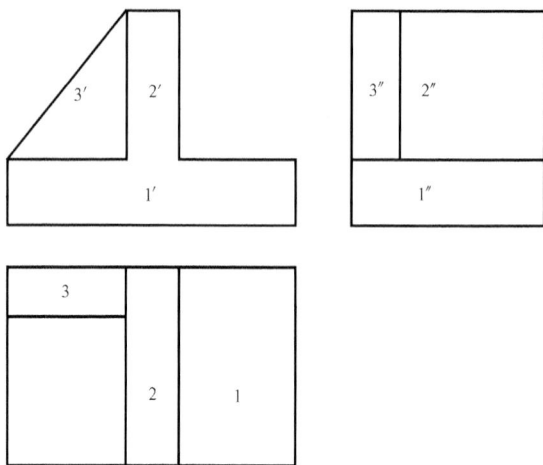

下面对图 3-32 所示的组合体的投影图进行分析。根据三面投影图，可知该组合体有三部分组成：底板、中间立板、左侧的立板；接着进一步分析每一个几何体的立体形状，对于形体Ⅰ，正立面图内下方的矩形 1'，在水平面和侧立面图中对应的也是矩形 1 和 1"，由此可以判定形体Ⅰ是一个长方体。对于形体Ⅱ，正立面投影中的矩形 2' 所对应的水平面投影和侧立面投影 2 和 2" 均是矩形，由此可知Ⅱ也是长方体。正立面图中左侧的 3' 为一个长方形切割了一角，对应的 3 和 3" 均是两个矩形，可知形体Ⅲ是一个三棱柱。每个几何体的立体形状确定以后，组合体的立体形状就很容易想象出来。

图 3-32　用形体分析法识读组合体的投影图

又如图 3-33（a）所示的形体，将正立面图划分成 1'、2'、3'、4' 四部分，由形体三面投影图的规律可知，四边形 1' 在水平面投影和侧立面投影中对应的是 1、1" 线框，由此可以

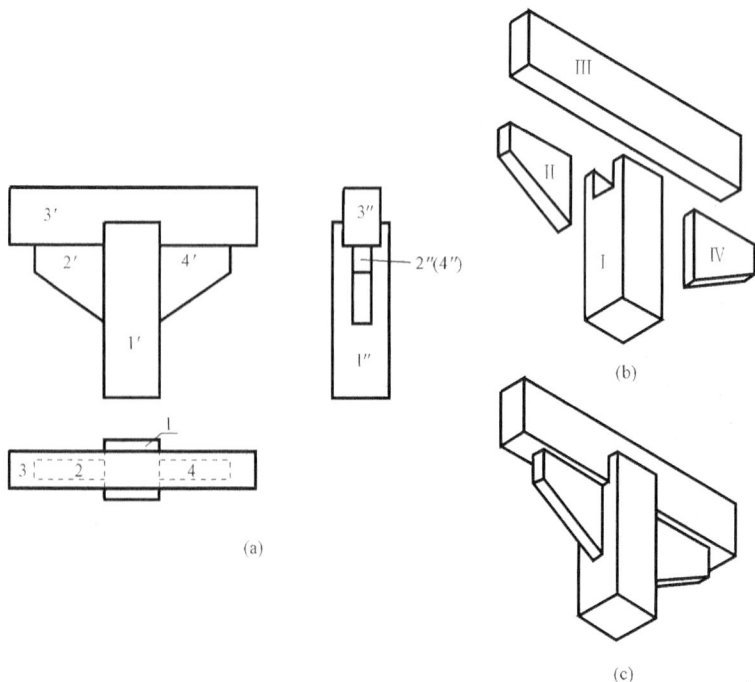

图 3-33　用形体分析法识读组合体的投影图
（a）三面投影图；（b）形体分析；（c）立体图

确定该组合体的中间部分是一个长方体 I。正立面图中的四边形 2′ 在水平面投影和侧立面投影中对应的是 2、2″ 线框，由此可以判别其立体形状为下底面为斜面的四棱柱 II。同样可以判别 4′ 对应的部分与 2′ 对应的部分立体形状完全相同。立面图中的 3′ 线框，在水平面和侧立面中 3、3″ 均为矩形，它的立体形状为四棱柱 III。最后综合想象出组合体的形状。

2. 线面分析法

这种方法是根据线面的投影特性，按照组合体投影上的线和由线围成的各个线框，找出它们对应的投影，分析组合体局部的形状，再组合起来想象出整个形体的形状。

在分析投影图中的线框时，应注意以下两点：

（1）投影图上的每个线框都是形体上的一个面或者一个孔洞的投影但投影图中线框所代表的是什么形状，它处在什么位置，还要根据投影规律对照其他投影图来确定。

图 3-34 所示形体的 H 面投影中线框 $abcd$ 的另外两个投影 $a′$ $(b′)$ $d′$ $(c′)$ 和 $b″$ $(c″)$ $a″$ $(d″)$ 都是直线，所以线框 $abcd$ 所代表的是形体上一个与 H 面平行的平面，即立体上的平面 I。

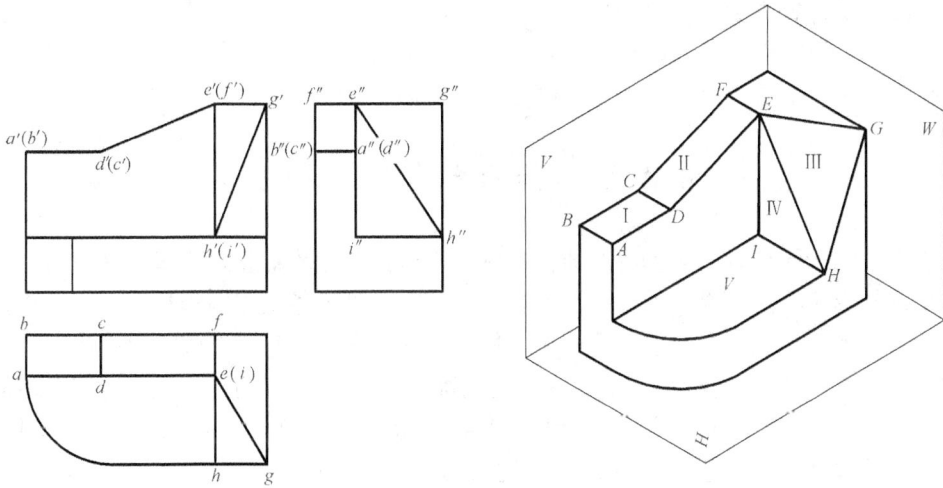

图 3-34　用线面分析法识读组合体投影图

图 3-34 形体 H 面投影中的线框 $cdef$，其 V 面投影 $d′$ $(c′)$ $e′$ $(f′)$ 是一条直线，所以线框 $cdef$ 所代表的是形体上一个与 V 面垂直的平面，即立体上的平面 II。

图 3-34 形体的 H 面投影中，线框 egh 的 V 面投影 $e′g′h′$ 和 W 面投影 $e″g″h″$ 也都是线框，所以 egh 是形体上一个一般位置平面的 H 面投影，即立体上的平面 III。

（2）投影图中的某一条线，可能代表形体上两表面的交线，也可能是代表形体上某一个投影垂直面有积聚性的那个投影。图 3-34 形体的 H 面投影中，直线 cd 代表平面 I 和平面 II 的交线的投影，直线 eh 代表平面 III 和平面 IV 的交线的投影。

又如图 3-35 所示的形体，它是由基本形体四棱柱切割而成的，各个截面的形状可以由线面分析法来确定。如左端截面的形状，在正立面图中积聚成了一条线 1′，将此线按照"长对正"对应到水平投影图中，可以找到一个等长的多边形 1，再按照"高平齐"、"宽相等"的原则，在侧立面投影图中对应地找出一个类似的多边形 1″。其他的截面，如 II、III 截面等，都可以采用线面分析法进行分析，最后可以想象出该形体的立体形状。

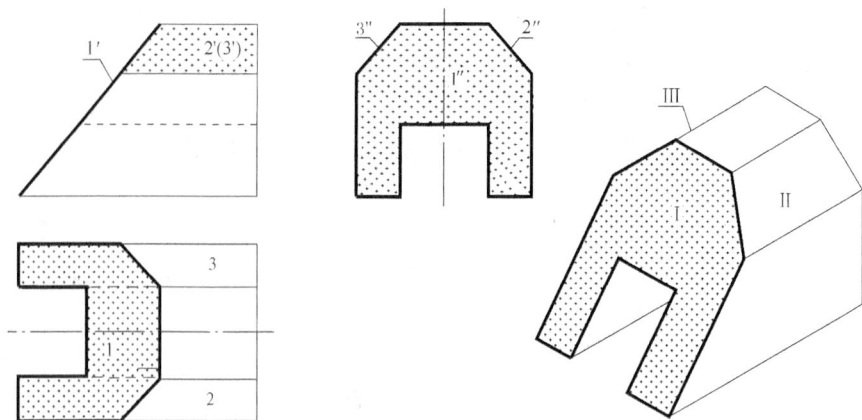

图 3-35　用线面分析法识读组合体投影图

读图时上述两种方法可以混合使用，先用形体分析法了解组合体的大致形状，可能形体上某一部分形状比较复杂，难以确切地确定其实际形状，这时可以采用线面分析法，详细分析局部投影中的线、面在空间所代表的含义，以便准确的确定其空间的形状。通过以上两种方法的应用，可以准确方便地想象出组合体的立体形状。

第四节　剖面图和断面图

在前面绘制投影图时，形体内部的孔、槽等不可见部分轮廓线，用虚线来表示，但是对于内部复杂的建筑形体来说，其内部设置了各种房间、设置了走廊、楼梯等，内部还设置了大量的构件，如果在投影图中不可见的部分均用虚线来表示，势必造成投影图中有大量的虚线，这样给读图者带来了极大的困难，同时也不利于尺寸标注，为了避免上述问题，使形体中不可见的部分转化为可见的部分，使投影图中的虚线变为实线，可以采用形体剖切的方法，让形体的内部结构显露出来，就可以达到图形清晰的目的。

一、剖面图

（一）基本概念

假设用一个通过形体适当位置、平行于某一投影面的特殊位置平面，将某一形体剖开，移去剖切平面与观察者之间的部分，将剩余的部分向所平行的投影面作投影。这种剖切后，对形体所作的投影图，称为剖面图。如图 3-36 所示。

（二）剖面图的种类

1. 按照剖切平面的位置进行分类

剖面图按照剖切平面的位置进行分类可以分为水平剖面图和垂直剖面图。剖切平面平行于 H 面时，所得到的剖面图称为水平面剖面图，如图 3-37 所示，剖切平面平行于 V 面或者 W 面时，所得到的剖面图称为垂直剖面图，如图 3-38 所示。

2. 按照物体被剖切的范围进行划分

剖面图按照被剖切的范围进行划分可分为全剖面图、半剖面图、阶梯剖面图、局部剖面图等。假设剖切的平面将形体全部剖开，所得的剖面图称为全剖面图。如果只剖开形体的一半或者局部，所得到的剖面图称为半剖面图和局部剖面图。在剖切的过程中，剖切平面转折

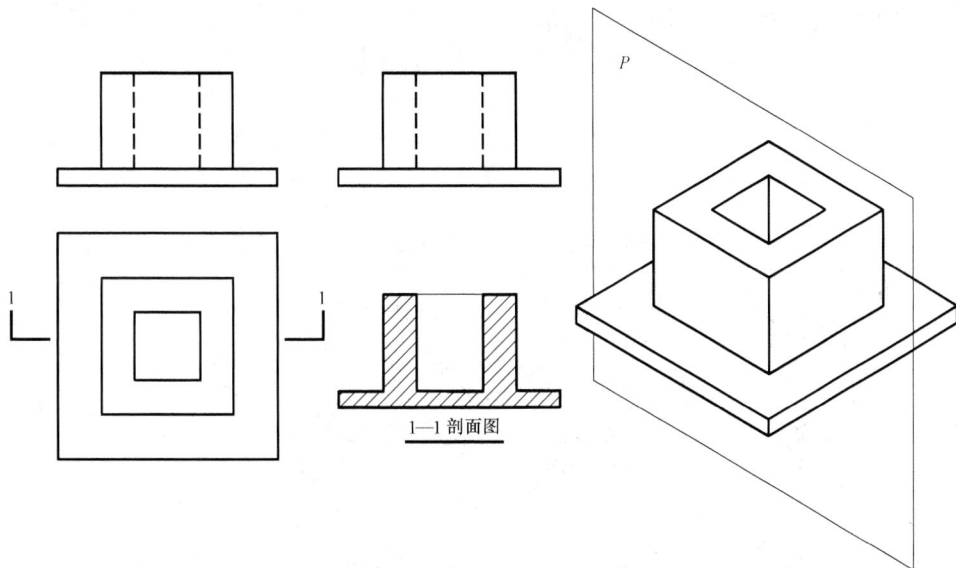

图 3-36 剖面图的形成

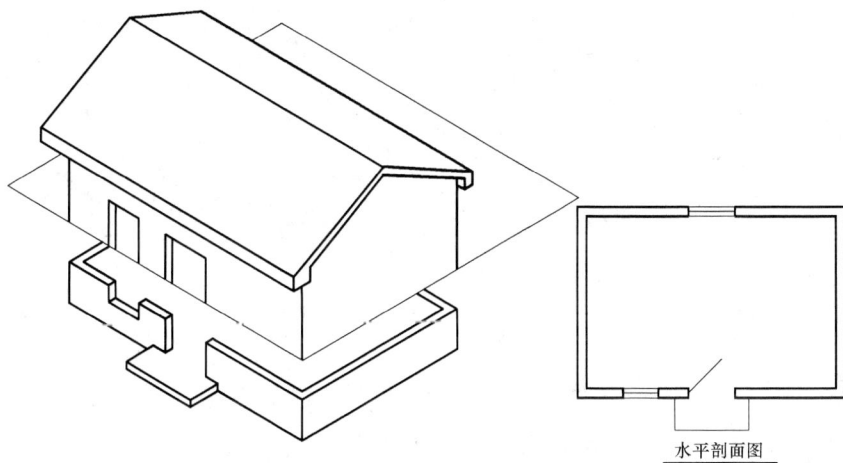

图 3-37 剖切平面平行于 H 面

剖切形体,所得到的剖面图称为阶梯剖面图。

(三) 剖面图的表示方法

1. 剖面图的标注

剖切平面的位置一般用剖切符号表示。剖面的剖切符号,是由剖切位置线和剖视方向线组成。剖切位置线是用两段长度为 6～10mm 的粗实线绘制,通常绘制在图形的外侧,不宜与图形的轮廓线相交。剖视方向线与剖切位置线垂直,长度为 4～6mm,剖视方向线画在剖切位置线的两端,并用粗实线绘制。

如果在绘图时,利用两个以上的平面剖切形体时,在图形中就出现多个剖切符号,为了使绘制的剖面图和相应的剖切位置对应起来,剖切符号要进行编号。剖切符号的编号一般宜采用阿拉伯数字,按照顺序从左向右、从下向上依次编写,并且标注在剖视方向线的端部,编号一律用水平数字书写，如图 3-39 所示。

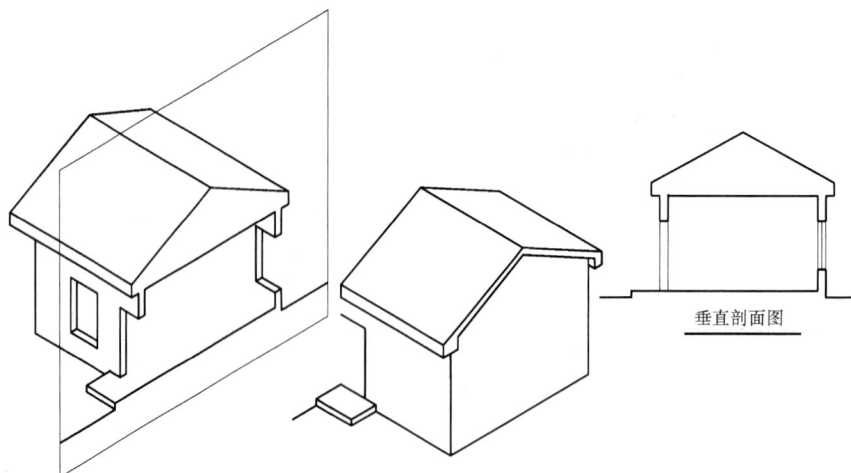

图 3-38　垂直剖面图的形成

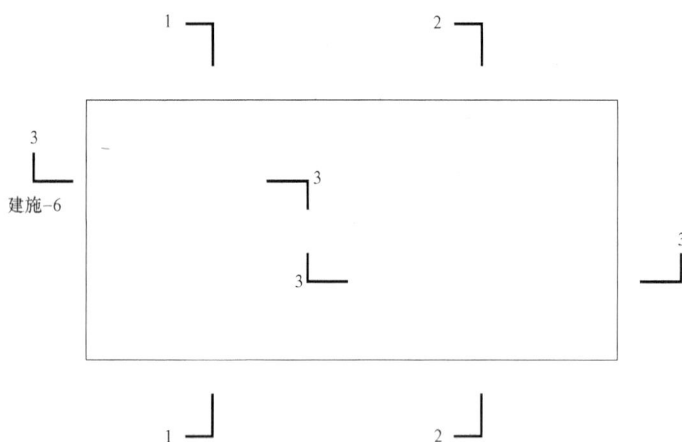

图 3-39　剖面剖切符号

如果剖切平面转折时，需要用转折剖切位置线，在标注时，应在转折处加注与该符号相同的编号。见图 3-39 中的 3—3 剖切符号。

根据剖切平面的剖切位置，绘制剖面图以后，为了便于读图，使剖切位置和剖面图相互对应，在绘制的剖面图的下方注写与剖切符号相同编号的剖面图名称，如 1—1 剖面图、2—2 剖面图等。

2. 剖面图的线型要求和剖面图例

在绘图时，形体被剖切到的界面轮廓线一律用粗实线绘制，对未剖切到的剖面轮廓线，投影时又是可见的，用中实线或者细实线绘制，不可见的轮廓线在剖面图中一般不需要画出。

为了使绘制的剖面图清晰、明了，在图中区别剖切到的截面和看到的部分，一般在截面内绘制 45°的细实线，通常称为剖面线，剖面线的间隔一般在 2～6mm，绘图时，同一个组合体或者建筑形体的各个剖面图中，剖面线的方向、间距应保持一致。如果绘制的是建筑形体剖面图，在图中有时把建筑材料的类型表示出来，可以按照国家建筑制图标准的规定，在剖切到的部分中，画出建筑材料图例。

（四）常用的几种剖面图

由于不同的建筑形体或者构件、配件差异性较大，在绘图时，通常根据表达形体内部构造的不同要求，选择不同的剖切位置和投影方向，这样所选择的剖面图也并不相同。常用的剖面图有：

1. 全剖面图

为了在剖面图中把形体内部的构造全部显现出来，利用剖切平面剖切形体时，一般把形体全部剖开，移去剖切平面和观察者之间的部分，对剩余的部分作投影图，所得到的图形就是全剖面图。如图 3-40 左上图所示。

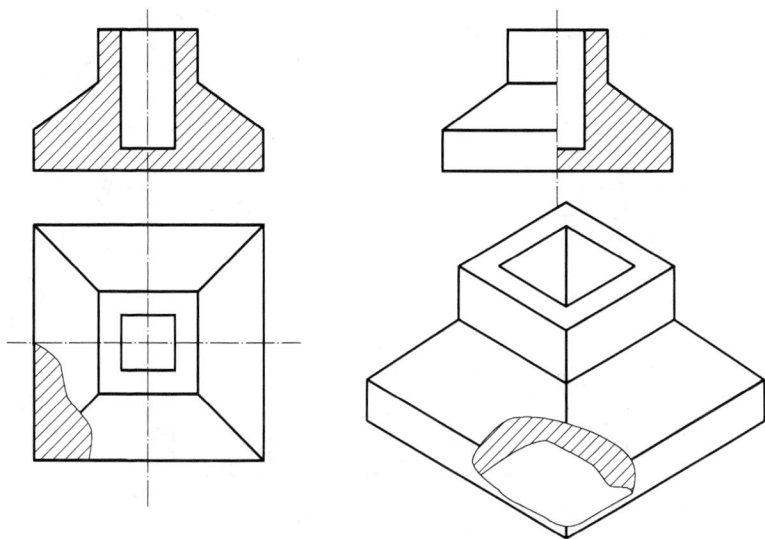

图 3-40 全剖面图、半剖面图和局部剖面图

2. 半剖面图

当物体的结构是对称的，为了在同一个图形中，既表示形体的外部形式，又表达形体的内部结构，在剖切形体时，可以只剖切形体的一半，这样在所绘图形中，一半是投影图，一半是剖面图，这样的图形称为半剖面图。在半剖面图中，剖面图和投影图之间规定用形体的对称中心线作为分界线，通常将半个剖面绘制在分界线的右侧，如图 3-40 右上图所示。采用半剖面图时，剖切平面一般为正平面或者侧平面。

3. 局部剖面

绘图时，只需要剖开局部就能将形体的内部构造表示清楚，这时可以采用局部剖面图来表示。局部剖面图是用剖切平面局部的剖切形体所得到的剖面图。在图形中，用波浪线作为剖切部分与未剖切部分的分界线，绘制局部剖面图时，可以不标注剖切符号。如图 3-40 左下图所示。

4. 阶梯剖面图

当采用一个剖切平面不能将物体内部复杂的部分同时剖开，采用两个剖切平面进行剖切又没有必要，此时可以将剖切平面转折成两个相互平行的平面，将形体沿着需要表达的地方剖开，然后画出剖面图，即得到阶梯剖面图。在阶梯剖面的转折处，规定不画分界线，由于此分界线是由于剖切平面转折而形成的，物体上在此并没有轮廓线。阶梯剖面的形成及绘制如图 3-41 所示。

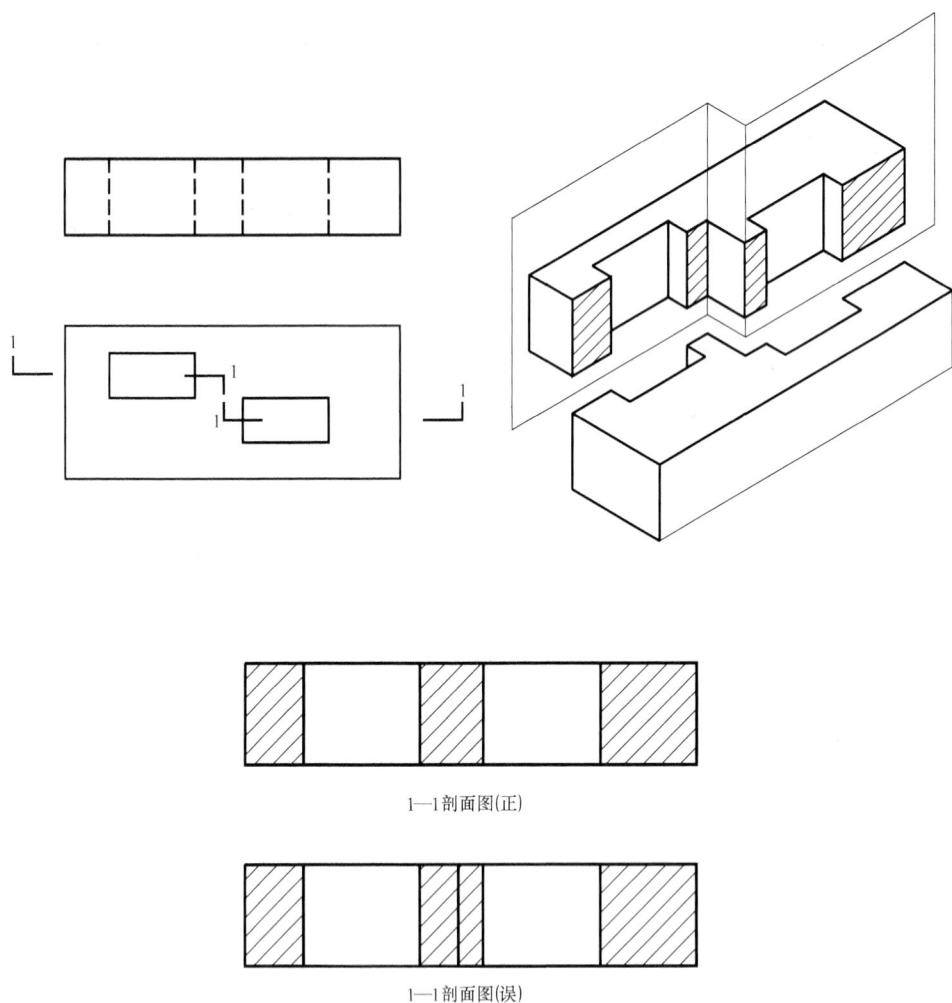

1—1剖面图(正)

1—1剖面图(误)

图 3-41 阶梯剖面图

二、截面图

对于一些建筑构件，在绘图时，可以只把剖切平面剖到的部分画出来，而没有剖到的部分不画，在此种情况下，所绘制的图形就是截面图。

（一）基本概念

假设利用一个与投影面平行的平面，将形体或形体内的某一构件从某一部位截断，移去其中的一部分，对剩余部分作投影，绘图时只画剖切平面与形体相交的那一部分，所得到的图形，就是截面图。如图 3-42 所示。

（二）截面图的种类

截面图根据绘制位置不同，分为移出截面和重合截面。

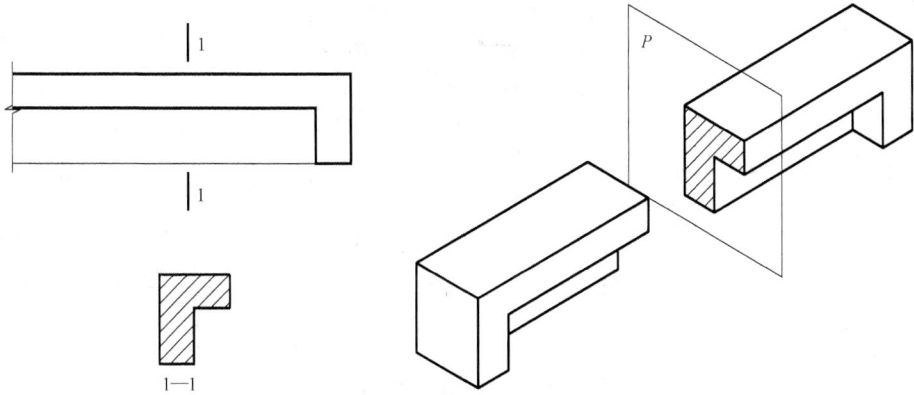

图 3-42 截面图的形成

1. 移出截面

绘图时将截面图画在投影图之外，称之为移出截面。如图 3-43 所示，1—1 截面、2—2 截面。

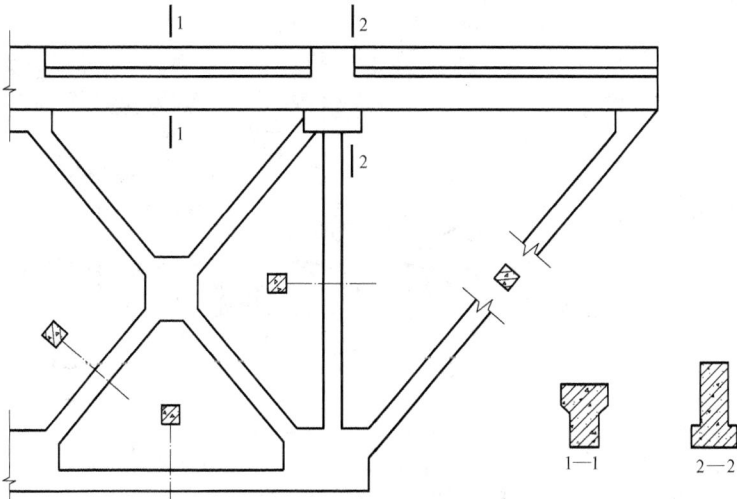

图 3-43 移出截面

由于所绘制的截面图很多，为了便于将截面图和投影图对照，采用移出截面画图时，一般将截面图画在剖切位置的附近，截面图可以放大比例，以便于清楚地表达截面的形状，便于尺寸标注。

2. 重合截面

将截面图绘制在投影轮廓线内或者杆件的断开处，截面图和投影图重合在一起，这样的截面图称为重合截面，如图 3-44 所示。

重合截面由于截面图和投影图在同一图上，因此，两图形所采用的绘图比例是相同的。

（三）截面图的表示方法

1. 截面图的表示

在截平面的截断位置处，一般用截面符号来标注。截面符号绘制在投影图的外侧，用粗

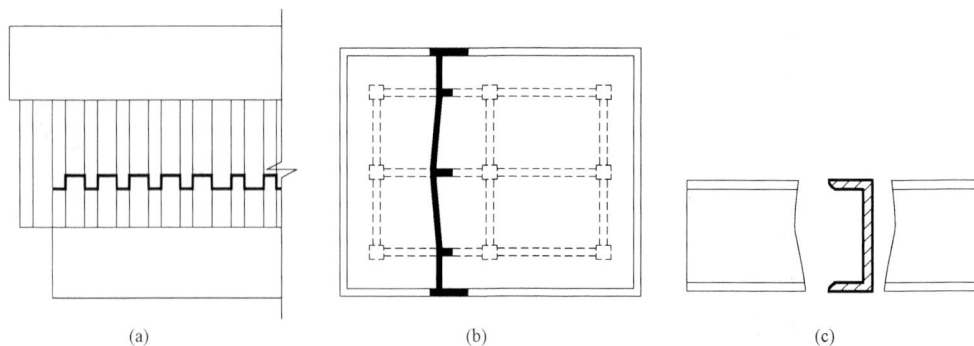

图 3 - 44　重合截面

(a) 外墙重合截面图；(b) 屋面重合截面图；(c) 槽钢截面图

实线表示，长度为 6～8mm。截面符号同样要进行编号，用阿拉伯数字按照从左向右的顺序进行标注，数字所在的位置，又表示绘图时的剖视方向。

　　绘制的截面图的下方，要标注与截面符号相同的截面名称，如 1—1、2—2 等。重合截面可以不加任何标注。如图 3 - 45 所示。

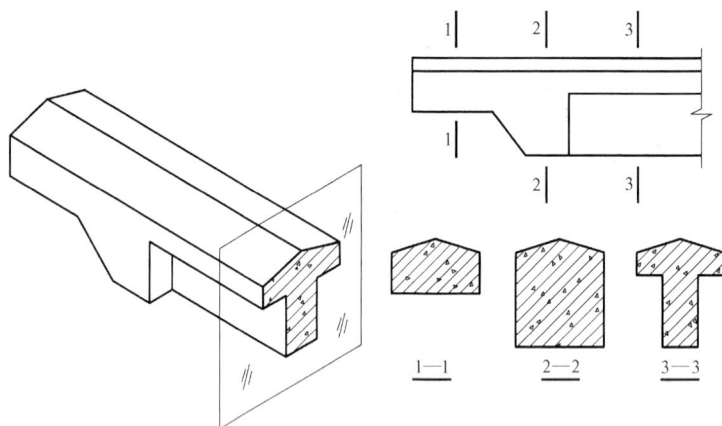

图 3 - 45　截面符号的标注

　　2. 截面图的线型和图例

　　截面图线型要求和图例的绘制，与剖面图是完全相同的，一般用粗实线绘制，图例按照《建筑制图标准》的规定执行。

　　3. 截面图与剖面图的区别

　　截面图和剖面图均用来表示物体的内部构造，两者既有一定的联系，同时又有一定的差别，下面以图 3 - 46 为例，分析两者的区别。

　　图 3 - 46 中，(a) 图所绘制的是剖面图，(b) 图是截面图，通过对比可知：

　　(1) 截面图只画剖切到的截面，没有剖切到的部分不画，剖面图则剖到和看到的部分都画。

　　(2) 截面图是剖面图的一部分。

　　(3) 剖面图一般用于绘制建筑施工图，截面图通常用于结构施工图，主要用来表达建筑构件的配筋等。

（4）剖面图的剖切平面可以转折一次，截面图中的剖切平面不允许转折。

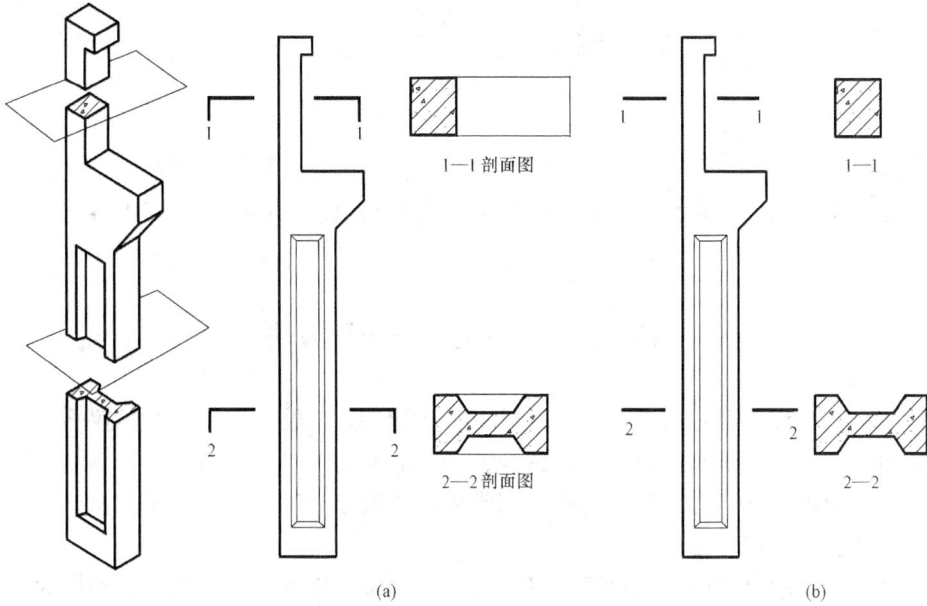

(a)　　　　　　　　　　　　　　　　　　(b)

图 3 - 46　剖面图与截面图

第四章 制 图 基 础

本章摘要：本章主要介绍了常用的制图工具及使用方法，国家建筑制图标准、几何作图等内容，通过本章内容的设置，旨在使学生掌握国家建筑制图标准的主要内容、掌握几何作图方法。

第一节 制图工具及使用方法

工程图样是工程技术界的语言，长期以来，人们借助于绘图工具和绘图仪器在图板上进行手工绘图。因此，正确使用笔、尺、圆规、图板等绘图工具和仪器，是提高绘图质量，提高绘图速度的前提条件，在本章中首先介绍常用的绘图工具和仪器的使用方法。

一、图板、丁字尺、三角板

图板是进行绘图时所使用的主要工具之一，主要是用来固定图纸之用，图板的边框和板面应保持平整，图板的左侧边是丁字尺上下移动时的导边，左侧边必须保持平直，图板根据大小通常分为1号、2号、3号，图板的大小选择应与绘图图纸的大小尺寸相适应。

在绘图时，图板、丁字尺和圆规通常配合使用，其使用方法如图4-1所示。使用丁字尺时，用左手按住尺头，使尺头紧紧地靠近图板的左侧边，并沿着左侧边上下滑动。丁字尺的上侧边有刻度，是工作边，利用上侧边自左向右来画水平线。三角板在使用时，与丁字尺配合绘制铅垂线和一定角度的斜线，将三角板一边靠在丁字尺上，沿另一边画竖直线，或者画与水平线成30°、45°、60°、75°、15°斜线等。

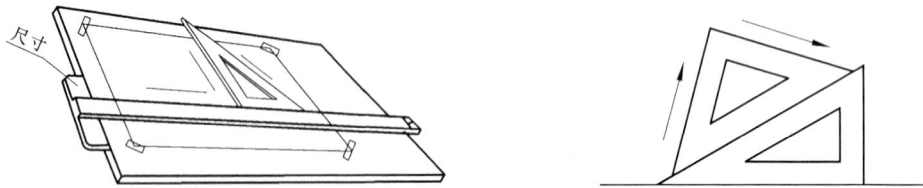

图4-1 图板、丁字尺、三角板的用法

二、比例尺

比例尺，又称为三棱尺，三个棱面上刻有六种常用比例的刻度，绘图时，经常将实际的工程物体或其中的某一部分，按照一定的比例绘制，应用比例尺时，首先在尺面上找到相应的比例，看清尺面上每单位长度所代表的实际长度，然后按照需要在上面量取相应的尺寸即可，常见的比例尺如图4-2所示。

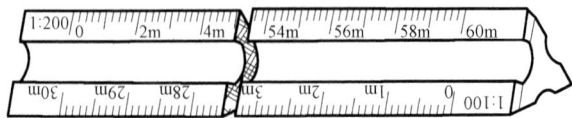

图4-2 比例尺

三、绘图仪器

绘图仪器主要包括绘图墨水笔、圆规和分规、曲线板等。

1. 绘图墨水笔

绘图墨水笔，外形类似钢笔，又称为针管笔。笔头用不锈钢针管制成，不锈钢针管有多种规格，如0.3mm、0.6mm、0.9mm等，使用时，可以根据所画线的类型和线的宽度选用相应规格的绘图墨水笔，如图4-3所示。

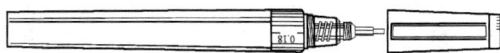

图4-3 绘图墨水笔

2. 圆规和分规

圆规是用来画圆的仪器，圆规有一条活动腿和一条固定腿，圆规的活动腿有多种插腿，如钢针插腿、铅笔插腿、墨线笔插腿等，还有延伸杆，画大圆时，可以加上延伸杆，如图4-4所示。

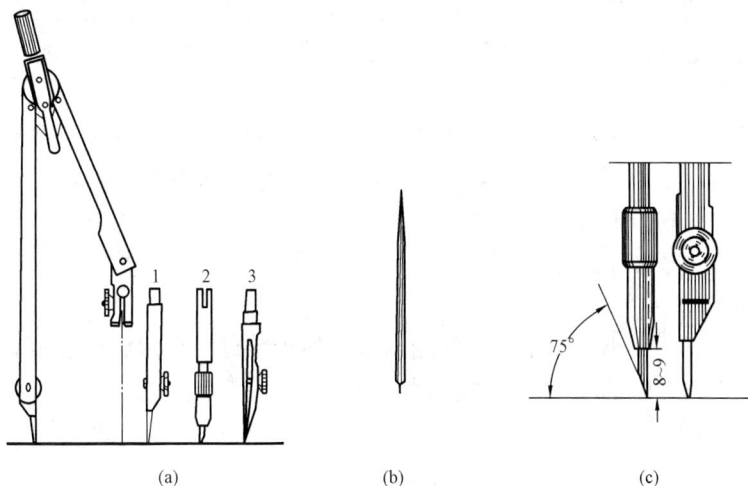

图4-4 圆规及其附件

(a) 圆规及其附件；(b) 圆规钢针角；(c) 圆规插脚上钢针的处理

1—钢针插腿；2—铅笔插芯；3—墨线笔插芯

分规的形状和圆规相似，两腿都是钢针，分规主要用来量取尺寸和进行等分线段。

3. 曲线板

曲线板是用来画非圆曲线的工具。曲线板的形状和使用如图4-5所示，画曲线时，首

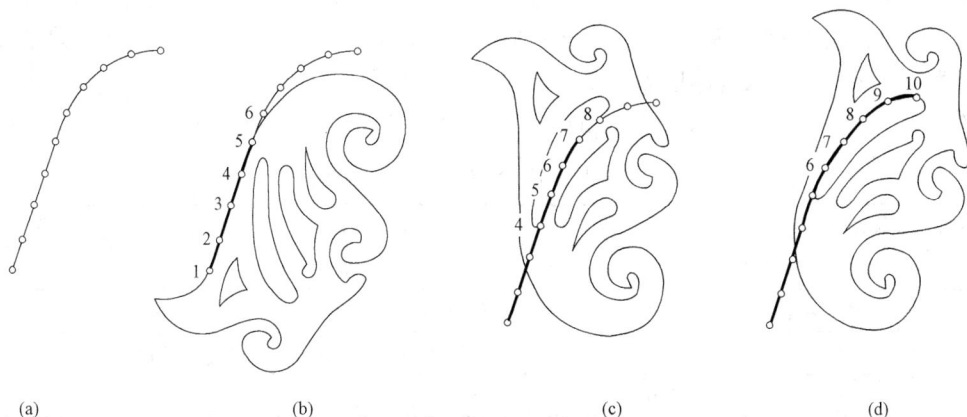

图4-5 曲线板及其使用方法

先在曲线板上找一段与拟画的曲线段相吻合，沿曲线板描画，如果曲线是由一系列点所确定，画曲线时，首先徒手将这些点依次连成曲线，然后在曲线板上找一段与三个以上的点相吻合，从起点开始，沿曲线板通过这些点描画，但不能全部描完，要留有一小段，再在曲线板上找一段与已经描的最后一小段相吻合，且与后面未描的三个以上点相吻合，按照上述方法依次描画，最后光滑地描画出整条曲线。

第二节　制　图　标　准

建筑工程图是表达建筑工程设计的重要技术资料，是施工的依据。为了使建筑工程图清晰、统一，便于识读，便于技术交流，满足设计和施工的要求，在绘制图样时，工程图样的规格、线型、尺寸的标注、图例及书写的字体都必须采用统一的标准，这些统一的标准就是建筑工程制图标准。

我国统一的建筑制图标准是在新中国成立后经过长期的不断实践和总结经验的基础上逐步形成的。1965 年、1973 年、1986 年曾三次颁布了国家建筑制图标准，在 2001 年 11 月国家又重新修订颁布《建筑制图标准》（GB/T 50104—2001），在本节中仅介绍有关部分的内容，其余部分在有关章节中逐步介绍。

一、图纸幅面

图纸幅面指图纸的大小。为了合理使用图纸、便于装订，在国家标准中对工程图纸的大小作了相应的规定。图纸的幅面及图框尺寸，应符合表 4-1 的规定及图 4-6～图 4-8 的格式。

表 4-1　　　　　　　　　　　　幅面及图框尺寸　　　　　　　　　　　　　mm

尺寸代号＼幅面代号	A1	A2	A3	A4	A5
$b \times l$	841×1189	594×841	420×594	297×420	210×297
c	10			5	
a	25				

需要微缩复制的图纸，其一个边上应附有一段准确米制尺度，四个边上均附有对中标志，米制尺度的总长度应为 100mm，分格应为 10mm。对中标志在图纸各边长的中点处，线宽应为 0.35mm，伸入框内应为 5mm。

图纸的短边一般不应加长，长边可以加长，但应符合表 4-2 的规定。

表 4-2　　　　　　　　　　　　图纸长边加长尺寸　　　　　　　　　　　　mm

幅面尺寸	长边尺寸	长边加长后的尺寸									
A0	1189	1486	1635	1783	1932	2080	2230	2378			
A1	841	1051	1261	1471	1682	1892	2102				
A2	594	743	891	1041	1189	1338	1486	1635	1783	1932	2080
A3	420	630	841	1051	1261	1471	1682	1892			

图纸以短边作为垂直边称横式,以短边作为水平边称立式。一般 A0～A3 图纸宜横式使用;必要时也可立式使用。

在绘图时,对于同一个工程项目的工程设计图纸,一般不宜多于两种幅面,不含目录及表格所采用的 A4 幅面。

二、标题栏和会签栏

图纸的标题栏、会签栏及装订边的位置,应符合下列规定:

横式使用的图纸,应按照图 4-6 的形式布置。

立式使用的图纸,应按照图 4-7、图 4-8 的形式布置。

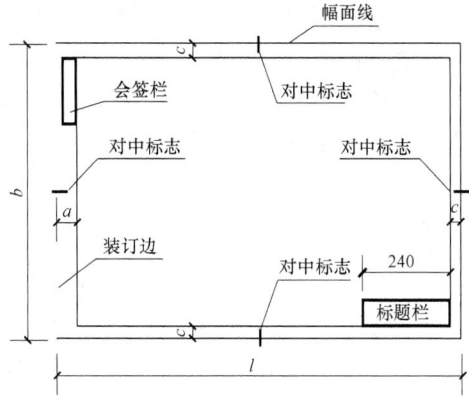

图 4-6 A0～A3 横式幅面

标题栏应按图 4-9 所示样式,根据工程需要选择确定其尺寸、格式及分区。签字区应包含实名列和签名列。

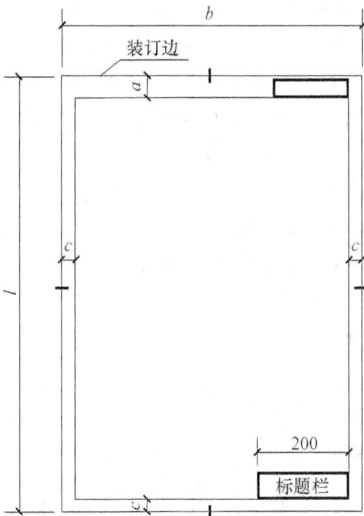

图 4-7 A0～A3 立式幅面

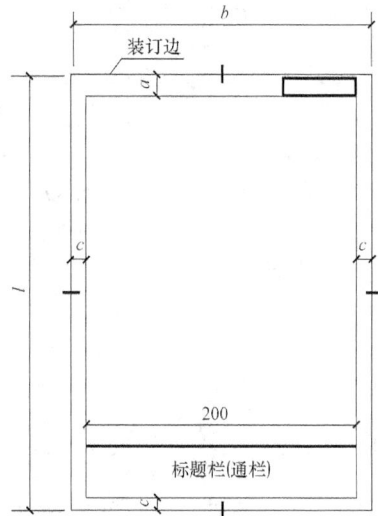

图 4-8 A4 立式幅面

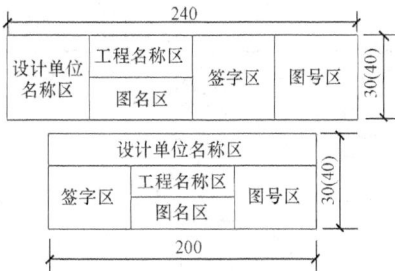

图 4-9 标题栏

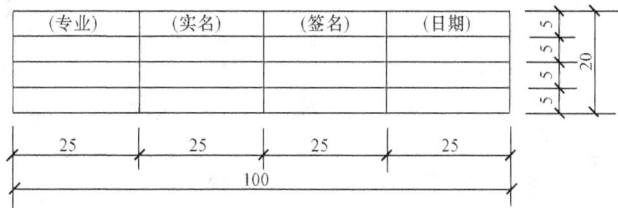

图 4-10 会签栏

会签栏应按照图 4-10 所示格式绘制,其尺寸为 100mm×20mm,栏内应填写会签人员所代表的专业、姓名、日期等,一个会签栏不够时,可另加一个,两个会签栏并列,不需会签的图纸可不设会签栏。

三、图线

在绘制建筑工程图时，为了表达图中的不同内容，必须使用不同的线型和不同粗细的图线。图线有实线、虚线、点画线、折断线、波浪线等，图线的类型见表 4 - 3。

表 4 - 3　　　　　　　　　　　　　图 线 的 线 型

名称	线型	线宽	使 用 部 位
粗实线	——————	b	可见轮廓线、剖面图中剖到的轮廓线、结构图中的钢筋、图框线等
中粗实线	——————	$0.5b$	剖面图中未剖到但可看到的轮廓线、可见轮廓线、尺寸起止点等
细实线	——————	$0.25b$	尺寸界限、尺寸线、材料图例线、引出线等
中粗虚线	- - - - - -	$0.5b$	不可见的轮廓线
粗虚线	▬ ▬ ▬ ▬	b	总平面图中的地下建筑物或者构筑物等
细点画线	—·—·—·—	$0.25b$	中心线、对称线、定位轴线等
细双点画线	—··—··—··	$0.25b$	假想的轮廓线、成型以前的原始轮廓线
粗点画线	▬ · ▬ ·	b	结构图中梁或者屋架的位置线
折断线	 ～⌇～	$0.25b$	断开界线
波浪线	 ～～～	$0.25b$	断开界线

图线的宽度 b，宜从下列线宽系列中选取：2.0mm、1.4mm、1.0mm、0.7mm、0.5mm、0.35mm。每个图样应根据复杂程度与比例大小，先选定基本线宽 b，再根据表 4 - 4 来确定线宽组。

表 4 - 4　　　　　　　　　　　　　线 宽 组　　　　　　　　　　　　　mm

线宽比	线 宽 组					
b	2.0	1.4	1.0	0.7	0.5	0.35
$0.5b$	1.0	0.7	0.5	0.35	0.25	0.18
$0.25b$	0.5	0.35	0.25	0.18		

注　1. 需要微缩的图纸，不宜采用 0.18 及更细的线宽。

　　2. 同一张图纸内，各不同线宽的细线，可统一采用较细的线宽组的细线。

图线的画法：

（1）同一张图纸内，相同比例的各图样应选用相同的线宽组。

（2）相互平行的图线，其间隙不宜小于其中的粗线宽度，且不宜小于 0.7mm。

（3）虚线、点画线或者双点画线的线段的长度和间隔，宜各自相等。当在较小图形中绘制点划线或者双点划线有困难时，可用实线代替。

（4）点画线或者双点画线的两端，不应是点，点画线与点画线交接或点画线与其他图线交接时，应是线段交接。

（5）虚线与虚线交接或者虚线与其他图线交接时，应是线段交接。虚线为实线的延长线时，不得与实线连接。

（6）图线不得与文字、数字或者符号重叠、混淆，不可避免时，应首先保证文字等的清晰。

四、字体

在工程图纸中，除了绘制准确的图样以外，还要用文字书写说明，用数字表示尺寸，用符号代表某些构件或者某些部分。因此，文字、数字和符号也是工程图纸的重要组成内容。如果工程图纸中的文字、数字和符号书写的不清楚，对工程的施工会带来一定的影响，同时也影响图纸的整洁和美观。在绘图时，应使图纸上的文字、数字和符号清晰、明了。

图样及说明中的汉字，宜采用长仿宋体，宽度与高度的关系应符合表 4-5 的规定。

表 4-5		长仿宋体字高、宽关系			mm
字高	20	14	10	7	5	3.5
字宽	14	10	7	5	3.5	2.5

工程图纸上常用的文字有汉字、阿拉伯数字、拉丁字母等。根据国家标准规定，图样中的字体采用长仿宋字体，并应采用国家公布的简化字，如图 4-11 所示的字体。写仿宋字体的基本要求是：横平竖直、注意起落、结构均匀、填满方格。

建筑施工图平面图立面图剖面图结构施工图材料说明乡土屋面板设计钢筋图

图 4-11 字体示例

数字及字母在图样上的书写分为直体和斜体两种，它们与中文字混合书写时字高一般小一号。斜体书写时应向右倾斜，并与水平线成 75° 角，数字与字母的书写如图 4-12 所示。

ABCDEFGHKHMNOPQRS
TUVWRST
1234567890

图 4-12 数字与字母的书写

五、比例

图样的比例，是指图形与实物相对应的线性尺寸之比。比例的大小，是指图形尺寸与实际尺寸比值的大小，如 1:100 大于 1:150。

比例宜注写在图名的右侧，字的基准线应取平；比例的字高宜比图名的字高小一号或者两号，如图 4 - 13 所示标注。

$$平面图 1:100$$

$$剖面图 1:100$$

图 4 - 13 比例注写

绘图所用的比例，应根据图样的用途与被绘制对象的复杂程度，从表 4 - 6 种选用，并优先用表中常用比例。

表 4 - 6	绘 图 所 用 的 比 例
常用比例	1:1、1:2、1:5、1:10、1:20、1:50、1:100、1:150、1:200、1:500、1:1000、1:2000、1:5000、1:10000、1:20000、1:50000、1:100000、1:200000
可用比例	1:3、1:4、1:6、1:15、1:25、1:30、1:40、1:60、1:80、1:250、1:300、1:400、1:600

一般情况下，一个图样选用一种比例，根据专业制图需要，同一张图样可选用两种比例。特殊情况下，也可自选比例，这时除应注出绘图比例外，还须在适当位置绘制出相应的比例尺。

第三节 几 何 作 图

建筑物的各部分或者机械的各种零件，它们的形状和轮廓虽然各不相同，但是分析起来，通常是由一些直线及曲线等几何图形所组成，几何作图就是按照已知条件，使用各种绘图工具和绘图仪器，运用几何学的原理和作图方法作出所需要的图形。

按照正确的作图方法，才能准确的绘制出图样，在几何作图这一节中，主要介绍直线段的等分、正多边形、圆弧连结、椭圆的作图方法和作图步骤。

一、有关线段的作图

（一）线段的任意等分

线段的任意等分通常采用平行线的作图方法。例如，将线段 AB 分为五等分。其作图方法如图 4 - 14 所示。

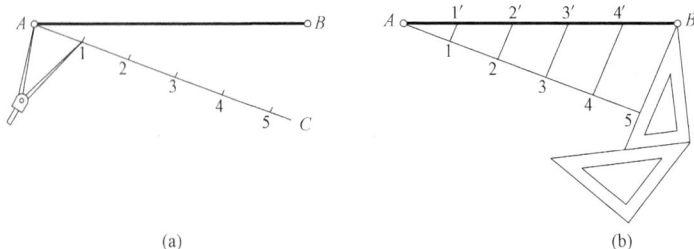

(a)   (b)

图 4 - 14 等分线段

作图步骤是：

（1）过点 A 任意作一条辅助线段 AC。

（2）取适当的长度自 A 点起，在线段 AC 上量取相等的五份，得到 1、2、3、4、5 各点。

（3）连接 5B，并过 4、3、2、1 各点分别作 5B 的平行线，并与 AB 相交于 4′、3′、2′、1′各点，则各点就是所求的等分点。

（二）两平行线之间距离的等分

两平行线之间距离的等分作图方法，如图 4 - 15 所示，如将直线 AB 和 CD 两平行线的之间的距离六等分。

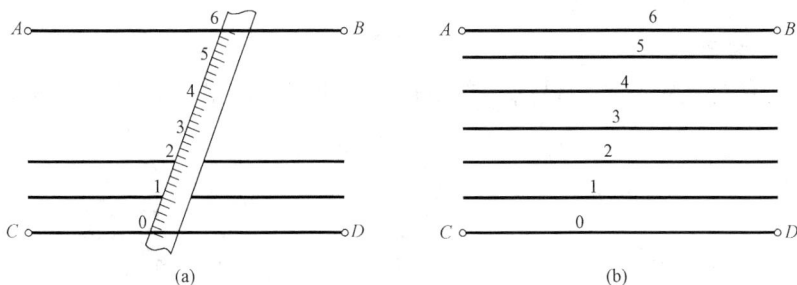

图 4 - 15　两平行线之间的距离六等分

作图步骤是：

（1）将直尺斜放，并且使直尺上的 0 刻度与 CD 直线重合，6 刻度与直线 AB 重合，并且按尺上刻度的各整数分点在定距离间作出标记。

（2）过各标记点分别作 AB 的平行线，即为所求。

二、有关角度的作图

（一）角度的任意等分

任意等分一已知角，一般采用近似作图方法，现以图 4 - 16 为例，说明将已知角 AOB 进行六等分的作图方法。

作图步骤是：

（1）以 O 为圆心，任意长度为半径做圆弧 DFC，交 AO、OB 于 D、F 两点，并与 AO 的反向延长线交于 C 点。

（2）分别以 D、C 为圆心，以 CD 的长度为半径各作圆弧，两圆弧交于 E 点。

（3）连接 E、F，与 DC 交于 N 点。

（4）将线段 DN 分为 n 等份（本例中六等份），得到 1、2、3、4、5 各等分点。

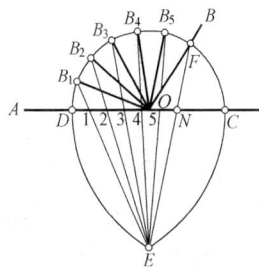

图 4 - 16　∠AOB 的六等分
注：∠AOB 顶点 O 点未在
　　图形上标出

（5）连接 E 与各等分点，并延长与圆弧交于 B_1、B_2、B_3、B_4、B_5 等点。

（6）过 O 点，分别与 B_1、B_2、B_3、B_4、B_5 等点相连，即为所求。

（二）作斜度线

斜度又称为坡度，它是表示角度的一种特殊形式，斜度的含义是一倾斜直线（或者平面）对另一处于水平位置的直线（或者平面）的倾斜程度。

坡度的数值，是指倾斜的直线（或者平面）与水平位置的直线（或者平面）间的垂直距

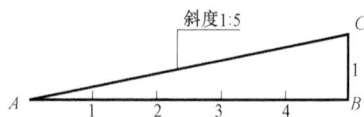

图 4 - 17　作坡度是 1：5 的斜线

离与水平距离的比值，可以用百分数来表示，也可以用比例数来表示。

斜度线的作图方法如图 4 - 17 所示。

作图步骤如下：

（1）在水平线段上量取相等的五份，得到最后的五等分点 B，过 B 点作水平线段的垂线，并在垂线上量取相等的一份，得到 C 点。

（2）连接 AC，即为所求的斜度线。

（三）圆的内接多边形的作图

1. 圆内接正方形

已知正方形的外接圆，可以借助于三角板和丁字尺，作出正方形。具体作图步骤如图 4 -18 所示。

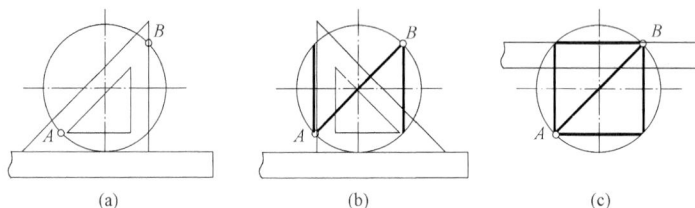

图 4 - 18　作圆的内接正方形

2. 圆内接正五边形

圆内接正五边形的作图方法如图 4 - 19 所示。

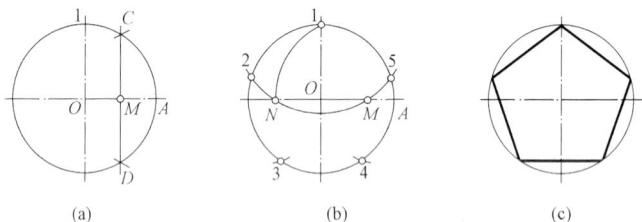

图 4 - 19　作圆的内接正五边形

作图步骤是：

（1）以圆的半径为半径，A 点为圆心，画圆弧，与圆周相交，得到交点 C、D，连接 C、D 与 OA 相交于 M 点，得到 OA 的中点。

（2）以 M 点为圆心，$1M$ 为半径画圆弧，与 AO 交于 N 点，以 $1N$ 为弦长，从 1 点开始，在圆周上截取，得到 2、3、4、5 点，得到圆周的五等分点。

（3）依次连接圆周上的五个等分点，即得圆内接正五边形。

3. 圆内接正 n 边形

圆内接正 n 边形的作图方法如图 4 - 20 所示（以正七边形为例介绍）。该种方法所作的内接正多边形，是一种近似作图方法。

作图步骤是：

（1）将圆的竖直直径进行七等分，得到七等分点 1、2、3、4、5、6。

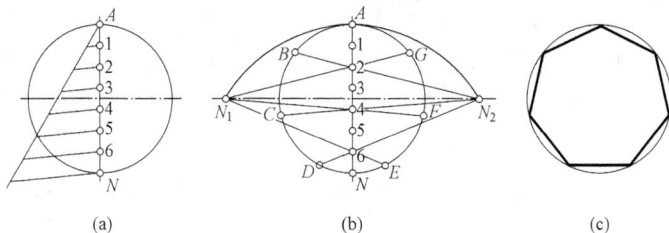

图 4 - 20 圆的内接正七边形的作图

（2）以 N 点为圆心，以 AN 为半径画弧，与水平直径的延长线交于 N_1、N_2 两点。

（3）把 N_1、N_2 两点分别与直径上的 2、4、6 相连，并将连线延长，与圆周相交，得到交点 B、G、C、F、D、E。

（4）把 A、B、C、D、E、F、G、A 各点顺序的连接起来，得到圆的内接正七边形。

（四）圆弧连结

很多物体的轮廓线是由直线、圆弧等光滑的连接而形成的。在作图中，用已知半径的圆弧，把直线和圆弧或者把两个圆弧光滑的连接起来，称为圆弧连接。

1. 用圆弧连接两相交直线

用已知半径 r 作圆弧，连接两相交直线 AB 和 BC，这种作图方法称为作角弧，角弧有锐角弧、钝角弧、直角弧之分，其作图方法分别介绍如下：

作锐角弧、钝角弧作图方法如图 4 - 21 所示。

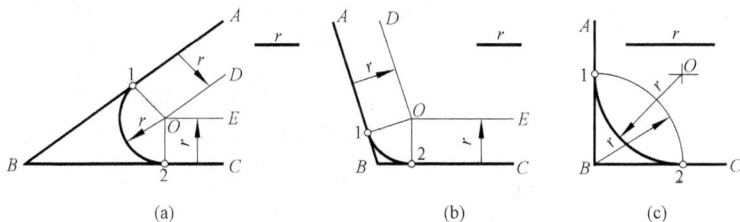

图 4 - 21 用圆弧连接两相交直线

作图步骤如下：

（1）以 r 的长度为间距，分别作两已知直线 AB、BC 的平行线 OD 和 OE，两平行线的交点就是 O 点。

（2）过交点 O 分别向 AB、BC 作垂线，得到垂足 1、2，1、2 两点就是所作圆弧与已知直线 AB、BC 的切点。

（3）以 O 为圆心，以 r 的长度为半径，在 1、2 两点间画圆弧即成。

作直角圆弧，除了应用上述方法以外，还可以采用下述方法，如图 4 - 21（c）所示。

作图步骤是：

（1）以 B 为圆心，以 r 的长度为半径作圆弧，交 AB、BC 于 1、2 两点，1、2 就是直角圆弧与直线 AB、BC 的连接点。

（2）以 1、2 为圆心，以 r 的长度为半径作圆弧，两圆弧交于 O 点。

（3）以 O 点为圆心，以 r 为半径在 1、2 两点之间画圆弧即成。

2. 用圆弧连接两已知圆弧

用已知半径为 r 的圆弧连接两已知圆弧，可以分为以下三种情况，即圆弧的外连接、圆弧的内连接、圆弧的内外连接。

圆弧的外连接：

用一半径为 r 的圆弧，外连接两已知圆弧，作图方法如图 4-22 所示。

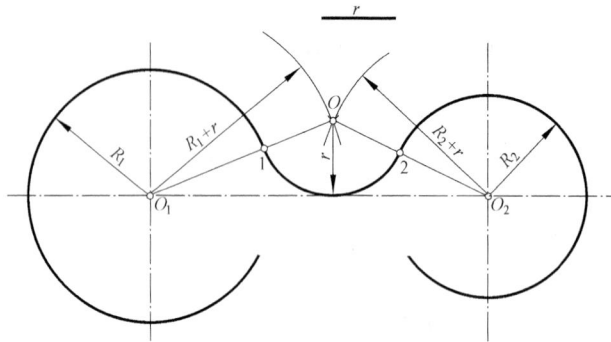

图 4-22 用半径为 r 的圆弧外连接两已知圆弧

作图步骤是：

（1）分别以 O_1、O_2 为圆心，以 R_1+r 和 R_2+r 为半径画弧，两弧交于 O 点。

（2）连接 O、O_1 和 O、O_2，得到两条直线，直线与两已知圆弧交于 1、2 两点。

（3）以 O 点为圆心，以 r 的长度为半径在 1、2 两点间作圆弧，即为所求。

圆弧的内连接：

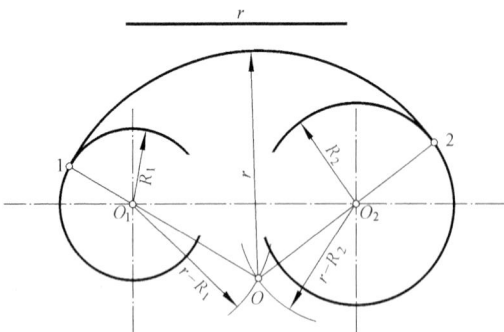

图 4-23 用半径为 r 的圆弧内连接两已知圆弧

用一半径为 r 的圆弧，内连接两已知圆弧，作图方法如图 4-23 所示。作图步骤如下：

（1）分别以 O_1、O_2 为圆心，以 $r-R_1$ 和 $r-R_2$ 为半径画弧，两弧交于 O 点。

（2）连接 O、O_1 和 O、O_2，得到两条直线，并延长两直线与两已知圆弧交于 1、2 两点。

（3）以 O 点为圆心，以 r 的长度为半径在 1、2 两点间作圆弧，即为所求。

圆弧的内外连接：

用一半径为 r 的圆弧，内外连接两已知圆弧，作图方法如图 4-24 所示。

作图步骤如下：

（1）分别以 O_1、O_2 为圆心，以 $r+R_1$ 和 $r-R_2$ 为半径画弧，两弧交于 O 点。

（2）连接 O、O_1 和 O、O_2，得到两条直线，OO_1 与圆 O_1 交于 1 点，OO_2 的延长线与圆 O_2 交于 2 点。

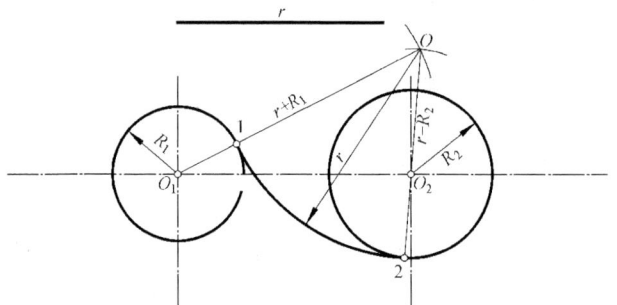

图 4-24 用半径为 r 的圆弧内外连接两已知圆弧

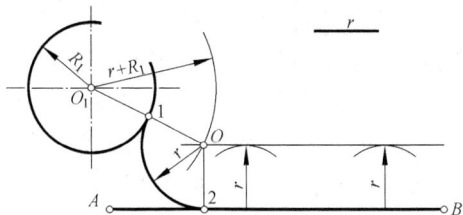

图 4 - 25 用一半径为 r 的圆
弧连接已知圆弧和直线

（3）O 点为圆心，以 r 的长度为半径在 1、2 两点间作圆弧，即为所求。

3. 用圆弧连接一已知圆弧和直线

用一半径为 r 的圆弧，连接已知圆弧和直线，作图方法如图 4 - 25 所示。

作图步骤如下：

（1）以 r 的长度为间距，作直线 AB 的平行线。

（2）以 O_1 为圆心，以 $r+R_1$ 为半径画弧，与平行线交于 O 点。

（3）连接 O、O_1 交圆弧于 1 点，自 O 点向直线 AB 作垂线，得到垂足 2 点。

（4）以 O 点为圆心，以 r 的长度为半径在 1、2 两点间作圆弧，即为所求。

第四节 平面图形的尺寸分析

在工程图中，除了按照一定的比例绘制建筑物或者构筑物的图形以外，还必须完整、准确地标注出实际尺寸，作为施工、竣工结算的依据。尺寸标注必须正确、完整、清晰、符合国家制图标准的规定。

一、尺寸标注的基本组成

图样上的尺寸，包括尺寸界限、尺寸线、尺寸起止符号和尺寸数字四部分组成，如图 4 - 26 所示。

1. 尺寸界限

尺寸界限应以细实线绘制，一般应与被注长度垂直，其一端应离开图样轮廓线不小于 2mm，另一端宜超出尺寸线 2~3mm。图样轮廓线可用作尺寸界限，如图 4 - 27 所示。

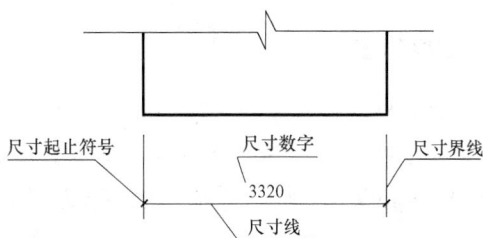

图 4 - 26 尺寸的组成

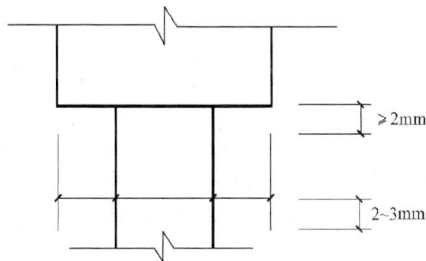

图 4 - 27 尺寸界限

2. 尺寸线

尺寸线应以细实线绘制，应与被注长度平行。图样本身的任何图线均不得用作尺寸线。

3. 尺寸起止符号

尺寸起止符号一般用中粗短线绘制，其倾斜方向应与尺寸界限成顺时针 45°角，长度宜为 2~3mm。半径、直径、角度与弧长的尺寸起止符号，宜用箭头表示，如图 4 - 28 所示。

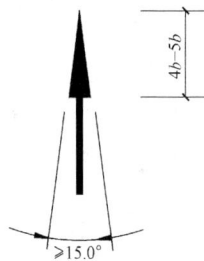

图 4 - 28 箭头尺寸起止符号

4. 尺寸数字

图样上的尺寸应以注写的数字为准，不得从图样上直接量取。图样上的尺寸单位，除标高和总平面图中以米为单位外，其他必须以毫米为单位。尺寸数字的注写方向，应按照图 4-29 的规定注写。如果尺寸数字在 30°斜线区内，宜按照图 4-29 右图的形式书写。尺寸数字一般应依据其方向注在靠近尺寸线的上方中部。如果没有足够的位置，最外边的尺寸数字可注写在尺寸界限的外侧，中间相邻的尺寸数字可错开注写，如图 4-30 所示。

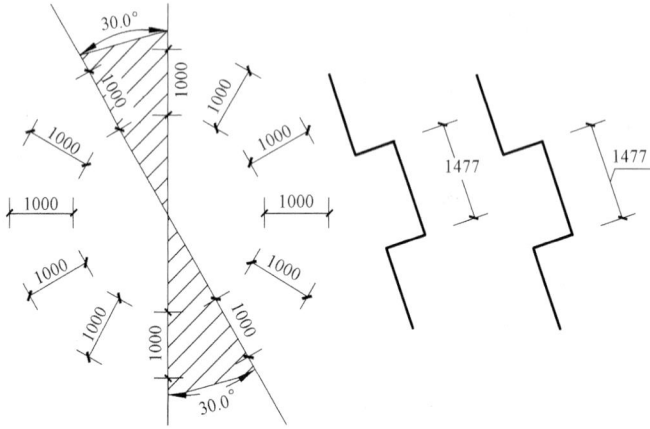

图 4-29　尺寸数字的注写方向

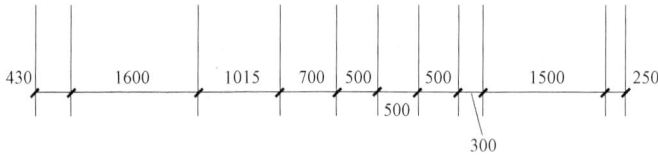

图 4-30　尺寸数字的注写位置

尺寸宜标注在图样轮廓线以外，不宜与图线、文字及符号等相交，如图 4-31 所示。相互平行的尺寸线，应从被注写的图样轮廓线由近向远整齐排列，较小尺寸应离轮廓线较近，较大尺寸应离轮廓线较远，如图 4-32 所示。图样轮廓线以外的尺寸界限，距图样最外轮廓

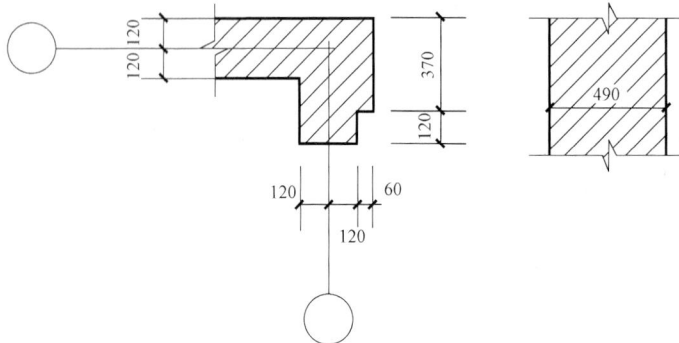

图 4-31　尺寸数字的注写

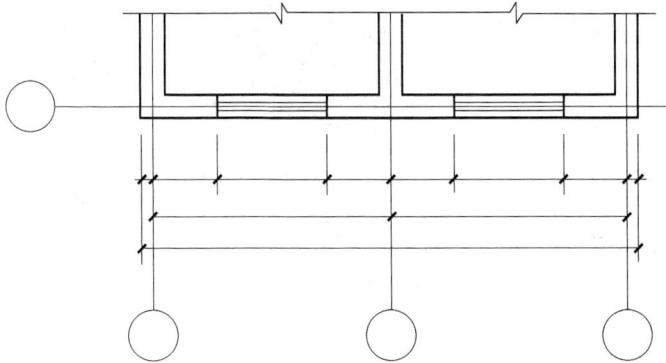

图 4-32 尺寸的排列

线之间的距离，不宜小于 10mm。平行排列的尺寸线的间距，宜为 7～10mm，并应保持一致，如图 4-32 所示。总尺寸的尺寸界限应靠近所指部位，中间的分尺寸的尺寸界限可稍短，但其长度应相等，如图 4-32 所示。

二、半径、直径、球的尺寸注法

半径的尺寸线应一端从圆心开始，另一端画箭头指向圆弧。半径数字前应加注半径符号"R"，如图 4-33 所示。较小半径的圆弧，可按照图 4-34 的形式标注。较大直径的圆弧，可按照图 4-35 的形式标注。

标注圆的直径时，直径数字前应加符号"ϕ"。在圆内标注的尺寸线应通过圆心，两端箭头指向圆弧，如图 4-36 所示。较小圆的直径尺寸，可标注在圆外，如图 4-37 所示。标注球的半径时，应在尺寸前加注"SR"。标注球的直径尺寸时，应在尺寸数字前加注"$S\phi$"。注写方法与圆弧半径和圆直径的尺寸标注方法相同。

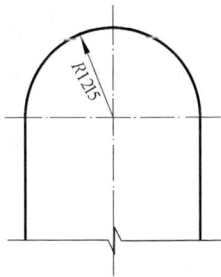

图 4-33 半径标注方法

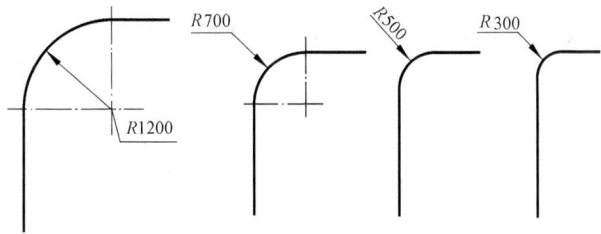

图 4-34 较小圆弧半径标注方法

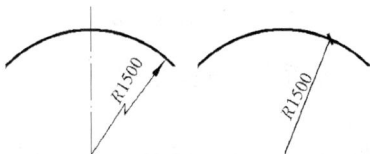

图 4-35 大圆弧半径的标注方法

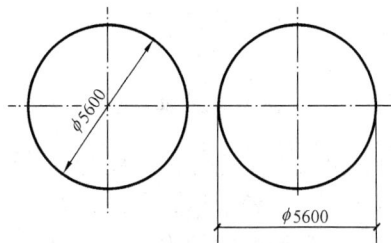

图 4-36 圆直径的标注方法

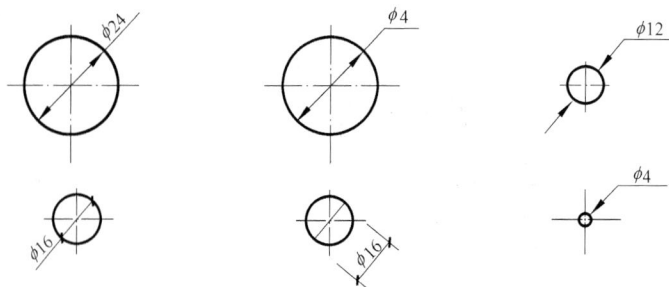

图 4-37　小圆直径的标注方法

三、角度、弧度、弧长的标注方法

角度的尺寸线应以圆弧表示。该圆弧的圆心应是该角的顶点，角的两条边为尺寸界限。起止符号应以箭头表示，如果没有足够的位置画箭头，可用圆点代替，角度数字应按水平方向注写，如图 4-38 所示。标注圆弧的弧长时，尺寸线应以与该圆弧同心的圆弧线表示，尺寸界限应垂直于该圆弧的弦，起止符号用箭头表示，弧长数字的上方应加注圆弧符号"⌒"，如图 4-39 所示。标注圆弧的弦长时，尺寸线应以平行于该弦的直线表示，尺寸界限应垂直于该弦，起止符号用中粗斜短线表示，如图 4-40 所示。

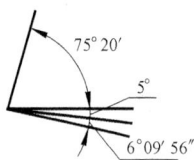

图 4-38　角度标注方法　　　　图 4-39　弧长标注方法　　　　图 4-40　弦长标注方法

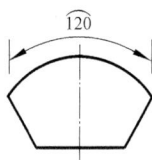

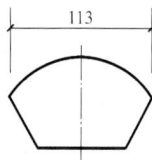

四、薄板厚度、正方形、坡度、非圆曲线等尺寸标注

在薄板板面标注板厚尺寸时，应在厚度数字前加厚度符号"t"，如图 4-41 所示。标注正方形的尺寸时，可用"边长×边长"的形式，也可以在边长数字前加正方形的符号"□"，如图 4-42 所示。

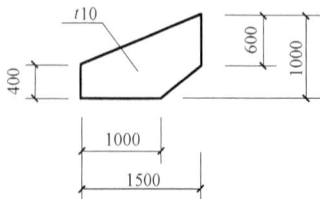

图 4-41　薄板厚度标注方法　　　　　　　图 4-42　标注正方形尺寸

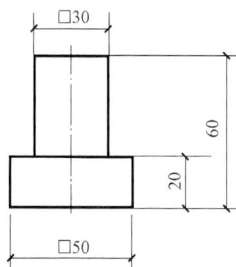

标注坡度时，应加注坡度符号"←"，该符号为单面箭头，箭头应指向下坡方向。坡度也可以用直角三角形形式标注，如图 4-43 所示。

外形为非圆曲线的构件，可用坐标形式标注尺寸，如图 4-44 所示。复杂的图形可以用网格形式标注尺寸，如图 4-45 所示。

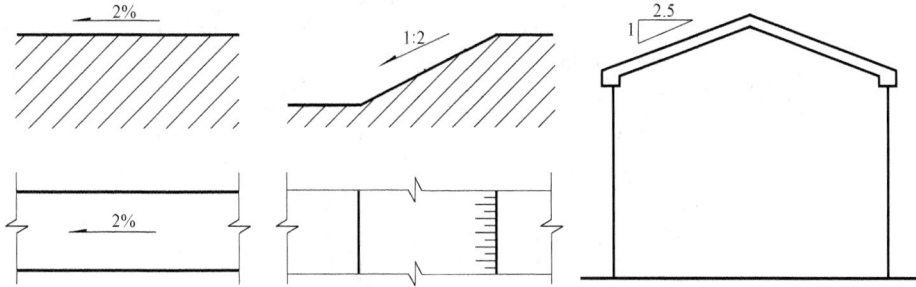

图 4-43 坡度标注方法

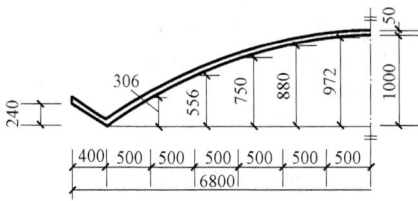

图 4-44 坐标法标注曲线尺寸

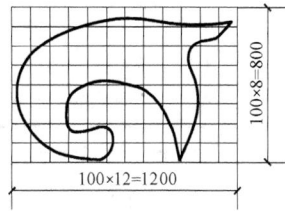

图 4-45 网格法标注曲线尺寸

五、尺寸的简化标注

杆件或者管线的长度，在单线图中（桁架简图、钢筋简图、管线简图）上，可直接将尺寸数字沿杆件或者管线的一侧注写，如图 4-46 所示。连续排列的等长尺寸，可以用"个数×等长尺寸＝总长"的形式注写，如图 4-47 所示。

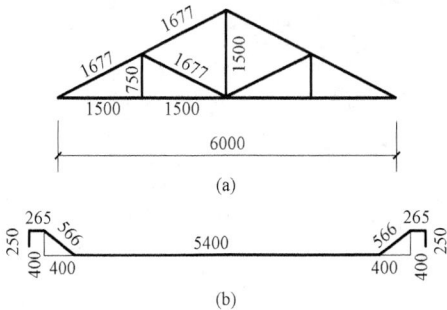

图 4-46 单线图尺寸标注方法

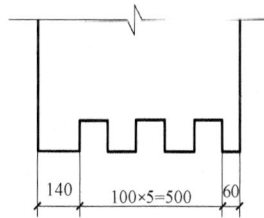

图 4-47 等长尺寸简化标注方法

构配件内的构造要素（如孔、槽等）如相同，可仅标注其中一个要素的尺寸，如图 4-48 所示。对称构件采用对称省略画法时，该对称构配件的尺寸线应略超过对称符号，仅在尺寸线的一端画尺寸起止符号，尺寸数字应按整体全尺寸注写，其注写位置应与对称符号对齐，如图 4-49 所示。

两个构配件，如个别尺寸数字不同，可在同一图样中将其中一个构配件的不同尺寸数字注写在括号内，该构配件的名称也应注写在相应的括号内，如图 4-50 所示。数个构配件，如果仅某些尺寸不同，这些有变化的尺寸数字，可用拉丁字母注写在同一图样中，另列表格写明具体尺寸，如图 4-51 所示。

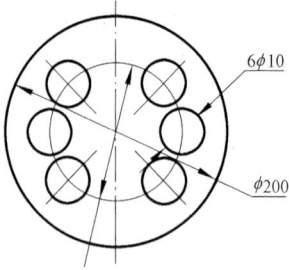

图 4-48　相同要素尺寸标注方法

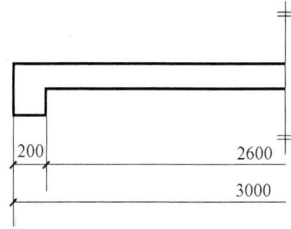

图 4-49　对称构件尺寸标注方法

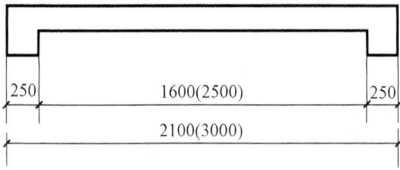

图 4-50　相似构件尺寸标注方法

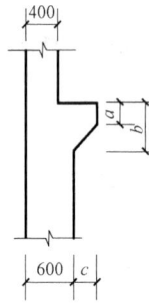

图 4-51　相似构配件尺寸表格式标注方法

构件编号	a	b	c
Z—1	200	200	200
Z—2	250	450	200
Z—3	200	450	250

第五章 建 筑 施 工 图

本章摘要：本章主要介绍建筑施工图的形成过程、识读方法及绘制步骤。通过对本章内容的学习，学生应基本掌握建筑施工图的识读和绘制技能，并初步认识建筑设计的内容和特点。

第一节 概　　述

一、房屋的分类和组成

房屋即建筑物，是人们进行生产、生活、办公和学习等各种活动的场所，与人类的生存和发展密切相关。人们对不同用途的房屋存在不同的要求，因而房屋出现多种类型。按使用功能不同，房屋可分为工业建筑、民用建筑两大类，其中民用建筑是在日常生活中最常见的，又分为居住建筑和公共建筑。居住建筑是指供人们休息、生活起居所用的建筑物，如住宅、宿舍、公寓等；公共建筑则是指供人们进行政治、经济、文化、体育、医疗等活动所需的建筑物，如学校、医院、办公楼、体育馆、影剧院等。典型的工业建筑有工业厂房、仓库、动力站等；典型的农业建筑有畜禽饲养场、水产养殖场和农产品仓库等。

各种类型的建筑物，尽管其功能、外形、规模不同，空间组合、结构形式、构造方式等各有特点，但除单层工业厂房外，房屋的基本组成相似，一般都由基础、墙和柱、楼地面、楼梯、屋顶和门窗六大部分组成，如图 5-1 所示。

1. 基础

基础位于建筑物的最下部，是地下的承重构件，将建筑物的所有荷载传递到下层的土层或岩石层（即地基）。所以，基础必须牢固、稳定，并能够经受地下水及其化学物质的侵蚀。

2. 墙和柱

墙和柱承受建筑物由屋顶和楼层传来的荷载，并把这些荷载传递给基础。墙按位置分为内墙和外墙。外墙是一种围护构件，能够抵御自然界风、雨、雪及寒暑变化对室内的影响；内墙主要起分割空间及保证舒适环境的作用。若按受力情况分，墙可分为承重墙和非承重墙。当只用柱作为建筑物的承重构件时，填充在柱间的墙只起围护、分隔作用，此时的墙就是非承重墙。墙按方向还可分为纵墙和横墙，房屋两端的墙则称为山墙。

3. 楼地面

楼地面是房屋的水平承重构件和竖向分隔部分，包括楼板和地面两部分。楼板层承受着家具、设备和人的荷载及其自身的重量，并把这些荷载传给墙或柱，同时还对墙体起着水平支撑的作用。地面直接承受各种使用荷载，并把这些荷载传递给下面的土层（持力层）。

4. 楼梯

楼梯是各楼层上下联系的垂直交通设施，供人们平时上下和紧急疏散时使用。

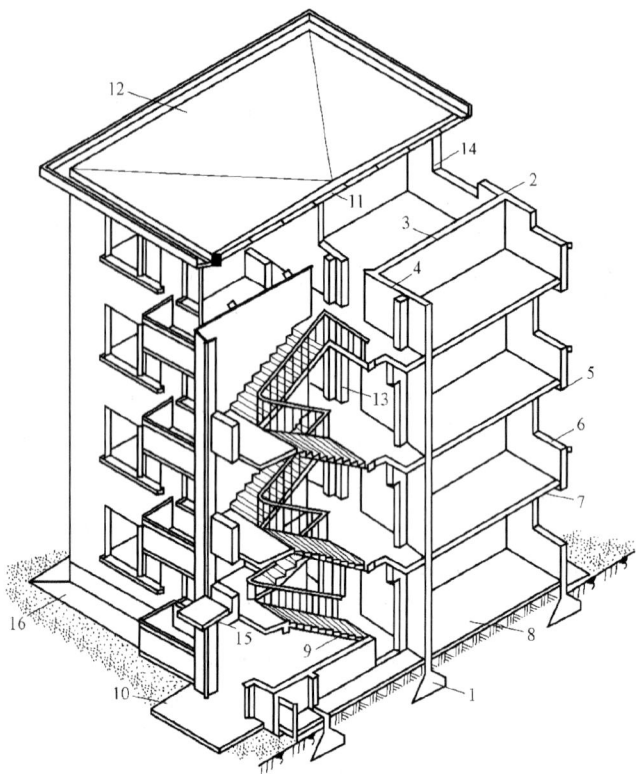

图 5-1 房屋的基本组成

1—基础；2—外墙；3—内横墙；4—内纵墙；5—过梁；6—窗台；7—楼板；8—地面；9—楼梯；
10—台阶；11—屋面板；12—屋面；13—门；14—窗；15—雨篷；16—散水

5. 屋顶

屋顶是建筑物顶部的围护构件和承重构件，由屋面、承重结构和保温（隔热）层等部分组成。屋顶抵御风、雨、雪等对室内的影响；承重结构承受屋顶的全部荷载，并把荷载传递给墙或柱；保温（隔热）层的作用是在冬季减少室内热量散失，在夏季减少太阳辐射热侵入室内。

6. 门窗

门和窗均为非承重的建筑配件。门的主要功能是交通和分隔房间，窗的主要功能则是通风和采光，同时还具有分隔和围护的作用。

上述六个部分是建筑物的主要组成，除此之外，根据使用功能和保护功能的要求，还有一些为人们使用和建筑物本身所需的构配件，如台阶、勒脚、散水、雨篷、阳台、通风道和烟囱等。

二、房屋施工图的产生及分类

房屋施工图是建筑设计人员把将要建造的房屋的形态和构造情况，经过合理的布置、计算，各个工种之间的协调配合而绘制出的施工图纸。

对于一般的民用建筑和简单的工业建筑，建筑设计分为初步设计和施工图设计两个阶段。对于大型的比较复杂的工程，可分成三个阶段，即在两个设计阶段之间，还有一个技术阶段，用来解决各专业之间协调等技术问题。

1. 初步设计阶段

初步设计是建筑设计的第一阶段，它的任务是提出设计方案。

初步设计是根据建设单位提出的设计要求，通过调查研究，收集资料，合理构思，提出设计方案。初步设计的内容包括确定建筑物的组合方式，选定所用的建筑材料和结构方案，确定建筑物在基地上的位置，说明设计意图，分析论证设计方案在技术上、经济上的合理性和可行性，并提出概算书。初步设计的图纸和说明书包括以下内容。

（1）建筑总平面图。绘出建筑物在总平面中的位置、标高、道路等，其他设施的布置以及绿化和说明，比例通常为1：500～1：2000。

（2）各层平面图和主要剖面、立面图。应标注房屋的主要尺寸，房间的面积、高度以及门窗的位置，部分室内家具和设备的布置，剖面图中还要标注室内各部分的高度，室内构件的主要位置等，绘图比例为1：50～1：200。

（3）设计说明。说明设计方案的主要意图，主要结构方案及构造特点以及主要技术经济指标。

（4）工程概算书。按国家有关规定，概略计算工程费用和主要建筑材料需要量。

另外，根据设计任务的需要，常绘制建筑效果图和制作建筑模型，以表达房屋竣工后的外貌和周围的环境，便于比较和审定。

初步设计的工程图和有关文件只是在提供研究方案和报上级审批时用，不能作为施工的依据，所以初步设计图也称为方案图。目前比较通行的方法是建筑单位用招投标的方式请几家设计单位做几个不同的方案，经专家组评审后决定其中的一个方案并报有关部门批准。

2. 技术设计阶段

技术设计阶段的主要任务是在批准的初步设计的基础上，进一步确定各专业工种之间的技术问题。其内容为在各专业工种之间提供资料，提出要求的前提下，共同研究和协调编制拟建工程各工种的图纸和说明书，为各工种绘制施工图奠定基础。经送审并批准的技术设计是绘制施工图的依据。

技术设计的图纸和设计文件中，要求建筑图标注有关的详细尺寸，并编制建筑部分的技术说明书；要求结构图绘出房屋的结构布置方案，并附初步计算说明。其他专业也要提供相应的设备图纸及说明书。

3. 施工图设计阶段

施工图设计是建筑设计的最后阶段，它的主要任务是绘制满足施工要求的全套图纸。

施工图设计的内容包括确定全部工程尺寸和用料，绘制建筑、结构、设备装饰等全部施工图纸，编制工程说明书，结构计算书和工程预算书。

一套完整的建筑物施工图通常有：

（1）建筑施工图：简称建施图，主要表明建筑物的平面、空间形态、内部布置、装饰、构造、施工要求等。它包括建筑总平面图、建筑平面图、立面图、剖面图和建筑详图（指楼梯、墙身、门窗详图等）。

（2）结构施工图：简称结施图，主要表明建筑物的承重结构构件的布置和构造情况。它包括基础结构图、楼（屋）盖结构图、构件详图等。

（3）设备施工图：简称设施图，主要表明建筑物的建筑设备的布置、规格等内容；包括建筑给水排水施工图，简称水施；建筑采暖通风空调施工图，简称暖施；建筑电气施工图，简称电施。

较大的工程和要求较高的工程，还有消防报警、安全防范、综合布线和装修施工图等。施工图设计阶段，所有涉及房屋建造过程专业工种均应完成能够指导现场施工用的各专业图纸和设计说明。

施工图设计的图纸及设计文件有：建筑施工图中的建筑总平面图、建筑各层平面图、立面图、剖面图、建筑详图等；结构施工图中的基础平面图、基础详图、楼层平面图及详图、结构构造节点详图等；给排水施工图、采暖、通风施工图，电气施工图等；建筑、结构及设备等的说明书；结构及设备的计算书；工程预算书等。各专业施工图的编排顺序是全局性的在前，局部性的在后；先施工的在前，后施工的在后；重要的在前，次要的在后。

三、建筑施工图的内容及特点

（一）用途和内容

建筑施工图是表示建筑物的总体布局、外部造型、内部布置、细部构造做法、内外装饰、满足其他专业对建筑的要求和施工要求的图样，是房屋施工和概预算工作的依据。内容包括总平面图、建筑设计总说明、门窗表、各层建筑平面图、各朝向建筑立面图、剖面图和各种详图。根据建筑物的复杂程度，图纸的数量不一，但都必须包含以上内容。本章以一幢中学教学楼为例，介绍建筑施工图的识读和绘制方法。

（二）图示特点

1. 遵守的标准

房屋建筑施工图的绘制一般遵守下列标准：《房屋建筑制图统一标准》（GB/T 50001—2001）、《总图制图标准》（GB/T 50103—2001）和《建筑制图标准》（GB/T 50104—2001）。这些制图标准的内容需要在日常学习和工作中逐步掌握。

2. 图线

在建筑施工图中，为了表明不同的内容并使图样显得层次分明，须采用不同线型和线宽的图线。图线的线型、线宽和用途见表 5-1。

表 5-1   图线的线型、线宽和用途

名　　称	线宽	用　　途
粗实线	b	（1）平、剖面图中被剖切的主要建筑构造（包括构配件）的轮廓线； （2）建筑立面图或室内立面图的外轮廓线； （3）建筑构造详图中被剖切的主要部分的轮廓线； （4）建筑构配件详图中的外轮廓线； （5）平、立、剖面图的部切符号
中实线	$0.5b$	（1）平、剖面图中被剖切的次要建筑构造（包括构配件）的轮廓线； （2）建筑平、立、剖面图中建筑构配件的轮廓线； （3）建筑构造详图及建筑构配件详图中的一般轮廓线； （4）尺寸起止符号线
细实线	$0.25b$	小于 $0.5b$ 的图形线、尺寸线、尺寸界线、图例线、索引符号、标高符号、详图材料做法引出线等

续表

名　　称	线宽	用　　途
中虚线	0.5b	(1) 建筑构造及建筑构配件不可见的轮廓线; (2) 平面图中的起重机(吊车)轮廓线; (3) 拟扩建的建筑物轮廓线
细虚线	0.25b	图例线、小于 0.5b 的不可见轮廓线
粗单点长画线	b	起重机(吊车)轨道线
细单点长画线	0.25b	中心线、对称线、定位轴线
折断线	0.25b	不需画全的断开界线
波浪线	0.25b	不需画全的断开界线、构造层次的断开界线

注　1. 线宽 b 一般视图幅大小和图样复杂程度选为 1mm 或 1.2mm;

　　2. 地平线的线宽可用 1.4b。

使用各种图线总的原则是,剖切面的截交线和房屋立面图中的外轮廓线用粗实线,次要的轮廓线用中粗线,其他线一般用细线。可见者用实线,不可见者用虚线。

3. 比例

在建筑施工图中,各种常用的比例见表 5-2。

表 5-2　　　　　　　　　建筑施工图常用比例

图　　名	比　　例
总平面图	1:500, 1:1000, 1:2000
建筑物或构筑物的平面图、立面图、剖面图	1:50, 1:100, 1:150, 1:200, 1:300
建筑物或构筑物的局部放大图	1:10, 1:20, 1:25, 1:50
配件及构造详图	1:1, 1:2, 1:5, 1:10, 1:20, 1:25, 1:50

如果图样放置在图框内,根据选定比例绘制图样的边缘线条最多与图框线间距 5~8cm,此时的比例就比较恰当。

4. 图例

由于建筑的总平面图和平面图、立面图、剖面图的图样均按比例缩小,有些图样就不可能按实际投影画出,而采用图例表示(即规定的图形画法),图例大小以阅图人能够看清楚为准,并不遵守图样比例。图例一般比较直观易懂,各种专业对其图例也均有明确规定,在容易发生误解时,绘图时就应对有关图例进行说明。常用的建筑材料图例、构造及配件图例、卫生设备及水池图例见表 5-3、表 5-4、表 5-5。

表 5-3　　　　　　常用建筑材料图例 (摘自 GB/T 50001—2001)

名　　称	图　　例	备　　注
自然土壤		包括各种自然土壤
夯实土壤		
砂、灰土	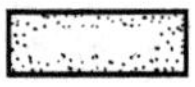	靠近轮廓线绘较密的点

续表

名　称	图　例	备　注
砂砾石、碎砖三合土	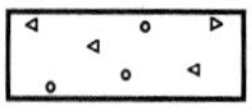	
石　材	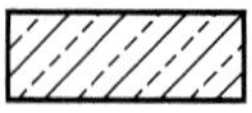	
毛　石		
普通砖	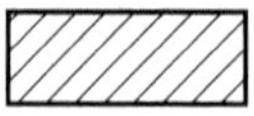	包括实心砖、多孔砖、砌块等砌体。断面较窄不易绘出图例线时，可涂红
耐火砖	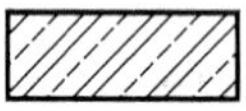	包括耐酸砖等砌体
空心砖		指非承重砖砌体
饰面砖	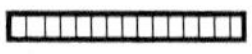	包括铺地砖、马赛克、陶瓷锦砖、人造大理石等
焦渣、矿渣	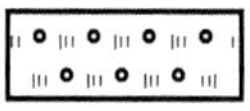	包括与水泥、石灰等混合而成的材料
混凝土		(1) 本图例指能承重的混凝土及钢筋混凝土； (2) 包括各种强度等级、骨料、添加剂的混凝土；
钢筋混凝土	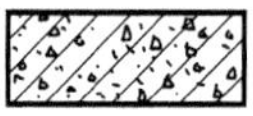	(3) 在剖面图上画出钢筋时，不画图例线； (4) 断面图形小，不易画出图例线时，可涂黑
多孔材料	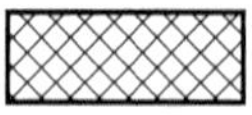	包括水泥珍珠岩、沥青珍珠岩、泡沫混凝土、非承重加气混凝土、软木、蛭石制品等
纤维材料	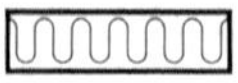	包括矿棉、岩棉、玻璃棉、麻丝、木丝板、纤维板等
泡沫塑料材料	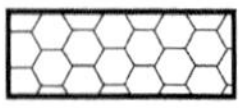	包括聚苯乙烯、聚乙烯、聚氨酯等多孔聚合物类材料
木　材	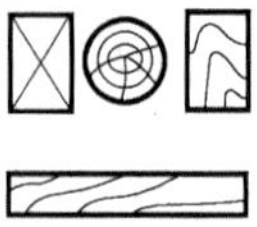	(1) 上图为横断面、上左图为垫木、木砖或木龙骨； (2) 下图为纵断面
胶合板	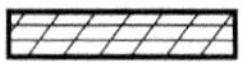	应注明为×层胶合板
石膏板	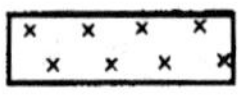	包括圆孔、方孔石膏板、防水石膏板等

名 称	图 例	备 注
金 属		(1) 包括各种金属； (2) 图形小时，可涂黑
网状材料		(1) 包括金属、塑料网状材料； (2) 应注明具体材料名称
液 体		应注明具体液体名称
玻 璃		包括平板玻璃、磨砂玻璃、夹丝玻璃、钢化玻璃、中空玻璃、加层玻璃、镀膜玻璃等
橡 胶		
塑 料		包括各种软、硬塑料及有机玻璃等
防水材料		构造层次多或比例大时，采用上面图例
粉 刷		本图例采用较稀的点

注 图例中的斜线、短斜线、交叉斜线等一律为 45°。

表 5 - 4 **构造及配件图例（摘自 GB/T 50104—2001）**

名 称	图 例	名 称	图 例
墙 体			
隔 断			
栏 杆		坡 道	
楼 梯	底层楼梯平面		
	中间层楼梯平面	平面高差	
	顶层楼梯平面	检查孔	

续表

名　称	图　例	名　称	图　例
孔　洞		在原有墙或楼板上新开的洞	
坑　槽			
墙预留洞	宽×高或φ 底(顶或中心)标高	在原有洞旁扩大的洞	
墙预留槽	宽×高 ×深或φ 底(顶或中心)标高		
烟　道		在原有墙或楼板上全部填塞的洞	
通风道		在原有墙或楼板上局部填塞的洞	
新建的墙和窗		空门洞	
改建时保留的原有墙和窗		单扇门 （包括平开 或单面弹簧）	
应拆除的墙		双扇门 （包括平开 或单面弹簧）	

名　称	图　例	名　称	图　例
对开折叠门		双扇双面弹簧门	
推拉门		单扇内外开双层门（包括平开或单面弹簧）	
墙外单扇推拉门		双扇内外开双层门（包括平开或单面弹簧）	
墙外双扇推拉门		转门	
墙中单扇推拉门		自动门	
墙中双扇推拉门		折叠上翻门	
单扇双面弹簧门		横向卷帘门	

续表

名　称	图　例	名　称	图　例
竖向卷帘门		单层外开平开窗	
提　升　门		单层内开平开窗	
单层固定窗		双层内外开平开窗	
单层外开上悬窗		推　拉　窗	
单层中悬窗		上　推　窗	
单层内开下悬窗		百　叶　窗	
立　转　窗		高　窗	$h=$

表 5 - 5　　　　　　　　**卫生设备及水池图例（摘自 GB/T 50106—2001）**

名　称	图　例	名　称	图　例
立式洗脸盆		污　水　池	
台式洗脸盆		立式小便器	
挂式洗脸盆		壁挂式小便器	
浴　盆		蹲式大便器	
化验盆、洗涤盆		坐式大便器	
带沥水板洗涤盆		妇女卫生盆	
盥 洗 槽		小 便 槽	
		淋浴喷头	

5. 引出线

在建筑工程图中，某些特殊的部位需要用文字或者详图加以说明，可以用引出线从该部位引出。引出线通常用细实线绘制，宜采用水平方向的直线，或者采用 30°、45°、60°的直线，或者经上述角度再折为水平线。文字说明应该注写在水平线的上方，如图 5-2 (a) 所示；也可以注写在水平线的端部，如图 5-2 (b) 所示；索引详图的引出线，应该对准索引符号的圆心，如图 5-2 (c) 所示。同时引出几个相同部分的引出线，应该相互平行，也可绘制成集中于一点的放射线，如图 5-3 所示。

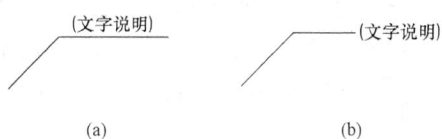

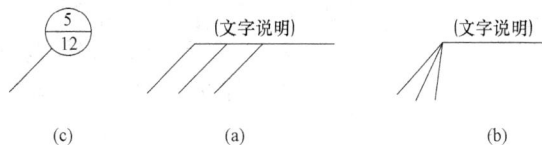

図 5 - 2　引出线　　　　　　　　图 5 - 3　共用引出线

多层构造或者多层管道共用引出线，应该通过被引出的各层，文字说明应该注写在引出线的上方，或者注写在水平线的端部，说明的顺序应该由上至下，并且应该与被说明的层次一致；如果层次为横向排列，则由上至下的说明顺序应该与由左至右的层次相互一致，如图 5 - 4 所示。

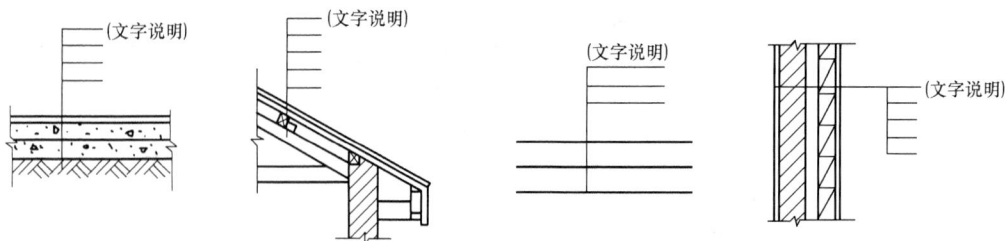

图 5-4 多层构造引出线

6. 索引符号与详图符号

建筑工程图中某一局部或构件如无法表达清楚时，通常将其用较大的比例放大画出详图。为了便于查找及对照阅读，可通过索引符号和详图符号来反映基本图与详图之间的对应关系。

索引符号是由直径为 10mm 的圆和水平直径线组成，圆及水平直径线均以细实线绘制，如图 5-5 （a）所示。索引符号应按下列规定编写。

索引出的详图，如与被索引的图样同在一张图纸内，应在索引符号的上半圆中用阿拉伯数字注明该详图的编号，并在下半圆中间画一段水平细实线，如图 5-5 （b）所示。

索引出的详图，如与被索引的图样不在同一张图纸内，应在索引符号的上半圆中用阿拉伯数字注明该详图的编号，在索引符号的下半圆中用阿拉伯数字注明该详图所在图纸的编号，如图 5-5 （c）所示。数字较多时，可加文字标注。索引出的详图，如采用标准图，应在索引符号水平直径的延长线上加注该标准图册的编号，如图 5-5 （d）所示。

索引符号如用于索引剖视详图，应该在被剖切的部位绘制剖切位置线，并用引出线引出索引符号，引出线所在的一侧应为投射方向，如图 5-6 所示。

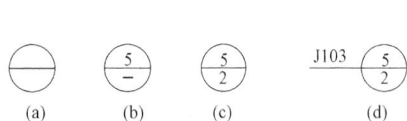

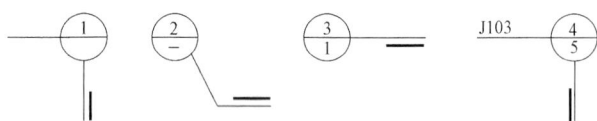

图 5-5 索引符号　　　　　　　　　图 5-6 用于索引剖面详图的索引符号

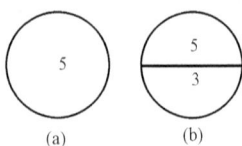

详图的位置与编号，应该以详图符号表示。详图符号的圆应该用直径为 14mm 的粗实线绘制。如果详图与被索引的图样在同一张图纸内时，应该在详图符号内用阿拉伯数字注明详图的编号，如图 5-7 （a）所示；如果详图与被索引的图样不在同一张图纸内时，应该用细实线在详图符号内画一水平直径，在上半圆注明详图编号，在下半圆注明被索引的图纸编号，如图 5-7 （b）所示。

图 5-7 详图符号

7. 其他符号

其他符号主要包括对称符号、连接符号、指北针等。

（1）对称符号由对称线和两端的两对平行线组成。对称线用细点画线绘制；平行线用细实线绘制，其长度宜为 6～10mm，每对的间距宜为 2～3mm，对称线垂直平分于两对平行线，两端超出平行线宜为 2～3mm，如图 5-8 所示。

（2）连接符号应以折断线表示需连接的部位。两部位相距过远时，折断线两端靠图样一侧应标注大写拉丁字母表示连接编号。两个被连接的图样必须用相同的字母编写，如图 5 - 9 所示。

（3）指北针的形状如图 5 - 10 所示，圆的直径宜为 24mm，用细实线绘制；指北针尾部的宽度应为 3mm，指针顶部应注明"北"字，如果用较大直径绘制指北针时，指北针尾部的宽度应为直径的 1/8。

A—连接编号

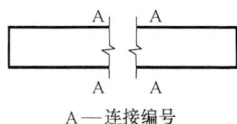

| 图 5 - 8　对称符号 | 图 5 - 9　连接符号 | 图 5 - 10　指北针 |

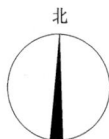

8. 标准图与标准图集

（1）基本概念。为了加快设计进度，规范质量检测标准，各地常把房屋中常用的、大量性的构件、配件按统一模数、不同规格设计出一系列统一的施工图，供设计部门和施工企业选用。这样的图就称为标准图，将其装订成册，即成为标准图集。目前已公开出版各专业相当数量的标准图集，可作为进一步学习和掌握专业设计及制图表达技巧的有力工具。

（2）标准图的分类。在我国标准图有两种分类方法：一是按照使用范围分类，二是按照专业分类。

1）按使用范围，大体分为三类：

①经国家有关主管部门批准，可以在全国范围内使用的标准图集，如 04J012-3（2004年编制的建筑设计用，编号为 012-3 的标准图集），其内容是以亭、廊、花架、太阳能室外照明等室外景观建筑为主的建筑构造做法，供设计直接选用，设计确定采用某一具体作法后（在图纸上标明标准图集编号、页码或标准作法代码），即照此施工。

②经省或地区有关主管部门批准，在本地区范围内使用的标准图集，如 05SJ917-9（小城镇住宅通用（示范）设计——广西南宁地区）等，此图集提供一套完整的、可直接选用的以南宁地区为代表的、具有西南广西特色的小城镇住宅施工图，包括建筑、结构、给水排水、采暖通风与空气调节、建筑电气各专业在内的图纸。在图纸上，选用这类标准图集需标明使用地域，如南宁 05SJ917-9。

③大型设计或施工单位自行编制的标准图集，仅在本单位内使用。此类标准图集使用得较少。

2）按专业分类有：

①建筑配件标准图，一般用"J"表示，如西南地区的建筑配件标准图中的西南 04J515，其内容为室内装修标准图。

②建筑构件标准图，一般用"G"表示，如西南地区的建筑构件标准图中的西南 04G231，其内容为预应力混凝土空心板图集。

除此之外，还有给排水（代号"S"）、电气（代号"DX"）、暖通（代号"SK"或"K"）等专业的标准图集。详情可查国家建筑标准设计网（http://www.chinabuilding.com.cn）。

四、建筑设计总说明

在施工图的装订过程中，总是将图纸目录、建筑设计总说明、材料及装修一览表、总平面图及门窗表等编排在各专业施工图的最前面。根据房屋规模和复杂程度不同，数量有多有少。数量少者汇总编绘在一张图上，数量多者则编制在几张图上。多数情况下是把建筑设计总说明与门窗汇总表列在一张图纸上；图纸目录则单独以表格形式绘制在另一张图纸上。图纸目录汇总说明各种施工图样的页码编号（图号），门窗表则说明各种类型门窗的规格、型号与数量，比较简单易懂，在此主要介绍编写或识读建筑设计总说明的要点。

编写与识读建筑设计总说明应该包括以下几个主要内容，见表 5 - 6。

表 5 - 6　　　　　　　　某教学楼建筑设计总说明示意

一	设计依据 项目批文及现行国家建筑设计规范 本工程基地地形图及规划图 建设单位委托设计单位设计委托书与合同		内墙粉刷	乳胶漆内墙面详皖 93J301、21 图集第 8 页节点
				刷白色乳胶漆二度
				夹层内墙不粉
二	设计规模	本工程耐火等级为二级	顶棚做法	乳胶漆顶棚详皖 93J301、24 图集第 8、9 页节点、刷白色乳胶漆二度
	地理位置	某县某位置教学楼		
	使用功能	办公及教学用房		
	建筑面积	2570.93m²		
	建筑层数	四层	油漆做法	木材面油漆：木门为一底二度醇酸调和漆
室外工程	构造做法	使用部位		金属面油漆：上同
	散水做法详皖 91J307、3 图集第 2 页节点	见平面图		所有金属面除注明者外均除锈
	坡道做法详皖 91J307、6 图集第 4 页节点	见平面图		栏杆刷褐色调和漆二度
	台阶做法详皖 91J307、7 图集第 4 页节点	见平面图		栏杆及扶手详皖 94J401、16 图集第 G5
地面做法	水磨石地面详皖 93J301、6 图集第 15 页节点	教室部分	其他做法	不露面金属构件均除锈、刷防锈漆二度
	面层及结合层厚度 40、用玻璃条分格			凡阳台、雨篷底均做滴水线
	地砖地面详皖 93J301、7 图集第 18 页节点	办公部分		
	地砖规格及颜色由建设单位来确定			±0.000 以下墙体采用 MU10 机制砖、M7.5 水泥砂浆砌筑
楼面做法	水磨石楼面详皖 93J301、1 图集第 16 页节点	教室部分		
	面层及结合层厚度 40、用玻璃条分格			
	900×900（白色）沿墙边设格网、180 宽、红边线			
	地砖楼面详皖 93J301、13 图集第 12 页节点	办公部分		
	地砖规格及颜色由建设单位来确定			本工程门窗分格应该以详图为准
	夹层楼面为 30 厚水泥砂浆抹平			

1. 设计依据

应包括三个方面的内容：

（1）项目批文或立项许可；

（2）基础设计资料，如地形图、地质勘探资料等；

（3）业主合法的设计委托证明（设计合同或委托书）。

2. 建筑规模

主要包括占地面积和建筑面积。这是设计出来的图纸是否满足规划管理部门要求的依据。占地面积是指建筑物底层外墙轮廓线以内所有面积之和。若占地面积较小，且处于业主自用地范围，也可不标明，但必须标明建筑面积。建筑面积可理解为建筑物外墙轮廓线以内各层面积之和。

3. 标高

设计规范规定用标高表示房屋的高度。标高分为相对标高和绝对标高两种。以建筑物底层室内地面作为零点确定出来的标高称为相对标高；以青岛黄海平均海平面的高度定为零点确定出来的标高称为绝对标高。建筑设计说明中要说明相对标高与绝对标高的关系。如"±0.000 相当于自然标高 36.45m"，即说明建筑物底层室内地面设计在比海平面高 36.45m 的水平面上。

4. 装修做法

这方面的内容比较多，包括地面、楼面、墙面、屋面等的做法。无论是识读还是编制，均需清楚文中各种数字、符号的含义。如在表 5-6 中的"地面做法"中，有如下说明："面层及结合层厚度为 40，地面用 5 厚的玻璃条分格"，结合地面做法的其他说明，表明无论地面是铺设水磨石还是地砖，水磨石或地砖连同其下部水泥砂浆，其厚度总和一律为 40mm。为了增强地面的装饰性，在地砖（水磨石）缝隙间还竖立 5mm 厚的玻璃，这些玻璃与水磨石同高，起着分割水磨石的作用。

这些内容涉及一些施工常识和术语，初学识图者需要注意理解和掌握。如在油漆做法中，还有"所有金属制品除注明外，均除锈，用防锈漆打底（二度），银粉漆罩面（二度）"。这里的"二度"实际上就是刷二道的意思。随着装饰施工的专业化，图纸中常会出现一些不常见的装修方法，若不理解就应该及时向设计者询问。

5. 施工要求

施工要求包含两个方面的内容，一是要明确必须严格执行施工规范及验收标准，二是要求严格按图纸施工。

第二节 总 平 面 图

总平面图有土建总平面图和水电总平面图之分。土建总平面图又分为设计总平面图和施工总平面图。此节介绍的是土建总平面图中的设计总平面图，简称总平面图。

总平面图用来表明一个工程所在位置的总体布置，包括建筑红线。新建房屋的位置、朝向；新建建筑物与原有建筑物的关系以及新建筑区域的道路，绿化，地形，地貌，标高等四个方面的内容。

总平面图是新建建筑物与其他相关设施定位的依据；是土石方施工以及绘制水、电等管线总平面布置和施工总平面布置图的依据。

一、总平面图的表示方法

总平面包括的范围较大，《总图制图标准》（GB/T 50103—2001）中规定：总平面图的比例一般用 1∶500、1∶1000、1∶2000 绘制。

由于总平面图采用的比例较小，各种有关设施均不能按照投影关系如实反映出来，而只能用图例的形式绘制。表5-7列出了常用的总平面图图例。

表5-7   常见总平面图图例

图　　例	名　　称	图　　例	名　　称
	新建建筑物		原有铁路
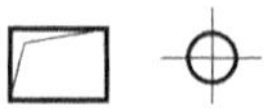	新建构筑物	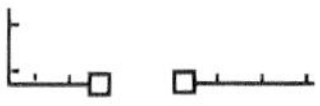	新建围墙，大门
	原有建筑物		原有围墙
	规划建筑物		新建挡土墙
	利用建筑物		新建围墙，挡土墙
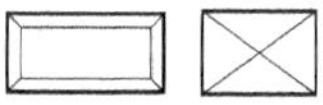	露天堆场		拆除围墙
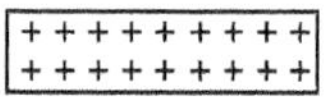	敞棚或敞廊	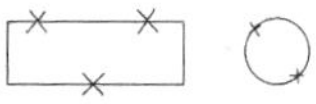	拆除原有建筑物、构筑物
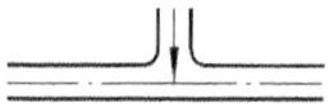	新建道路	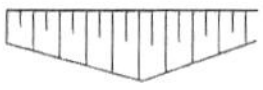	填挖边坡或护坡
	规划道路		排水明沟
	原有道路		有盖的排水沟
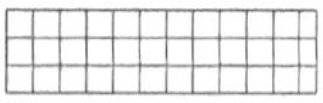	铺砌路面	$\dfrac{0.3（坡度\%）}{50（距离\ m）}$	道路坡度标
	人行道		室内、外地坪标高
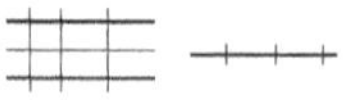	斜坡栈桥，卷扬机道		花坛，绿化地
	新建铁路		行道树

二、总平面图的主要内容

总平面图主要包括以下几方面的内容。

1. 建筑红线

建筑红线：各地方国土管理局提供给建设单位的地形图为蓝图，在蓝图上用红色笔画定的土地使用范围的线称为建筑红线。任何建筑物在设计和施工中均不能超过此线，如图5-11总平面图中最外围的一圈封闭线即为建筑红线。

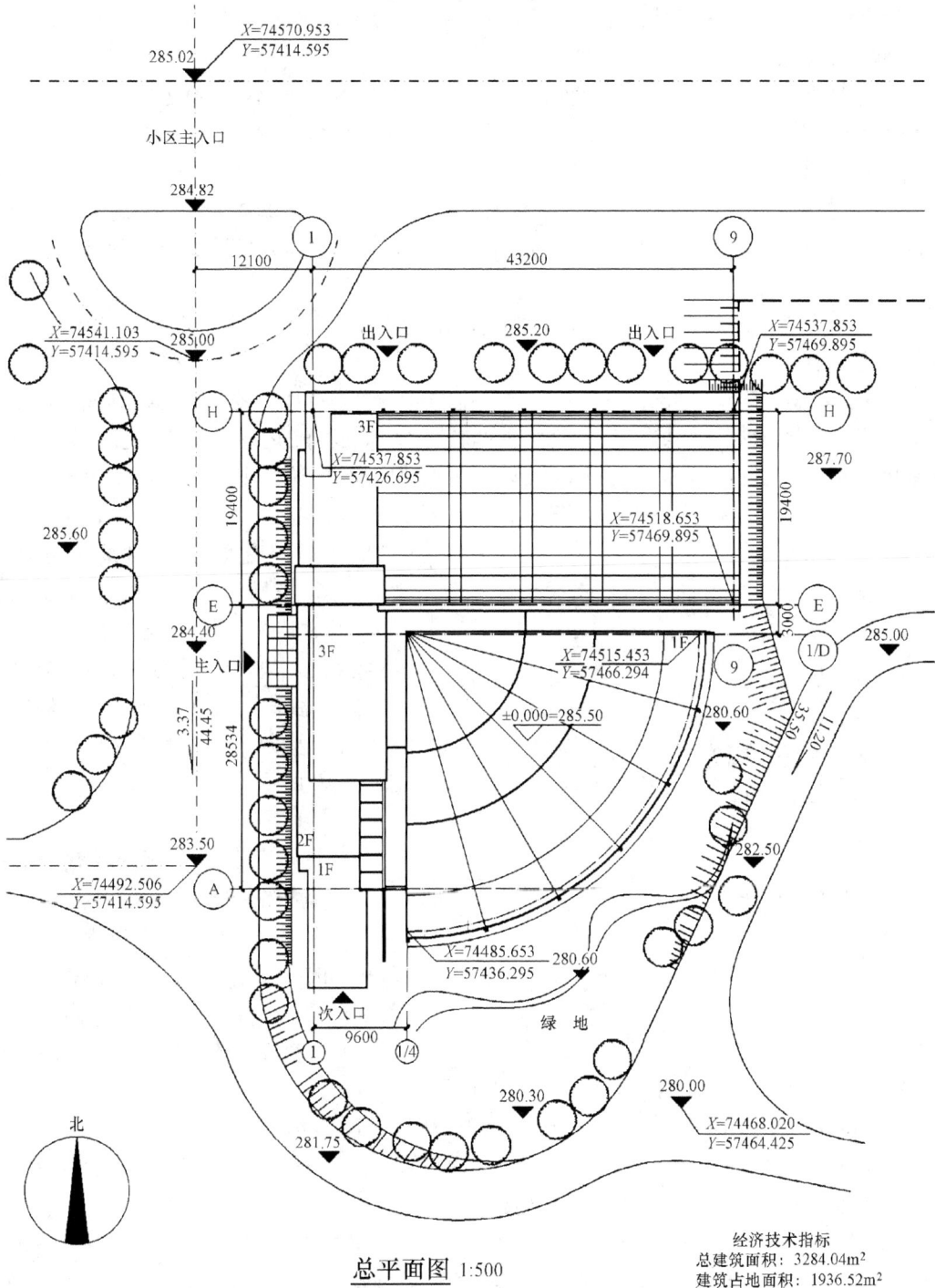

总平面图 1:500

图 5-11　某国际商务中心小区总平面图

经济技术指标
总建筑面积：3284.04m²
建筑占地面积：1936.52m²

2. 区分新旧建筑物

在总平面图上将建筑物分成五种情况，即新建的建筑物、原有建筑物、计划的扩建预留地或建筑物、拆除的建筑物和新建的地下建筑物或构筑物。当识读总平面图时，要区分哪些是新建的建筑物、哪些是原有建筑物。在设计中，为了清楚表示建筑物的总体情况，一般还在图形中右上角以点数或数字表示建筑物的层数。当总图比例小于 1∶500 时，可不画建筑物的出入口。

3. 新建建筑物的定位

新建建筑物的定位一般常采用两种方法，一种是按原有建筑物或原有道路定位；另一种是按坐标定位，坐标定位又分为测量坐标定位和建筑坐标定位两种。

（1）根据原有建筑物定位

按原有建筑物或原有道路定位是扩建中常采用的一种方法。如图 5-11 中的总平面图是某国际商务中心的总平面图。拟建建筑物位置均可按比例从现有建筑物或道路确定出来。

（2）根据坐标定位

为了保证在复杂地形中放线准确，总平面图中也常用坐标表示建筑物、道路等的位置。常采用的方法有以下几种。

1）测量坐标：国土管理部门提供给建设单位的红线图是在地形图上用细线画成交叉十字线的坐标网，南北方向的轴线为 X，东西方向的轴线为 Y，这样的坐标称为测量坐标。坐标网络常采用 100m×100m 或 50m×50m 的方格网。一般建筑物的定位标记有两个墙角的坐标。

2）建筑坐标：建筑坐标一般在新开发区，房屋朝向与测量坐标方向不一致时采用。建筑坐标是将建筑区域内某一点定为"0"点，采用 100m×100m 或 50m×50m 的方格网，沿建筑物主墙方向用细实线画成方格网通线，横墙方向（竖向）轴线标为 A，纵墙方向的轴线标为 B。建筑坐标与测量坐标的区别如图 5-12 所示。

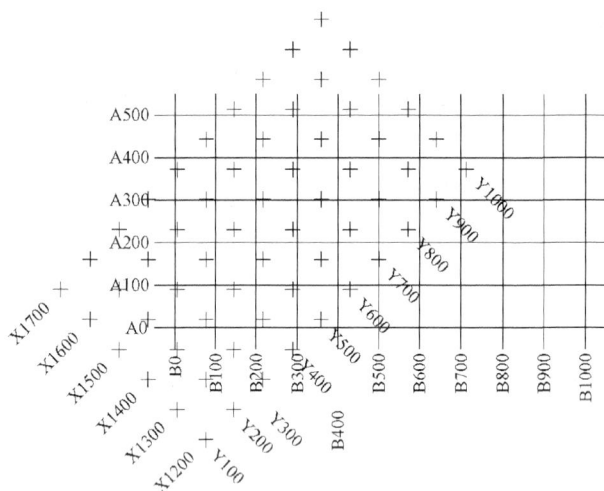

图 5-12　建筑坐标与测量坐标的区别

4. 标高

建筑施工图中标有两种标高，即绝对标高和相对标高。

绝对标高：我国把青岛的黄海平均海平面的高度定为零点，其他各地以此为基准确定的标高，称为绝对标高。

相对标高：把房屋底层室内地面的高度定为基准零点，以此为基准点所确定的标高。

标注标高，要用标高符号，标高符号的画法如图 5-13 所示。

标高数字以米为单位，一般图中标注到小数点后第三位。在总平面图中注写到小数点后第二位。零点标高的标注方式是 ±0.000；正数标高不注写"＋"，例如正 3m，标注成 3.000；负数标高要注写"－"，例如负 3m，就标注成 －3.000。

为了阐明相对标高与绝对标高的关系，一般在建筑设计说明中进行说明。

5. 等高线

地面上高低起伏的形状称为地形。地形

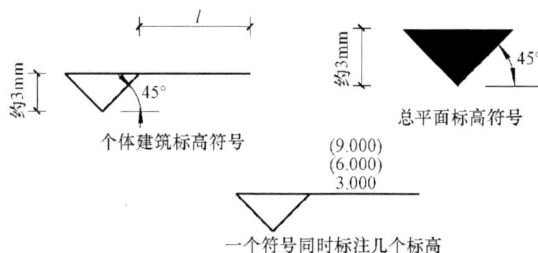

图 5-13　标高符号的画法

是用等高线来表示的。等高线就是地面上高度相等点的连线。

等高线是怎样绘制的呢？假想用间隔相等（1m、5m、10m…）的若干水平面把山头从某一高度到山顶一层一层剖开，在山头表面上便出现一条一条的截交线，把这些截交线投射到水平投影面上，就得到一圈一圈的封闭曲线，这就是等高线。在等高线上注写上相应的高度数值，这就是地形图，如图5-14所示。图5-11是在老城区进行新项目建设，其地面平整，室外地坪标高一致，此时就可不标出室外地面标高，而在总说明中说明即可。

从地形图上的等高线可以分析出地形的高低起伏状况。等高线的间距越大，说明地面越平缓；相反，等高线的间距越小，说明地面越陡峭。从等高线上标注的数值可以判断出地形是上凸还是下凹；相反，数值由外圈向内圈减小，则为下凹。

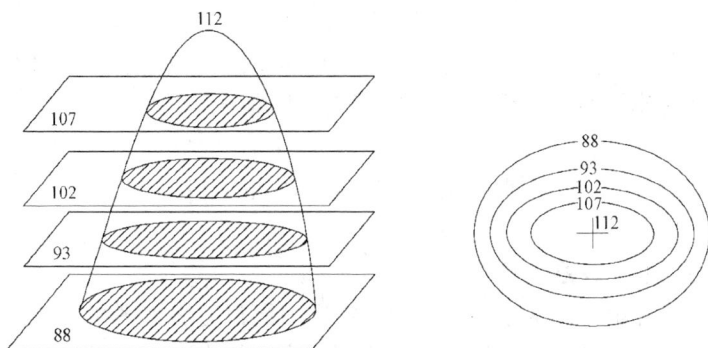

图 5-14 等高线与地形图

6. 道路

由于比例较小，总平面图上的道路有时只能表示出道路与建筑物的关系，不能作为道路施工的依据。此时要标注出道路中心控制点（包括道路转向点、交叉点、变坡点的位置、高程、道路坡度、坡向等），表明道路的标高及平面位置。

7. 风向玫瑰图

风向：是风由外面吹过建设区域中心方向的方向。风向频率是在一定的时间内某一方向出现风向的次数占总观察次数的百分比，用公式表示为

$$风向频率 = \frac{某一风向出现的次数}{总观察次数} \times 100\%$$

风向频率用风向频率玫瑰图表示。例如图5-15为重庆的风向玫瑰图，图中实线表示全年的风向频率，虚线表示夏季（6、7、8月）的风向频率。由图可以看出，重庆的全年主导风向是北风和东北风，夏季以东北风居多，其次是吹西南风。

8. 其他

总平面图除了表示以上的内容外，一般还有挡墙、围墙、绿化等与工程有关的内容。读图时可结合相关设计说明识读。

三、总平面图的识读与绘制要点

1. 熟悉图例、比例

这是识读和绘制总平面图应具备的基本知识，应熟练掌握常见的几种总平面图例。主要建筑物的尺寸及其与附近旧建筑物及道路边沿

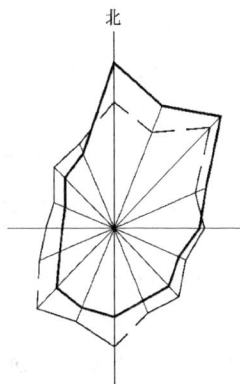

图 5-15 风向玫瑰图

的距离应严格遵照比例画出。

2. 工程性质及周围环境

工程性质是指规划设计的建筑物干什么用，是商店、教学楼、办公楼、住宅还是厂房等。了解周围环境的目的在于弄清周围环境对建筑物的影响。

3. 定位依据

确定新建筑物的位置是总平面图的主要作用，在无法严格遵照比例绘制新旧建筑物的距离时，必须标出新建建筑的定位坐标。

4. 道路与绿化

道路与绿化是主体配套工程。从道路了解建成后的人流方向；从绿化可以看出建成后的环境好坏。

总平面图的线型比较简单，新建建筑一般采用粗实线，拟建建筑采用粗虚线，拟拆除建筑采用中虚线，其他建筑物轮廓线及道路线条多用细实线。

第三节　建筑平面图

一、建筑平面图的形成及作用

建筑平面图是假想用一个水平剖切平面，沿门窗洞口将房屋剖切开，移动剖切平面及其以上部分，将余下的部分按正投影的原理，投射在水平投影面上所得到的图形称为平面图。

沿底层门窗洞口剖切所得到的平面图称为底层平面图，又称为首层平面图或一层平面图。沿二层门窗洞口剖切所得到的平面图称为二层平面图。在多层和高层建筑中，中间几层剖切后的图形常常是相同的，此时就只需要绘制一个平面图作为代表，称为标准层平面图。沿最上一层门窗洞口剖切得到的平面图称为顶层平面图。将房屋直接从上向下进行投射得到的平面图称为层顶平面图。因此，在多层和高层建筑中一般有底层平面图、标准层平面图、顶层平面图和层顶平面图四种。此外，随着建筑层高的增多和构造的复杂化，还出现了地下层（±0.000 以下）平面图和设备层平面图、夹层平面图等。

建筑平面图能够反映建筑物的平面组合、墙体、柱等承重构件的位置、门窗的尺寸及位置，以及其他配件的位置等，是施工中参考的重要图样，也是施工放线的依据。

二、建筑平面图的图示内容

（一）底层平面图

底层平面图是房屋建筑施工图中最重要的图纸之一。在此首先介绍底层平面图的用途及其主要内容。

1. 用途

建筑平面图在施工过程中是放线、砌墙、安装门窗和编制土建工程概预算的依据。备料、施工组织都离不开平面图。

2. 主要内容

下面以一幢中学教学楼的底层平面图为例，介绍底层平面图的主要内容。

（1）建筑物朝向。建筑物的朝向在底层平面图中用指北针表示。建筑物主要入口在哪面墙上，就称建筑物朝哪个方向。如图 5-16 所示，根据指北针方向判断，此教学楼的主要入口面向南方，说明此建筑朝南，即常说的"坐北朝南"。指北针的画法在《房屋建筑制图统

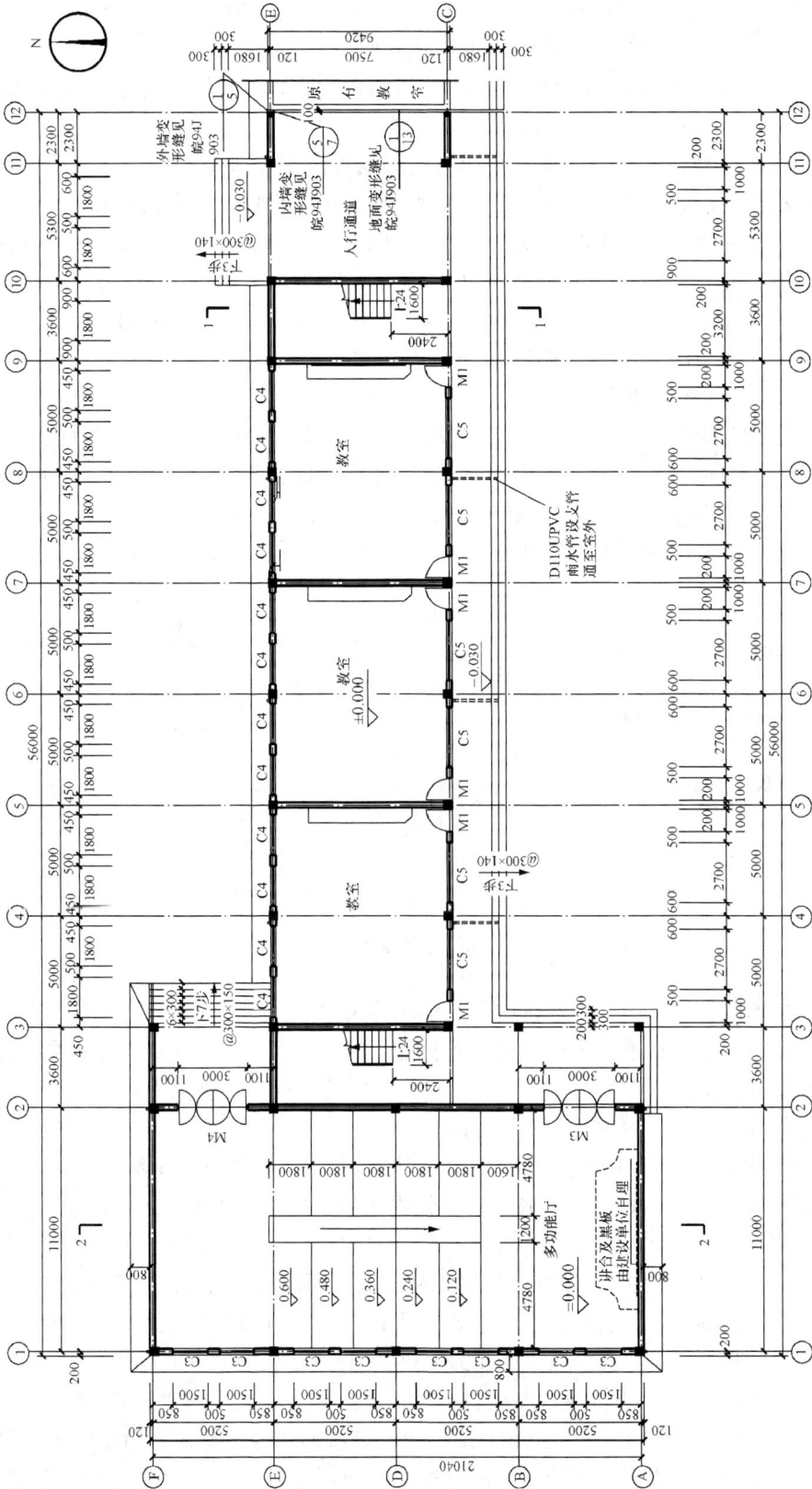

底层平面图 1:100

图 5－16　某中学教学楼底层平面图

一标准》（GB/T 50001—2001）有明确说明，即指北针采用细线绘制，圆的直径为 24mm，指北针尾部为 3mm，指针指向北方，标记为"北"或"N"。

（2）平面布置。平面布置是平面图的主要内容，着重表达建筑的整体平面形状及各种用途房间与走道、楼梯、卫生间的关系。房间用墙体分隔。在图 5-16 中，可以看到，新建教学楼沿旧教学楼修建，接触处设有变形缝，变形缝的做法要详见皖 94J903。新旧建筑相连处有过道和上楼楼梯。底层教室的出入口外有一通廊，通廊没有栏杆，均直接与外部相通。

（3）定位轴线。房间的大小、走廊的宽窄和墙、柱的位置在建筑工程施工图中用轴线来确定。凡是主要的墙、柱、梁的位置都要用轴线来定位。根据《房屋建筑制图统一标准》（GB/T 50001—2001）规定，定位轴线用细点画线绘制。编号应写在轴线端部的圆圈内，圆圈直径应为 8mm，详图上则用 10mm。圆圈的圆心应在轴线的延长线上；若受图样作图位置限制，也可处于轴线延长线的折线上。

平面图上定位轴线的编号，宜标注在图样的下方及左侧。横向编号采用阿拉伯数字标写，从左至右按顺序编号。竖向编号应用大写拉丁字母，从前至后按顺序编号。拉丁字母中的 I、O、Z 不能用于轴线编号，以免与 1、0、2 混淆。通用详图的定位轴线则只画圆圈，不标注线号。

除了标注主要轴线之外，还可以标注附加轴线。附加轴线编号用分数表示，如图 5-17 所示。

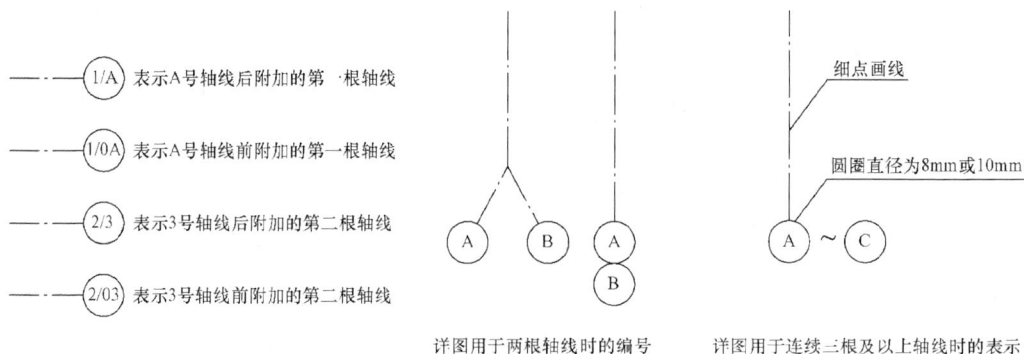

图 5-17　轴线的编号及表示

（4）标高。在房屋建筑工程中，各部位的高度都用标高表示。除总平面图外，施工图中所标注的标高均为相对标高。在平面图中，因为各种房间的用途不同，房间的高度不都在同一水平面上，如在图 5-16 中，可以看到处于房屋左部阶梯教室每一排座位平台的标高，也可看到教室外走廊的标高比教室室内地面低 0.03m，而教室内的地坪标高就是 ±0.000。

（5）墙厚（柱的断面）。房屋中的墙（承重墙）和柱是承受建筑物垂直荷载的重要构件，墙体又具有分隔房间和抵抗水平剪力的作用（抵抗水平剪力的墙，称为剪力墙，多为钢筋混凝土墙）。因此，墙的平面位置、尺寸大小都很重要。从图 5-16 可以看到，柱的尺寸是 400mm×400mm，墙厚均为 240mm。图中还标注出柱子的断面尺寸及与轴线的关系。

（6）门和窗。在平面图中，只能反映出门、窗的平面位置、洞口宽度及与轴线的关系。各种门窗的画法详见《建筑制图标准》（GB/T 50104—2001），普通门窗参照图 5-16 绘制即可。在施工图中，门用代号"M"表示，窗用代号"C"表示，防火门用"FM"表示，卷帘门用"JLM"表示；"M1"表示编号为 1 的门，"C2"表示编号为 2 的窗。门窗的尺寸高度在立面图、剖面图和门窗表中都有表示，读图时通常要审看三者中的尺寸是否存在差异。

门窗的制作安装需查找相应的详图，表5-8说明的是图5-16所示中学教学楼的门窗情况，通常与建筑设计说明编制在同一张图纸上。

表5-8 建筑门窗表示例

名 称	设计编号	采用标准图集及编号	洞口尺寸（mm）		数 量	备 注
			宽度	高度		
门	M1	《皖95J609》XM—124	1000	3000	27	全玻门
	M2	《皖95J609》XM—4	1000	2100	11	全玻门
	M3	《皖95J609》BM—71	3000	3000	1	全玻门
	M4	《皖95J609》BM—38	3000	2400	1	全玻门
窗	C1	《皖97J706》	1200	2100	6	推拉式塑钢窗
	C2	《皖97J706》	1800	1200	6	推拉式塑钢窗
	C3	《皖97J706》	1800	1800	58	推拉式塑钢窗
	C4	《皖97J706》	1800	2100	54	推拉式塑钢窗
	C5	《皖97J706》	2700	2100	27	推拉式塑钢窗
	C6	《皖97J706》	2360	900	4	推拉式塑钢窗

在平面图中窗洞位置处，若门窗画成虚线，则表示此处的窗洞位置比较高，窗洞下口高度至少高于楼（地）面1500mm（通常为1700mm），这样的窗称为高窗。

（7）楼梯。建筑平面图的绘制比例较大，楼梯在房屋中的具体情况不能清楚表达。楼梯的制作、安装需要另外绘制楼梯详图。在平面图中，只需表示清楚楼梯设在建筑中的平面位置、开间和进深大小，楼梯的上下行方向及上一层楼的步级数即可。

（8）附属设施。在图5-16中，还可以看到教室内的讲台、黑板、课桌、散水、雨水管等附属设施，在平面图中只表示其平面位置、基本规格或尺寸，其具体做法需查阅相应的详图或标准图集。

（9）各种符号。标注在平面图上的符号有剖切符号和索引符号等。剖切符号按《房屋建筑制图统一标准》和《建筑制图标准》规定标注在底层平面图上，表示出剖面图的剖切位置和投射方向及编号。在图5-16中，可以看到1—1和2—2两处剖切面，其投射方向为在1—1和2—2剖切后，向左（或向西）方向投射得到剖面图。在平面图中凡需要另画详图的部位用索引符号表示，如在图5-16中新旧教学楼接合处，分别画出三个索引符号，分别说明外墙变形缝、内墙变形缝和地面变形缝，具体做法见标准图集——皖94J903中的图样所示。根据图示可以看出，外墙变形缝的做法需查看皖94J903第5页编号为1的详图；内墙变形缝的做法需查看皖94J903第7页编号为5的详图；地面变形缝的做法需查看皖94J903第13页编号为1的详图。

（10）平面尺寸。平面图中标注的尺寸分内部尺寸和外部尺寸两种，主要反映房屋中各个房间的开间、进深尺寸、门窗的平面位置及墙、柱、门垛等的厚度。

内部尺寸一般用一道尺寸线表示，如图5-16中，在各个教室就用一道尺寸线在表示清楚教室的开间、进深尺寸时，还分别表示了阶梯教室（图纸中标示为多功能厅）的台阶、课桌的平面布置和讲台、黑板的平面布置尺寸。

房屋的外部尺寸一般要标注三道，最里面一道尺寸表示外墙门窗的大小及与轴线的平面关系，在功能上属定位尺寸。中间一道尺寸表示轴线尺寸，反映房间的开间、进深及柱子的间距（柱距）等，也是一种定位尺寸。最外面一道尺寸表示建筑物的总长、总宽，即从一端的外墙面到另一端的外墙面的尺寸，在功能上属定形尺寸。三道尺寸由里向外，表达内容由"细"变"粗"，尺寸内容相互对应、说明。

（二）其他楼层平面图

除底层平面图外，在多层或高层建筑中，除了标高有差异外，中间层一般都相同，这样的中间层可称为标准层，用一张标准层平面图表达就可以了。需按图 5 - 13 所示，在楼层地面一个标高符号上标出其他上层的标高即可。但图 5 - 16 所示的教学楼，二层的左部是阶梯教室的上部空间，三层楼的相同位置则是办公室，四层属顶层，需要单独表达，绘制图样，顶层上与屋顶之间还有一个夹层，所以这个中学教学楼就需要分别绘制底层平面图、二层平面图、三层平面图、四层平面图、夹层平面图和屋顶平面图。分别见图 5 - 16、图 5 - 18、图 5 - 19、图 5 - 20、图 5 - 21、图 5 - 22 中的各个图样。

除屋顶平面图和夹层平面图，其他层平面图的主要识读内容如下。

1. 房间布置

其他层均是在底层的基础上上升得到，其平面布局、房间布置与下一层有何不同，这是首先需要注意的。若有不同，再观察房间的用途及尺寸、楼面标高，对不同处进行对比，了解设计意图。

图 5 - 18 中教学楼二层与底层的区别主要在阶梯教室部分，二层没有阶梯教室，其对应部分是阶梯教室的上部空间，对应底层阶梯教室主出入口走廊部分，新增了一个学生休息平台；阶梯教室后部出入口上方，在二层楼是一个雨篷，坡度为 3％，采用两个伸出 120mm 的水舌（UPVC 塑料短管）直接排出雨篷顶积水。三层楼在阶梯教室的上方新增加了四个办公室。四层是顶层，需要单独绘制图样，即使房间平面尺寸与布局与其他层相同，但楼梯间的顶层布置与其他层有所差异，因此需要单独绘制，这也是识读顶层平面图需要注意的重要内容。

2. 墙体的厚度（柱的断面）

由于建筑材料强度或建筑物的使用功能不同，房屋墙体厚度有时会不一样。例如砖混结构的承重墙，一层、二层有时采用 370mm，但上部由于承受的荷载变小，可能用 240mm，识读这样的图应该注意。图 5 - 16 所示教学楼为钢筋混凝土框架结构建筑，柱的断面尺寸（400mm×400mm）及墙（只承受自重，属填充墙）的厚度（240mm）均未改变。

若墙厚或柱截面尺寸有变化，变化的高度位置一般在楼板的下侧。

3. 墙面及楼地面装饰材料

墙面及楼地面的装饰，在平面图中有所表示，但不能完全表达清楚，详情应在建筑设计总说明中提及。

4. 门与窗

除底层外的其他层的门与窗的设置与底层往往不完全一致，下层是大门，相同位置的上层可能就是一堵墙或窗。对比图 5 - 16 中各层平面门窗位置和型号的异同，就可发现这一特点。

（三）夹层与屋顶平面图

坡屋顶的房屋通常会出现夹层。夹层主要仍为平层，如图 5 - 21 所示。教学楼的夹层平面图主要表现夹层平面的尺寸，坡屋面立柱的位置及尺寸，檐沟的位置、尺寸、坡度，雨水口的位置、规格及做法，以及检修口的位置和尺寸。

屋顶平面图则主要表示三个方面的内容，如图 5 - 22 所示。

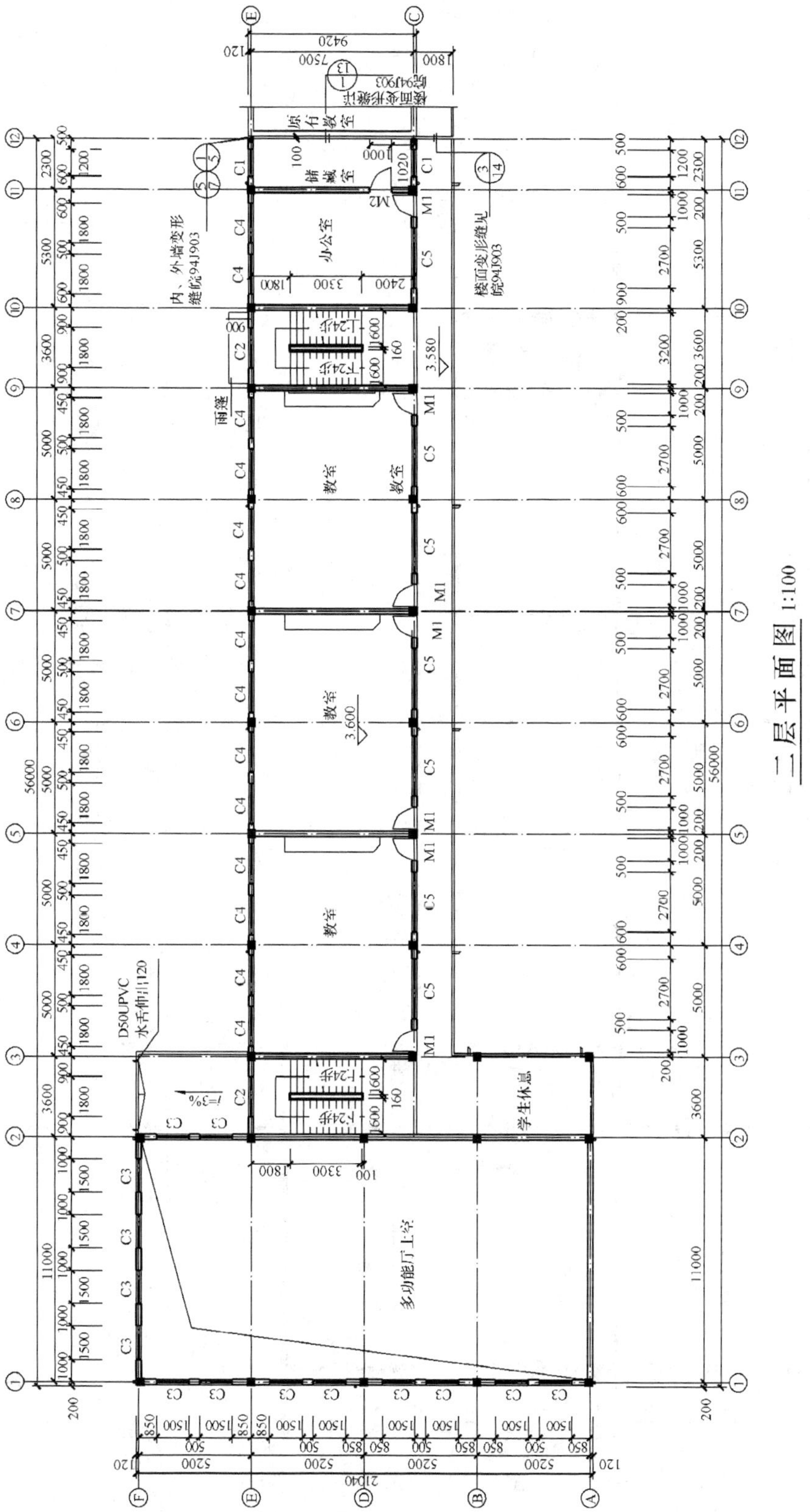

二层平面图 1:100

图 5-18 二层平面图

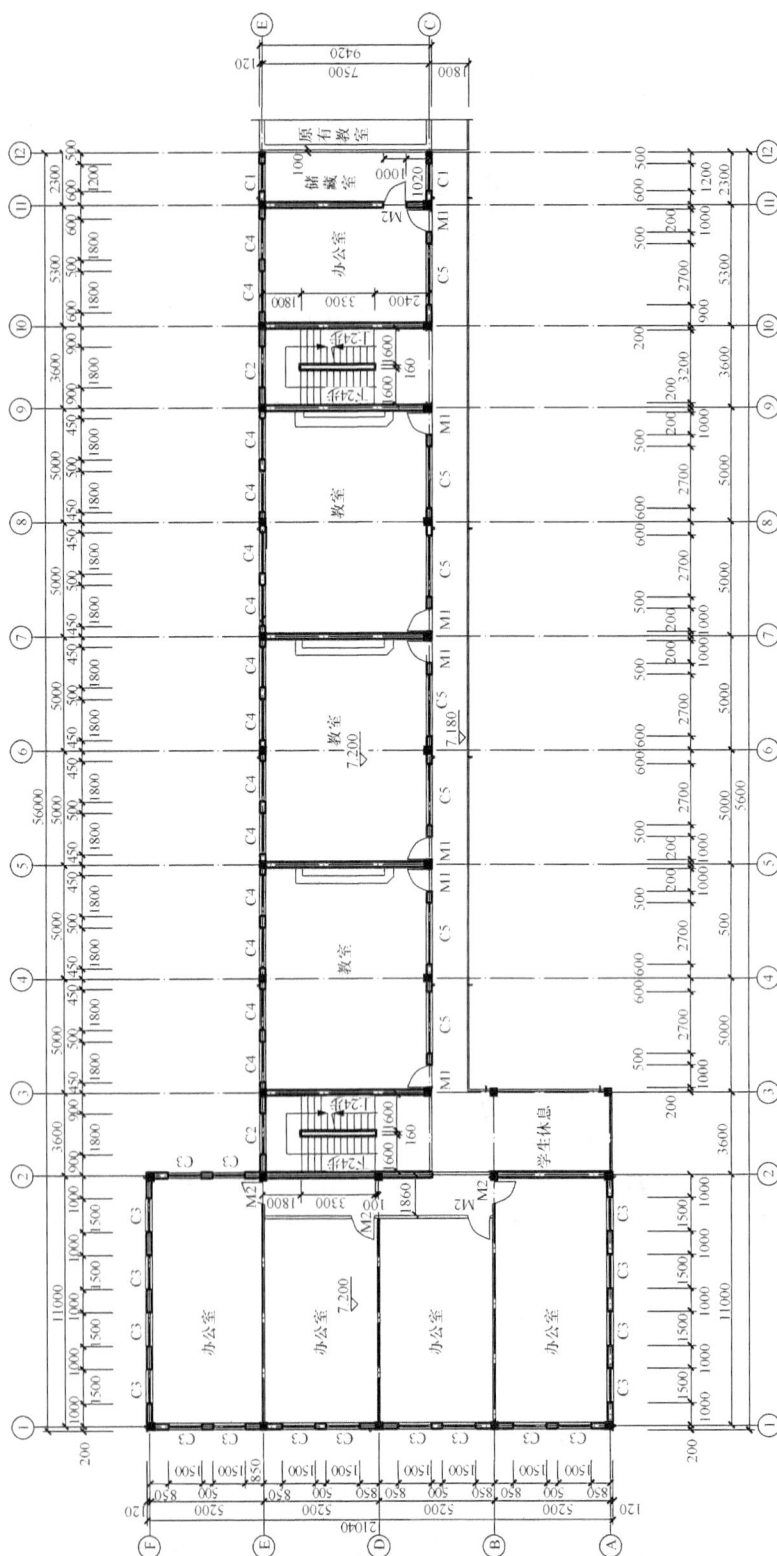

三层平面图 1:100

图 5-19 三层平面图

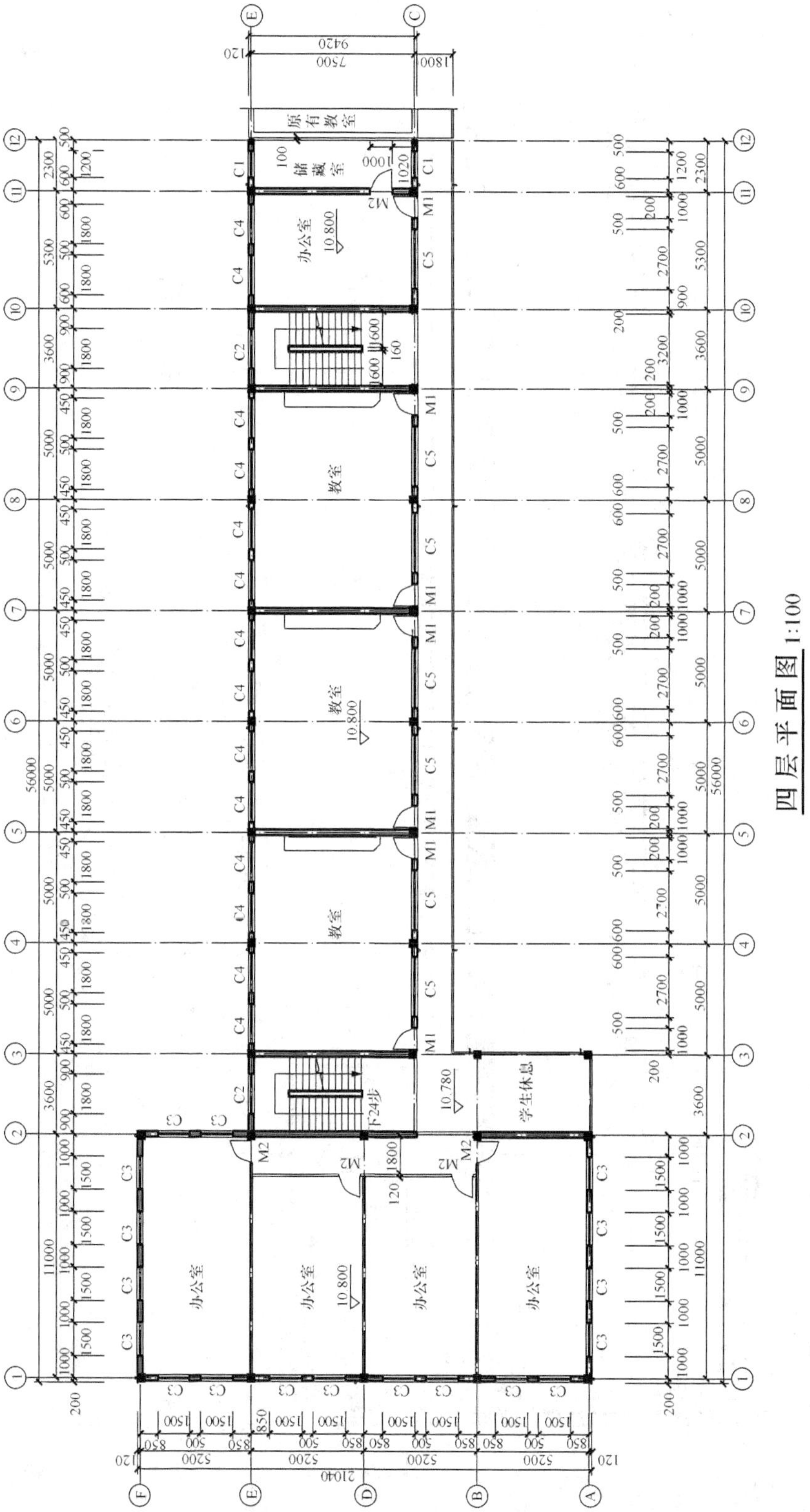

四层平面图 1:100

图 5 - 20　四层平面图

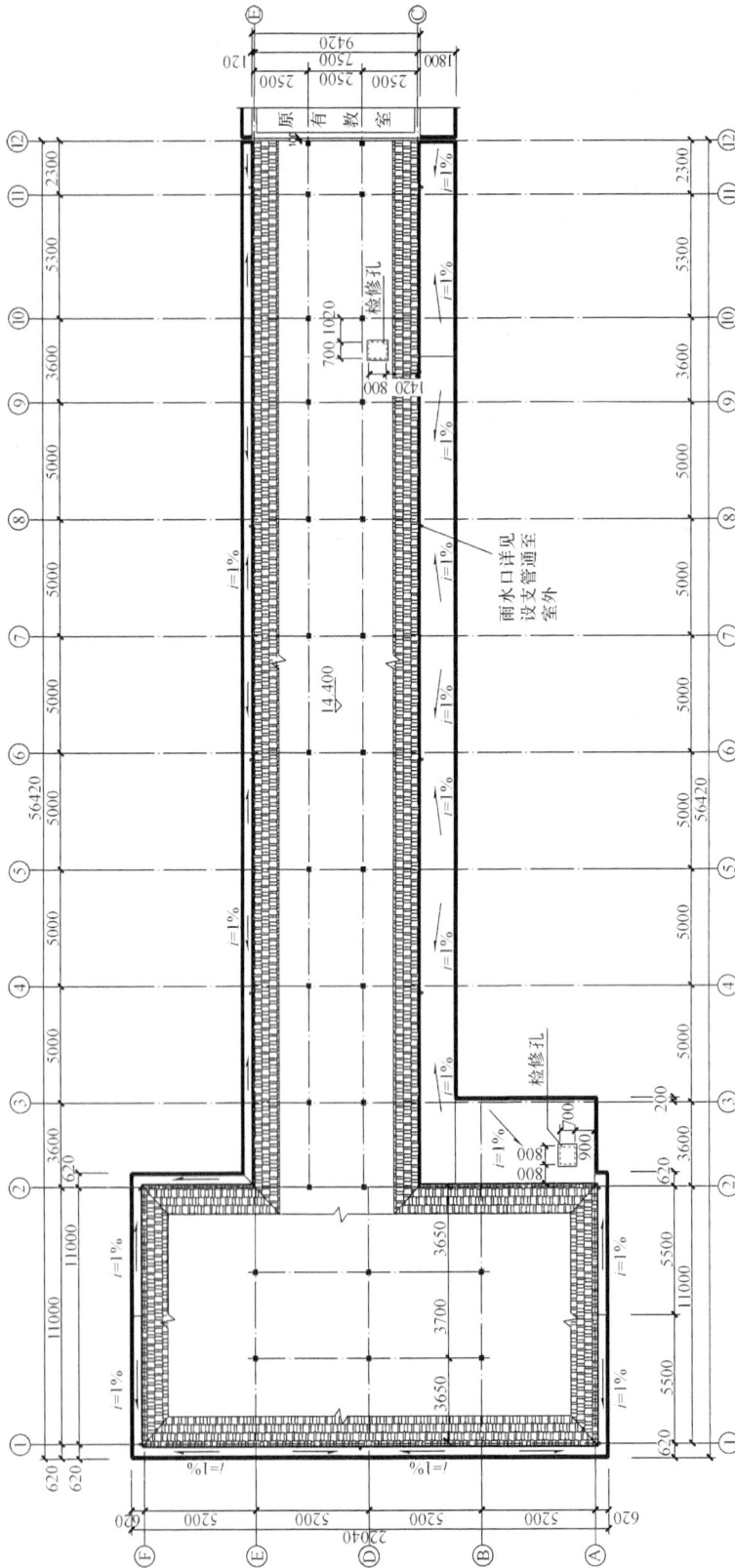

夹层平面图 1:100

图 5 - 21 夹层平面图

检修孔

雨水口详见
设支管通至
室外

原有教室

检修孔

14.400

$i=1\%$

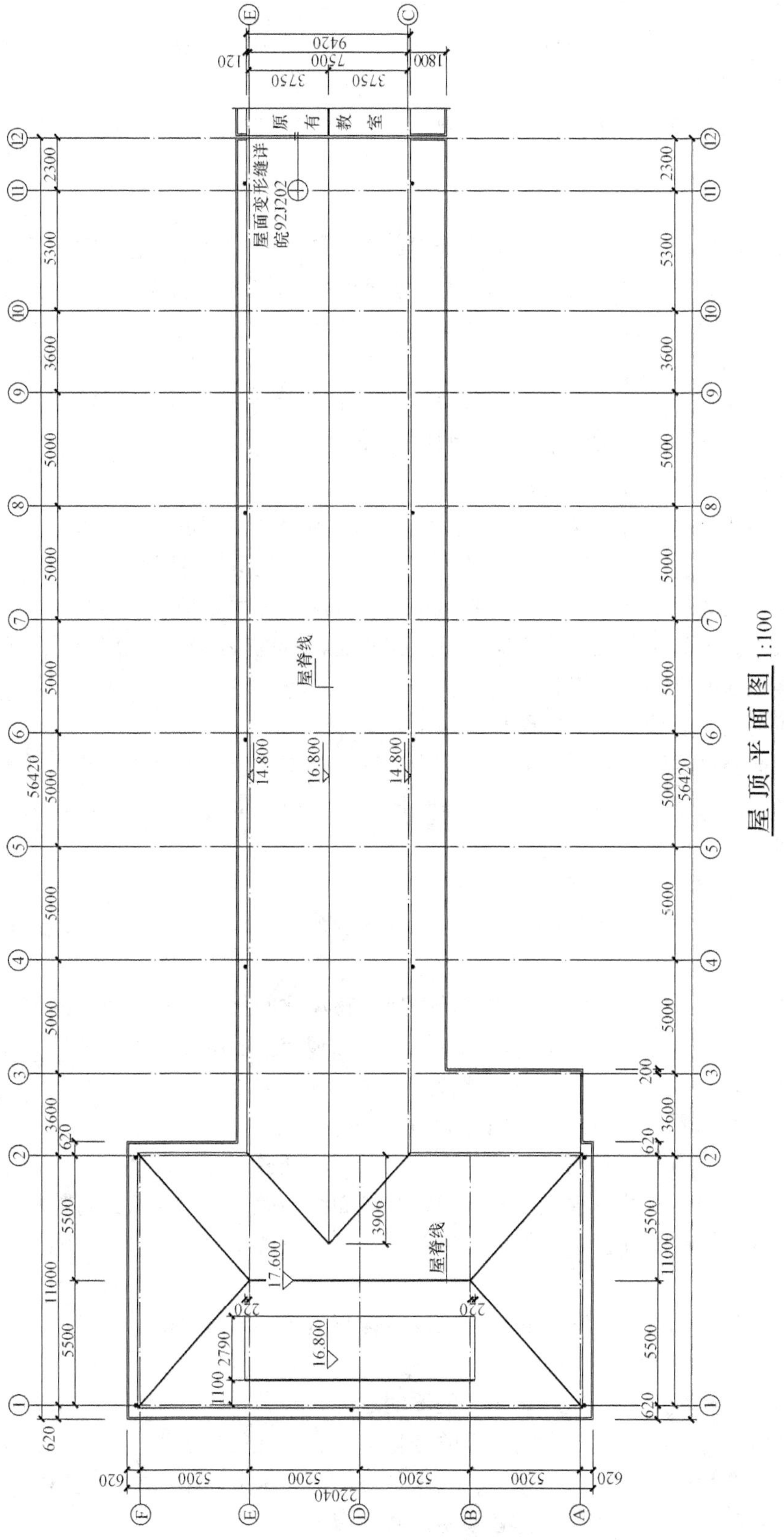

屋顶平面图 1:100

图 5 - 22 屋顶平面图

1. 屋面的排水情况

如屋脊线、排水分区、天（檐）沟、屋面坡度、雨水口的布置情况。

2. 突出层面的物体

如电梯机房、楼梯间、水箱、天窗、烟囱、检查孔、屋面变形缝等。这些构造在平屋顶（坡屋顶也可）上设置。

3. 细部做法

屋面的细部做法包括屋面防水、天沟、檐沟、变形缝、雨水口等。它们在平面图中多只表示一个位置，需要另加说明，使用索引符号，查阅相关详图。如图 5-22 的屋顶平面图，就对新旧教学楼结合处的屋面变形缝详图位置进行了说明，根据说明，查找皖 92J202 变形缝的通用详图施工即可。

从图 5-22 可以看出，坡屋顶的夹层平面图与屋顶平面图相互配合说明了屋顶的构造，其表达的内容要求基本一致。有两个图样说明屋顶的情况，在夹层中已经表明的内容，在屋顶平面图中就可以省略，可以简化表达。

在高层建筑中还有另一种特殊的夹层，即设备层。因为高层建筑较高，水、暖、电的供给需要分区供应，设备层主要用于布置电机、水泵、风机、配电屏等设备。设备层的平面图识读与普通层平面图的识读基本一致，主要是了解设备层的房间类型、平面布置尺寸及工作通道的布置与尺寸。因为设备层主要面向设备工作所需，所以层高与其他层通常不同，识读时需要注意其楼地面的标高及通道设计内容。

三、建筑平面图的识读要求与绘制步骤

各种建筑平面图样的识读内容如前所述，在此先总结识读建筑平面图的要求，再介绍其绘制步骤。从平面图表达的内容来看，底层平面图包含的信息最为全面，因此识读建筑平面图，必须先读懂底层平面图。

1. 识读底层平面图的要求

（1）根据底层平面图中的指北针，应能明确房屋的朝向、形状、主要房间的布置及相互关系。

（2）熟悉房屋的主要定位与定形尺寸，掌握建筑物尺寸的复核方法。复核的方法是将局部构造的尺寸相加，是否等于轴线尺寸；轴线尺寸的总和与房屋两端外墙厚的尺寸相加，是否等于总体尺寸。另外，在读图过程中，结合建筑相关内容的学习和积累，逐步培养出能够判断已标注尺寸是否错漏，甚至是否合理的能力。

（3）了解标高设计内容，掌握房间、卫生间、厨房、楼梯间和室外地面的标高。

（4）熟悉门窗种类、尺寸及樘数，并能够结合平面图的识读对门窗表进行校核。

（5）明确附属设施的平面位置。如雨水口、雨水管的位置，卫生间中的洗涤槽、厕所蹲位位置等。

（6）熟悉建筑设计总说明，掌握建筑施工及装修材料的要求和做法。

2. 识读房屋其他层平面图的要求

（1）掌握房间布置、尺寸、通道与底层的不同之处。

（2）掌握墙身尺寸及材料质量自底层起的变化情况。在现代建筑中，墙、柱的断面尺寸一般变化不大或不变化，但墙、柱的施工、技术与外部饰面构造要求通常有所不同，需结合结构施工图进一步明确，但尺寸的变化必须明确并掌握。

（3）掌握门窗、建筑施工及装修材料自底层起的变化情况。

（4）掌握顶层楼梯间的变化情况。

（5）掌握高层建筑设备层和地下层的房间类型、平面布置、标高及通道设计。

3. 识读屋顶平面层（包括层顶夹层）平面图要求

（1）掌握屋面的排水方向、坡度、排水分区（屋脊线位置）、雨水口及水落管位置。

（2）掌握屋面及各局部构造的类型、位置及做法（需结合详图）。

4. 建筑平面图的绘制

目前建筑施工图的绘制主要依靠各种 CAD 软件，有关计算机绘图方面的内容见本教材相关章节。此处介绍手工绘制建筑平面施工图，这也是进行计算机绘图的前提，这样的基础技能，应该自开始学习建筑制图课程时就培养起来。

（1）选定比例，确定图幅，进行图面布置。根据房屋的复杂程度及大小，选择适当的比例，确定图幅的大小，进行图面布置，保证图样、尺寸标注和文字说明位置恰当，使它们在图框内不过分拥挤，也不稀疏空白。无论是图样还是尺寸标注、文字说明，都不能紧挨图框线。良好的图面布置，应能使最外缘的尺寸标注或说明仍能与图框线保持 3～5cm 的距离。

绘制中等复杂程度的多层房屋平面图一般选择 2 号图纸，单体别墅类小型房屋的平面图则可使用 3 号图纸绘制。

（2）画铅笔线底图。用铅笔在绘图纸上画成的图为第一道底图，简称"一底"。一般步骤如下：

1）画图框和标题栏，确定平面图样绘制位置，画出纵横第一条定位轴线，观察是否合适。若不合适，则需要移动到适当位置后重画。

2）画出全部定位轴线后，再根据定位轴线和墙厚画出墙身轮廓线。

3）画出柱的断面和门窗位置。

4）初步校核，检查已画图形是否正确。

5）按线型要求加深图线。一般用 HB 的铅笔。

6）对主要轮廓线（墙身、柱）进行加深加粗处理。

（3）上墨（描图）。选定合适的线宽组（对 2 号图纸而言，多为 1～1.2mm，0.5～0.7mm，0.25～0.35mm），用透明胶将描图纸粘贴固定，覆盖在铅笔底图上，使用符合宽度的描图笔进行描图。

第四节　建　筑　立　面　图

一、概述

每栋建筑物都有前后左右四个面。表示各个外墙面特点的正投影图称为立面图。表示建筑物正立面特点的正投影图称为正立面图；表示建筑物侧立面特征的正投影图称为侧立面图。侧立面图又分左侧立面图和右侧立面图。

在建筑施工图中一般都设有定位轴线，建筑立面名称根据两端定位轴线编号来确定，如图 5-23 中的①～⑫立面图。一般情况下，①～⑫立面图为正立面图，也可以根据立面的朝向进行命名，如南立面图、北立面图等。

立面图是设计工程师表达立面设计效果的重要图纸。在施工中是外墙面造型、外墙面装修、工程预决算、备料等的依据。

下面以图 5-23 中①～⑫立面图为例，介绍立面图的主要内容及识读方法。

二、立面图的主要内容

立面图主要表示以下主要内容：

（1）表明建筑物外部形状，主要有门窗、台阶、雨罩、阳台、烟囱、雨水管等的位置。

（2）用标高表示出各主要部位的相对高度，如室内外地面标高、各层楼面标高及檐口的标高。

（3）立面图中的尺寸。立面图中的尺寸是表示建筑物高度方向的尺寸，有两种表达方式。若用尺寸线，一般用三道尺寸线表示。最外面一道为建筑物的总高。建筑物的总高是从室外地坪到檐口女儿墙的高度。中间一道尺寸线为层高，即下一层地面到上一层楼面的高度。最里面一道为门窗洞口的高度及与楼地面的相对位置。另一种表达方式就是直接采用标高符号表示各层及门窗标高，如图 5-23 所示。

（4）外墙面的分格。如图 5-23 所示，因为建筑体量不大，该建筑外墙面的分格线以横线条为主，以美化视觉。目前此类建筑通常利用窗台、窗檐进行横向分格，利用入口处两边的墙跺进行竖向分格。

（5）外墙面的装修。外墙面装修一般用索引号表示具体做法。具体做法需查找相应的标准图集或说明。如教学楼主墙装修有ⓐ和ⓑ两种做法，图样均标明了位置，并进行了说明。ⓐ表示白色乳胶漆饰面，ⓑ表示砖红色乳胶漆饰面。

三、立面图的识读与绘制

1. 立面图的识读

（1）对应平面图识读。查阅立面图与平面图的关系，这样才能有助于建立起立体感，加深对平面图、立面图的理解。

（2）了解建筑物的外部形状。

（3）查阅建筑物各部位的标高及相应的尺寸。

（4）查阅外墙面各细部的装修做法，如门廊、窗台、窗檐、勒脚等。

（5）其他。结合相关的图，查阅外墙面、门窗、玻璃等的施工要求。

读者可结合这些内容和建筑平面图，识读图 5-24 中的教学楼背面立面图和图 5-25 中的教学楼侧立面图。

2. 立面图的绘制

一般做法是在绘制好平面图的基础上，对应平面图来绘制立面图。绘制方法步骤如下：

（1）选比例，定图幅进行图面布置。比例、图幅一般与平面图一致。

（2）画铅笔线图。

1）画室外地坪线、外墙轮廓线、屋顶或檐口线，并画出起始、结束轴线。

2）确定细部位置。内容包括门窗洞口位置、窗台、窗檐、屋檐、雨罩、阳台、花池、雨水管等。

3）按要求加深图线。

4）标注标高、尺寸，注明各部位的装修做法。

5）校核。

绘制过程可参见图 5-25。

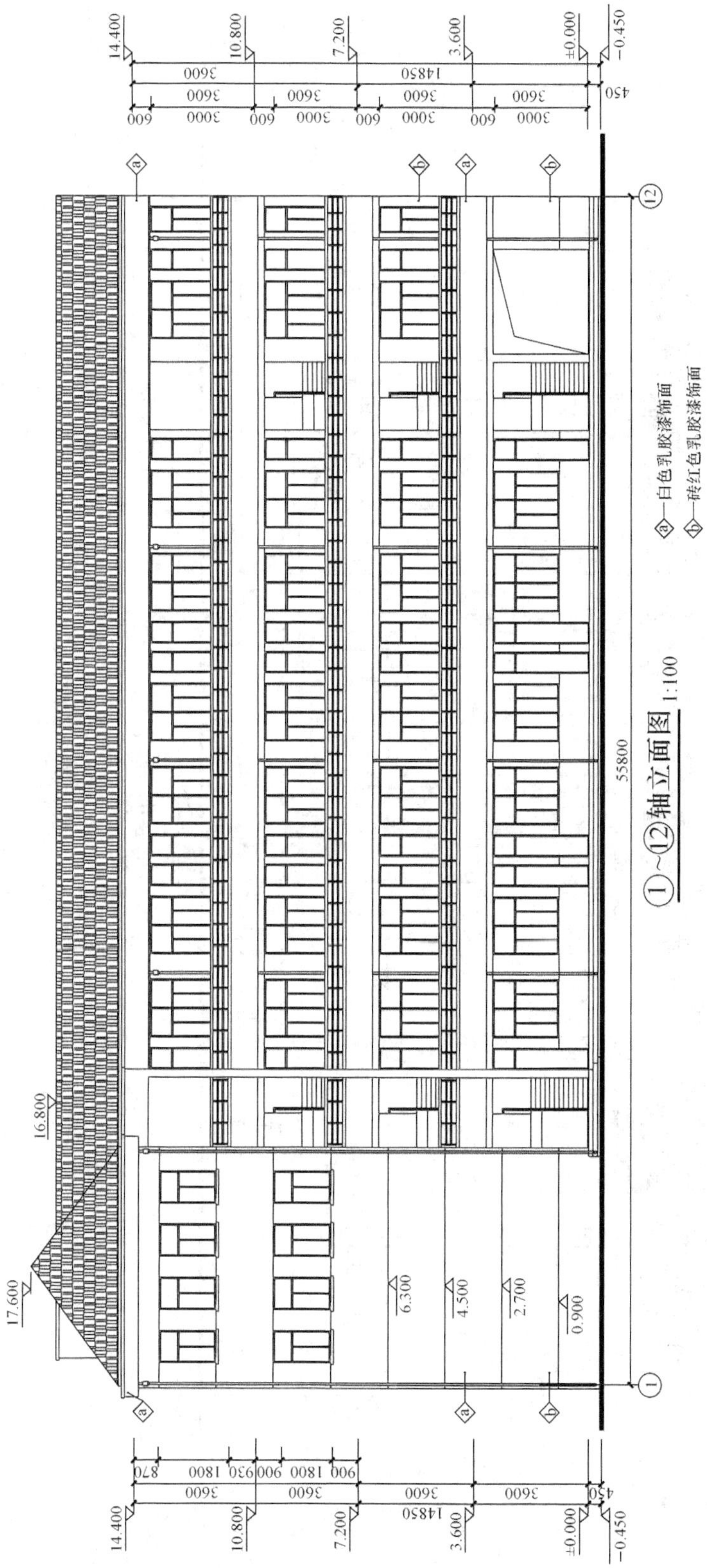

①~⑫轴立面图 1:100

图 5 - 23 教学楼①~⑫立面图

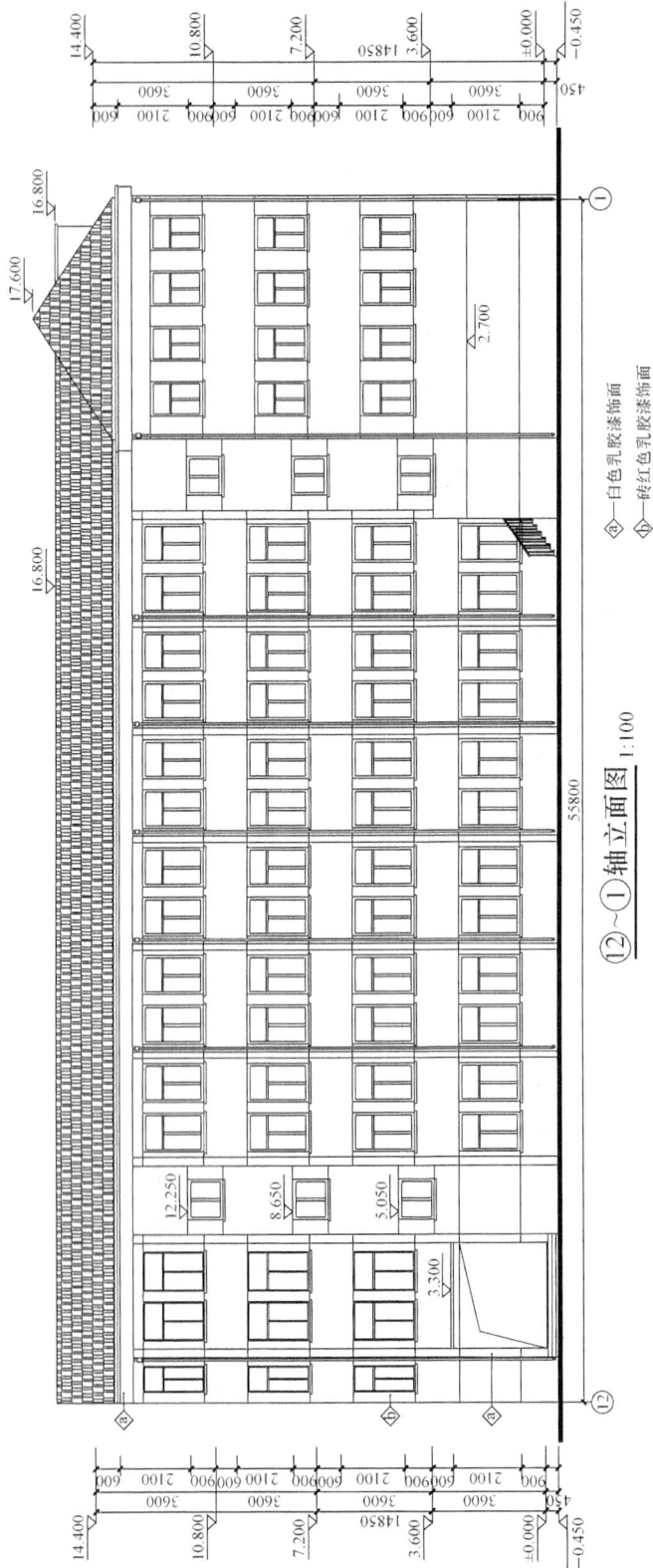

⑫～① 轴立面图 1:100

图 5-24　教学楼的背面立面图

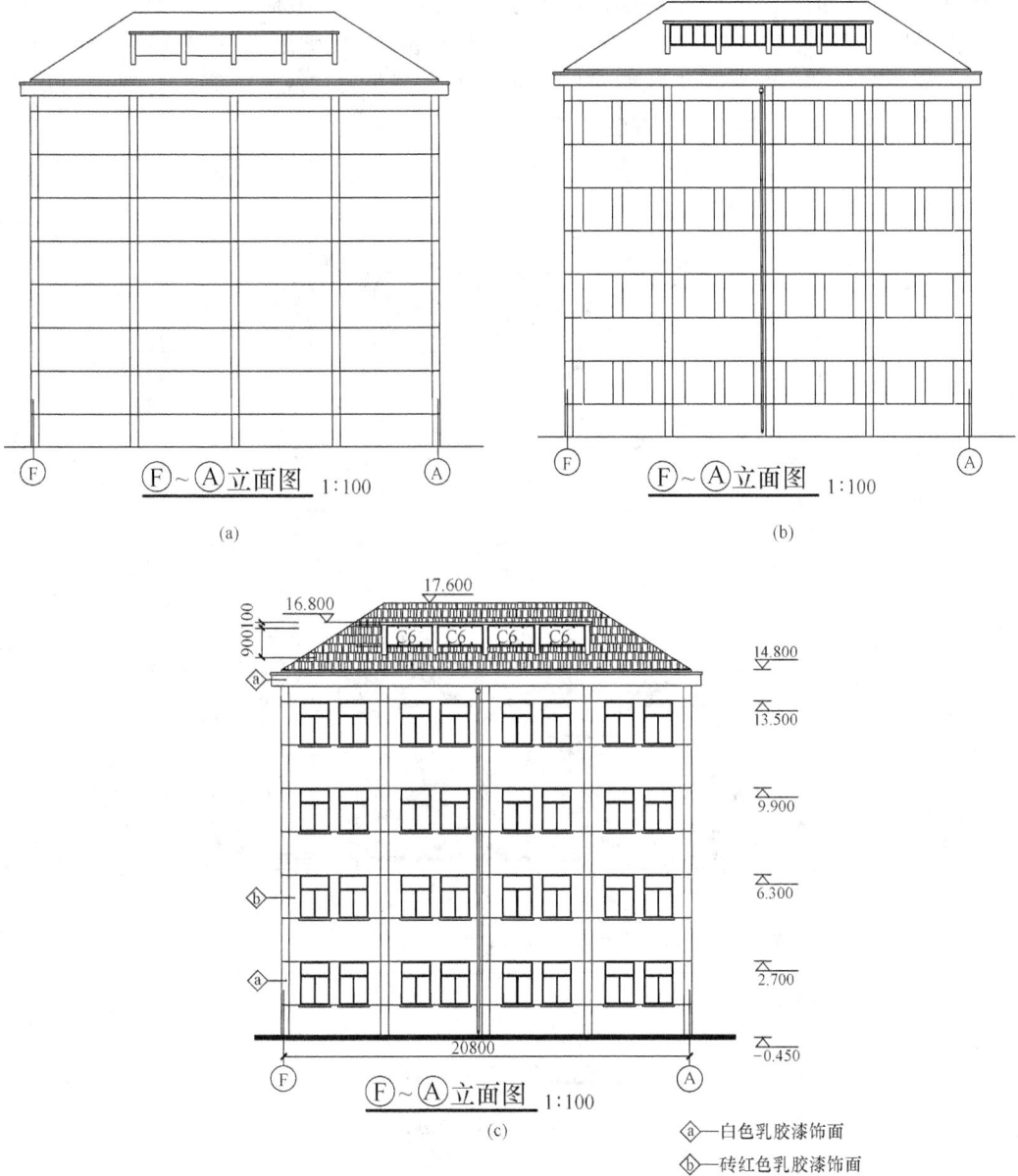

图 5-25 教学楼侧立面图及其绘制过程
(a) 画室外地坪线、楼面线、定位轴线及楼面轮廓线；(b) 画墙面、门窗洞口
及建筑构配件轮廓；(c) 画细部、标注标高、符号及编号

第五节 建 筑 剖 面 图

一、概述

剖面图是指房屋的垂直剖面图。假想用一个正立投影面或侧立投影面的平行面将房屋剖切开，移去剖切平面与观察者之间的部分，将剩下部分按正投影的原理投射到与剖切平面平行的投影面上，得到的投影图称为剖面图。用侧立投影面的平行面进行剖切，得到的剖面图

称为横剖面图；用正立投影面的平行面进行剖切，得到的剖面图称为纵剖面图。

剖面图同平面图、立面图一样，是建筑施工图中最重要的图纸之一，表示建筑物的整体情况及内部构造。剖面图用来表达建筑物的结构形式，分层情况、层高及各部位的相互关系，是施工、概预算工作及备料的重要依据。

下面以图 5‐26 中 1—1 剖面图为例，介绍剖面图的主要内容和识读方法。

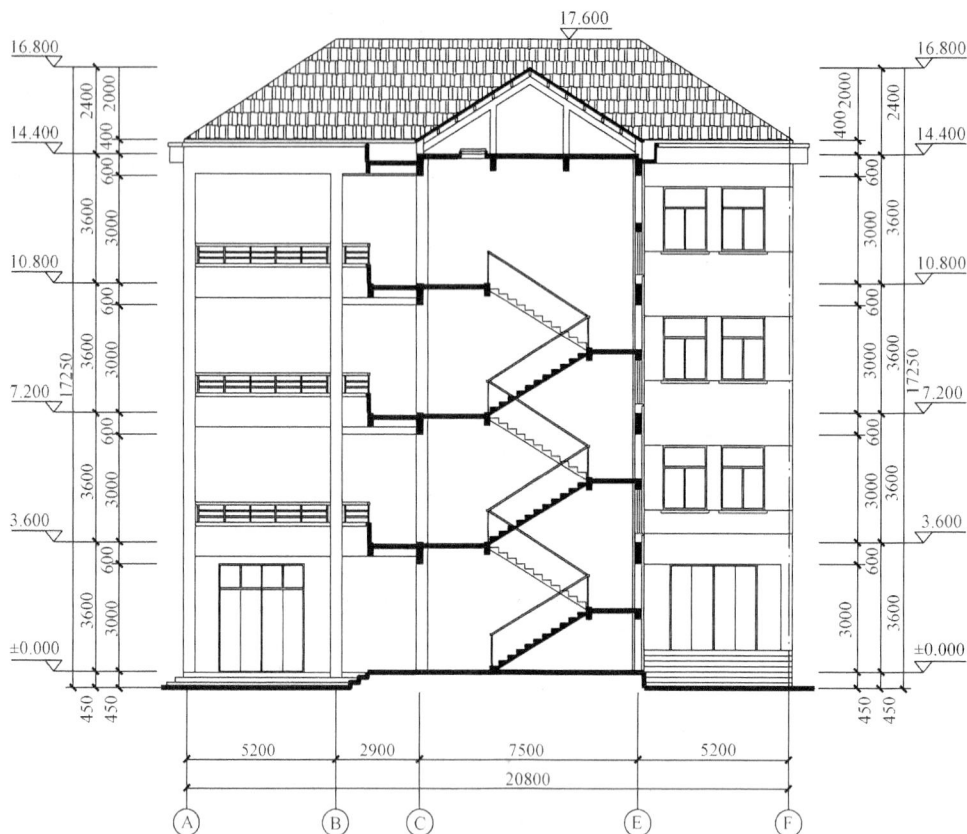

1—1剖面图 1:100

图 5‐26 1—1 剖面图

二、剖面图的主要内容

（1）表示房屋内部的分层、分隔情况。该建筑沿高度方向共分四层，其中Ⓐ—Ⓑ轴为办公室，Ⓑ—Ⓒ轴为走廊，Ⓒ—Ⓔ轴为楼梯间，Ⓔ—Ⓕ轴为办公室。

（2）反映屋顶及屋面保温隔热情况。在建筑中屋顶有平屋顶、坡屋顶之分。屋面坡度在10％以内的屋顶称为平屋顶；屋面坡度大于10％的屋顶称为坡屋顶。从图中可以看出该建筑物为坡屋顶，坡顶由柱支撑形成，屋面下有夹层，屋面为瓦屋面。

（3）表示房屋高度方向的尺寸及标高。标高在剖面图中有详细的表示，如图 5‐26 中 1—1 剖面图，每层楼地面的标高及外墙门窗洞口的标高等。剖面图中高度方向的尺寸和标注方法同立面图一样，采用尺寸线表达时，有三道尺寸线。必要时还应标注出内部门窗洞的尺寸。

（4）其他。在剖面图中还有台阶、排水沟、散水、雨罩等。凡是剖切到的或用直接正投影法能看到的都应表示清楚。

（5）索引符号。剖面图中不能详细表示清楚的部位，用索引符号，另用详图表示。

三、剖面图的识读与绘制

1. 剖面图的识读

（1）结合底层平面图识读，对应剖面图与平面图的相互关系，建立起建筑物内部的空间概念。

（2）结合建筑设计说明或材料做法表识读，查阅地面、楼面、墙面、顶棚的装修做法。

（3）查阅各部位的高度。

（4）结合屋顶平面图识读，了解屋面坡度、屋面防水、女儿墙泛水、屋面保温、隔热等做法。

2. 剖面图的绘制

一般做法是在绘制好平面图、立面图的基础上绘制剖面图，并采用相同的图幅和比例。其步骤如下：

（1）按比例画出定位线。内容包括室内外地坪线、楼层分格线、墙体轴线。

（2）确定墙厚、楼层、地面厚度及门窗的位置。

（3）画出可见的构配件的轮廓线及相应的图例。

（4）按要求加深图线。

（5）按规定标注尺寸、标高、屋面坡度、散水坡度、定位轴线编号、索引符号及必要的文字说明。

剖面图的绘制过程参见图5-27。图（a）、（b）分别对应上述绘制步骤的（1）和（2）、（3），在图（b）的基础上，完成图线处理和标注、说明等工作后即为图5-26。

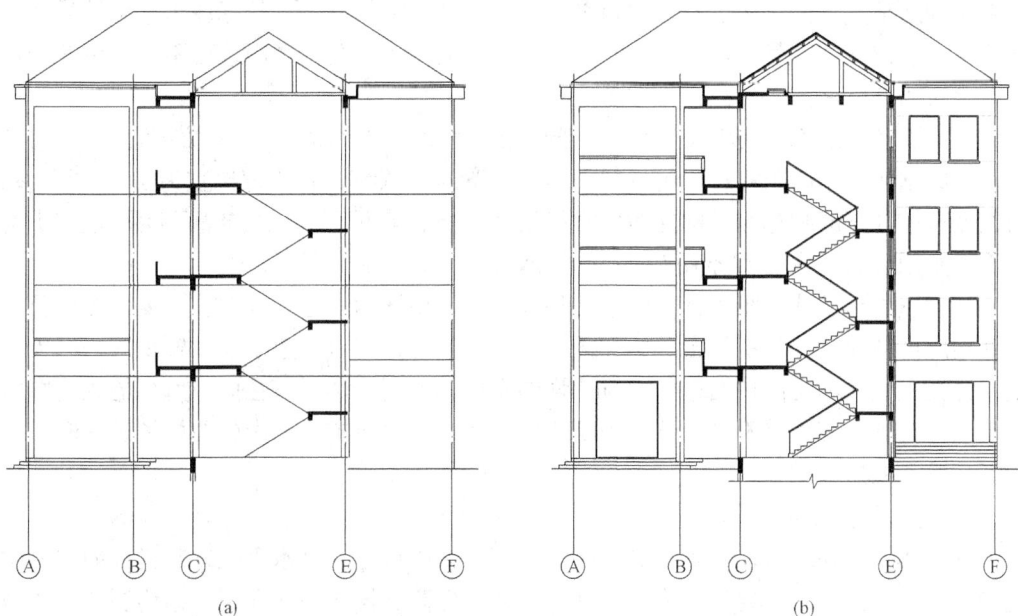

（a）

（b）

图5-27　剖面图的画法及步骤

（a）画定位轴线、室外地坪线、楼面线和楼梯平台、屋面以及屋顶轮廓线；

（b）画剖切到的墙体、楼地面基层、结构层、门窗洞及楼梯等

（6）复核。对所绘制的剖面图与平面图、立面图进行对照，并进行尺寸复核。

以上各节介绍的图纸内容都是建筑施工图中的基本图纸，表示全局性的内容，比例较小。为了将某些局部的构造做法、施工要求表示清楚，需要采用较大的比例绘制成详图。

详图的内容很多，表示方法各异。各地方都将一些常用的大量性的内容和常规作法编制成标准图集，供各工程选用。在不能选用到合适的标准图进行施工时，需要重新画出详图，把具体的做法表达清楚，以便施工。

第六节 建 筑 详 图

一、概述

建筑平面图、立面图和剖面图虽然能表达建筑物的外部形状、平面布置、内部构造和主要尺寸，但由于按比例缩小后，许多细部构造、尺寸、材料和做法等内容无法表达清楚。为了满足施工要求，通常采用较大的比例，如 1：50，1：20，1：10 甚至 1：5 来绘制建筑物细部构造的详细图样。这种另外放大绘制的图样称为建筑详图，也称为大样图。建筑详图是建筑平面图、立面图和剖面图的补充，也是建筑施工图的重要组成部分。

建筑详图一般分为构造节点详图和构配件详图两类。凡表达建筑物某一局部构造、尺寸和材料的详图称为构造节点详图，如檐口、窗台、勒脚、明沟等；凡表明构配件本身构造的详图称为构件详图或配件详图，如门、窗、楼梯、墙裙、雨水管等。

对于套用标准图或通用图的构造节点和建筑构配件，只需注明所套用图集的名称、型号或页次，可不必另画详图。

对于构造节点详图，除了要在建筑平、立、剖面图上的有关部位标注出索引符号外，还应在详图上注出详图符号或名称，以便对照查阅。而对于构配件详图，可不注索引符号，只在详图上写明此配件的名称或型号即可。

建筑详图的图线选用见表 5-1。一般采用三种线宽的线宽组，其线宽宜为 1：0.5：0.25，如绘制较简单的图样时，也可采用两种线宽的线宽组，其线宽比宜为 1：0.25。初学者对线宽可按如下原则把握：构件的轮廓线用 0.5b 或 b，重要构件的轮廓线用 b，较小构件的轮廓线则用 0.5b。其他线条用 0.25b。具体用法可参见本节图例。

一幢房屋的建筑施工图通常有以下几种详图：外墙详图、楼梯详图、门窗详图以及室内外一些构配件的详图，如室外台阶、花池、散水、明沟、阳台、卫生间、壁柜等。因为一个建筑设计施工图样不可能包括这些所有的详图图样，为便于学习，在此节所列的说明图样除部分节点详图外，其他就不是前几节中所用中学教学楼建筑施工图中的图样了。

二、节点构造详图

1. 外走廊及檐沟详图

外走廊详图主要表达外走廊各层的建筑标高、平面尺寸、排水管位置及栏杆的主要构造形式和尺寸。檐沟详图主要表达檐沟的外形尺寸、标高、檐沟沟底面层及结构层的构造做法等，如图 5-28、图 5-29 所示。

2. 老虎窗详图

在坡屋顶建筑中，为了便于通风与采光，通常在屋顶上设置老虎窗。老虎窗详图主要表达了坡屋面老虎窗的组成、尺寸、标高、位置及细部要求等，如图 5-30 所示。

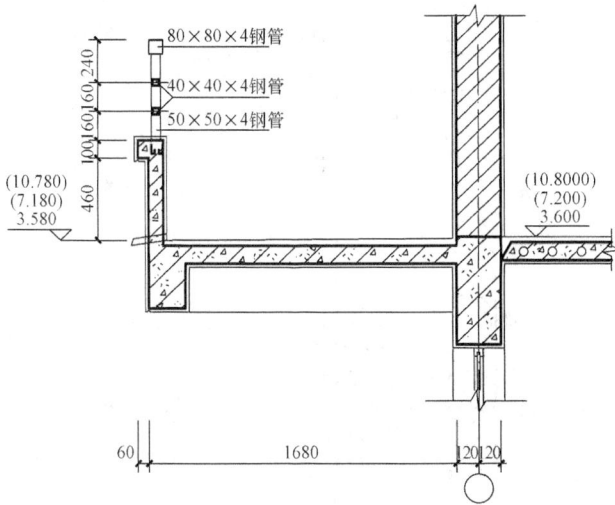

图 5-28　某中学教学楼外走廊详图

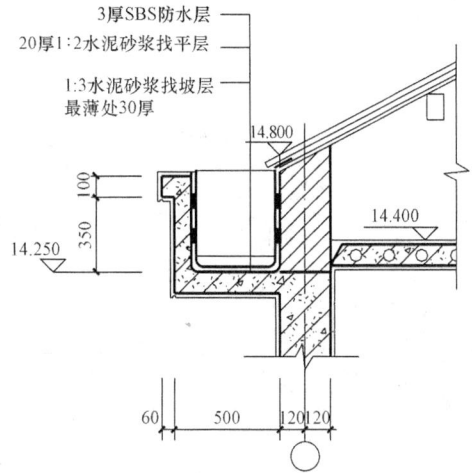

图 5-29　某中学教学楼檐沟详图

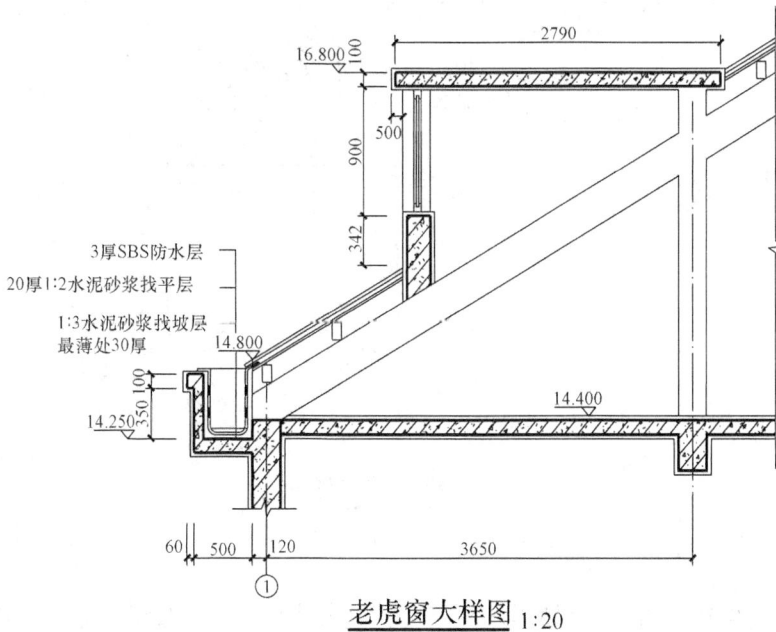

老虎窗大样图 1:20

图 5-30　某中学教学楼老虎窗详图

以上三个详图均属于典型的构造节点详图。它们本身还包括一些小的构造配件，其具体做法需绘制更详细的详图；也有的节点详图表达更为细致，如图 5-31 所示，完全表现了细部的做法，则不需要再绘制更详细的细部详图。

三、外墙详图

外墙详图实际上是建筑剖面图中外墙墙身的局部放大图。它主要表达了建筑物的屋面、檐口、楼面、地面的构造，楼板与墙身的关系，以及窗台、勒脚、散水、明沟等节点的尺

10厚1:2水泥砂浆粉压顶

二毡三油上洒绿豆砂
20厚1:3水泥砂浆找平
上刷冷底子油
60厚1:6水泥炉渣隔热层
40厚200号细石混泥土
Φ4双向钢筋@200
100厚钢筋混凝土屋面板
10厚板底纸筋石灰找平，刷白二度

20厚防水
砂浆抹面

防腐木砖

PVC落水弯头

10厚1:2.5石灰砂浆打底，纸浆
石灰粉面，加奶黄涂料刷白二度

13.145

13.200

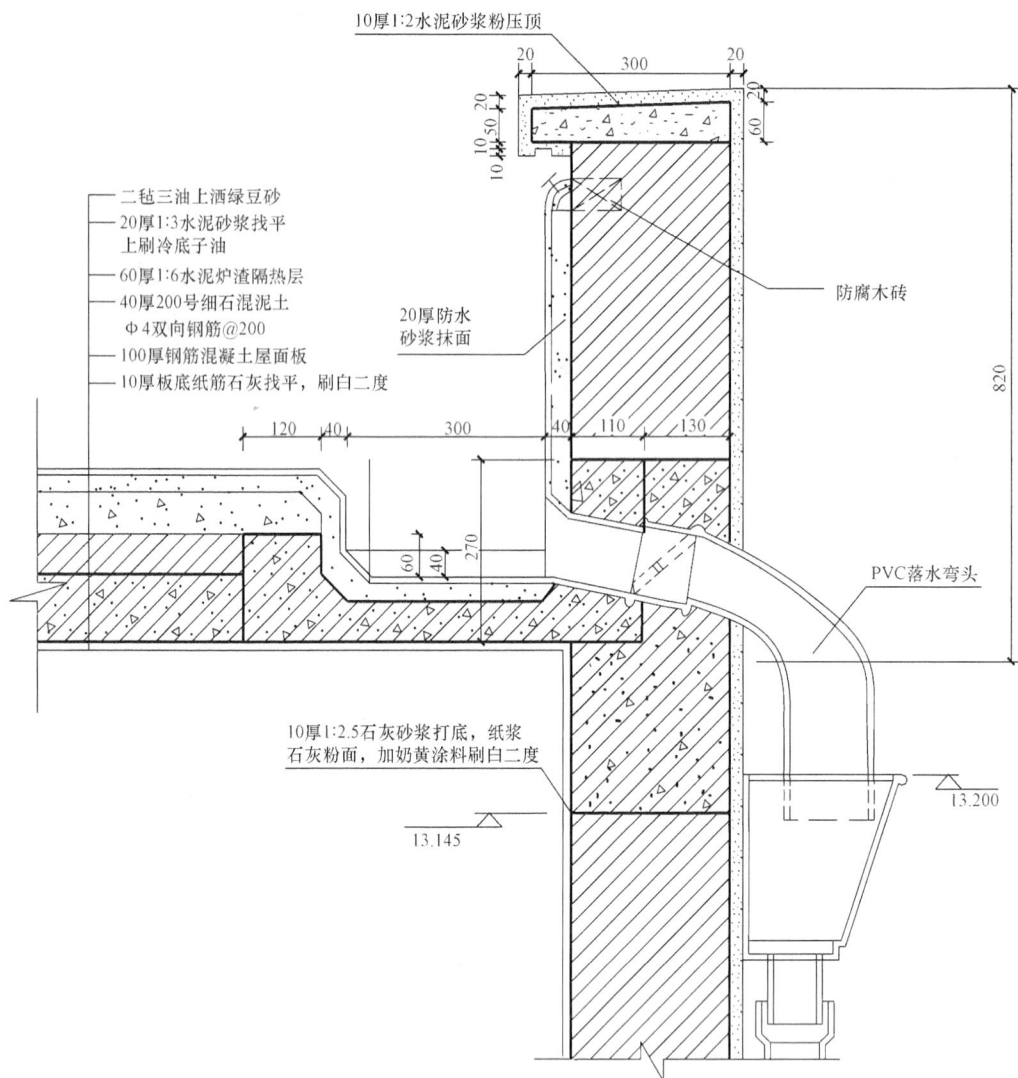

檐口节点详图 1:10

图 5-31　典型的檐口节点详图

寸、材料、做法等构造情况。外墙详图是砌墙、室内外装修、门窗洞口等施工和编制预算的重要依据。

外墙详图一般用较大的比例绘制，常采用折断画法，往往在窗洞中间处断开，成为几个节点的组合。如果多层房屋中各层的构造一样时，可只画底层、顶层和一个中间层的节点。

外墙详图的线型和建筑剖面图一样，剖到的墙身轮廓线用粗实线画出，因为采用了较大的比例，墙身还应用细实线画出粉刷层，并在断面轮廓线内画上规定的材料图例，如图 5-32 所示。

1. 外墙详图的图示内容

（1）图名、比例、详图表示外墙在建筑物中的具体位置；例如图 5-32 墙身详图为Ⓒ轴

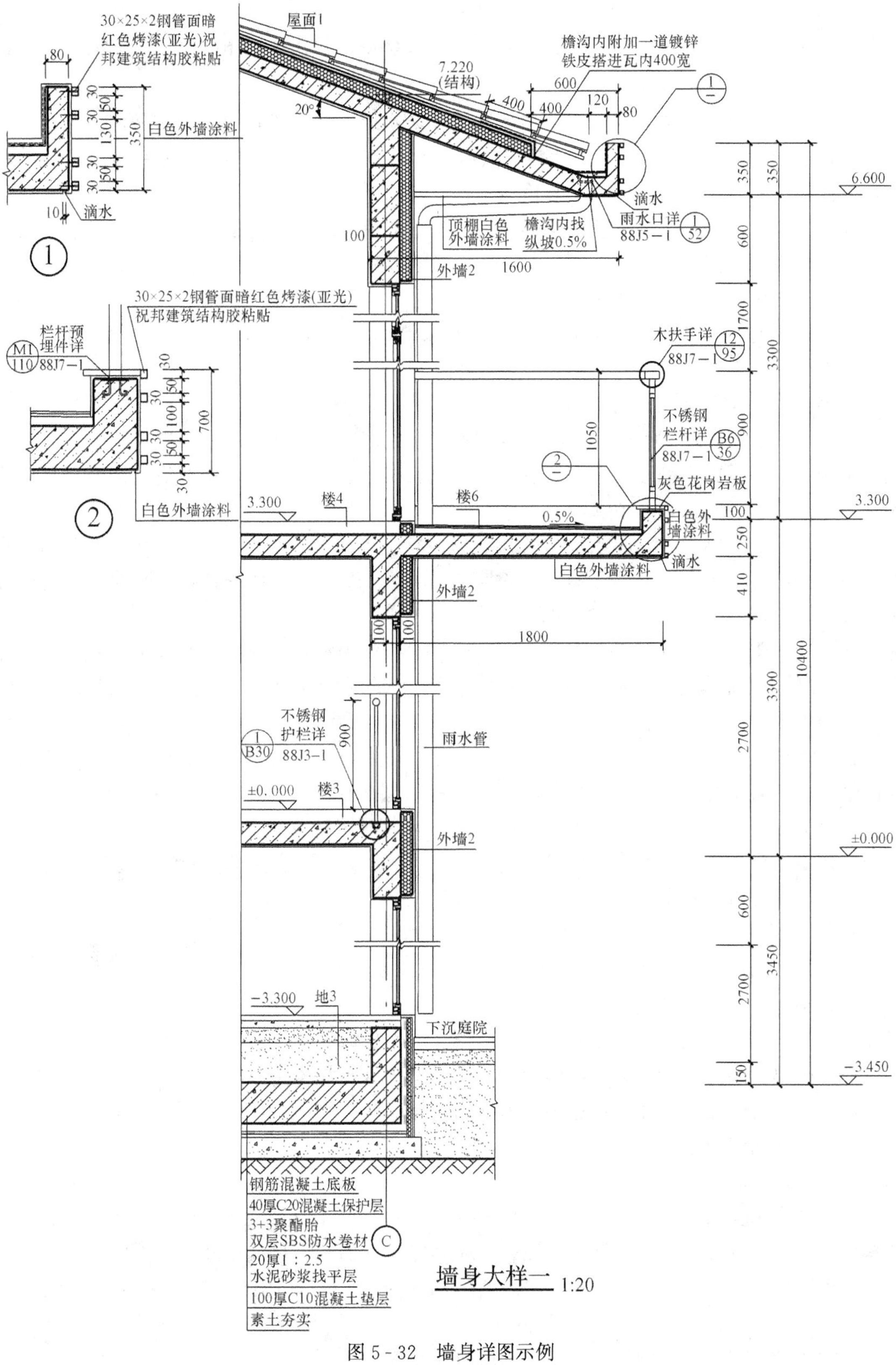

30×25×2钢管面暗
红色烤漆(亚光)祝
邦建筑结构胶粘贴

白色外墙涂料

滴水

①

30×25×2钢管面暗红色烤漆(亚光)
祝邦建筑结构胶粘贴

栏杆预
埋件详
M1
110
88J7-1

白色外墙涂料

②

屋面1

7.220
(结构)

20°

檐沟内附加一道镀锌
铁皮搭进瓦内400宽

600
400
400
120
80

100

顶棚白色
外墙涂料

檐沟内找
纵坡0.5%

外墙2

1600

滴水

雨水口详
88J5-1

1
52

木扶手详
88J7-1

12
95

不锈钢
栏杆详
88J7-1

B6
36

灰色花岗岩板

1050

②

白色外
墙涂料

滴水

0.5%

白色外墙涂料

楼4

3.300

楼6

外墙2

100
100

1800

不锈钢
护栏详
88J3-1

1
B30

雨水管

900

±0.000

楼3

外墙2

-3.300

地3

下沉庭院

钢筋混凝土底板
40厚C20混凝土保护层
3+3聚酯胎
双层SBS防水卷材
20厚1:2.5
水泥砂浆找平层
100厚C10混凝土垫层
素土夯实

C

80
30 30
30 130 50
30 50
350

10
滴水

30
30 50
100 30
50
700

3.300

6.600

350
350

600

1700
3300

900

100
250
410

3300

2700

10400

600

2700
3450

150

-3.450

±0.000

墙身大样一 1:20

图 5-32　墙身详图示例

线墙体。

（2）屋面、楼面和地面的构造层次和做法，一般用多层构造引出线及文字说明来表示各构造层次的厚度、材料和做法。

（3）檐口构造及排水方式，屋顶的承重层、防水层、保温隔热层的构造做法。

（4）楼板、圈梁、过梁、窗台等的位置，与墙身的关系等；还有外窗台挑出墙面的尺寸，外窗台的厚度，内窗台的材料装修做法等。

（5）勒脚、散水、明沟及防潮层的构造做法，如勒脚的高度，散水的宽度和坡度，防潮层的位置，以及它们的材料做法等。

（6）内、外墙面的装修做法。

（7）墙身的细部尺寸，各部位的标高和高度尺寸，如外墙的厚度，粉刷层的尺寸，外墙与定位轴线的关系等。

2. 外墙详图识读示例

图 5 - 32 是比例为 1∶20、处于ⓒ轴线的外墙墙身剖面图，即外墙墙身详图。因为此图仅为示例，省略了剖切符号的编号。从图中可以看出，被剖到的墙、楼板等轮廓线用粗实线表示，断面轮廓线内还画上了材料图例。

从檐口节点可以看出屋面承重结构为钢筋混凝土现浇板，形成 20°的坡度，板上搁置有泡沫材料保温层，屋面搁置的是挂瓦，檐高 350mm。檐沟内附加一道镀锌铁皮。檐沟外部装饰及滴水的详细做法见图 5 - 32 中的详图①。

从中间（阳台）节点可以看出，阳台为钢筋混凝土现浇板，挑出墙面 1800mm，阳台外端底部及滴水槽的详图做法见图 5 - 32 中的详图②。阳台坡向外部，坡度为 0.5%，楼面做法编号为楼 6。

在外墙详图中，室内外地面，各层楼面、屋面、檐口、窗台等处均标注标高，如标高注写两个以上的数字时，括号内的数字依次表示高一层的标高。同时，还应标注墙身、散水、勒脚、踢脚、窗台、檐口、雨篷等部位的高度尺寸和细部尺寸。

从图中还可以看到，室内外装修用楼 4、外墙 2 等文字注明，具体做法需参见施工总说明或各做法编号对应的详图。

3. 外墙详图的绘制

外墙详图的绘制步骤如下：

（1）画出外墙定位轴线。

（2）画出室内外地坪线、楼面线、屋面线及墙身轮廓线。

（3）画出门窗位置、楼板和屋面板的厚度、室内外地坪构造。

（4）画出门窗细部，如门窗过梁、内外窗台等。

（5）加深图线或上墨，注写尺寸、标高和文字说明等。

四、楼梯详图

楼梯详图主要表示楼梯的类型、结构形式、各部位尺寸以及踏步、栏杆的装修做法，是楼梯施工、放样的重要依据。楼梯详图一般包括楼梯平面图、剖面图及踏步、栏杆、扶手等节点详图。楼梯平面图和剖面图的比例一般为 1∶50，节点详图的常用比例有 1∶10、1∶20 等。

一般楼梯的建筑施工图和结构施工图应分别绘制。

1. 楼梯平面图的图示内容

楼梯平面图实际上是建筑平面图中楼梯间的局部放大图。通常用底层平面图、中间层（或标准层）平面图和顶层平面图来表示。底层平面图的剖切位置在第一楼梯段上，因此，在底层平面图中只有半个梯段，并注有"上"字的长箭头、梯段断开处画45°折断线。中间层平面图其剖切位置在某楼层向上的楼梯段上，所以在中间层平面图上既有向上的梯段，又有向下的梯段，在向上梯段断开处画45°折断线；顶层平面图其剖切位置在顶层楼面一定高度处，对于非上人屋面而言没有剖切到楼梯段，因而在顶层平面图中只标注下行路线，其平面图中没有折断线。某高层建筑楼梯平面图如图5-33所示。

楼梯平面图表达的主要内容有：

（1）楼梯在建筑平面图中的位置及有关轴线的布置。

（2）楼梯间、楼梯段、楼梯井和休息平台等的平面形式和尺寸，楼梯踏步的宽度和踏步数。

（3）楼梯上行或下行的方向，一般用箭头带尾线表示，箭头表示上下方向，箭尾标注上、下字样及踏步数。

（4）楼梯间各楼层平面、休息平台面的标高。

（5）底层楼梯休息平台下的空间处理，是过道还是小房间。

（6）楼梯间墙、柱、门窗的平面位置、编号和尺寸。

（7）栏杆（板）、扶手、楼梯间窗或花格等的位置。

（8）底层平面图上楼梯剖面图的剖切位置和投射方向。

2. 楼梯平面图的绘制

楼梯平面图的绘制步骤如下：

（1）将楼梯各层平面图对齐，根据楼梯间开间、进深尺寸画出楼梯间墙身轴线。

（2）画出墙身厚度、楼梯间进深及梯段宽度。

（3）根据楼梯平台宽度定出平台线，自平台线起量出楼梯段水平投影长度及定出踏步的起步线，楼梯段水平投影长度计算式为

$$楼梯段水平投影长度 = 踏步宽 \times （踏步数 - 1）$$

（4）根据"两平行线间任意等分"的方法作出平台线和起步线之间的踏步等分点，然后分别作出平行线画出踏步。

（5）画出门窗洞口、栏杆（板）、上下行方向箭头等。

（6）加深图线或上墨、注写尺寸、标高、剖切符号、画出材料图例等。

3. 楼梯剖面图的图示内容

楼梯剖面图是按楼梯底层平面图中的剖切位置及剖切方向画出的垂直剖面图。凡是被剖到的楼梯段、楼地面、休息平台用粗实线画出，并画出材料图例，没有被剖到的楼梯段用中实线或细实线画出轮廓线。在多层建筑中，楼梯剖面图可以只画出底层、中间层和顶层的剖面图，中间用折断线分开，将各中间层的楼面、休息平台的标高数字在所画的中间层相应标注，并加括号。

楼梯剖面图的图示内容有：

（1）楼梯间墙身的定位轴线及编号，轴线间的尺寸。

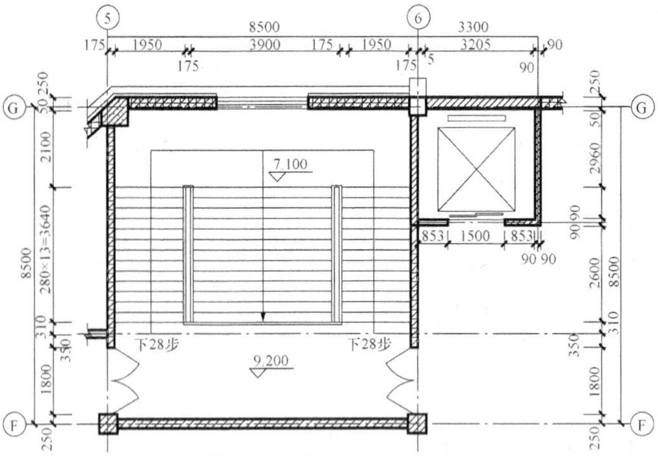

楼、电梯三层平面详图 1:50

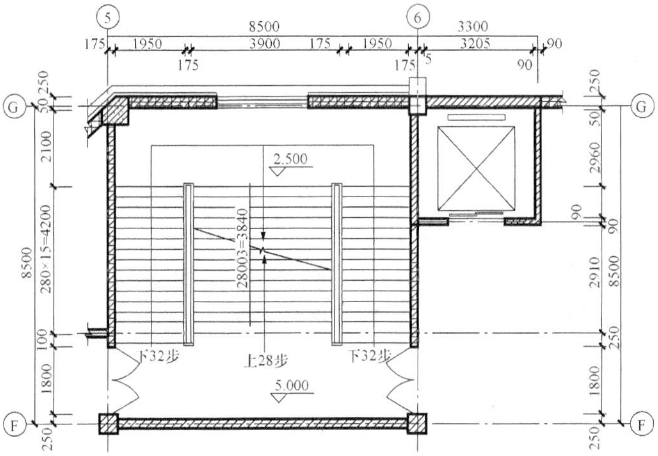

楼、电梯二层平面详图 1:50

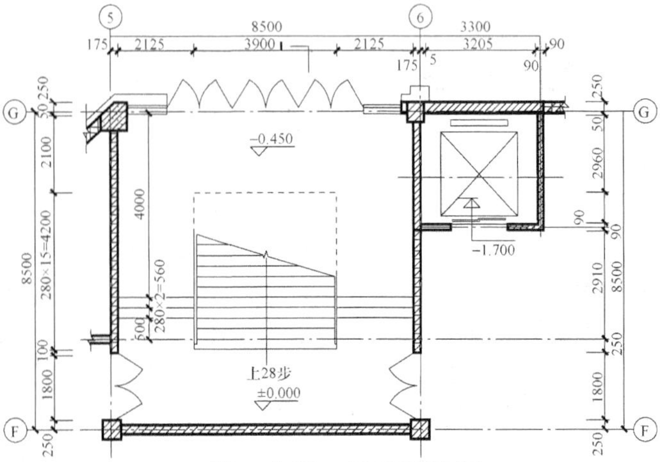

楼、电梯一层平面详图 1:50

图 5-33　楼梯平面图示例

（2）楼梯的类型及其结构形式，楼梯的梯段及踏步数。

（3）楼梯段、休息平台、栏杆（板）、扶手等的构造情况和用料情况。

（4）踏步的宽度和高度及栏杆（板）的高度。

（5）楼梯的竖向尺寸，进深方向的尺寸和有关标高。

（6）踏步、栏杆（板）、扶手等细部的详图索引符号。

与图5-33楼梯平面图对应的楼梯1—1剖面图如图5-34所示。

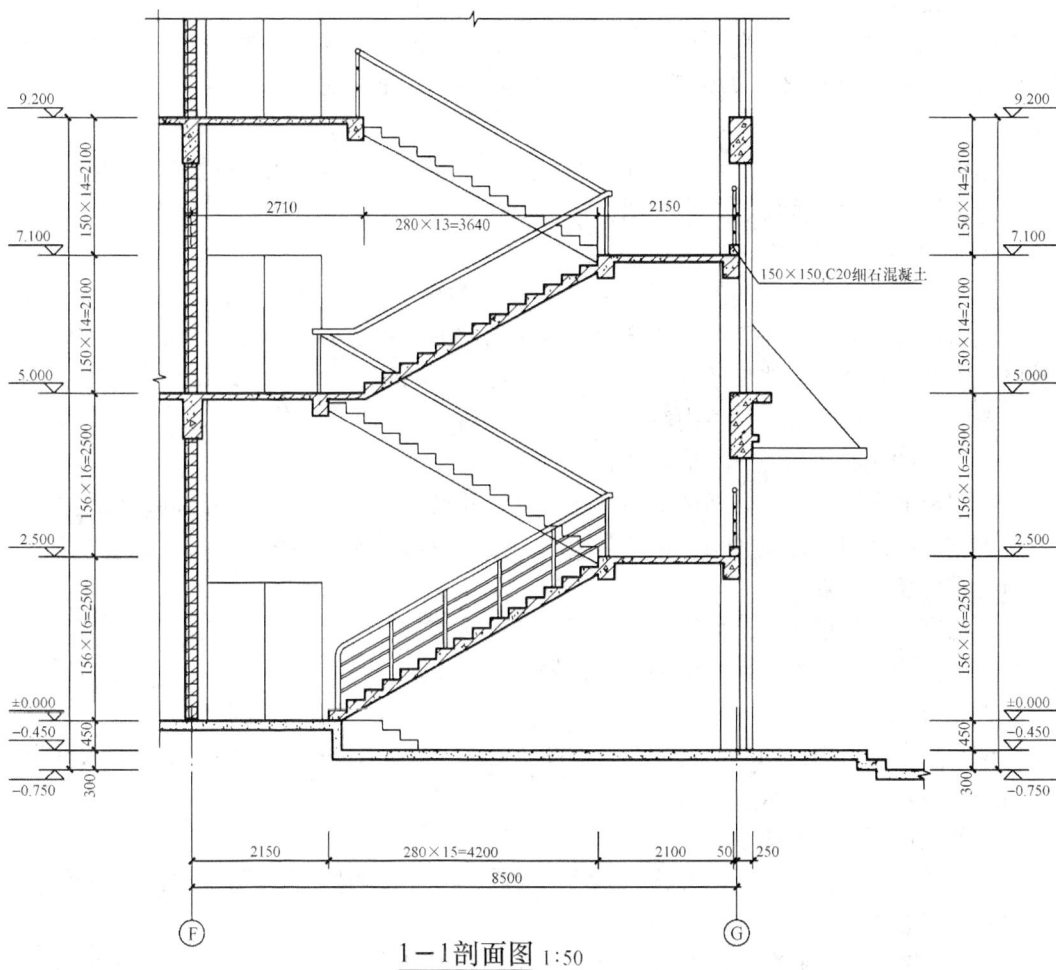

1—1剖面图 1:50

图5-34 楼梯剖面图示例

4. 楼梯剖面图的绘制

楼梯剖面图的绘制步骤为：

（1）画出墙身轴线，定出楼面、地面、休息平台与楼梯段的位置。

（2）根据平面尺寸画出起步线、平台线的位置。

（3）根据踏步的高和宽以及踏步的步数进行分格，竖向分格数等于踏步数，横向分格数为踏步数减1。

（4）画出墙身，定出踏步轮廓位置线。

（5）画出窗、梁、板、栏杆等细部。

（6）加深图线或上墨，注写尺寸、标高、文字说明、索引符号，画出材料图例等。

5. 楼梯节点详图

楼梯节点详图一般包括楼梯段的起步节点、转弯节点和止步节点的详图，楼梯踏步、栏杆或栏板、扶手等详图。楼梯节点详图一般均以较大的比例画出，以表明它们的断面形式、细部尺寸、材料、构件连接及面层装修做法等。

五、门窗详图

在建筑施工图中，如果采用标准图时，则只需在门窗统计表中注明该详图所在标准图集中的编号，不必另画详图。如果没有标准图时，或采用非标准门窗，则一定要画出门窗详图。

门窗详图是表示门窗的外形、尺寸、开启方式和方向、构造、用料等情况的图纸。

门窗详图一般由立面图、节点详图、五金配件、文字说明等组成。

1. 门窗立面图的图示内容

门窗立面图是其外立面的投影图，主要表明门窗的外形、尺寸、开启方式和方向、节点详图的索引标志等内容。立面图上的开启方向用相交细斜线表示，两斜线的交点即安装门窗扇铰链的一侧，斜线为实线表示外开，虚线表示内开，如图 5-35 所示。

门窗立面图一般应包含如下内容：

（1）门窗的立面形状、骨架形式和材料。

（2）门窗的主要尺寸。立面图上通常注有三道外尺寸，最外一道为门窗洞口尺寸，也是建筑平、立、剖面图上标注的洞口尺寸，中间一道为门窗框的尺寸和灰缝尺寸，最里面一道为门窗扇及门窗扇分隔尺寸。

（3）门窗的开启形式，是内开、外开还是其他形式。

（4）门窗节点详图的剖切位置和索引符号。

2. 门窗节点详图的图示内容

门窗节点详图为门窗的局部剖（断）面图，是表明门窗中各构件的断面形状、尺寸以及有关组合等节点的构造图纸。其内容有：

（1）节点详图在立面图中的位置。

（2）门窗框和门窗扇的断面形状、尺寸、材料以及互相的构造关系，门窗框与墙体的相对位置和连接方式，有关的五金零件等。

图 5-36 表示了一个推拉门的安装详图，但由于建筑门窗一般由专业施工单位承包施工，根据门窗平面图就可与业主协调后确定具体施工，目前建筑门窗多绘制门窗立面图，只明确门窗洞口尺寸及门窗材质即可。

六、建筑构配件标准图的使用

在建筑施工图中，有许多构配件和构造做法常采用标准图。识读或绘制图样时需要查阅相关标准图集。

查阅标准图应根据施工图中的设计说明或索引标志所注明的标准图集的名称、编号及编制单位查找所选用的标准图集，阅读标准图集的总说明，了解其编制的设计依据、适用范围、施工要求及注意事项，最后根据标准图集内的构配件代号找到所需的详图。

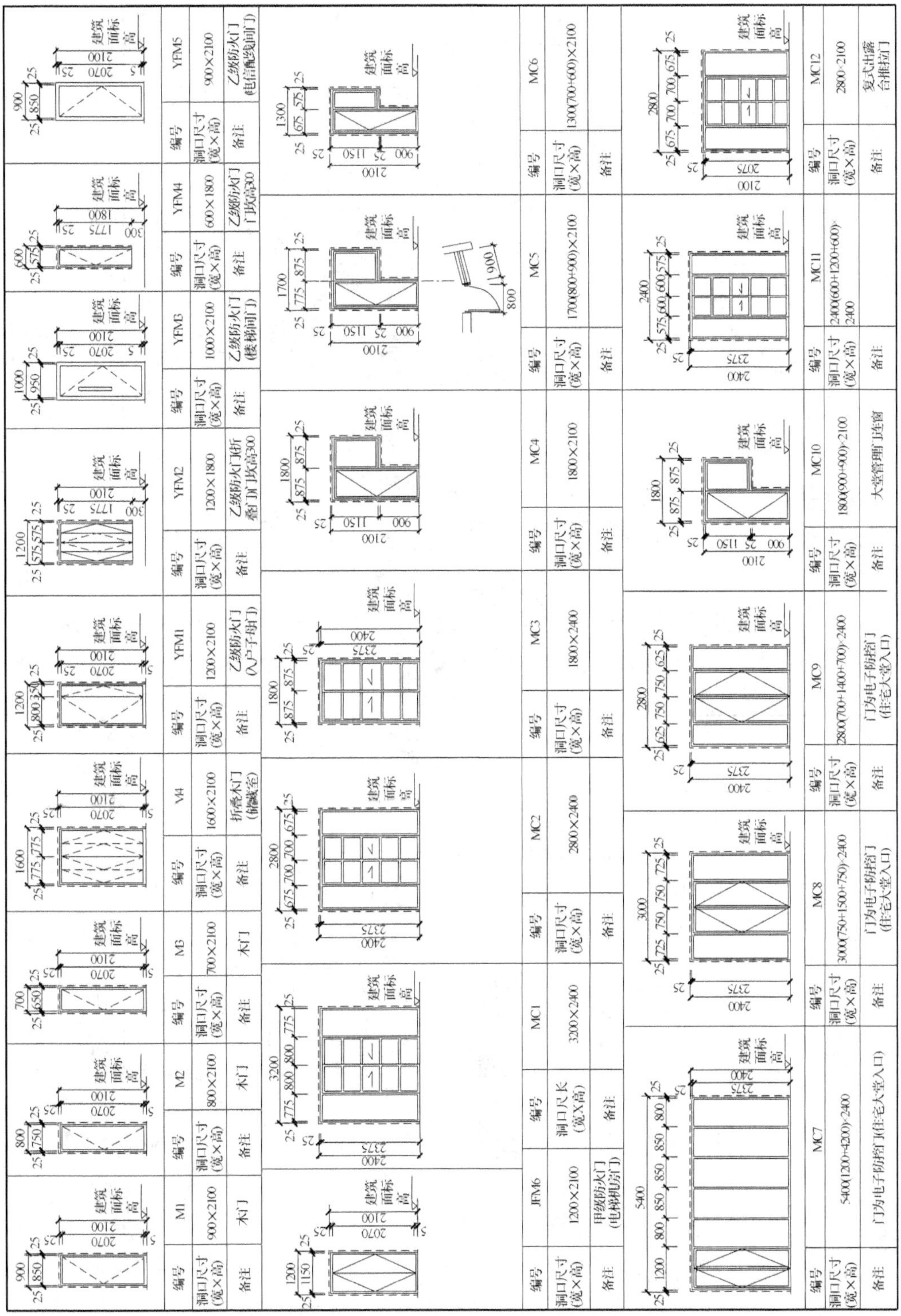
编号 M1 洞口尺寸(宽×高) 900×2100 备注 木门
编号 M2 洞口尺寸(宽×高) 800×2100 备注 木门
编号 M3 洞口尺寸(宽×高) 700×2100 备注 木门
编号 M4 洞口尺寸(宽×高) 1600×2100 备注 折叠木门(储藏室)
编号 YFM1 洞口尺寸(宽×高) 1200×2100 备注 乙级防火门(入户子母门)
编号 YFM2 洞口尺寸(宽×高) 1200×1800 备注 乙级防火门(折叠门)门坎高300
编号 YFM3 洞口尺寸(宽×高) 1000×2100 备注 乙级防火门(楼梯间门)
编号 YFM4 洞口尺寸(宽×高) 600×1800 备注 乙级防火门 门坎高300
编号 YFM5 洞口尺寸(宽×高) 900×2100 备注 乙级防火门(电信配线间门)
编号 JFM6 洞口尺长(宽X高) 1200×2100 备注 甲级防火门(电梯机房门)
编号 MC1 洞口尺寸(宽×高) 3200×2400
编号 MC2 洞口尺寸(宽×高) 2800×2400
编号 MC3 洞口尺寸(宽×高) 1800×2400
编号 MC4 洞口尺寸(宽×高) 1800×2100
编号 MC5 洞口尺寸(宽×高) 1700(800+900)×2100
编号 MC6 洞口尺寸(宽×高) 1300(700+600)×2100
编号 MC7 洞口尺寸(宽×高) 5400(1200+4200)×2400 备注 门为电子防控门(住宅大堂入口)
编号 MC8 洞口尺寸(宽×高) 3000(750+1500+750)×2400 备注 门为电子防控门(住宅大堂入口)
编号 MC9 洞口尺寸(宽×高) 2800(700+1400+700)×2400 备注 门为电子防控门(住宅大堂入口)
编号 MC10 洞口尺寸(宽×高) 1800(900+900)×2100 备注 大堂管理门卫窗
编号 MC11 洞口尺寸(宽×高) 2400(600+1200+600)×2400
编号 MC12 洞口尺寸(宽×高) 2800×2100 备注 复式出露台推拉门
建筑面标高

图 5-35 门窗立面图示例

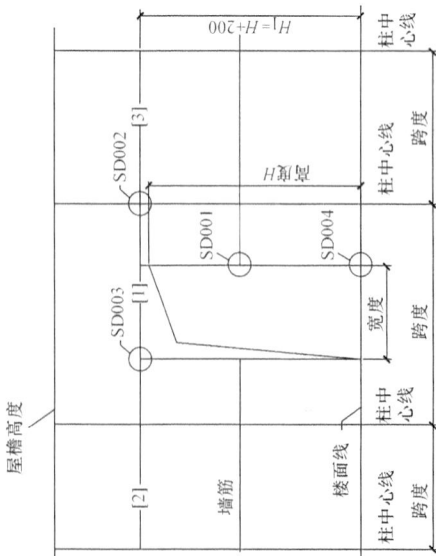

图 5-36　推拉门安装详图示例

第六章 结构施工图

本章摘要：本章主要介绍结构施工图的形成、绘图步骤、绘图方法、主要内容、识读，建筑构件的种类及配筋等；通过本章内容学习，旨在使学生掌握结构施工图的识读和绘制方法。

第一节 概 述

一、结构施工图概述

建筑施工图表达了建筑物的外观形式、平面布置、建筑构造和内、外装修等内容，而对于建筑物的结构部分没有详细表达，基础、墙体、柱以及楼板等构件仅有轮廓示意；因此，在房屋设计中，除了进行建筑设计、绘制建筑施工图外，还要对建筑物内部的主要构件进行设计；结构设计是根据建筑各方面，即各相关设计专业（建筑、给水排水、电气、暖通等）对结构的要求，经过结构选型和构件布置，并通过结构计算，确定建筑物各承重构件，如基础、承重墙、柱、梁、板、屋架等的形状、尺寸、材料、内部构造及相互关系。按结构设计的结果绘制成的图样就称为结构施工图。

建筑物由结构构件（如基础、墙、柱、梁、板等）和建筑配件（如门、窗、阳台等）组成。其中一些主要承重构件互相支承，连成整体，构成建筑物的承重结构体系，即骨架，又称为建筑结构。建筑结构按其主要承重构件所采用材料的不同，一般可分为砌体结构、混合结构、钢筋混凝土结构、钢结构、木结构等。混合结构建筑一般是指采用砖、混凝土或钢筋混凝土基础、砖墙、钢筋混凝土楼（屋）盖所组成的结构。对于房屋建筑而言，一般情况下，外力作用在屋面板和楼面板上，由屋面板和楼面板将荷载传递给墙或梁，由梁传给柱，再由柱或墙传递给基础，最后由基础传递给地基，图 6-1 所示的砖混结构示意图可以想象出荷载传递过程。

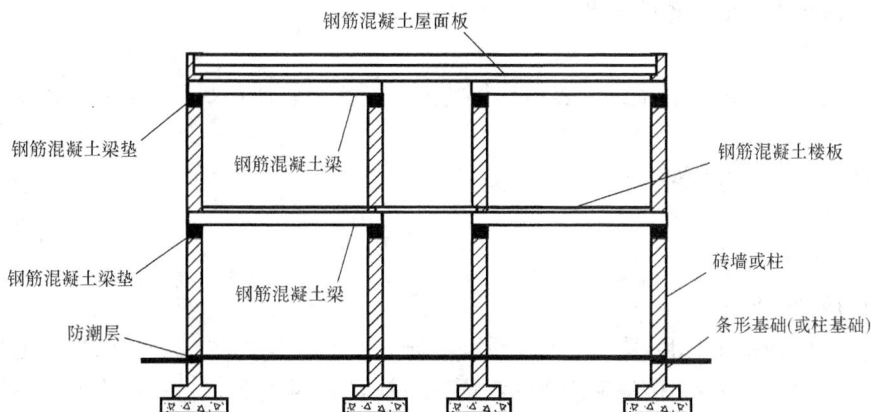

图 6-1 砖混结构示意图

由于我国目前大部分建筑，如住宅、办公楼、教学楼等都广泛采用混合结构和钢筋混凝土结构，所以本章主要介绍混合结构施工图及钢筋混凝土结构施工图的相关内容。

结构施工图是施工放线、挖基坑、支模板、绑扎钢筋、设置预埋件、浇捣混凝土、安装梁、安装楼板等预制构件的重要依据，也是编制预算和施工组织计划的重要依据。

结构施工图通常由结构设计说明，基础结构图，楼（屋）盖结构图和结构构件（如梁、板、柱、楼梯等）详图组成，如图 6-2 所示。

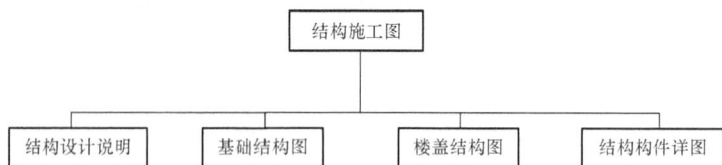

图 6-2　结构施工图的类型

二、结构施工图的主要内容

结构施工图的主要内容有：

1. 结构设计说明

根据工程的复杂程度，结构设计说明的内容有多有少，但一般均包括四个方面的内容：

（1）主要设计依据：上级机关（政府）的批文，国家有关的标准、规范等。

（2）自然条件及使用要求：地质勘探资料，地震设防烈度，风、雪荷载以及使用对结构的特殊要求。

（3）施工要求。

（4）对材料的质量要求等。

2. 结构平面图

结构平面图同建筑平面图一样，属于全局性的图纸，主要内容包括：

（1）基础平面布置图及基础详图。

（2）楼面结构平面布置图及节点详图。

（3）屋顶结构平面布置图及节点详图等。

3. 构件详图

构件详图属于局部性的图纸，表示构件的形状、大小、所用材料的强度等级和制作安装等，其主要内容有：

（1）柱、梁、板等构件详图。

（2）楼梯结构详图。

（3）其他构件详图。

三、常用构件代号

房屋结构中的基本构件很多，为了图面清晰，并把不同的构件表示清楚，通常将构件的名称用代号表示，一般用构件名称的汉语拼音中的声母表示。具体见表 6-1。预应力钢筋混凝土构件的代号，还应在代号前加注"Y"，例如 YKB 就表示预应力钢筋混凝土空心板。

表 6 - 1   常 用 构 件 代 号

序 号	名 称	代 号	序 号	名 称	代 号
1	板	B	22	檩条	LT
2	屋面板	WB	23	屋架	WJ
3	空心板	KB	24	托架	TJ
4	槽形板	CB	25	天窗架	CJ
5	折板	ZB	26	刚架	GJ
6	密肋板	MB	27	框架	KJ
7	楼梯板	TB	28	支架	ZJ
8	盖板或沟盖板	GB	29	柱	Z
9	挡雨板或檐口板	YB	30	基础	J
10	吊车安全走道板	DB	31	设备基础	SJ
11	墙板	QB	32	桩	ZH
12	天沟板	TGB	33	柱间支撑	ZC
13	梁	L	34	垂直支撑	CC
14	屋面梁	WL	35	水平支撑	SC
15	吊车梁	DL	36	梯	T
16	轨道连接	DJL	37	雨篷	YP
17	车挡	CD	38	阳台	YT
18	连系梁	LL	39	梁垫	LD
19	基础梁	JL	40	预埋件	M
20	楼梯梁	TL	41	圈梁	QL
21	构造柱	GZ	42	过梁	GL

四、结构设计说明

结构设计说明主要介绍结构设计的依据、合理使用年限、施工要求等内容。识读结构施工图前必须认真阅读结构设计说明。表 6 - 2 为某学校学生宿舍砖混结构施工图中的结构设计说明。

表 6 - 2   某学生宿舍结构设计说明

	结 构 设 计 说 明	
基础工程	1. 本工程根据某建筑勘测设计院提供的地质勘测报告，设计地耐力为 0.28MPa	上部结构
	2. 基础应该置于老土上，若埋深超过设计标注尺寸时，应该按照地质情况确定基础的埋深	
	3. 基础用 C10 毛石混凝土，毛石用量不超过 30%，基础垫层为 C10、100 厚混凝土，每边比基础宽 100	
	4. 地坪以下基础砖墙用 MU10 煤矸石砖、M5.0 水泥砂浆砌筑	
	5. 基础底槽土质不一致时，必须做成踏步基础，并按照 1 : 2 放坡	
	6. 基础梁用 C15 混凝土，HPB235 钢筋，钢筋搭接长度不小于 35d，保护层厚度 35mm	
其他	1. 本图应该与建施、电施、水施配合施工 2. 本工程应该严格执行国家施工及验收现行规范，使用的建筑材料必须有出厂证明 3. 本图未尽事宜及不详之处，请与结构设计人员协商	

上部结构列内容：
1. 墙体 1～2 层采用 MU15 煤矸石砖、M5.0 混合砂浆砌筑；3～4 层采用 MU10 煤矸石砖、M2.5 混合砂浆砌筑

2. 圈梁采用 C20 混凝土，HPB235 钢筋，搭接要求见规范

3. 楼层结构除标准构件外，均采用 C20 混凝土，现浇构件必须按照规定进行养护

4. 钢筋保护层，板：10mm；梁：25mm

5. 卫生间现浇板应按照给水排水施工图预留孔

第二节　基　础　图

通常把建筑物地面（±0.000）以下，承受房屋全部荷载的结构称为基础。基础以下称为地基。基础的作用就是将上部荷载均匀地传递给地基。基础的组成如图 6-3 所示。

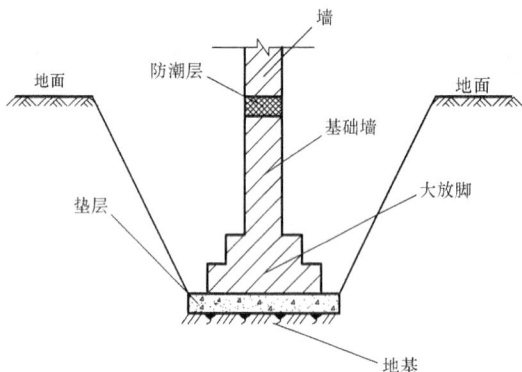

图 6-3　基础的组成示意

基础的形式很多，常采用的有条形基础、独立基础和桩基础。条形基础多用于混合结构中。独立基础又称柱基础，多用于钢筋混凝土结构中。桩基础既可用于混合结构之中作为墙的基础，又可做成独立基础用于柱基础，如图 6-4 所示。

下面以条形基础为例，介绍与基础有关的术语。

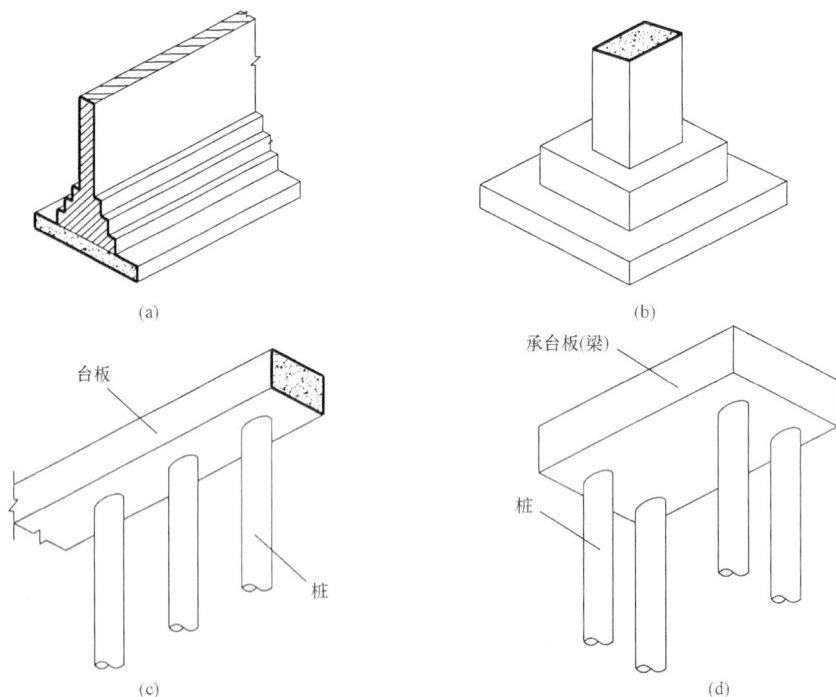

图 6-4　常见的基础类型

（a）条形基础；（b）柱下独立基础；（c）桩基础（上部为墙体）；（d）桩基础（上部为柱）

地基：承受建筑物荷载的天然土壤或经过加固的土壤层。

垫层：用来将基础传来的荷载均匀地传递给地基的结合层。

大放脚：把上部结构传来的荷载分散传给垫层的基础扩大部分，目的是使地基上单位面积的压力减小。

基础墙：建筑中把±0.000 以下的墙体称为基础墙。

防潮层：为了防止地下水对墙体的浸蚀，在地面稍低（约−0.060m）处设置一层材质密实的建筑材料来阻隔地下水沿基础墙体向上漫延的毛细管作用，这一层称为防潮层。

基础图主要用来表示基础、地沟等的平面布置及基础、地沟等的作法，包括基础平面图、基础详图和文字说明三部分。主要用于放灰线、挖基槽、施工基础等，是结构施工图的重要组成部分之一。

下面以图6-5为例，介绍基础图的阅读方法。

一、基础平面图

1. 基础平面图的形成

基础平面图是假设用一水平剖切平面，沿建筑物底层室内地面把整栋建筑物剖切开，移去剖切平面以上的部分和基础回填土后，作水平投影，就得到基础平面图。基础平面图主要表示基础的平面位置以及墙、柱与轴线的关系等。

为了使基础平面图简洁明了，一般在图中只画出被剖切到的墙、柱轮廓线，用中实线表示，投影所见到的基础底部轮廓线用细实线表示，而其他细部如砖砌的大放脚等的轮廓线可以不绘制。当基础中设置基础梁时，一般用粗点画线表示；当基础墙上有管洞时，用细虚线表示其位置，地下管沟也用细虚线表示。与建筑施工图相同，由于基础平面图所采用的比例较小，被剖切的基础墙身可不绘制材料图例，钢筋混凝土柱涂成黑色。

2. 画法

在基础图中绘图的比例、轴线编号及轴线间的尺寸必须同建筑平面图一样。线型的选用惯例是基础墙用粗实线，基础底轮廓线用细实线，地沟等用细虚线。

3. 主要内容

（1）基础边线。每一条基础最外边的两条细实线表示基础底的宽度。如图中标注的（500，500），（600，600或540，660），即说明基础底宽分别为1000mm和1200mm。

（2）基础墙线。每一条基础最里边两条粗实线表示基础与上部墙体交接处的宽度，一般同墙体宽度一致。但遇到有墙踩、柱处，基础应加宽。

（3）轴线位置。轴线位置是基础施工放线的依据。从图6-5中可以看出，此建筑物的轴线有两种类型，一种是位于墙的中心线上，如②～⑦内横墙基础；另一种是轴线不在墙的中心线上，如①轴山墙基础。另外，砖混结构的建筑，其承重墙的厚度从低到高由大变小，如有的"三七墙"（墙厚370mm）的轴线位置就不在墙的中心线上。

（4）条型基础放阶。由于地基的土质情况不一致，建筑物上部的荷载不一致，为此基础的埋置深度也不一样。当基础底的标高不一样高时，不允许做成斜坡，必须做成阶梯形，称为踏步基础。

（5）剖切符号。在不同的位置，基础的形状、尺寸、埋置深度及与轴线的相对位置不同，需要分别画出它们的断面图。在基础平面图中要相应地画出截面符号，并注明断面图的编号，如图6-6中的1—1、2—2等。

二、基础详图

在基础平面图中，只表示了基础的平面布置，而基础的形状、构造、材料、断面形式等均没有清楚地表示出来，因此，为了满足施工的需要，应该绘制基础断面图。

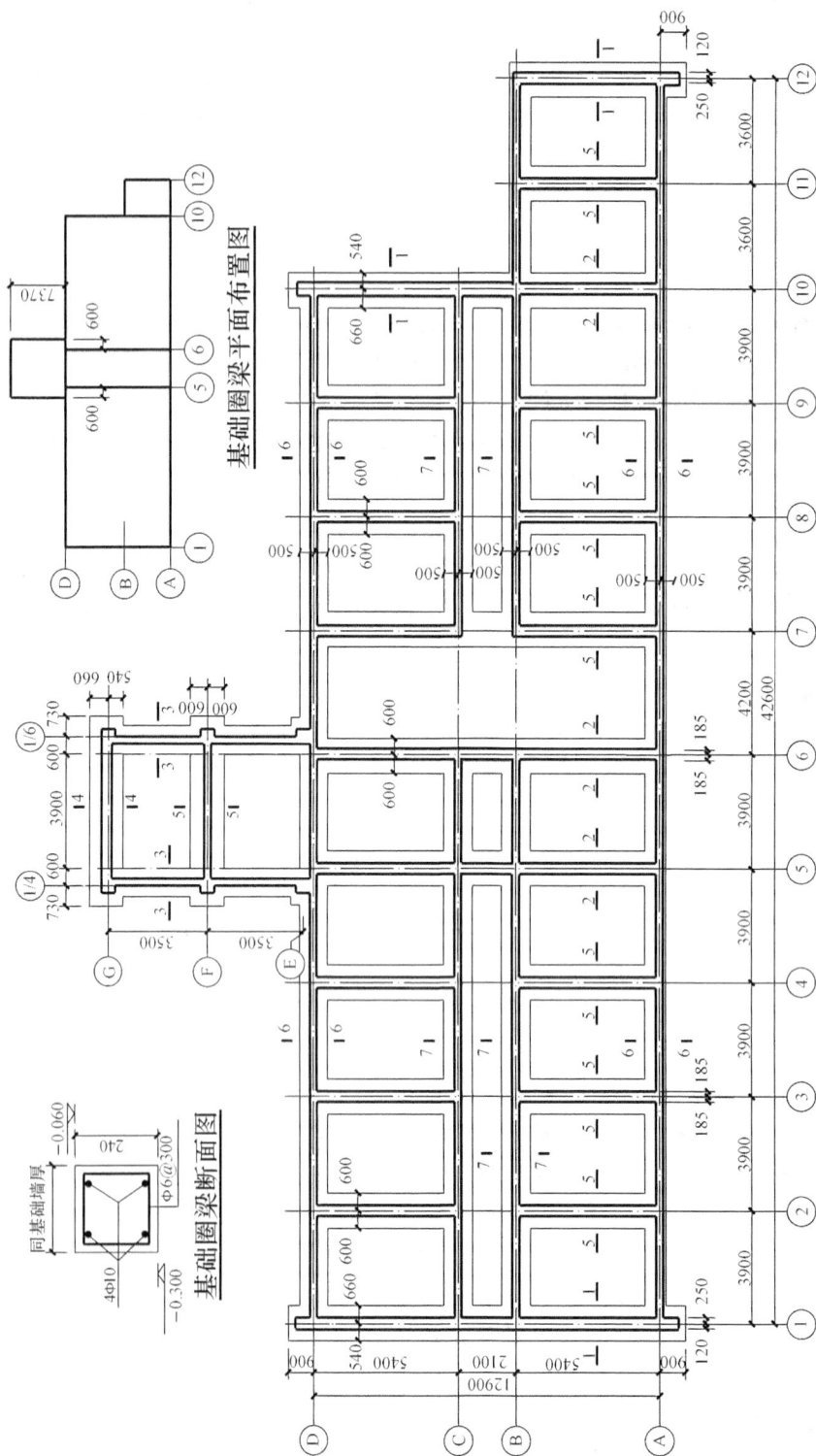

图 6 - 5　某学生宿舍基础平面图

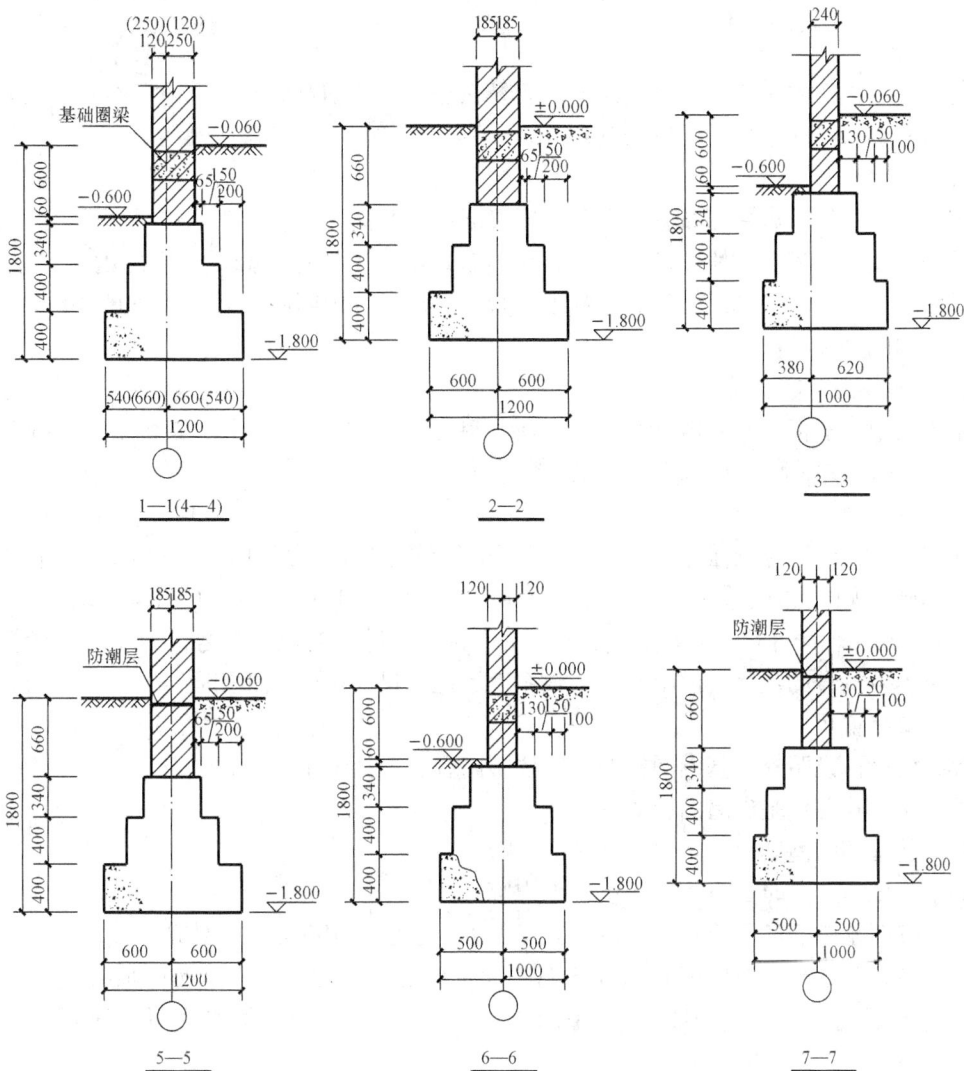

图 6-6　基础详图

　　基础断面图，一般用较大的比例（1∶20）绘制，能详细表示出基础的断面形状、尺寸、与轴线的关系、基础底标高、材料及其他构造做法，为此又称为基础详图。下面以 1—1 断面为例，说明其主要内容。

　　1. 轴线

　　表明轴线与基础各部位的相对位置，标注出大放脚、基础墙圈梁与轴线的关系。

　　2. 基础材料

　　从下至上分别为垫层、基础、地圈梁和墙体。垫层的断面图在图中并未画出，其做法一般标注在说明中，垫层为 C10 混凝土厚 100。基础为 C10 毛石混凝土，毛石掺量不得超过 30%。基础圈梁为钢筋混凝土，上表面标高比室内地面低 0.060m，墙厚为 370 厚砖墙。

3. 防潮层

在基础断面图中，要表明防潮层的位置及做法。从该图可以看出，防潮层采用钢筋混凝土圈梁防潮层。除用基础圈梁做防潮层外，还可采用防水砂浆等做防潮层。

4. 基础圈梁

基础圈梁要用基础平面布置图和基础圈梁断面图共同表示。基础圈梁平面图表明哪些轴线的基础有圈梁、哪些轴线的基础没有圈梁。基础断面图表达基础圈梁中的钢筋配置情况、断面尺寸、位置等。基础圈梁混凝土强度一般在结构设计说明中注明。基础圈梁的构造配筋同上部结构的圈梁。

5. 各部位的标高及尺寸

基础图中一般标注有室内标高、室外标高和基础底标高。如图 6 - 6 所示，基础底的标高为－1.800，室外地坪标高为－0.600 等。

6. 图名

如图 6 - 6 所示，各断面图名均由其断面剖切编号决定。1—1 与 4—4 的断面形状都一样，但基础与轴线的关系尺寸不一样，因此图名为 1—1（4—4）。1—1 断面轴线外边为 540，4—4 断面轴线外边为 660。区别方法是带括号的图名对应带括号的数字，不带括号的图名对应不带括号的数字。没带括号的数字表示这个尺寸两个图都相同。

三、文字说明

除结构设计说明外，基础图样的文字说明内容还包括地耐力、材料级别、施工要求、防潮层的做法及孔洞穿基础墙的说明等。

四、基础图的阅读

阅读基础施工图时，应注意识读以下内容：

（1）查明基础墙的平面布置与建筑施工图中的首层平面图是否一致。

（2）结合基础平面布置图和基础详图阅读，弄清轴线的位置，是对称轴线（如图 6 - 6 中的 2—2）还是偏轴线（如图 6 - 6 中的 1—1）；若是偏轴线，就要注意轴线两边的对应尺寸。

（3）在基础详图中查明各部位的尺寸及主要部位的标高。

（4）查明管沟的位置、大小及具体做法。

（5）查明所用的各种材料及对材料的要求。此项要结合图示及结构设计说明进行深入了解。

第三节　楼面屋面结构平面图

楼层结构平面图是假设用一个紧贴楼面的水平剖切平面在所要表明的结构层的上部剖开，向下作水平投影所得到的投影图。在楼层结构平面图中，被剖切到的墙、柱等轮廓线用中实线表示，钢筋混凝土柱可以涂黑。楼板下的墙、柱轮廓线用虚线表示。圈梁用粗实线或虚线表示等。

混合结构的楼层和屋面一般都采用钢筋混凝土结构。楼层和屋面的结构布置及表示方法基本相同，在此以楼层为例介绍结构平面布置图的阅读方法。钢筋混凝土楼层按照施工方法可以分为预制装配式和现浇整体式两大类，其结构图的绘制和识读分述如下。

一、预制装配式楼层结构布置图

预制装配式楼层是由许多预制构件拼装组成的，这些构件预先在预制厂（场）成批生产，然后在施工现场安装就位，形成楼盖。但这种结构的整体性不如现浇楼盖好。

装配式楼盖结构图主要表示预制梁、板及其他构件的位置、数量及连接方法。其内容一般包括结构布置平面图、节点详图、构件统计表及文字说明四部分。

1. 结构布置平面图的画法

结构布置平面图目前采用直接正投影法绘制。在施工图中，常常是用一种示意性的简化画法来表示，如图6-7所示。这种投影法的特点是楼板压住墙，被压的部分墙画细虚线，因为门、窗过梁上的墙被遮住，过梁用粗点画线，门窗洞口的位置用虚线。

2. 用途

主要为安装梁、板等各种楼层构件，其次作为制作圈梁和局部现浇梁、板提供施工依据。

3. 结构平面图的主要内容

下面以图6-8所示的标准层结构布置平面图为例，介绍结构布置平面图的主要内容：

（1）轴线。为了便于确定梁、其他构件的安装位置，画有与建筑平面图完全一致的定位轴线，并标注编号及轴线间的尺寸、轴线间尺寸等。

图6-7 结构布置图的画法

（2）墙、柱。墙、柱的平面位置在建筑图中已经表示清楚了，但在结构平面布置图中仍然需要画出它的平面轮廓线。在直接正投影法中，被遮挡的部分用细虚线，未遮挡部分用细实线。

（3）梁及梁垫。梁在直接正投影法中一般用粗点划线表示，并注写梁的代号及编号。例如图6-8所示的点画线是表示梁，标注为L-1，其中"L"代表梁，"1"表示这根梁的编号。梁的形状及配筋图另用详图表示。梁在标准图中的标注方法是：

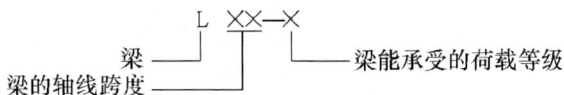

梁 ————— L ×× — ×
梁的轴线跨度 ————————— 梁能承受的荷载等级

若图中标为L57-3，则说明梁的轴线跨度是5700，能承受3级荷载。

当梁搁置在砖墙或砖柱上时，为了避免墙或柱被压坏，需要设置一个钢筋混凝土梁垫，如图6-9所示。在结构平面布置图中，"LD"代表梁垫。

（4）预制楼板。目前常用的预制楼板有平板、槽形板和空心板三种，如图6-10所示。平板制作简单，适用于走道、楼梯平台等小跨度的短板。槽形板重量轻、板面开洞自由，但顶棚不平整，隔音隔热效果差，使用越来越少。空心板上下板面平整，构件刚度大，隔音隔热效果好，使用最为广泛，但不能任意开洞。

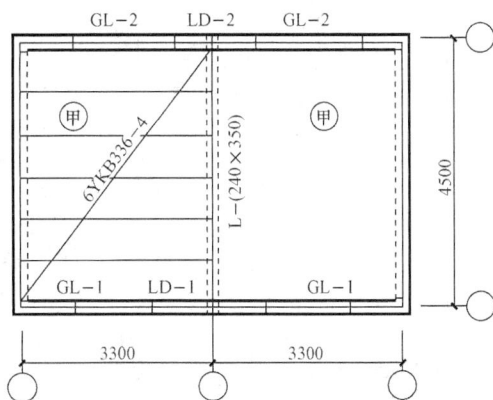

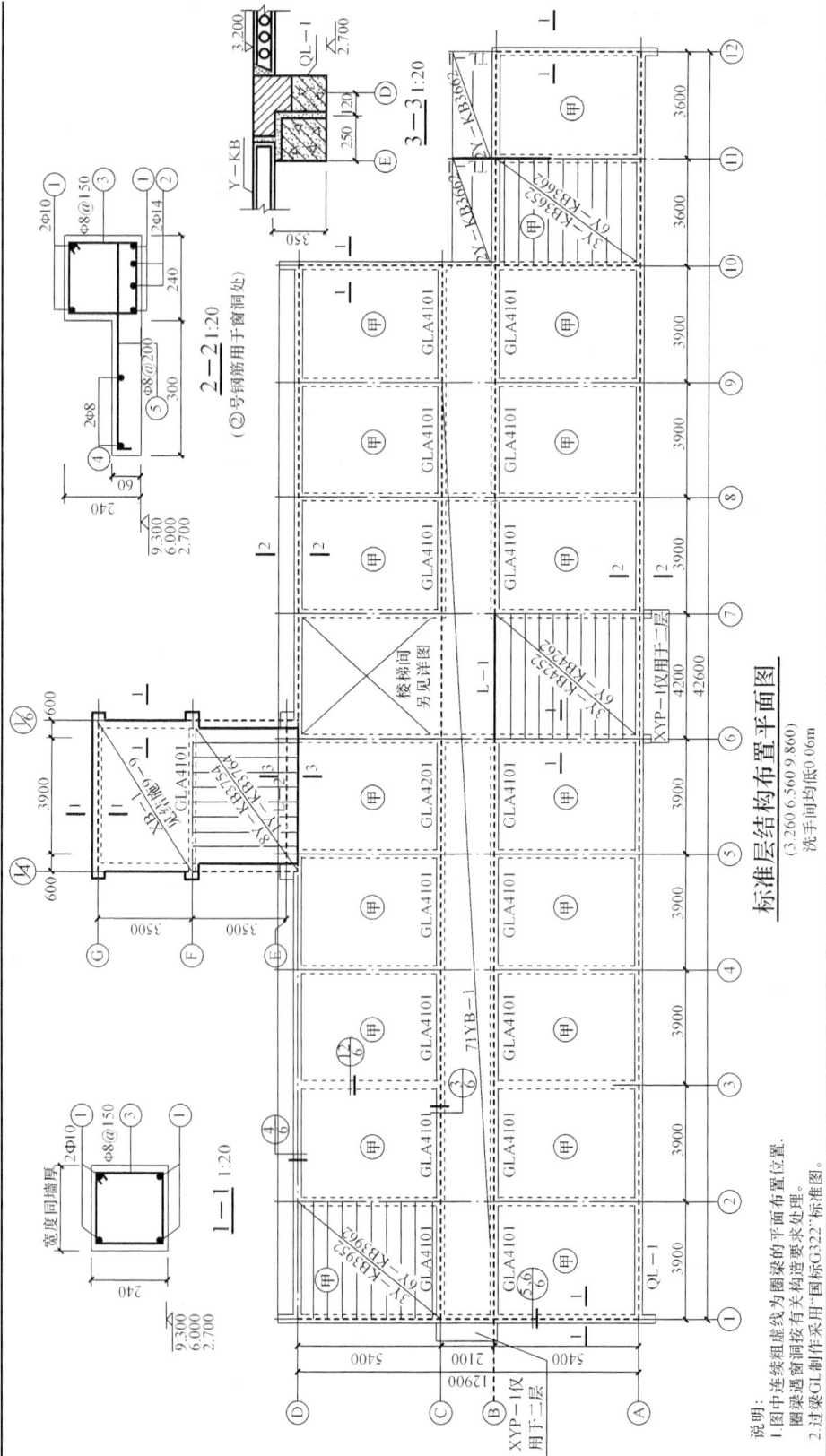

标准层结构布置平面图

（3.260 6.560 9.860）

洗手间均低0.06m

说明：
1.图中连续粗虚线为圈梁的平面布置位置。
圈梁遇窗洞按有关构造要求处理。
2.过梁GL制作采用"国标G322"标准图。

图 6 - 8　某学生宿舍标准层结构平面布置图

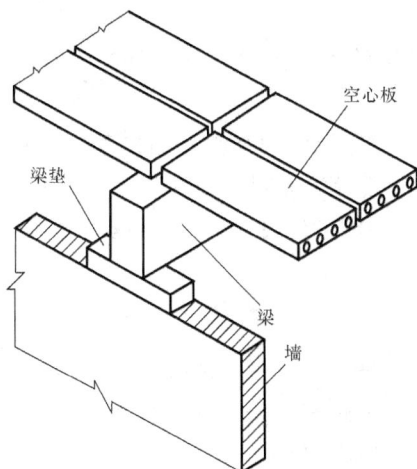

图 6-9 梁、板、墙的搭接关系示意

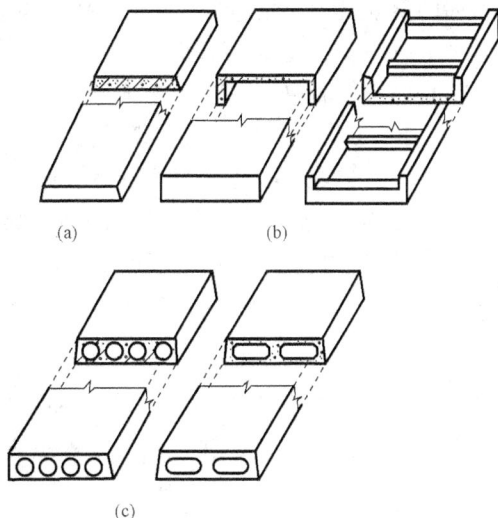

图 6-10 常见的楼板形式

(a) 实心板；(b) 槽形板；(c) 空心板

预制楼板可以做成预应力或非预应力的楼板。由于预制楼板大多数是选用标准图集，因此楼板在施工图中应标明代号、跨度、宽度及所能承受的荷载等级。如图 6-8 所示，图中①～②轴与ⓒ～ⓓ轴的房间中标注有 3Y-KB3952，该代号各字母、数字的含义是：

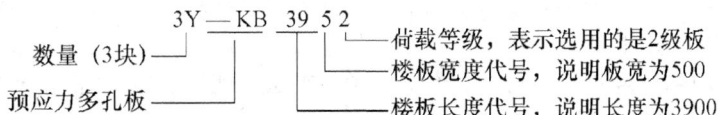

$$3Y-KB\ 39\ 5\ 2$$

数量（3块）——┘ │ │ │ └── 荷载等级，表示选用的是2级板
预应力多孔板 ──────┘ │ └──── 楼板宽度代号，说明板宽为500
　　　　　　　　　　　　└────── 楼板长度代号，说明长度为3900

该房间还有 6Y-KB3962，其中的第 1 个 6 表示 6 块，第 2 个 6 表示楼板宽度为 600，其他均同 3Y-KB3952。故该房间的布置是 3 块 500 宽的楼板加 6 块 600 宽的楼板。

（5）过梁及雨篷。

1）过梁：

为了支撑门窗洞口上面的墙体的重量，并将它传递给两侧的墙体，在门窗洞口顶上设置一根梁，称为过梁。过梁在结构布置图中用粗点划线表示，过梁的代号为 GL。图 6-8 中ⓑ轴线上①～②轴间过梁代号 GLA4101 的具体含义是：

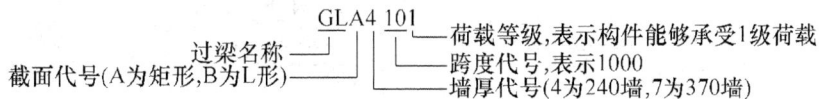

$$GLA4\ 101$$

过梁名称 ──────┘ │ └── 荷载等级,表示构件能够承受1级荷载
截面代号(A为矩形,B为L形)─┘ ├──── 跨度代号,表示1000
　　　　　　　　　　　　　　　└────── 墙厚代号(4为240墙,7为370墙)

2）雨篷：

在结构布置图中，雨篷轮廓线用细实线，代号用"YP"。如图 6-8 中的 XYP-1。其中，"YP"代表雨篷，"1"为雨篷编号，"X"表示现浇，意思是现浇 1 号雨篷。

（6）圈梁。为了增强建筑物的整体稳定性，常在基础顶面、门窗洞口顶部、楼板和檐口等部位的墙内设置连续而封闭的水平梁，称为圈梁。设在基础顶面的称为基础梁，设在门窗洞口顶部的圈梁常代替过梁。为了清楚起见，圈梁平面布置图用单粗点划线绘制（如在图 6-8 中的 QL-1），也可以单独绘制。

圈梁断面比较简单，一般有矩形和 L 型两种。常用的 L 型挑出长度有 60、300、400、500 几种，如图 6-8 中 1—1、2—2 断面。

圈梁在一般位置时配筋比较简单，但它在转角处的配筋则需要加强，加强方式主要有转角配筋和 T 字头配筋两种。圈梁转角加强配筋的规格、数量一般同圈梁主筋，如图 6-11 所示。圈梁位于门窗洞口之上，起着过梁的作用，一般称为圈梁代过梁。这时圈梁是按过梁配筋，如图 6-8 中 2—2 断面的②号筋。

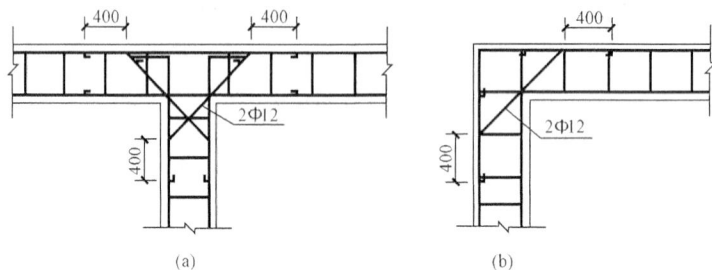

图 6-11　T 字头加强配筋和转角加强配筋

（a）T 字接头加强配筋；（b）转角加强配筋

4. 读图方法及步骤

（1）弄清各种文字、字母和符号的含义。要弄清各种符号的含义，首先要了解常用构件代号，结合图和文字说明阅读。

（2）弄清各种构件的空间位置。例如楼面在第几层，哪个房间布置几种类型的构件，各种构件的数量是多少等。

（3）平面布置图配合构件统计表阅读，弄清该建筑中各种构件的数量，采用图集及详图的位置。

（4）弄清各种构件的相互连接关系和构造做法。为了加强预制装配式楼盖的整体性，提高抗震能力，需要在预制板缝内放置钢筋，用 C20 细石混凝土灌板缝，具体做法如图 6-12、图 6-13 所示。

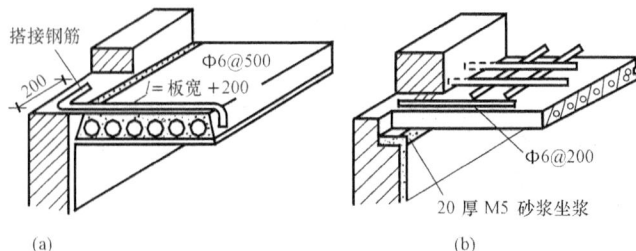

图 6-12　节点构造详图示例

（a）板侧钢筋锚固；（b）板端钢筋锚固

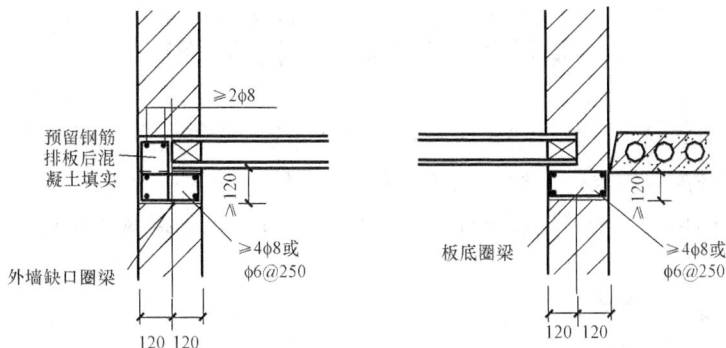

图 6-13 楼板、圈梁以及墙体的连接

（5）阅读文字说明，理解设计意图和施工要求。阅读时要注意，文字说明有的放在结构布置图中，有的放在结构设计说明中，需要结合起来进行阅读理解。

二、现浇整体式楼盖结构布置图

整体式钢筋混凝土楼盖由板、次梁和主梁构成，三者整体现浇在一起，如图 6-14 所示。整体式楼盖的优点是整体刚度好，适应性强；缺点是模板用量较多，现场浇灌工作量大，施工工期较长，造价比装配式高。但是现浇钢筋混凝土楼盖因其具有非常好的整体性和抗震性，在民用建筑中得到了广泛的应用。随着社会发展，现浇整体楼盖应用将越来越广泛，高层建筑一般均采用现浇整体楼层。绘图时采用平法，直接画出构件的轮廓线表示主梁、次梁和板的平面布置以及它们与墙柱的关系。平法施工图的绘制和阅读详见本章第五节。

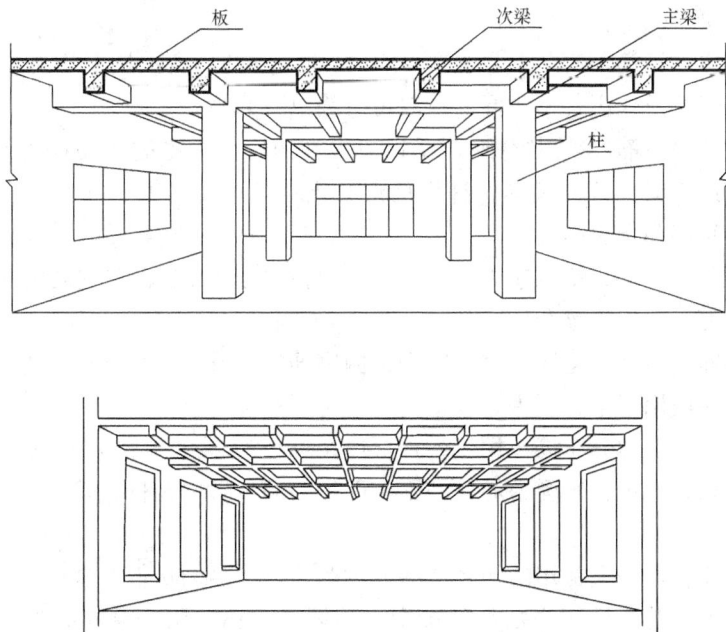

图 6-14 整体式钢筋混凝土楼层示意

第四节　钢筋混凝土构件详图

结构平面图只表示了建筑物各承重构件的平面布置、类型、数量等内容，而对于构件的形状、材料、内部配筋等具体内容，需要用单独的构件详图表示。在砖混结构和钢筋混凝土结构中，主要的构件都用钢筋混凝土制作，因此，本节主要介绍钢筋混凝土构件的类型和相应的图示内容。

一、钢筋混凝土的基本知识

1. 混凝土与钢筋混凝土

混凝土是由水泥、砂、石料和水按一定比例混合，经搅拌、浇筑、凝固、养护而制成的一种人造石材料。混凝土的抗压强度很高，共分 C7.5、C10、C15、C20、C25、C30、C35、C40、C50、C60 等 12 个等级，数字越大，混凝土抗压强度越高。

用混凝土制成的构件，抗压强度虽很高，但抗拉强度较低，一般仅为抗压强度的 1/10～1/20，在受拉、受弯状态下非常容易发生破坏。而钢筋不但具有较高的抗拉强度，而且与混凝土有良好的粘接，其热膨胀系数也与混凝土相近。因此，为提高构件的承载能力，在混凝土构件的受拉区域内配置一定数量的钢筋，这种由钢筋和混凝土两种材料结合而成的构件称为钢筋混凝土构件。钢筋混凝土是目前使用最为广泛的一种理想的建筑材料。

钢筋混凝土构件可分为现浇钢筋混凝土构件和预制钢筋混凝土构件两种。现浇钢筋混凝土构件是在施工现场支模板、绑扎钢筋、浇筑混凝土而形成的构件。预制钢筋混凝土构件是在工厂成批生产，再运输到现场安装的构件。此外，有的构件在制作时通过张拉钢筋对混凝土预加一定的压力，以提高构件的抗拉和抗裂能力，这就是预应力钢筋混凝土构件。

2. 钢筋的作用和分类

钢筋混凝土中的钢筋，有的是因为受力需要而设置的，有的则是因为构造需要而设置的，这些钢筋的形状及作用各不相同，一般可分为以下几种：

（1）受力钢筋（主筋）。在构件中承受拉应力和压应力为主的钢筋称为受力钢筋，简称受力筋。受力筋用于梁、板、柱等各种钢筋混凝土构件中。在梁、板中的受力筋按形状不同，一般可分为直筋和弯起筋。

（2）箍筋。承受一部分斜拉应力（剪应力），并固定受力筋、架立筋的位置所设置的钢筋称为箍筋，箍筋一般用于梁和柱中。

（3）架立钢筋。简称架立筋，用于固定梁内钢筋的位置，把纵向的受力钢筋和箍筋绑扎成骨架，架立筋一般用于梁、板中。

（4）分布钢筋。简称分布筋，用于各种板内。分布筋与板的受力钢筋垂直设置，其作用是将承受的重量均匀地传递给受力筋，并固定受力筋的位置以及抵抗热胀冷缩所引起的温度变形。

（5）其他钢筋。除以上常用的四种类型的钢筋外，还会因构件要求或者施工安装需要而配制构造钢筋。如腰筋，用于高断面的梁中；预埋锚固筋，用于钢筋混凝土柱与墙砌在一起，起拉结作用，又叫拉接筋；吊环，在预制构件吊装时用。

各种钢筋的形式及在梁、板、柱中的位置及形状如图 6-15 所示。

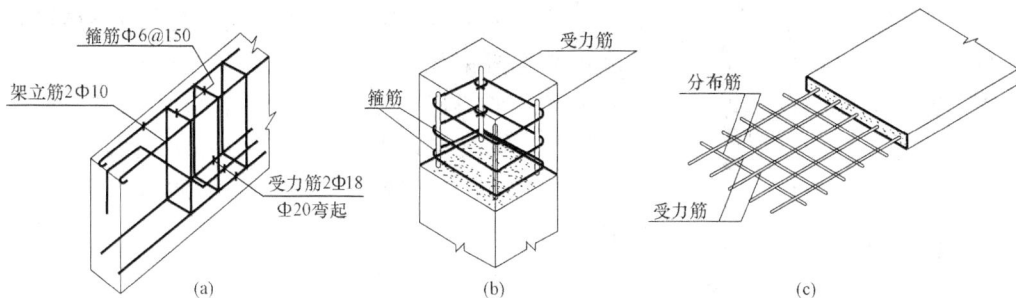

图 6-15 钢筋的形式

(a) 梁；(b) 柱；(c) 板

3. 钢筋的保护层

为了保护钢筋在构件中不被锈蚀，维持钢筋与混凝土的黏结结合，在各种构件中的受力筋外面，必须要有一定厚度的混凝土，这层混凝土称为保护层。保护层的厚度因构件不同而异，保护层的厚度见表 6-3。

表 6-3　　　　　　　　　　钢筋混凝土构件的保护层　　　　　　　　　　mm

钢　筋	构　件	名　　称	保护层厚度
受力筋	墙、板	截面厚度≤100	10
		截面厚度>100	15
	梁和柱		25
	基　础	有垫层	35
		无垫层	70
箍　筋	梁和柱		15
分布筋	板		10

4. 钢筋的弯钩

螺纹钢与混凝土黏结良好，末端不需要做弯钩。光圆钢筋两端需要做弯钩，以加强混凝土与钢筋的黏结力，避免钢筋在受拉区滑动。常见的弯钩形式如图 6-16 所示，一个标准半圆弯钩的长度为 $6.25d$，直径为 12 的钢筋弯钩长度为 $6.25×12=75mm$，一般下料时直筋多截取 80mm 用于弯钩制作，其他弯钩长度如图 6-16 所示。

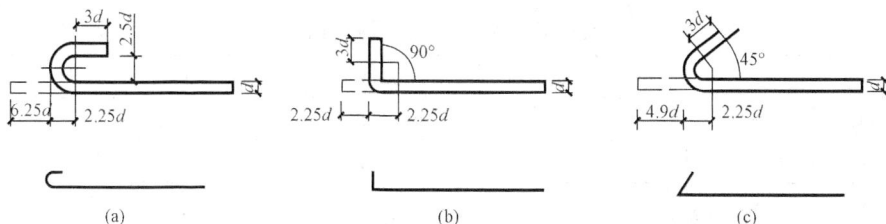

图 6-16 常见的钢筋弯钩

(a) 半圆形弯钩；(b) 直角弯钩；(c) 斜弯钩

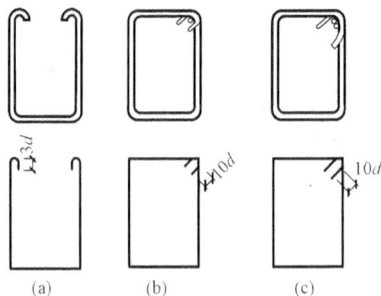

图 6-17 箍筋的形式及弯钩

(a) 开口式箍筋；(b) 梁、柱封闭箍筋；
(c) 绑扎搭接的梁、柱封闭箍筋

根据箍筋在构件中的作用不同，箍筋分为封闭式、开口式和抗扭钢筋三种。封闭式和开口式弯钩的平直部分长度同半圆弯钩一样，取 $3d$。抗扭式箍筋弯钩的平直部分长度按设计确定，一般为 $10d$。现在有抗震设计要求的箍筋也采用抗扭箍筋。箍筋的形式如图 6-17 所示。

5. 钢筋的表示方法

根据中华人民共和国国家标准《建筑结构制图标准》（GB/T 50105—2001）的规定，钢筋在图中的表示方法应符合表 6-4 的规定画法。

表 6-4　　　　钢筋的一般画法

序号	名　称	图　例	说　明
1	钢筋横断面	•	
2	无弯钩的钢筋端部		下图表示长、短钢筋投影重叠时，短钢筋的端部用 45°斜画线表示
3	带半圆形弯钩的钢筋端部		
4	带直钩的钢筋端部		
5	带丝扣的钢筋端部		
6	无弯钩的钢筋搭接		
7	带半圆弯钩的钢筋搭接		
8	带直钩的钢筋搭接		
9	花篮螺钉钢筋接头		
10	机械连接的钢筋接头		用文字说明机械连接的方式

6. 常用钢筋的种类、符号和强度

目前我国钢筋混凝土和预应力钢筋混凝土中常用的钢筋和钢丝主要有热轧钢筋、冷拉钢筋、热处理钢筋和钢丝四大类。其中热轧钢筋和冷拉钢筋又按其强度由低到高分为Ⅰ、Ⅱ、Ⅲ、Ⅳ四级。不同种类和级别的钢筋、钢丝在结构施工图中用不同的符号表示，详见表 6-5。

表 6-5　　　　常用钢筋的种类、符号和强度

种　类		符　号	直径（mm）	强度标准值（N/mm²）
热轧钢筋	HPB 235（Q235）	Φ	8～20	235
	HRB 335（20MnSi）	Φ	6～50	335
	HRB 400（20MnSiV、20MnSiNb、20MnTi）	Φ	6～50	400
	RRB 400（K20MnSi）	ΦR	8～40	400

注　H：Hot—rolled，热轧；R：ribbed，带肋；P：plain，光圆；B：bar，钢筋。

二、钢筋混凝土构件详图

钢筋混凝土构件详图是加工制作钢筋，浇筑混凝土的依据，其内容包括模板图、配筋图、钢筋表和文字说明四部分，如图 6-18 所示。

1. 模板图

模板图又称外形图，主要表明结构构件的外形，预埋铁件、预留插筋、预留孔洞等的位置，各部分尺寸，有关标高及构件与定位轴线的关系等。在模

图 6-18 钢筋混凝土详图内容

板图中，构件的可见轮廓线用中线或细实线表示，不可见的轮廓线用中线或细虚线表示。模板图是模板制作和安装构件的依据。外形简单的构件可不画模板图。

2. 配筋图

配筋图表示构件内部各种钢筋的形状、位置、直径、数量、长度以及布置等情况，是构件详图中最主要的图样，是钢筋下料、绑扎钢筋骨架的重要依据。配筋图一般由立面图、断面图和钢筋详图组成，有时还列出钢筋表。其中断面图一般应放大一倍画出，数量应根据钢筋的配置情况而定，凡是钢筋排列有变化的地方，都应分别画出其断面图。

三、钢筋混凝土详图示例

1. 梁

梁的模板图是为浇筑梁的混凝土安装模板用的。主要表示梁的长、宽、高和预埋件的位置、数量。然而对外形简单的梁，一般不必单独绘制模板图，只需在配筋图中把梁的尺寸标注清楚即可，如图 6-19 所示。当梁的外形复杂或预埋件较多时（如单层工业厂房中的吊车梁），一般都要单独画出模板图。

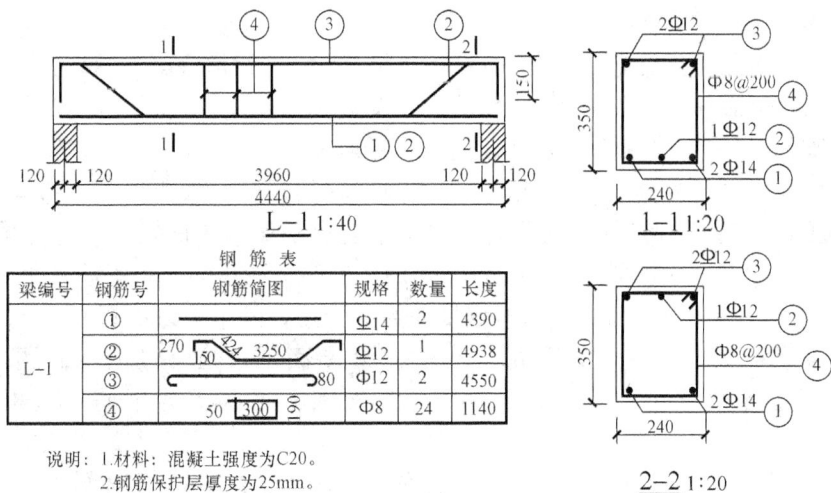

图 6-19 L-1 梁的详图

在梁的配筋图中，钢筋用粗实线绘制，并对不同形状、不同规格的钢筋进行编号，如图 6-19 中①～④号钢筋。编号应用阿拉伯数字顺次编写并将数字写在圆圈内，圆圈应用直径为 6mm 的细实线绘制，并用引出线指到被编号的钢筋。其含义为：

① 2Φ14 ——— 钢筋直径
—— 二级钢筋代号(HRB335级钢筋)
—— 钢筋数量
钢筋编号

④ Φ6@200 ——— 钢筋中心间距200mm
—— 相邻中心距符号
—— 钢筋直径为6mm
—— 一级钢筋代号(HPB235级钢筋)
钢筋编号

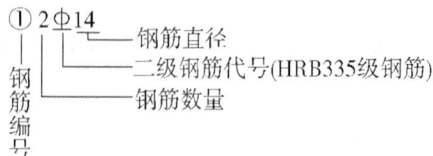

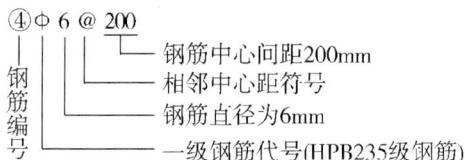

　　配筋图主要用来表示梁内部钢筋的布置情况。内容包括钢筋的形状、规格、级别和数量、长度等。在梁 L-1 中，一般有以下四种类型的钢筋。第一种为①号钢筋，这种位置的钢筋称为主筋，其含义是"两根直径为 14mm 的 HRB335 钢筋"；第二种为②号钢筋，这种形状的钢筋称为弯起筋，其含义是"1 根直径为 12mm 的 HRB335 钢筋"；第三种为③号钢筋，这种位置的钢筋称为架立筋，其含义是"2 根直径为 12mm 的 HRB335 钢筋"；第四种为④号钢筋，称为箍筋，其含义是"直径为 6mm 的 HPB235 钢筋，每隔 200mm 设置一根"。

　　钢筋表内容包括构件编号、钢筋编号、钢筋简图及规格、数量和长度等。钢筋表要明确以下内容：

　　(1) 形状和尺寸。从图 6-19 的说明 2 中可以知道，主筋保护层厚度为 25mm，L-1 的总长为 4440，总高为 350，各编号钢筋的计算方法如下：

　　①号筋长度为梁长减去两端保护层厚度，即 $4440 - 25 \times 2 = 4390$。其余钢筋的长度如图 6-19 所示。

　　(2) 钢筋的成型。在混凝土构件中的钢筋，螺纹钢筋端部如果符合锚固要求，可以不做弯钩；若锚固需要做弯钩者，只做直钩，如②号钢筋。圆钢筋端部弯钩则应为半圆弯钩，图中③号钢筋为圆钢，因此一个弯钩的长度为 80mm。④号钢筋应为 135°的弯钩，因为无抗扭要求，所以Φ6 的箍筋按施工经验一般取 50mm。

　　2. 现浇整体式楼盖详图

　　现浇整体式楼盖详图主要用于现场支模板、绑扎钢筋、浇灌混凝土梁、板等。现浇楼板配筋详图的内容包括平面图、剖面图、钢筋表和文字说明四部分，如图 6-20 所示。这些图与相应的建筑平面及墙身剖面关系密切，应配合阅读。

　　(1) 平面图的主要内容。平面配筋图主要表示板的尺寸、大小、钢筋布置及位置等，板内不同类型的钢筋都用编号来表示，并注明钢筋在平面图中的定位尺寸。同时钢筋的编号、规格、间距等，例如④号钢筋Φ6@200。在说明中所指的分布钢筋就是不受力的钢筋，它起固定受力筋、分布荷载和抵抗温度应力的作用，图中可以不画。

　　(2) 断面图的主要内容。如图 6-20 中 3—3 断面图（通常说成剖面图），主要表示楼板与圈梁、承重梁、砖墙的相互关系。同时表示各种编号钢筋在楼板中的空间位置。

　　(3) 文字说明。说明材料的强度等级，分布筋的布置方法和施工要求等。

　　(4) 钢筋表。钢筋表同梁的钢筋表的编制方法一致。钢筋的长度应结合平面图和断面图经过计算而定。如图中②号钢筋的长度应为 $1000 + (70 - 10) \times 2 = 1120$，其中 70 为板厚，10 为保护层厚度，$70 - 10$ 等于直钩的长度。②号钢筋的数量应为 $3600 \div 200 + 1 = 19$ 根。因为有两根相同的梁，所以共有②号钢筋 38 根。

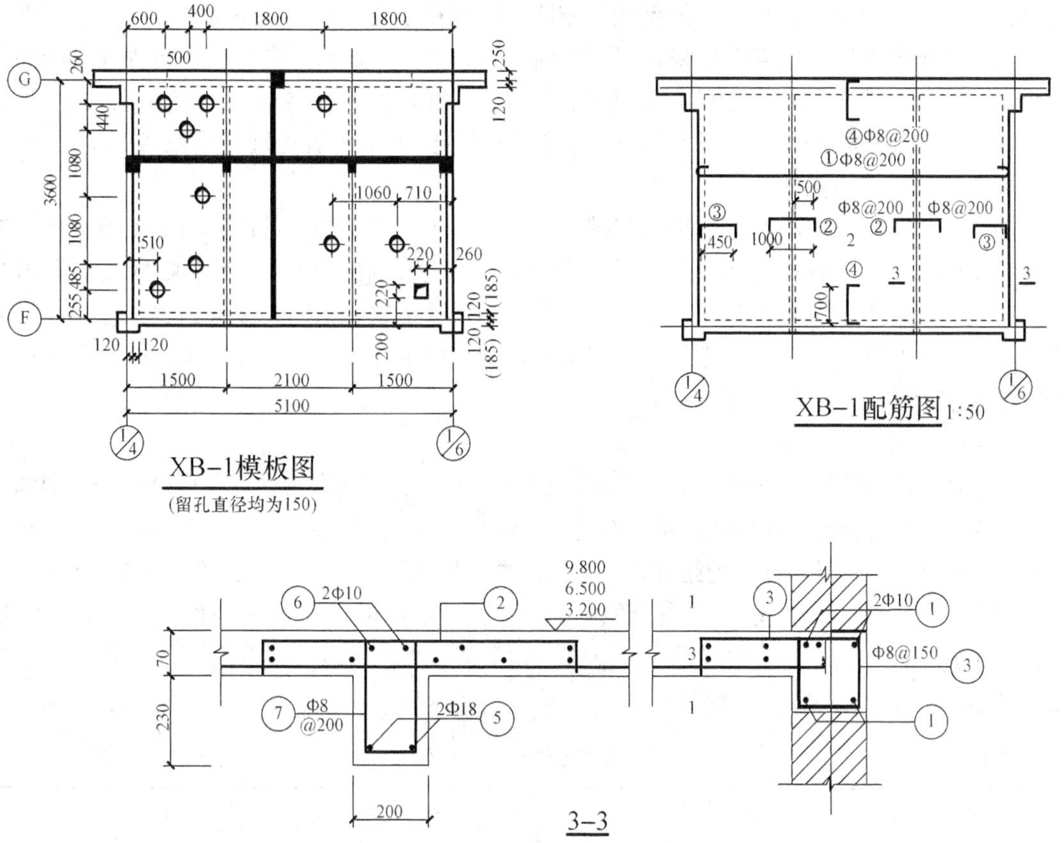

XB-1模板图

（留孔直径均为150）

XB-1配筋图 1:50

3—3

说明：
1. 图中各构件均为现浇，用C20混凝土。
2. 板中分布筋为ф6@250。
3. 保护层：板为10mm，梁为25mm。

钢 筋 表

梁编号	钢筋号	钢筋简图	规格	数量	长度
L-1	①	4680　50	Φ8	19	4960
	②	1000	Φ8	38	1120
	③	450	Φ8	38	570
	④	700	Φ8	50	820

图 6-20　现浇楼盖详图

第五节　钢筋混凝土结构平法施工图

一、概述

1. 平法施工图表示方法的由来与特点

为提高设计效率、简化绘图、改革传统的逐个构件表达的繁琐设计方法，我国推出了国家标准图集《混凝土结构施工图平面整体表示方法制图规则和构造详图》（03G101-1、03G101-2、03G101-3、04G101-4）。建筑结构施工图平面整体设计法（简称平法）的表达方式是对我国混凝土结构施工图的设计表示方法的重大改革。

所谓的平法表达，就是把结构构件的尺寸和配筋等，按照平面整体表示方法制图规则，整体直接表达在各类构件的结构平面布置图上，再与标准构造详图相配合，即构成一套完整的结构设计。平面整体表示法与传统表示方法的区别在于改变了传统将构件（柱、梁、剪力墙）从结构平面布置图中索引出来，再逐个绘制模板详图和配筋详图的繁琐过程。平法的国标图集适用于非抗震和抗震设防烈度为 6、7、8、9 度地区，抗震等级为特一级和一、二、三、四级的砌体结构的现浇楼板与屋面板、现浇混凝土框架、剪力墙、框架-剪力墙和框支剪力墙主体结构施工图的设计。

图集包括常用的现浇混凝土筏形基础、柱、墙、梁、楼梯等构件的平法制图规则和标准构造详图两大部分，其中制图规则是为了规范使用平法，确保设计、施工质量实现全国统一；它既是设计者完成筏形基础、柱、墙、梁、楼梯等平法施工图的依据，也是施工、监理等工程技术人员准确理解和实施平法施工图的依据。标准构造详图是施工人员必须与平法施工图配套使用的正式设计文件。

2. 平法施工图适用范围与表示方式

平法适用的结构构件为柱、梁、剪力墙三种。内容包括两大部分，即平面整体表示图和标准构造详图。因为标准构造详图多是已有的，平法施工图的绘制主要就是在建筑结构平面布置图上表示清楚各种构件尺寸和配筋方式。表示方法有平面注写、列表注定和截面注写三种方式。

在平法表示中，各种构件必须标明构件的代号，除表 6-1 常用的构件代号外，又增加了在平法施工图中的常用构件符号，见表 6-6 所示。由表中代号可看出，代号主要还是根据构件名称的拼音而定。

表 6-6   平法施工图的常用构件代号

名　　称	代　　号	名　　称	代　　号
框架柱	KZ	剪力墙墙身	Q
框支柱	KZZ	连梁（无交叉暗撑、钢筋）	LL
芯柱	XZ	连梁（有交叉暗撑）	LL（JA）
梁上柱	LZ	连梁（有交叉钢筋）	Ll（JG）
剪力墙上柱	QZ	暗梁	AL
约束边缘端柱	YDZ	边框梁	BKL
约束边缘暗柱	YAZ	楼层框架梁	KL
约束边缘翼墙柱	YYZ	屋面框架梁	WKL
约束边缘转角墙柱	YJZ	框支梁	KZL
构造边缘端柱	GDZ	非框架梁	L
构造边缘暗柱	GAZ	悬挑梁	XL
构造边缘翼墙柱	GYZ	井字梁	JZL
构造边缘转角墙柱	GJZ	矩形洞口	JD
非边缘暗柱	AZ	圆形洞口	YD
扶壁柱	FBZ		

二、柱平法施工图

柱平法施工图的绘制是在柱平面布置图上采用列表注写方式或截面注写方式，两种方式的识读与绘制说明如下。

1. 列表注写方式

列表注写是指在柱平面布置图上（一般只需采用适当比例绘制一张柱平面布置图，包括框架柱、框支柱、梁上柱和剪力墙上柱），分别在同一编号的柱中选择一个（有时需要选择几个）截面标注几何参数代号；在柱表中注写柱号、柱段起止标高、几何尺寸（含柱截面对轴线的偏心情况）与配筋的具体数值，并配以各种柱截面形状及其箍筋类型图的方式，来表达柱子平法施工，如图 6-21 所示。

柱表按下列要求注写：

（1）注写柱编号，柱编号由类型代号和序号组成，应符合表 6-6 的规定。

（2）注写各段柱的起止标高，自柱根部往上以变截面位置或截面未变但配筋改变处为界分段注写。框架柱和框支柱的根部标高系指基础顶面标高；芯柱的根部标高系指根据结构实际需要而定的起始位置标高；梁上柱的根部标高系指梁顶面标高；剪力墙上柱的根部标高分两种：当柱纵筋锚固在墙顶部时，其根部标高为墙顶面标高；当柱与剪力墙重叠一层时，其根部标高为墙顶面往下一层的结构层楼面标高。

（3）矩形柱注写柱截面尺寸 $b \times h$ 及与轴线关系的几何参数代号为 b_1、b_2 和 h_1、h_2 的具体数值，需对应于各段柱分别注写。其中 $b = b_1 + b_2$，$h = h_1 + h_2$。当截面的某一边收缩变化至与轴线重合或偏到轴线的另一侧时，b_1、b_2、h_1 及 h_2 中的某项为零或为负值。对于圆柱，表中 $b \times h$ 一栏改用在圆柱直径数字前加 d 表示。为表达简单，圆柱截面与轴线的关系也可用 b_1、b_2 和 h_1、h_2 表示，但必须满足 $d = b_1 + b_2 = h_1 + h_2$。

对于芯柱，根据结构需要，可以在某些框架柱的一定高度范围内，在其内部的中心位置设置（分别引注其柱编号）。芯柱定位随框架柱走，不需要注写其与建筑定位轴线的关系。

（4）注写柱纵筋。当柱纵筋直径相同，各边根数也相同时（包括矩形柱、圆柱和芯柱），将纵筋注写在"全部纵筋"一栏中；除此之外，柱纵筋分角筋、截面 b 边中部筋和 h 边中部筋三项分别注写（对于采用对称配筋的矩形截面柱，可只注写一侧中部筋，对称边不标注）。

（5）注写箍筋类型及箍筋肢数，在箍筋类型栏内注写绘制柱截面形状及其箍筋类型号。各种箍筋类型图以及箍筋复合的具体方式，需画在表的上部或图中的适当位置，并在其上标注与表中相对应的 b、h 和编上类别型号。

（6）注写柱箍筋，包括钢筋级别、直径与间距。

当为抗震设计时，用斜线"/"区分柱端箍筋加密区与柱身非加密区长度范围内箍筋的不同间距。施工时在规定的几种长度值中取其最大者作为加密区长度。当箍筋沿柱全高为一种间距时，则不使用"/"线。当圆柱采用螺旋箍筋时，需在箍筋前加"L"。如 $L\phi 10@100/200$，表示采用螺旋箍筋，HPB235 级钢筋（Ⅰ级钢筋），直径为 10mm，加密区间距为 100mm，非加密区间距为 200。

图 6-21 为采用列表注写方式表达的柱平法施工图示例图样。此图为标高 $-0.030 \sim 59.070$。图中左边表格是结构层号、楼面标高与结构层高。平面图中有 1 号框架柱（KZ1）、1 号梁上柱（LZ1）和 1 号芯柱（XZ1），并标出柱的位置与截面尺寸。还画出 7 种箍筋类型和柱表。箍筋类型中的 $m \times n$ 表示横向肢数×竖向肢数。

2. 截面注写方式

截面注写方式是在标准层绘制的柱平面布置图的柱截面上，分别在同一编号的柱中选择一个截面，以直接注写截面尺寸和配筋具体数值的方式来表达柱平法施工图，如图 6-22 所示。

结构层楼面标高
结构层高

层号	标高(m)	层高(m)
屋面2	65.670	
塔层2	62.370	3.30
屋面1(塔层1)	59.070	3.30
16	55.470	3.60
15	51.870	3.60
14	48.270	3.60
13	44.670	3.60
12	41.070	3.60
11	37.470	3.60
10	33.870	3.60
9	30.270	3.60
8	26.670	3.60
7	23.070	3.60
6	19.470	3.60
5	15.870	3.60
4	12.270	3.60
3	8.670	3.60
2	4.470	4.20
1	-0.030	4.50
-1	-4.530	4.50
-2	-9.030	4.50

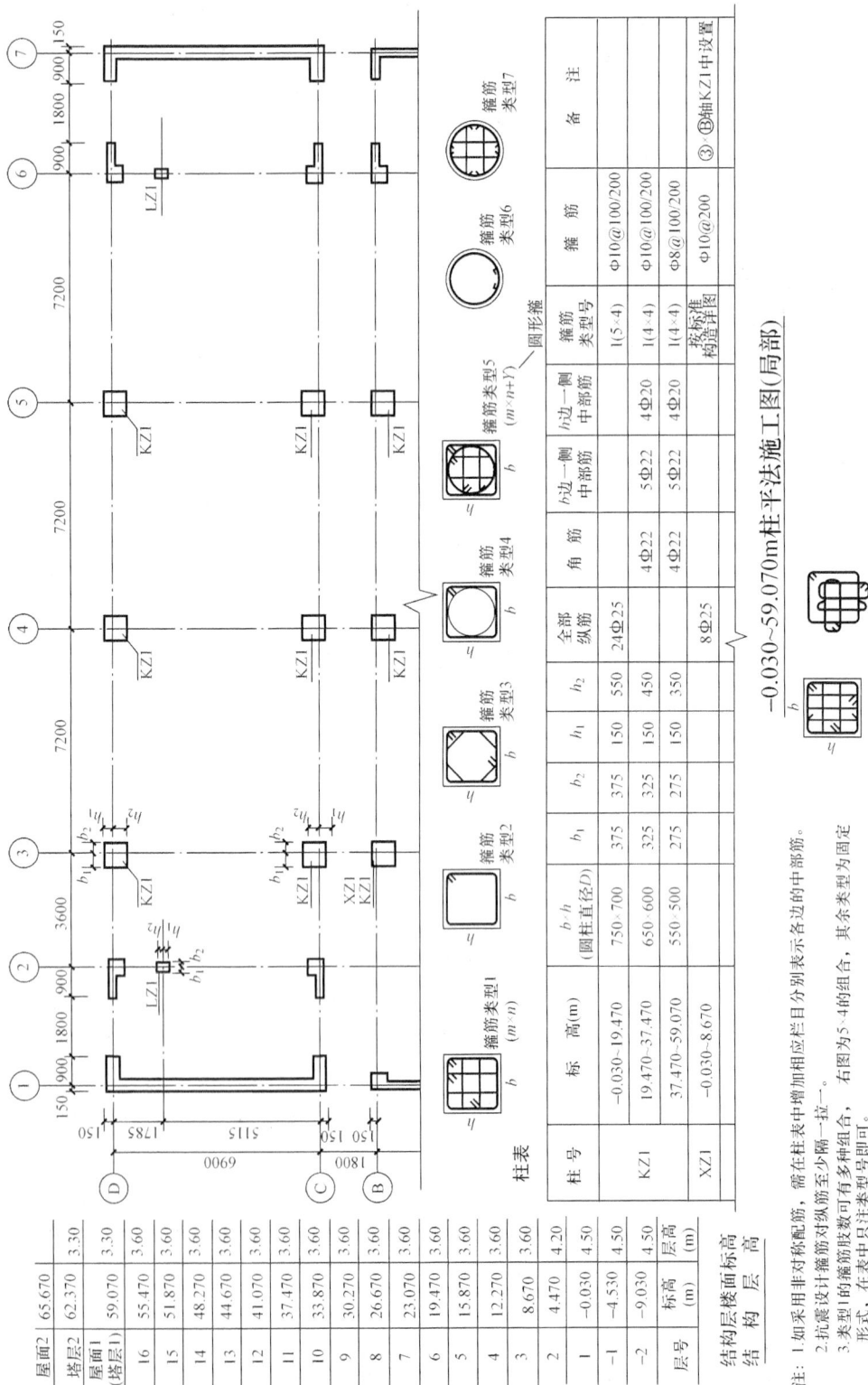

-0.030~59.070m柱平法施工图(局部)

柱表

柱号	标高(m)	b×h(圆柱直径D)	b_1	b_2	h_1	h_2	全部纵筋	角筋	b边一侧中部筋	h边一侧中部筋	箍筋类型号($m \times n$)	箍筋	备注
KZ1	-0.030~19.470	750×700	375	375	150	550	24Φ25				1(5×4)	Φ10@100/200	
	19.470~37.470	650×600	325	325	150	450		4Φ22	5Φ22	4Φ20	1(4×4)	Φ10@100/200	
	37.470~59.070	550×500	275	275	150	350		4Φ22	5Φ22	4Φ20	1(4×4)	Φ8@100/200	
XZ1	-0.030~8.670						8Φ25				按标准构造详图	Φ10@200	③ ⑧轴KZ1中设置

注：1.如采用非对称配筋，需在柱表中增加相应栏目分别表示各边的中部筋。
　　2.抗震设计时箍筋对纵筋至少隔一拉一。
　　3.类型1的箍筋肢数可有多种组合，右图为5-4的组合，其余类型为固定形式，在表中只注写类型号即可。

箍筋类型1　箍筋类型2　箍筋类型3　箍筋类型4　箍筋类型5　箍筋类型6　箍筋类型7　圆形箍

图6-21　柱平法列表注写方式例图

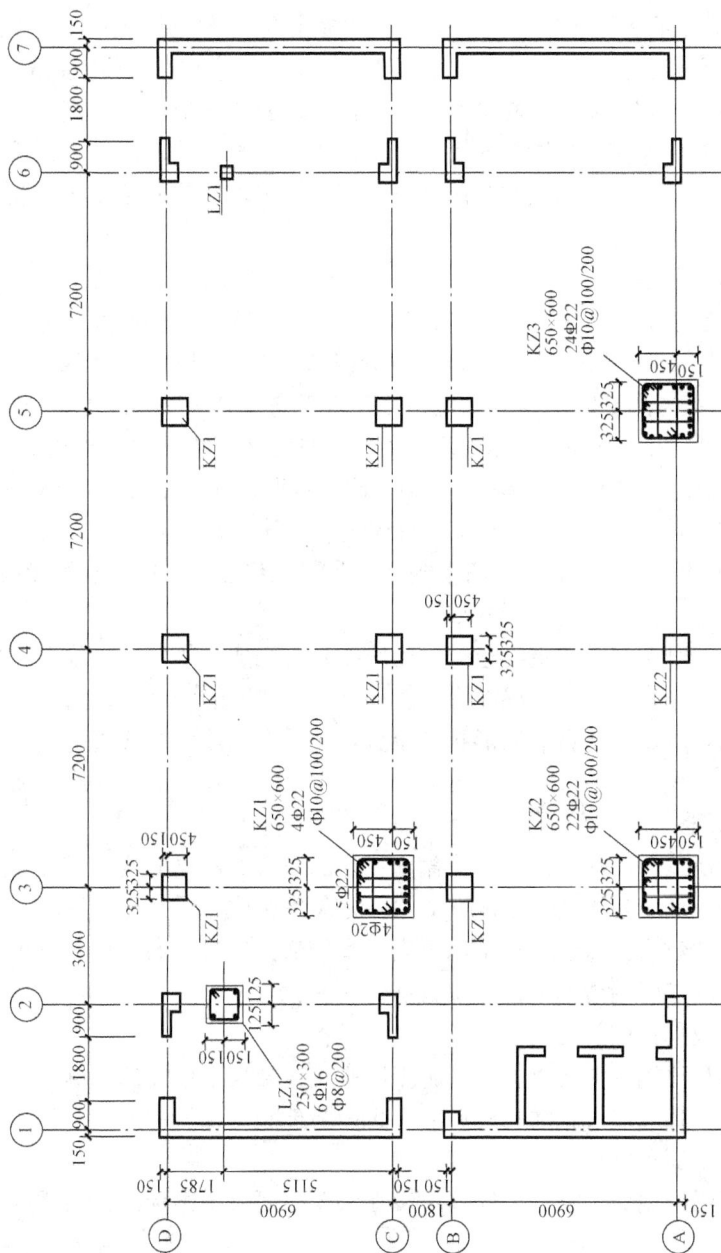

19.470~37.470m柱平法施工图

图 5-22　柱平法截面注写方式例图

	房面2	65.670	3.30
	塔层2	62.370	3.30
	房面1(塔层1)	59.070	3.60
	16	55.470	3.60
	15	51.870	3.60
	14	48.270	3.60
	13	44.670	3.60
	12	41.070	3.60
	11	37.470	3.60
	10	33.870	3.60
	9	30.270	3.60
	8	26.670	3.60
	7	23.070	3.60
	6	19.470	3.60
	5	15.870	3.60
	4	12.270	3.60
	3	8.670	4.20
	2	4.470	4.50
	1	-0.030	4.50
	-1	-4.530	4.50
	-2	-9.030	4.50
	层号	标高 (m)	层高 (m)

结构层楼面标高
结 构 层 高

标注时，对除芯柱之外的所有柱截面按表 6-6 规定进行编号，从相同编号的柱中选择一个截面，按另一种比例原位放大绘制柱截面配筋图，并在各配筋图上继其编号后再注写截面尺寸 $b×h$、角筋或全部纵筋（当纵筋采用一种直径且能够图示清楚时）、箍筋的具体数值，以及在柱截面配筋图上标注柱截面与轴线关系 b_1、b_2 和 h_1、h_2 的具体数值。

当纵筋采用两种直径时，需再注写截面各边中部筋的具体数值。

在截面注写方式中，如柱的分段截面尺寸和配筋均相同，仅分段截面与轴线的关系不同时，可将其编为同一柱号。但此时应在未画配筋的柱截面上注写该柱截面与轴线关系的具体尺寸。

图 6-22 为采用截面注写方式表达的柱平法施工图示例。该图为标高 19.470～37.470m 的柱平法施工图。图中选出有代表性的 KZ1、KZ2、KZ3、LZ1 将其比例放大后标出其截面尺寸和配筋情况。如 1 号框架柱，截面为 650mm×600mm 的矩形；4 根直径为 22mm 的 HRB335 级为贯通纵筋，置于 4 角；X 向 5 根（不包括集中标注的 2 根）直径 22mm HRB335 级钢筋，Y 向 4 根（不包括集中标注的 2 根）直径 22mm HRB335 级钢筋；箍筋为 4 肢Φ10 箍筋，加密区间距 100mm，非加密区间距 200mm。而 2 号框架柱，截面也为 650mm×600mm 的矩形；贯通纵筋配的是 22 根直径 22mm HRB335 级钢筋，却没有原位标注，说明每边 6 根钢筋；箍筋与 KZ1 相同。3 号框架柱的不同之处是贯通纵筋为 24 根直径 22mm HRB335 级钢筋，说明长边布置 7 根，短边布置 6 根。

绘制柱平法施工图时，柱及建筑物边线（轮廓线）可画成中粗线，当放大某柱截面表示钢筋构造时，钢筋画为粗线，柱轮廓线画为细线，其余绘制时绘为细线。后述各平法施工图样均可照此方法绘制，重点突出钢筋的形状和位置，然后再利用中粗线清楚绘制墙身、柱及梁的轮廓。

三、梁平法施工图

梁平法施工图，是以平面注写的方法或截面标注的方法表示梁的位置、截面尺寸、配筋情况等施工所需内容。其注写方式包括两方面，一是集中标注，二是原位标注。集中标注表达某梁构件全长通用的数据，原位标注则用于表示梁局部比较特殊的数据，对集中标注起着补充和说明的作用。施工引用数据，以原位数据优先。

梁平法施工图一般包括如下的内容：

（1）图形的名称和比例（该比例同建筑施工图中相应楼层平面图的比例）。

（2）梁定位轴线、轴号以及轴线间的尺寸（也须与建施图保持一致）。

（3）梁的编号和平面布置。

（4）每一种编号梁的截面尺寸、配筋情况，在必要时要表示出标高，如错层中的梁或处于非楼层标高处的梁。

（5）梁局部详图和设计说明。

1. 梁的集中标注

梁编号由梁类型代号、序号、跨数及有无悬挑代号几项组成，如 KL，8（6B）表示第 8 号框架梁，6 跨，两端有悬挑；L9（7A）表示第 9 号非框架梁，7 跨，一端有悬挑。

梁集中标注的内容，有五项必注值及一项选注值（集中标注可以从梁的任意一跨引出），规定如下：

（1）梁编号，为必注值。

（2）梁截面尺寸，为必注值。当为等截面梁时，用 $b \times h$ 表示；当为加腋梁时，用 $b \times h$YC1$\times$C2 表示，其中 C1 为腋长，C2 为腋高，如图 6-23（a）所示；当有悬挑梁且根部和端部的高度不同时，用斜线分隔根部与端部的高度值，形式为 $b \times h_1 / h_2$，如图 6-23（b）所示。

（3）梁箍筋，包括钢筋级别、直径、加密区与非加密区间距及肢数，该项必注。箍筋加密区与非加密区的不同间距及肢数需用斜线"/"分隔；当加密区与非加密区的箍筋肢数相同时，则将肢数注写一次；箍筋肢数应写在括号内。

如Φ 10@100/200（4），表示箍筋为 HPB235 级钢筋，直径Φ 10，加密区间距为 100mm，非加密区间距为 200mm，均为四肢箍。13 Φ 12@150（4）/200（2），表示箍筋为 HPB235 级钢筋，直径 12mm，梁的两端各有 13 个四肢箍，间距为 150；梁跨中部分，间距为 200，双肢箍。

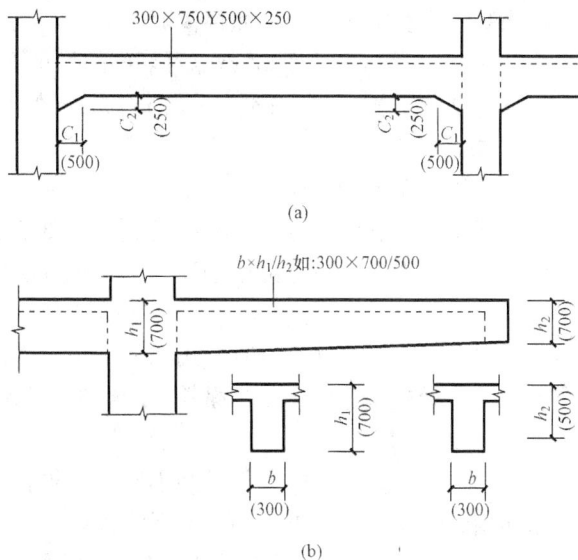

图 6-23 梁的截面尺寸标注
（a）加腋梁截面尺寸注写示意；（b）悬挑梁不等高截面尺寸注写示意

（4）梁上部通长筋或架立筋配置（通长筋可为相同或不同直径采用搭接连接、机械连接或对焊连接的钢筋），该项为必注值。所注规格与根数应根据结构受力要求及箍筋肢数等构造要求而定。

当同排纵筋中既有通长筋又有架立筋时，应用在通长筋和架立筋之间用加号"＋"相连。注写时须将角部纵筋写在加号的前面，架立筋写在加号后面的括号内，以示不同直径及与通长筋的区别。当全部采用架立筋时，则将其写入括号内。如 2Φ 22＋（4Φ 12），说明 2Φ 22 用于双肢箍，（4Φ 12）用于六肢箍，前者为通长筋，后者为架立筋。

当梁的上部纵筋和下部纵筋为全跨相同，且多数跨配筋相同时，此项可加注下部纵筋的配筋值，用分号";"将上部与下部纵筋的配筋值分隔开来，少数跨不同者，原位标注。如 3Φ 22；3Φ 20 表示梁的上部配置 3Φ 22 的通长筋，梁的下部配置 3Φ 20 的通长筋。

（5）梁侧面纵向构造钢筋或受扭钢筋配置，该项为必注值。

当梁腹板高度 $h_w \geqslant$ 450mm 时，须配置纵向构造钢筋，所注规格与根数应符合规范规定。此项注写以大写字母 G 打头，接续注写设置在梁两个侧面的总配筋值，且对称配置。如 G4Φ 12，表示梁的两个侧面共配置 4Φ 12 的纵向构造钢筋，每侧各配置 2Φ 12。

当梁侧面需配置受扭纵向钢筋时，此项注写值以大写字母 N 打头，接续注写配置在梁两个侧面的总配筋值，且对称配置。如 N6Φ 22，表示梁的两个侧面共配置 6Φ 22 的受扭纵向钢筋，每侧各配置 3Φ 22。

（6）梁顶面标高高差，该项为选注。

梁顶面标高高差，系指相对于结构层楼面标高的高差值，对于位于结构夹层的梁，则指相对于结构夹层楼面标高的高差。有高差时，须将其写入括号内，无高差时不注。但当某梁的顶面高于所在结构层的楼面标高时，其标高高差为正值，反之为负值。例如某结构层的楼面标高为 47.950m 和 51.250m，当某梁的梁顶面标高高差注写为（−0.150）时，即表明该梁顶面标高分别相对于 47.950m 和 51.250m 低 0.15m。

 2. 梁的原位标注

（1）梁支座上部纵筋。

 该部位含通长筋在内的所有纵筋。当上部纵筋多于一排时，用斜线"/"将各排纵筋自上而下分开。如梁支座上部纵筋注写为 6Φ254/2，表示上一排纵筋为 4Φ25，下一排纵筋为 2Φ25。

 当同排纵筋有两种直径时，用加号"＋"将两种直径的纵筋相连，注写时将角部纵筋写在前面。如梁支座上部有 4 根纵筋，2Φ25 放在角部，2Φ22 放在中部，在梁支座上部应注写为 2Φ25＋2Φ22。

 当梁中间支座两边的上部纵筋不同时，须在支座两边分别标注；当梁中间支座两边的上部纵筋相同时，可只在支座的一边标注配筋值，另一边省去不注，如图 6-24 所示。

 图 6-24 中表示 7 号框架梁有 3 跨，截面 300×700；箍筋Φ10，加密区间距 100mm，非加密区间距 200mm，双肢箍，上部通长钢筋 2Φ25；侧面抗扭钢筋共 4Φ18（每边 2 根），比结构层标高低 0.10m。原位标注内容显示，第一跨：左支座边缘上部 4Φ25（包括集中标注的 2 根）；右支座分两排布置，上排 4Φ25（包括集中标注的 2 根），下排 2Φ25；下部钢筋为 4Φ25，全部伸入支座。第二跨上部纵筋也是两排布置，上排 4Φ25（包括集中标注的 2 根），下排 2Φ25；下部钢筋为 4Φ25，全部伸入支座。侧面构造钢筋共 4Φ10（每边 2 根）。第三跨与第一跨对称布置。

（2）梁下部纵筋。

 当下部纵筋多于一排时，用斜线"/"将各排纵筋自上而下分开。如梁下部纵筋注写为 6Φ25 2/4，表示上一排纵筋为 2Φ25，下一排纵筋为 4Φ25，全部伸入支座。

 当同排纵筋有两种直径时，用"＋"将两种直径的纵筋相连，注写时角筋写在前面。当梁下部纵筋不全部伸入支座时，将梁支座下部纵筋减少的数量写在括号内。如梁下部纵筋注写为Φ252（−2）/4，则表示上排纵筋为 2Φ25，不伸入支座；

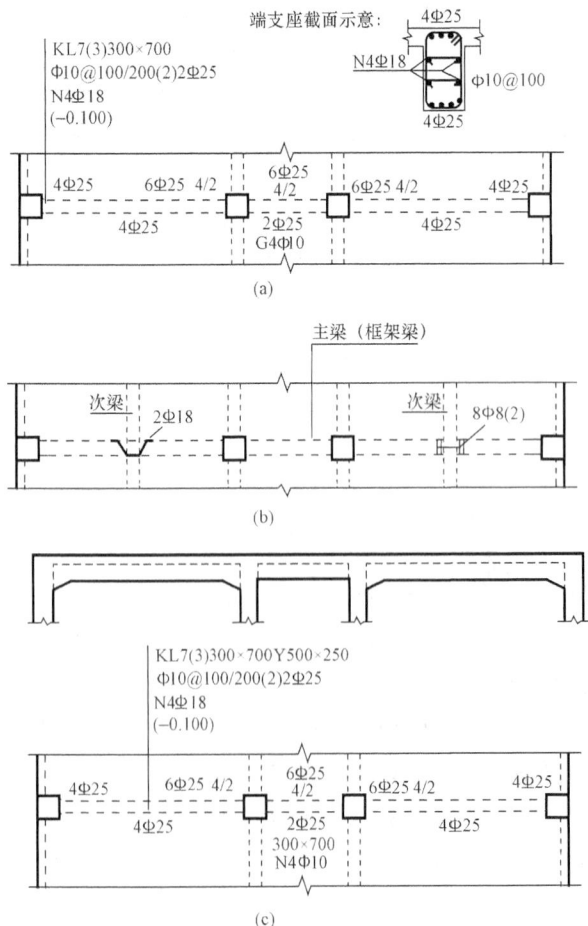

图 6-24 梁原位标注图示

（a）大小跨梁的注写示例；（b）附加箍筋和吊筋的画法示例；

（c）梁加腋平面注写方式表达示例

下一排纵筋为 4Φ25，全部伸入支座。

当梁下部纵筋注写为 2Φ25＋3Φ22（—3)/5Φ25，表示上排纵筋为 2Φ25 和 3Φ22，其中 3Φ22 不伸入支座；下一排纵筋为 5Φ25，全部伸入支座。

（3）附加箍筋或吊筋。

将其直接画在平面图中的主梁上，用线引注总配筋值（附加箍筋的肢数注在括号内）[图 6-24（b）]，当多数附加箍筋或吊筋相同时，可在梁平法施工图上统一注明，少数与统一注明值不同时，再原位引注。如图 6-24（b）所示，第一跨的主梁上 2Φ18 的吊筋（放在次梁下主梁两侧）；第三跨次梁两侧的主梁上标有附加箍筋的符号并标有 8Φ8（2）表示在次梁两侧的主梁的一定范围内，每边布置 4Φ8 的双肢箍。

（4）井字梁。

井字梁通常由非框架梁构成，并以框架梁为支座（特殊情况下以专门设置的非框架大梁为支座）。在此情况下，为明确区分井字梁与框架梁或作为井字梁支座的其他类型梁，井字梁用单粗虚线表示（当井字梁顶面高出板面时可用单粗实线表示），框架梁或作为井字梁支座的其他梁用双细虚线表示（当梁顶面高出板面时可用双细实线表示）。

当在结构平面布置中仅有由四根框架梁形成的一片网格区域时，所有在该区域相互正交的井字梁均为单跨；当有多片网格区域相连时，贯通多片网格区域的井字梁为多跨，且相邻两片网格区域分界处即为该井字梁的中间支座。对某根井字梁进行编号时，其跨数为其总支座数减 1。在该梁的任意两个支座之间，无论有几根同类梁与其相交，均不作为支座，如图 6-25 所示。

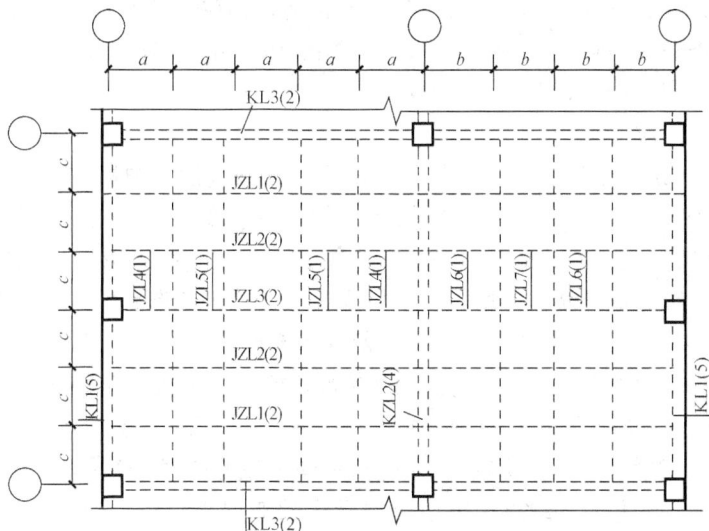

图 6-25　井字梁的标注和编号

（5）原位标注需注意的其他问题。

在梁平法施工图中，当局部梁的布置过密时，可将过密区用虚线框出，适当放大比例后再用平面注写方式表示。另外，当在梁上集中标注的内容（即梁截面尺寸、箍筋、上部通长筋或架立筋，梁侧面纵向构造钢筋或受扭纵向钢筋，以及梁顶面标高高差中的某一项或几项数值）不适用于某跨或某悬挑部分时，则将其不同数值原位标注在该跨或该悬挑部位，施工时应按原位标注数值取用。如图 6 - 24（c）中第一跨、第三跨在图 6 - 24（a）中梁下加腋，所以在集中标注中加了 Y500（腋长）×250（腋高）；而第二跨未加腋，所以在原位标注中说明截面尺寸是 300mm×700mm。

3. 梁平法施工图识读示例

图 6 - 26 所示某梁平法施工图，左边表格是结构层号、层楼面标高与结构层高。该建筑地下 2 层，地上 16 层，外加屋面 1（塔层 1）、塔层 2 和屋面 2。该图是 5～8 层（标高 15.870～26.670m）梁平法施工图。

（1）定位轴线①、②平法表示内容。

集中标注内容：定位轴线①、②之间是楼、电梯间；由 L1（1）知楼梯间有 2 根 1 跨的非框架梁，北边一根比左表中所示标高低 1.8m，左端支撑在山墙上，右端支撑在 2 号定位轴线的主梁上，在楼梯梁端两侧的主梁上布置有每边 4Φ10 的双肢附加箍筋；南边一根左端支撑在山墙上，右端支撑在 2 号定位轴线的主梁上，在楼梯下的主梁上布置有 2Φ18 的吊筋。定位轴线②处的 3 号框架梁，共 3 跨，截面为 250mm×650mm，箍筋为双肢加密区 100mm、非加密区 200mm 的 Φ10 钢筋；上部贯通钢筋为 2Φ22，构造腰筋每边 2Φ10。

原位标注内容：

第一跨上部通长纵筋分两排布置，上排 4Φ22（包括集中标注的 2 根），下排 2Φ22；下部也分两排，上排 3Φ20，下排 4Φ20，全部伸入支座；第二跨上部钢筋与第一跨相同，下部为 2Φ18；第三跨与第一跨配筋相同，但增加附加箍筋与吊筋。

（2）定位轴线③、④平法表示内容。

定位轴线③处的配筋与定位轴线④处的完全相同。轴线④处的 4 号框架梁（一端悬挑），共 3 跨，截面 250mm×700mm，箍筋为双肢加密区 100mm、非加密区 200mm 的 Φ10 钢筋；上部贯通钢筋为 2Φ22，构造腰筋每边 2Φ10。

原位标注内容：

悬挑部分，6Φ22 上部通长筋，分两排，上排 4 根（包括集中标注的 2 根），下排 2 根，下部通长钢筋为 2Φ16，箍筋为双肢 Φ10@200；第一跨上部通长纵筋分两排布置，上排 4Φ22（包括集中标注的 2 根），下排 2Φ22；下部也分两排，上排 2Φ22，下排 4Φ22，全部伸入支座；第二跨上部钢筋与第一跨相同，下部为 2Φ20；第三跨上部与第一跨配筋相同，下部也分为两排，上排 3Φ20，下排 4Φ20，全部伸入支座。

悬挑板边梁为带两个弧形的编号为 2 的 3 跨连续梁，截面 250mm×650mm，箍筋为双肢加密区 100mm、非加密区 200mm 的 Φ10 钢筋；上部贯通钢筋为 4Φ22，抗扭钢筋为每边 2Φ20；原位标注第一跨上部 4Φ22（包括集中标注的 2 根），下排 2Φ22；第二跨上部通长纵筋分两排布置，上排 4Φ22（包括集中标注的 2 根），下排 4Φ22；第三跨与第二跨相同。

4. 梁截面注写方式

梁截面注写方式用于平面表示法不能完全表达清楚的图样上。此时，在部分梁平面布置图上，分别在不同编号的梁中各选择一根梁用剖面号引出配筋图，并在其上注写截面尺寸和配筋具体数值的方式表达梁平法施工图，如图 6 - 27 所示。

四、剪力墙平法施工图

剪力墙平法施工图，就是在剪力墙平面布置图上采用列表注写或截面注写方式表达。

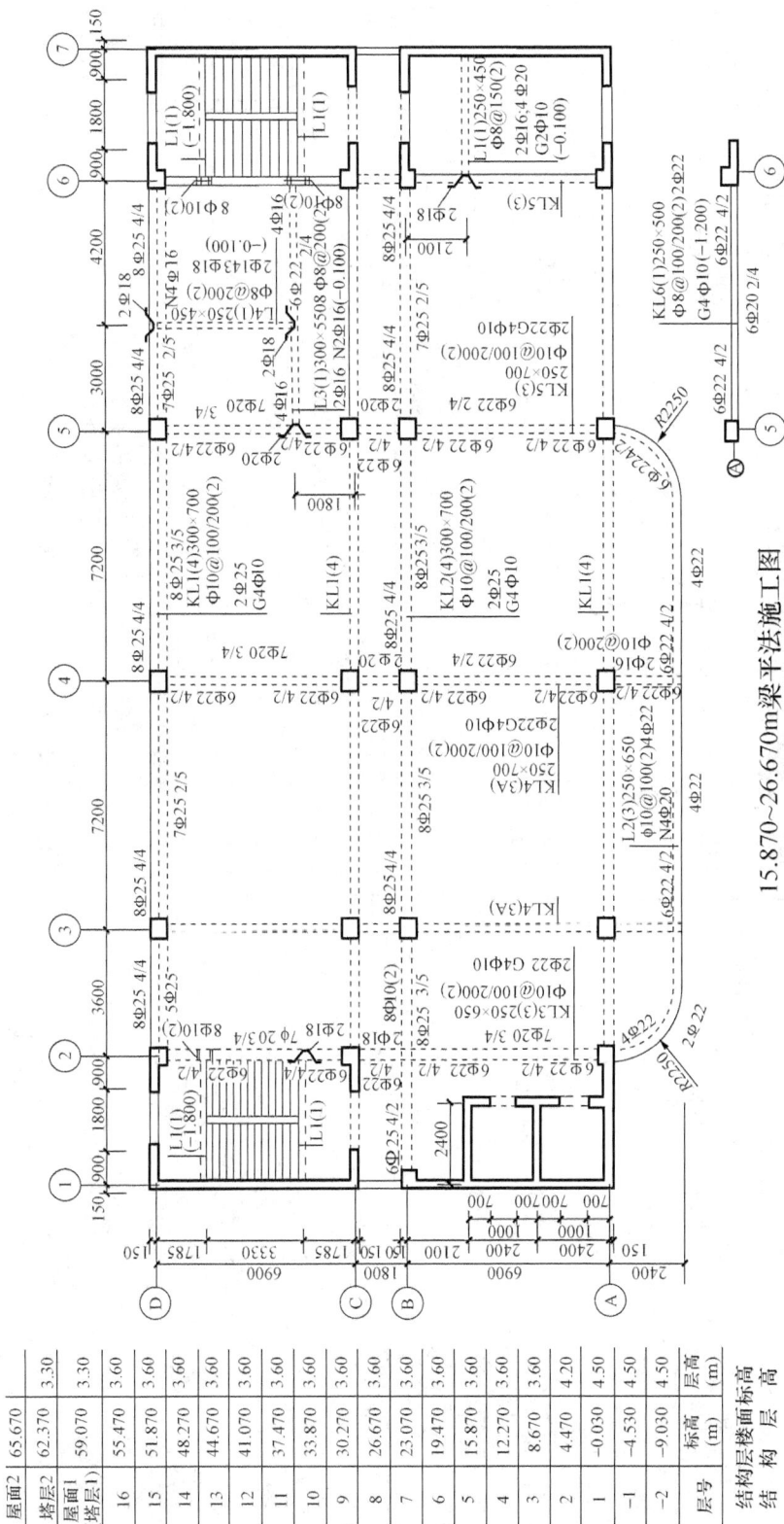

15.870~26.670m梁平法施工图

梁平法施工图平面注写方式示例

图 6 - 26　梁平法平面注写图例

注：可根据实际需要，在结构层楼面标高、结构层高
　　中加注混凝土强度等级等栏目。

层号	标高(m)	层高(m)
屋面2	65.670	
塔层2	62.370	3.30
屋面1(塔层1)	59.070	3.30
16	55.470	3.60
15	51.870	3.60
14	48.270	3.60
13	44.670	3.60
12	41.070	3.60
11	37.470	3.60
10	33.870	3.60
9	30.270	3.60
8	26.670	3.60
7	23.070	3.60
6	19.470	3.60
5	15.870	3.60
4	12.270	3.60
3	8.670	3.60
2	4.470	4.20
1	-0.030	4.50
-1	-4.530	4.50
-2	-9.030	4.50
层号	标高(m)	层高(m)

结构层楼面标高
结构层高

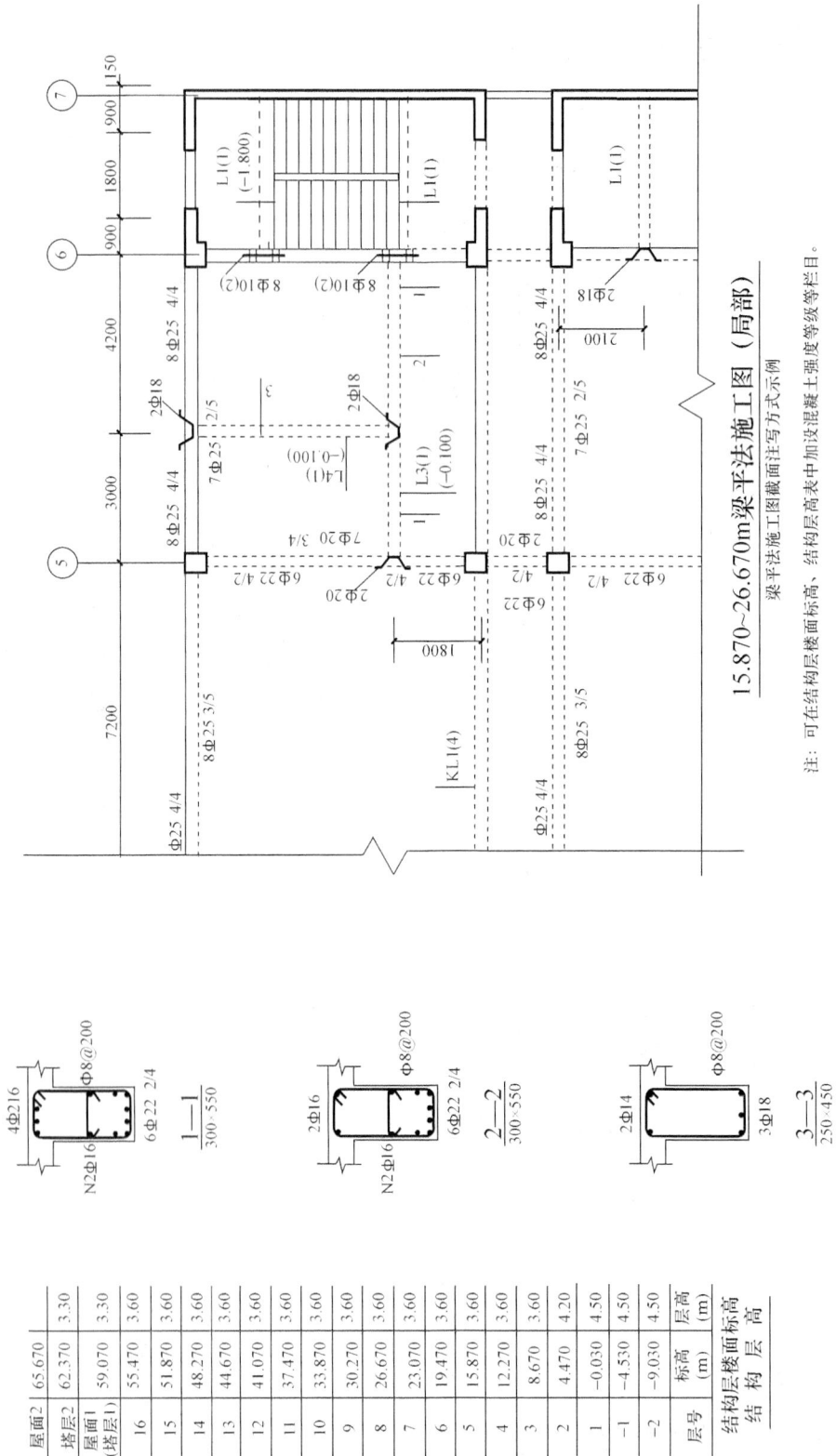

15.870~26.670m 梁平法施工图（局部）

梁平法施工图截面注写方式示例

注：可在结构层楼面标高、结构层高表中加注混凝土强度等级等栏目。

梁截面注写方式示例

图 6 - 27

屋面2	65.670	3.30
塔层2	62.370	3.30
屋面1 (塔层1)	59.070	3.60
16	55.470	3.60
15	51.870	3.60
14	48.270	3.60
13	44.670	3.60
12	41.070	3.60
11	37.470	3.60
10	33.870	3.60
9	30.270	3.60
8	26.670	3.60
7	23.070	3.60
6	19.470	3.60
5	15.870	3.60
4	12.270	3.60
3	8.670	3.60
2	4.470	4.20
1	-0.030	4.50
-1	-4.530	4.50
-2	-9.030	4.50
层号	标高 (m)	层高 (m)
结构层楼面标高 结 构 层 高		

1. 列表注写方式

为便于理解和表达，可把剪力墙视为由剪力墙柱、剪力墙身和剪力墙梁三类构件构成的。三类构件也被简称为墙柱、墙身、墙梁。通俗的理解，剪力墙就是钢筋混凝土墙，通常用于高层建筑。

（1）墙柱。各类墙柱的截面形状、几何尺寸及代号如图 6-28 所示。

在剪力墙柱表［图 6-28（b）］中表达的内容，规定如下：

1）注写墙柱编号和绘制该墙柱的截面配筋图。

①对于约束边缘端柱 YDZ，需增加标注几何尺寸 $b_c \times h_c$。该柱在墙身部分的几何尺寸若按标准图集 YDZ 的标准构造详图取值，设计不注，否则另行注明。

②对于构造边缘端柱 GDZ，需增加标注几何尺寸 $b_c \times h_c$。

③对于约束边缘暗柱 YAZ、翼墙（柱）YYZ、转角墙（柱）YJZ，其几何尺寸按标准图集的标准构造详图取值，设计不注，否则另行注明。

④对于构造边缘暗柱 GAZ、翼墙（柱）GYZ、转角墙（柱）GJZ，其几何尺寸按标准图集 GAZ、GYZ、GJZ 的标准构造详图取值，设计不注，否则另行注明。

⑤对于非边缘暗柱 AZ，需增加标注几何尺寸。

⑥对于扶壁柱 FBZ，需增加标注几何尺寸。

2）注写各段墙柱的起止标高，自墙柱根部往上以变截面位置或截面未变但配筋改变处为界分段注写。墙柱根部标高指基础顶面标高，若是框支剪力墙结构则为框支梁顶面标高。

3）注写各段墙柱的纵向钢筋和箍筋，注写值应与在表中绘制的截面配筋图对应一致。纵向钢筋注总配筋值；墙柱箍筋的注写方式与柱箍筋相同。对于约束边缘端柱 YDZ、约束边缘暗柱 YAZ、约束边缘翼墙（柱）YYZ、约束边缘转角墙（柱）YJZ，除注写图 6-28 和相应标准构造详图中所示阴影部位内的箍筋外，尚需注写非阴影区内布置的拉筋（或箍筋）。

（2）墙身。

在平法施工图中，墙身编号，由墙身代号、序号以及墙身所配置的水平与竖向分布钢筋的排数组成，其中，排数注写在括号内。表达形式为：Q××（×排）。

在给墙身编号时，如若干墙柱的截面尺寸与配筋均相同，仅截面与轴线的关系不同时，可将其编为同一墙柱号；又如仅墙厚与轴线的关系不同或墙身长度不同时，几处墙身的厚度尺寸和配筋均相同，也可将其编为同一墙身号。

墙身中分布有钢筋网，其排数规定如下：

非抗震：当剪力墙厚度大于 160mm 时，双排；当其厚度不大于 160mm 时，宜为单排。

抗震：当剪力墙厚度不大于 400mm 时，应配置双排；当剪力墙厚度大于 400mm，但不大于 700mm 时，宜配置三排；当剪力墙厚度大于 700mm 时，宜配置四排。

各排水平分布钢筋和竖向分布钢筋的直径与间距一致。

当剪力墙配置的分布钢筋多于两排时，剪力墙拉筋两端将同时钩住外排水平纵筋和竖向纵筋，且与剪力墙内排水平纵筋和竖向纵筋绑扎在一起。

在剪力墙身表［图 6-29（a）］中表达的内容，规定如下：

1）注写墙身编号（含水平与竖向分布钢筋的排数）。

2）注写各段墙身起止标高，自墙身根部往上以变截面位置或截面未变但配筋改变处为界分段注写。墙身根部标高指基础顶面标高，框支剪力墙结构则为框支梁的顶面标高。

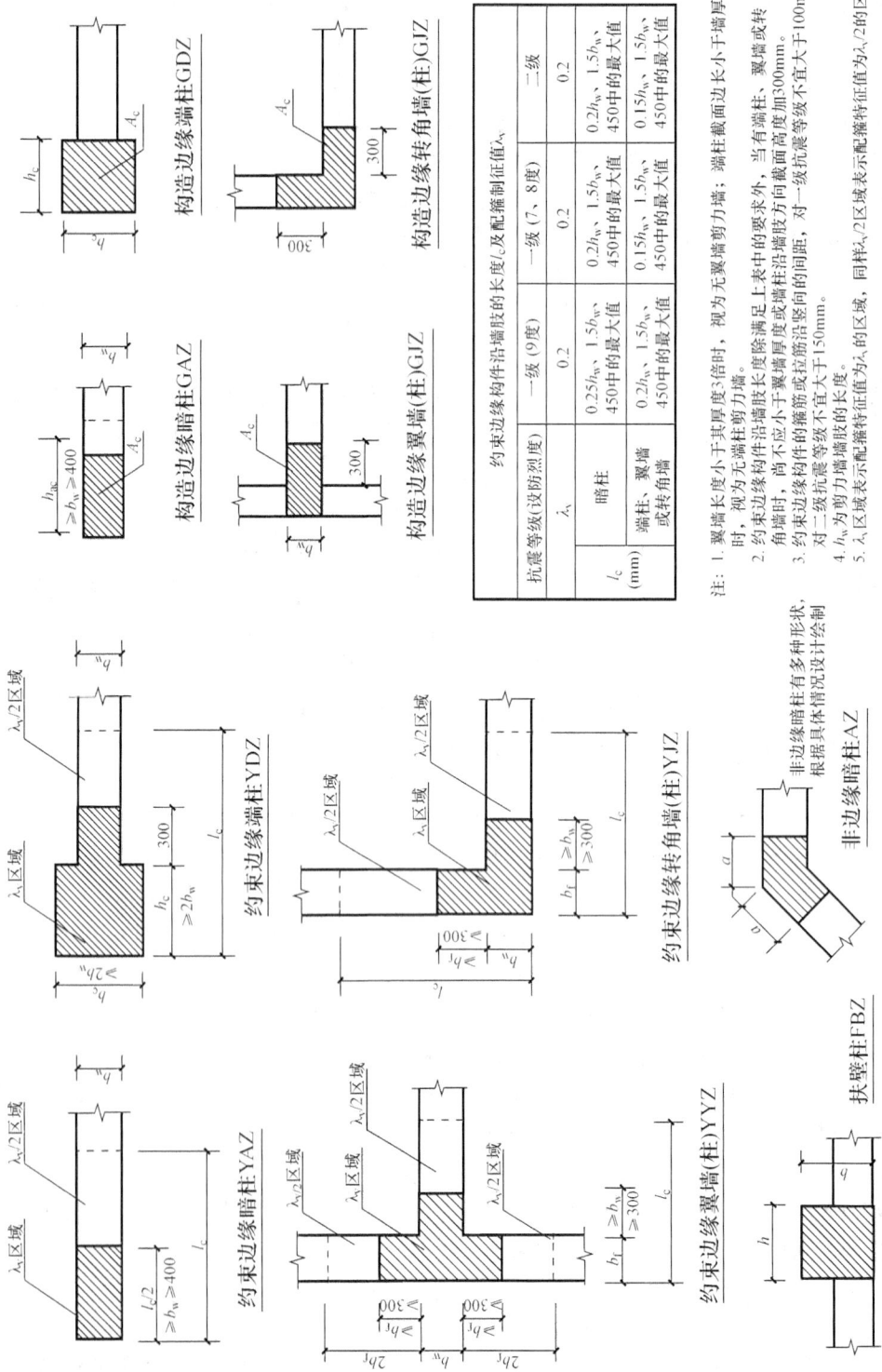

抗震等级（设防烈度）	一级(9度)	一级(7、8度)	二级
λ_v	0.2	0.2	0.2
l_c(mm) 暗柱	$0.25h_w$、$1.5h_w$、450中的最大值	$0.2h_w$、$1.5h_w$、450中的最大值	$0.2h_w$、$1.5h_w$、450中的最大值
l_c(mm) 端柱、翼墙或转角墙	$0.2h_w$、$1.5h_w$、450中的最大值	$0.15h_w$、$1.5h_w$、450中的最大值	$0.15h_w$、$1.5h_w$、450中的最大值

构造边缘端柱GDZ
构造边缘暗柱GAZ
构造边缘转角墙(柱)GJZ
构造边缘翼墙(柱)GJZ
约束边缘端柱YDZ
约束边缘转角墙(柱)YJZ
约束边缘暗柱YAZ
约束边缘翼墙(柱)YYZ
非边缘暗柱AZ
非边缘暗柱有多种形状，根据具体情况设计绘制
扶壁柱FBZ

注：1. 翼墙长度小于其厚度3倍时，视为无翼墙剪力墙；端柱截面边长小于2倍墙厚时，视为无端柱剪力墙。
2. 约束边缘构件沿墙肢长度除满足上表中的要求外，当有端柱、翼墙或转角墙时，尚不应小于翼墙厚度或端柱沿墙肢方向截面高度加300mm。
3. 约束边缘构件的箍筋或拉筋沿竖向的间距，对一级抗震等级不宜大于100mm，对二级抗震等级不宜大于150mm。
4. l_c为约束边缘构件沿墙肢的长度。
5. λ_v区域表示配箍特征值为λ_v的区域，同样$\lambda_v/2$区域表示配箍特征值为$\lambda_v/2$的区域。

图6-28　各类墙柱的截面形状、几何尺寸及代号示意图

3) 注写水平分布钢筋、竖向分布钢筋和拉筋的具体数值。注写形式为一排连续标注的水平分布和竖向分布钢筋的规格与间距。

（3）墙梁。墙梁即表 6-6 中的连梁、暗梁和边框梁，其编号由墙梁类型代号和序号组成，表达形式为"代号＋墙梁序号"。在具体工程中，当某些墙身需设置暗梁或边框梁时，宜在剪力墙平法施工图中绘制暗梁或边框梁的平面布置简图并编号，如图 6-29（a）所示，以明确其具体位置。

图 6-29（a）表中表达的内容，规定如下：

1）注写墙梁编号。

2）注写墙梁所在楼层号。

3）注写墙梁顶面标高高差，指相对于墙梁所在结构层楼面标高的高差值，高于其为正值，低于其为负值，当无高差时不注。

4）注写墙梁截面尺寸 $b×h$，上部纵筋，下部纵筋和箍筋的具体数值。

5）当连梁设有斜向交叉暗撑，此时代号为 LL（JC）××，且连梁截面宽度不小于400mm 时，注写一根暗撑的全部纵筋，并标注×2 表明有两根暗撑相互交叉，以及箍筋的具体数值（用斜线分隔斜向交叉暗撑箍筋加密区与非加密区的不同间距）。暗撑截面尺寸按构造确定，并按标准构造详图施工，设计不注；否则另行注明。

6）连梁设有斜向交叉钢筋时，代号为 LL（JG）××，且连梁截面宽度小于 400mm 但不小于 200 时，注写一道斜向钢筋的配筋值，并标注×2 表明有两道斜向钢筋相互交叉。当设计者采用与标准构造详图不同的做法时，应另行注明。

墙梁侧面纵筋的配置，当墙身水平分布钢筋满足连梁、暗梁及边框梁的梁侧面纵向构造钢筋的要求时，该筋配置同墙身水平分布钢筋，表中不注，施工按标准构造详图的要求即可；当不满足时，应在表中注明梁侧面纵筋的具体数值，注写时以 G 打头，接续注写直径与间距。如 GΦ12@180，就表示墙梁两个侧面纵筋对称配置为直径为 12mm 的 HPB235 级钢筋，间距 180mm。

（4）剪力墙平法表示识读示例。图 6-28 为采用列表注写方式分别表达剪力墙墙梁、墙身和墙柱。图 6-29（a）是剪力墙结构标高－0.030～59.070m 的平法施工图。左表是标高、层高表，右表是剪力墙梁表和剪力墙身表；图中，在Ⓑ、Ⓒ轴线的连梁 3（LL3）下各有 1个 1 号圆洞（YD1）（垂直竖向连梁平面的水平洞口），直径 D 为 200，洞中心线标高：2 层比左表标高低 0.8m（从右表可以看出 2 层 LL 截面尺寸为 300×2070），同理可看出，3 层低 0.7m，4～9 层低 0.5m；每边补强配筋为 2Φ16，箍筋为双肢Φ10@100。

图 6-29（b）是－0.030～65.670 剪力墙平法施工图（部分剪力墙柱表），从中可以读出各种墙柱的截面形状、尺寸与配筋。识读方法同前述，此处省略。

2. 截面注写方式

在分标准层绘制的剪力墙平面布置图上，可以直接用在墙柱、墙身、墙梁上注写截面尺寸和配筋具体数值的方式表达剪力墙平法施工图，如图 6-30 所示。具体方法是选用适当比例原位放大绘制剪力墙平面布置图，其中对墙柱绘制配筋截面图；对所有墙柱、墙身、墙梁分别按规定进行编号，并分别在相同编号的墙柱、墙身、墙梁中选择一根墙柱、一道墙身、一根墙梁进行注写，其注写要求同前述，如图 6-30 所示。

剪力墙梁表

编号	所在楼层号	墙顶相对标高高差	梁截面 b×h	上部纵筋	下部纵筋	侧部纵筋	箍筋
LL1	2~9	0.800	300×2000	4Φ22	4Φ22	同Q1水平分布筋	Φ10@100(2)
	10~16	0.800	250×2000	4Φ20	4Φ20		Φ10@100(2)
	屋面		250×1200	4Φ20	4Φ20		Φ10@100(2)
LL2	3	−1.200	300×2520	4Φ22	4Φ22	同Q1水平分布筋	Φ10@150(2)
	4	−0.900	300×2070	4Φ22	4Φ22		Φ10@150(2)
	5~9	−0.900	300×1770	4Φ22	4Φ22		Φ10@150(2)
	10~屋面1	−0.900	250×1770	3Φ22	3Φ22		Φ10@150(2)
LL3	2		300×2070	4Φ22	4Φ22	同Q1水平分布筋	Φ10@100(2)
	3		300×1770	4Φ22	4Φ22		Φ10@100(2)
	4~9		300×1770	4Φ22	4Φ22		Φ10@100(2)
	10~屋面1		250×1770	3Φ22	3Φ22		Φ10@100(2)
LL4	2		250×2070	4Φ20	4Φ20	同Q2水平分布筋	Φ10@120(2)
	3		250×1770	3Φ20	3Φ20		Φ10@120(2)
	4屋面1		250×1170	3Φ20	3Φ20		Φ10@120(2)
AL1	2~9		300×600	3Φ20	3Φ20	3Φ20	Φ8@150(2)
	10~16		250×500	3Φ18	3Φ18	3Φ18	Φ8@150(2)
BKL1	屋面1		500×750	4Φ22	4Φ22	4Φ22	Φ10@150(2)

剪力墙身表

编号	标高	墙厚	水平分布筋	垂直分布筋	拉筋
Q1(2排)	−0.030~30.270	300	Φ10@250	Φ12@250	Φ6@500
	30.270~59.070	250	Φ10@250	Φ10@250	Φ6@500
Q2(2排)	−0.030~30.270	250	Φ10@250	Φ10@250	Φ6@500
	30.270~59.070	200	Φ10@250	Φ10@250	Φ6@500

注：可在结构层楼面标高、结构层高表中加设混凝土强度等级等栏目。

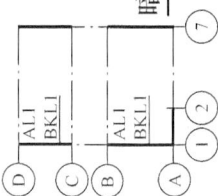

−0.030~59.070m剪力墙平法施工图

注：剪力墙柱表见图(b)。

(a)

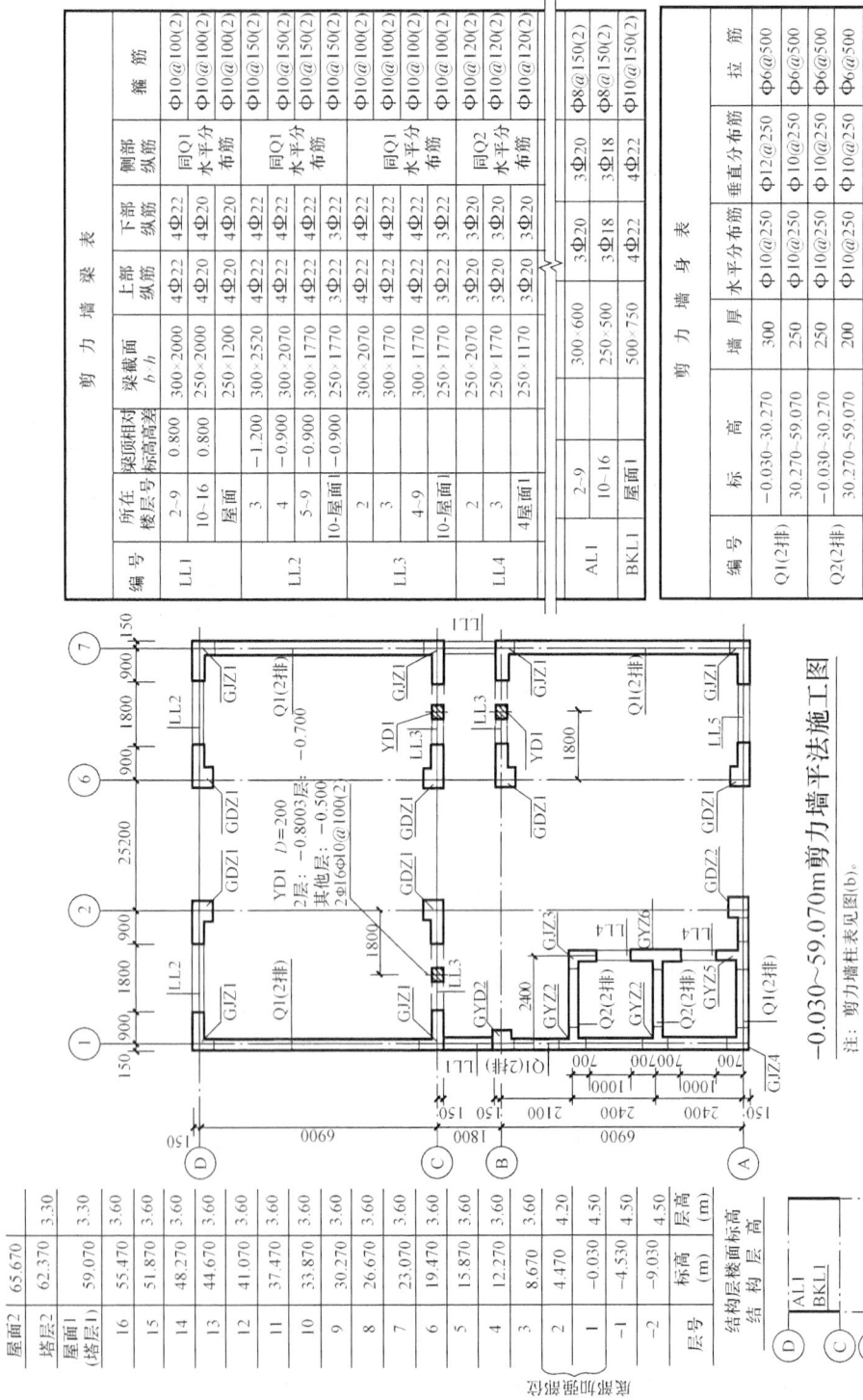

暗梁、边框梁布置简图

层号	结构层楼面标高(m)	结构层高(m)
屋面2	65.670	
塔层2	62.370	3.30
屋面1(塔层1)	59.070	3.30
16	55.470	3.60
15	51.870	3.60
14	48.270	3.60
13	44.670	3.60
12	41.070	3.60
11	37.470	3.60
10	33.870	3.60
9	30.270	3.60
8	26.670	3.60
7	23.070	3.60
6	19.470	3.60
5	15.870	3.60
4	12.270	3.60
3	8.670	3.60
2	4.470	4.20
1	−0.030	4.50
−1	−4.530	4.50
−2	−9.030	4.50

上部结构嵌固部位

剪 力 墙 柱 表

-0.030～65.670m剪力墙平法施工图(部分剪力墙柱表)

	GDZ1	GDZ2	GJZ4
编号	GDZ1	GDZ2	GJZ4
标高	-0.030～8.670　8.670～30.270　(30.270～59.070)	-0.030～8.670　8.670～59.070　59.070～65.670	-0.030～8.670　8.670～30.270　(30.270～59.070)　59.070～65.670
纵筋	22Φ22　(22Φ18)	12Φ25　12Φ22	16Φ22/16Φ20　(16Φ18)　12Φ18
箍筋	Φ10@100　(Φ10@100/200)	Φ10@100　Φ10@100/200	Φ10@150/Φ10@150　(Φ10@200)　12Φ8@100

	GJZ1	GYZ2	GJZ3
编号	GJZ1	GYZ2	GJZ3
标高	-0.030～8.670　8.670～30.270　(30.270～59.070)	-0.030～8.670　8.670～30.270　(30.270～59.070)	-0.030～8.670　8.670～30.270　(30.270～59.070)
纵筋	24Φ20　24Φ18	20Φ20　10Φ18	20Φ20　20Φ18
箍筋	Φ10@100　Φ10@150	Φ10@100　(Φ10@150)	Φ10@100　Φ10@150

未注明的尺寸按标准构造详图

按墙上起柱的构造要求施工

结构层楼面标高　结构层高

层号	标高(m)	层高(m)
屋面2	65.670	
塔层2	62.370	3.30
塔层1(屋面1)	59.070	3.60
16	55.470	3.60
15	51.870	3.60
14	48.270	3.60
13	44.670	3.60
12	41.070	3.60
11	37.470	3.60
10	33.870	3.60
9	30.270	3.60
8	26.670	3.60
7	23.070	3.60
6	19.470	3.60
5	15.870	3.60
4	12.270	3.60
3	8.670	3.60
2	4.470	4.20
1	-0.030	4.50
-1	-4.530	4.50
-2	-9.030	4.50

上部结构嵌固部位

图 6-29 剪力墙平法施工图示例

(a) 剪力墙平法施工图列表注写方式示例; (b) 剪力墙施工图列表注写方式注写示例

(b)

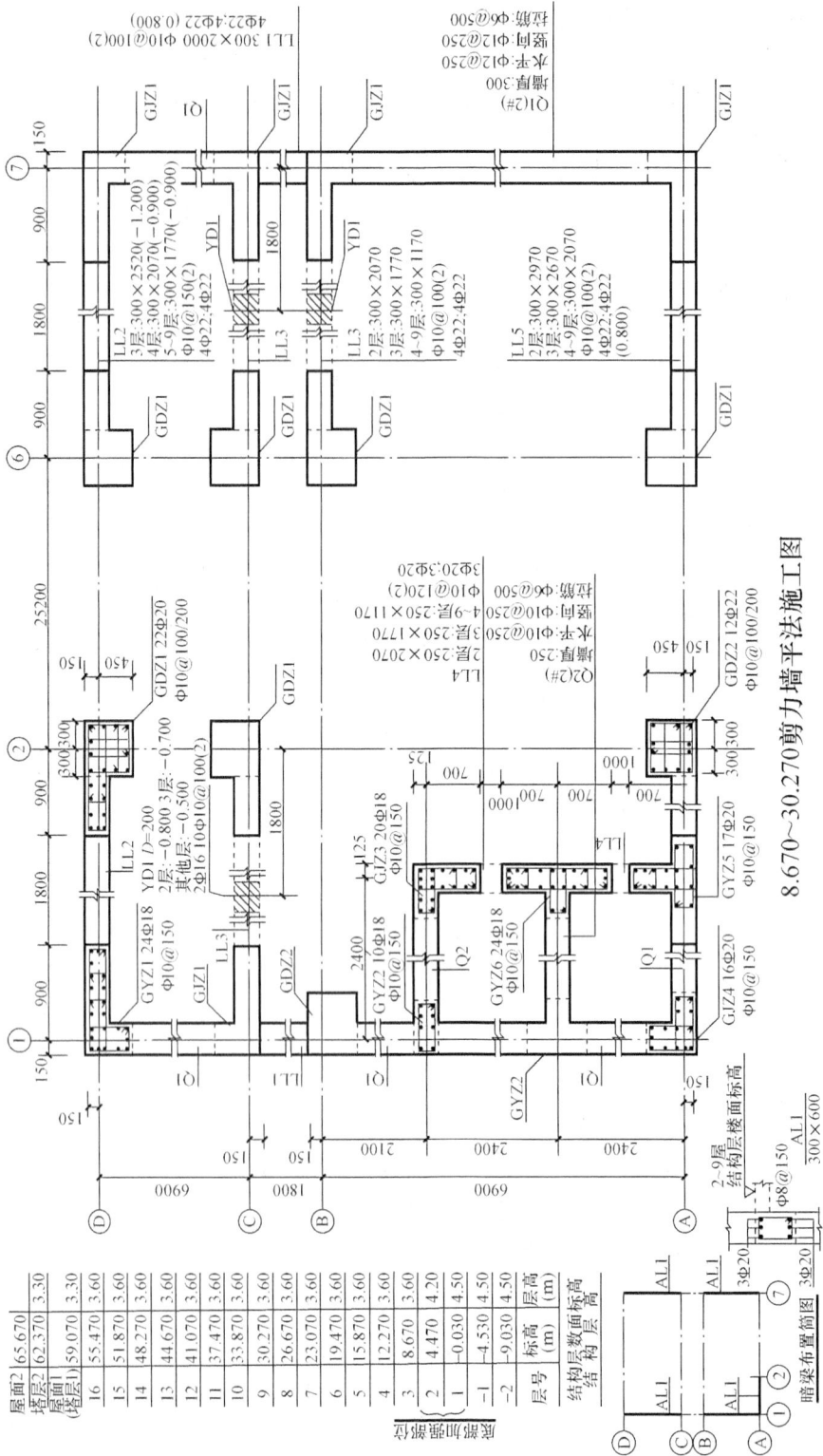

8.670～30.270剪力墙平法施工图

图 6 - 30　剪力墙平面表示法截面注写方式示例图

在图 6-30 中，1 号构造边缘转角墙（柱）（GJZl）是 L 形截面，配筋为 24Φ18 的通长纵筋，箍筋为Φ10，间距 150mm，沿①轴、①轴均为双肢箍，另有 2 根拉筋。

1 号构造边缘端柱（GDZl）也为 L 形截面，配筋为 22Φ20 的通长纵筋，箍筋为Φ10，加密区 100mm，非加密区 200m，沿①轴为双肢箍，沿②轴为 4 肢箍；有一根拉筋。

4 号连梁长 1000mm，2 层为 250×2070，3 层为 250×1770，4～9 层 250×1170；箍筋为Φ10@120 的双肢箍，配筋上下各 3Φ20。

3. 剪力墙洞口的表示方法

无论采用列表注写方式还是截面注写方式，剪力墙上的洞口均可在剪力墙平面布置图上原位表达。洞口的具体表示方法为：

（1）在剪力墙平面布置图上绘制洞口示意，并标注洞口中心的平面定位尺寸。

（2）在洞口中心位置引注：

1）洞口编号：矩形洞口为 JD××，圆形洞口为 YD××，××为序号。

2）洞口几何尺寸：矩形洞口为洞宽×洞高（$b×h$），圆形洞口为洞口直径 D。

3）洞口中心（实际上应为洞底）相对标高，指相对于结构层楼（地）面标高的洞口中心高度。当其高于结构层楼面时为正值，低于结构层楼面时为负值。

4）洞口每边补强钢筋情况。

当矩形洞口的洞宽、洞高均不大于 800mm 时，如果设置构造补强纵筋，即洞口每边加钢筋Φ12 且不小于同向被切断钢筋总面积的 50%，本项免注。如 JD3400×300+3.100，表示 3 号矩形洞口，洞宽 400mm，洞高 300mm，洞口中心距本结构层楼面 3100mm，洞口每边补强钢筋按构造配置。若标注 JD1400×300+3.1003Φ14，表示 1 号矩形洞口每边补强钢筋为 3Φ14。

圆形洞口设置在连梁中部 1/3 范围（且圆洞直径不大于 1/3 梁高）时，需注写圆洞上下水平设置的每边补强纵筋与箍筋。

第七章　单层工业厂房施工图

本章摘要：本章主要包括钢筋混凝土、钢结构的单层工业厂房施工图，单层工业厂房主要构件及配件等内容，通过本章的学习，旨在使学生掌握单层工业厂房施工图的识读和绘制。

第一节　概　　述

识读和绘制单层工业厂房施工图，首先应掌握有关单层工业厂房的组成、构造以及组成厂房的各构配件的形式、功能和作用等方面的知识，以便在识读和绘制施工图时，加深对图纸的理解和领会。

一、单层工业厂房基本知识

我国目前单层工业厂房一般采用钢结构或钢筋混凝土结构排架或门式刚架，基础大多采用钢筋混凝土独立基础。根据生产的需要，厂房内一般还安装有吊车、各种动力设备等。

（一）单层工业厂房的分类

工业厂房根据结构形式分为混合结构、钢筋混凝土结构、钢结构厂房；按层数分为单层厂房和多层厂房。单层厂房根据跨度不同分为单跨厂房、多跨厂房；单层厂房按承重方式不同分为承重墙结构和骨架承重结构两类，只有当跨度、高度、吊车荷载均不大时，才采用承重墙结构，此外多采用骨架承重结构。

常用的单层厂房骨架承重结构是由承重骨架和围护结构组成。单层厂房承重骨架是由横向骨架结构、纵向连系构件以及支撑结构构件等组成的空间体系。承重骨架承受厂房的全部荷载，并将荷载传递到基础上，围护结构承受风荷载和本身自重，并将风荷载传递到柱上。横向骨架结构又分为排架结构和刚架结构两类。排架结构是指梁与柱之间的连接为铰接的结构，刚架结构是指梁与柱之间的连接为刚接的结构。单层刚架也称为门式刚架。

（二）单层工业厂房的结构组成

单层工业厂房是由许多构件组成的空间结构体系，这些构件可分为围护结构构件和承重结构构件两大类。单层厂房主要结构组成包括：屋盖结构、柱、吊车梁、支撑体系、围护结构、基础等。其中屋架（屋面梁）、柱、吊车梁、基础等是厂房的主要承重构件，外墙、屋面、门窗、天窗等是厂房的主要围护构件。

图 7-1 是装配式钢筋混凝土结构的单层厂房构件组成示意图。

1. 承重结构构件

（1）横向承重构件主要包括基础、柱、屋架（或屋面梁）等，是厂房的基本承重构件，承受厂房的竖向荷载（结构自重、雪荷载、屋面荷载、吊车荷载等）和横向荷载（风荷载、吊车横向制动力、地震力等），并将这些荷载传递给基础。

（2）纵向连系构件主要包括基础梁、连系梁、圈梁、吊车梁、屋面板、檩条、托架等。它与横向承重构件共同构成厂房的空间结构骨架，保证厂房的整体性和稳定性。

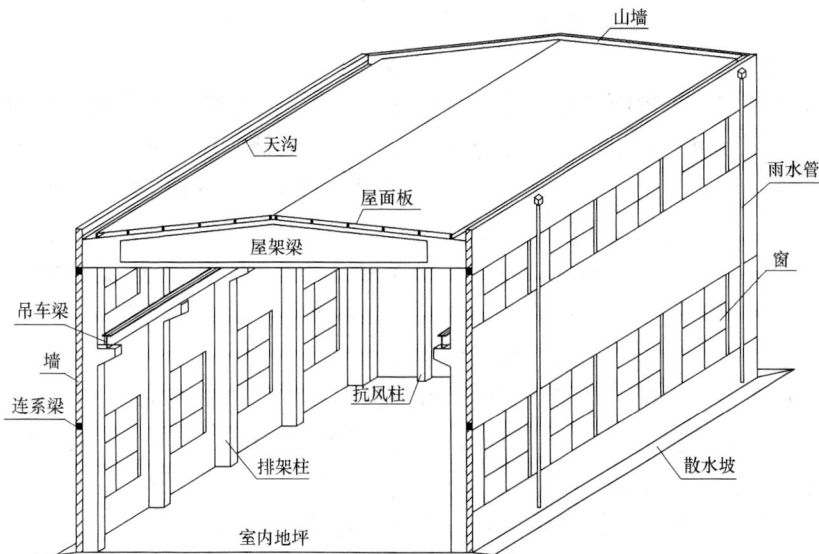

图 7-1　单层厂房构件示意图

（3）支撑结构构件：主要包括屋盖支撑、柱间支撑、天窗架支撑以及其他附加支撑等，其作用是将各个横向和纵向平面框架连成整体，以加强厂房的整体强度和空间刚度，保证厂房的稳定性，同时传递风荷载、吊车水平荷载及地震力。

2. 围护结构

单层厂房的外围护结构包括外墙、墙架、屋面（包括屋面面层、防水层、保温层等）、门窗、天窗等。

外墙包括纵墙、横墙（山墙），主要起围护作用；广义的墙架是由墙梁、墙架柱、抗风柱、抗风梁或抗风桁架、基础梁等组成，其主要作用是承受墙体自重和风荷载，并将这些荷载传递到基础或厂房框架柱上。

3. 其他

如散水、地沟、坡道、地面、消防梯、内隔墙等。

（三）单层厂房的平面形式

影响单层厂房平面形式的因素主要有：生产规模大小、生产性质、生产特征、工艺流程布置、交通运输方式以及建筑技术条件等。

常用的平面形式有矩形、方形、L形、Π形、Ⅲ形等，如图 7-2 所示。矩形平面又有平行多跨组合平面形式和跨度相互垂直布置组合平面形式。L形、Π形、Ⅲ形平面的特点是厂房各部分宽度不大，外围护结构周长较长，在外墙上可以设置较多的门和窗，从而提高厂房的采光和通风效果。

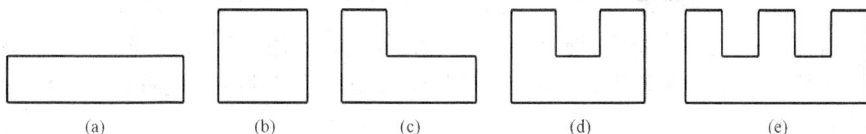

图 7-2　单层厂房常见的平面形式

（a）矩形；（b）方形；（c）L形；（d）Π形；（e）Ⅲ形

（四）单层工业厂房的基本构件

1. 屋盖结构

传统的屋盖结构根据屋面结构构件设置划分，可分为有檩体系和无檩体系两类。

当采用大型屋面板时，屋面板直接焊接在屋架或屋面梁上，通常称为无檩体系。无檩体系由大型屋面板、屋架（或屋面梁）、天窗架、托架、屋盖支撑等组成，其整体性和刚度较好，构造简单，施工速度快，但屋盖自重大，一般用于大中型厂房和重型厂房。

当采用屋面板、瓦材和檩条时，通常称为有檩体系。有檩体系由屋面板、檩条、屋架（或屋面梁）、天窗架、托架、屋盖支撑等组成，其整体刚度较无檩体系差，构造复杂，但屋盖自重轻，一般用于中小型厂房和轻型厂房。

单层工业厂房根据屋盖结构形式划分，可分为梁式结构（简支屋架或屋面梁）、刚架结构、拱式结构、网架（网壳）结构、管桁架结构、悬索结构等。在实际工程中较常用的是梁式结构和刚架结构。

在单层工业厂房屋盖中，网架结构是一种较为先进的屋盖结构形式，它既适用于有较大悬挂荷载或移动荷载的轻钢结构工业厂房，也适用于柱距大、跨度大、吊车吨位大的重型工业厂房，近年来在一些大跨度厂房中得到应用。

屋盖结构的主要构件有：

（1）檩条。檩条支承屋面板并将屋面荷载传递至屋架。单层厂房屋面檩条主要有钢筋混凝土檩条和轻钢檩条两类。

钢筋混凝土檩条为现场或工厂预制构件；轻钢檩条一般选用冷弯薄壁型钢或 C 型钢，当屋面坡度较大时选用冷弯薄壁型钢，当檩条荷载较大或跨度较大时，选用端部有搭接连续构造的大小端 C 型钢或斜卷边型钢。

（2）天窗架。单层厂房根据采光和通风的要求，有时需要设置天窗，传统的气楼式天窗需要用天窗架来支承屋面构件，并将其承受的全部荷载传递至屋面梁或屋架。随着天窗跨度的不同，天窗架的形式也多种多样，其结构形式主要有竖杆式、三铰拱式、三支点式等。

（3）托架（或托梁）。当柱距大于大型屋面板或檩条的跨度时，沿纵向柱列设置托架或托梁，用以支承中间屋架或屋面梁。托架的主要形式为倒三角形桁架、倒梯形桁架、梯形桁架。托梁的形式一般为实腹式，常见的有工字形托梁和箱形托梁。

（4）屋架、屋面梁。屋面梁与屋架相比高度较小，侧向刚度较大，设计和施工均较简单，但自重大，一般用于跨度较小的厂房、有较大振动的厂房或有腐蚀性介质的厂房。

屋面梁按所使用材料可分为钢筋混凝土屋面梁和钢屋面梁。屋面梁有单坡、双坡、实腹式、空腹式等多种形式。

单层工业厂房的屋架根据所使用的材料不同划分，可分为混凝土屋架、钢屋架、组合屋架、木屋架等。混凝土屋架又分钢筋混凝土屋架和预应力钢筋混凝土屋架；钢屋架分为钢屋架和轻型钢屋架；组合屋架分为钢—木组合屋架和钢筋混凝土—钢组合屋架。

1）钢筋混凝土屋架。钢筋混凝土屋架常用的形式有三角形屋架、梯形屋架、矩形屋架、拱形屋架、折线形屋架、平行弦屋架等。根据房屋结构受力特点，还可采用桥式屋架、桁架、直腹杆屋架等。

2）钢屋架。钢屋架的形式主要有三角形屋架、梯形屋架、矩形屋架、拱形屋架等，轻型钢屋架的形式主要有三角形屋架、三角拱屋架、梭形屋架等。

钢筋混凝土梯形屋架

钢筋混凝土折线形屋架

钢筋混凝土梯形屋架

钢筋混凝土拱形屋架

钢筋混凝土折线形屋架

钢筋混凝土直腹杆屋架

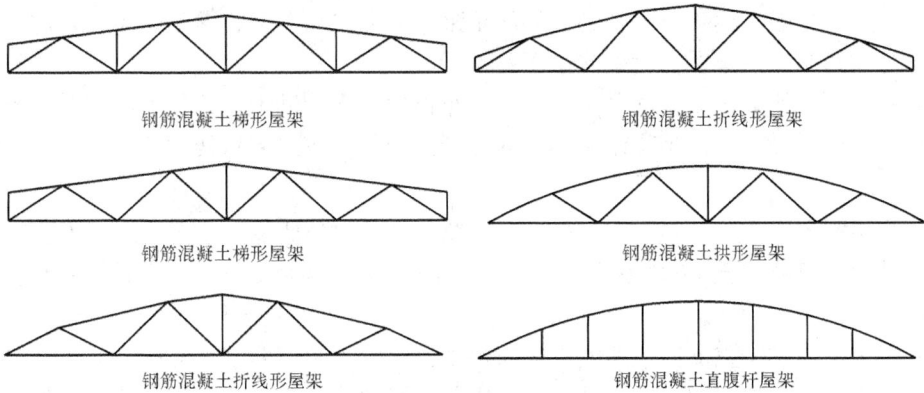

图 7-3 混凝土屋架的主要形式

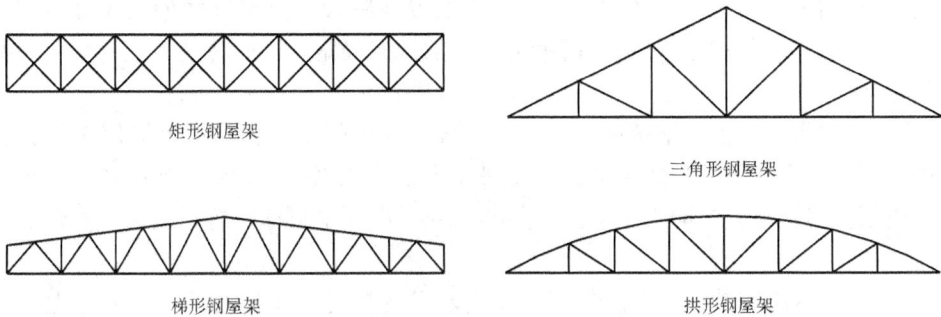

矩形钢屋架

三角形钢屋架

梯形钢屋架

拱形钢屋架

图 7-4 钢屋架的主要形式

3）钢—木组合屋架。钢—木组合屋架的形式有梯形屋架、芬克式屋架、豪式屋架、下折式屋架等。

4）钢筋混凝土 钢组合屋架。钢筋混凝土—钢组合屋架的主要形式有两铰屋架、三铰屋架、折线式屋架等。

5）木屋架。木屋架的主要形式有三角形屋架和梯形屋架等。

2. 排架柱

排架柱是单层厂房的主要承重构件，它既承受竖向荷载，又承受水平荷载。

单层厂房排架柱的形式很多，按截面形式基本上可分为等截面柱、台阶柱、分离柱等。等截面柱和台阶柱又可分为实腹式或格构式柱；分离式柱是将屋盖柱与吊车柱分开，其间用水平系板连系，分离式柱的屋盖柱与吊车柱一般采用工字形截面形式。

单层厂房排架柱按柱肢数可分为单肢柱和双肢柱。当厂房跨度、高度、吊车起重量、柱截面尺寸不大时，排架柱多采用单肢柱，单肢柱柱截面常用形式有矩形、工字形等；当厂房跨度、高度、吊车起重量较大时，多采用双肢柱。

3. 吊车梁及吊车制动梁

（1）吊车梁。吊车梁支承在柱牛腿上，直接承受吊车竖向荷载和横向、纵向水平荷载，并将这些荷载传到柱上，同时，吊车梁也起着加强厂房纵向刚度的作用。

吊车梁按结构类型可分为钢筋混凝土吊车梁、预应力混凝土吊车梁、钢—混凝土组合式吊车梁、钢吊车梁等。按截面高度是否变化可分为等高梁和变高梁，等高梁按截面形式分为

T形吊车梁、工字形吊车梁、组合工字形吊车梁、桁架式吊车梁、箱形吊车梁等；变高梁按截面形式分为鱼腹式吊车梁、元宝式吊车梁等。

（2）吊车制动梁。吊车制动梁主要承受吊车横向水平制动力，并作为吊车梁受压翼缘的支撑，保证其整体稳定性。吊车制动梁按截面形式分为实腹式和桁架式两类。

4. 支撑体系

单层厂房设置支撑体系是为了增强厂房的整体性和总体刚度，改善厂房受力和构件的工作条件，并使荷载以合理的途径传至基础。单层厂房支撑体系主要包括屋盖支撑和柱间支撑。

（1）屋盖支撑。屋盖支撑包括上弦横向水平支撑、下弦横向水平支撑、下弦纵向水平支撑、垂直支撑、天窗架支撑、水平系杆等。屋盖支撑的主要作用是传递平面外荷载，保证屋架构件在其平面外的稳定以及屋盖结构平面外刚度。

1）上弦横向水平支撑。上弦横向水平支撑设置在屋架上弦或屋面梁上翼缘，用以增强屋盖的整体刚度，保证屋架上弦或屋面梁上翼缘的侧向稳定，同时将抗风柱传来的风荷载传递到排架柱顶。

2）下弦横向水平支撑。下弦横向水平支撑设置在屋架下弦，用以保证屋架下弦受到的水平力传至柱顶。当抗风柱与屋架下弦连接时，下弦横向水平支撑将抗风柱传来的风荷载传递到排架柱顶。屋架下弦横向水平支撑一般与上弦横向水平支撑布置在同一柱间，以形成稳定的空间结构。

3）下弦纵向水平支撑。设置屋架下弦纵向水平支撑是为了提高厂房刚度，保证横向水平力的纵向分布，增强排架的空间承载能力。

4）垂直支撑。在有檩体系和无檩体系屋盖结构中，一般均设置垂直支撑。屋架垂直支撑是用以保证屋架的整体稳定性，并防止在吊车工作时或有其他振动时屋架下弦的侧向颤动。

5）水平系杆。水平系杆设置在横向支撑或垂直支撑节点处，沿厂房通长布置。

设置上弦水平系杆是用以保证屋架上弦或屋面梁受压翼缘的侧向稳定。屋架下弦水平系杆的作用同屋架垂直支撑一样，是用以保证屋架的整体稳定性，防止在吊车工作时或有其他振动时屋架下弦的侧向颤动。

6）天窗架支撑。设置天窗架支撑是为了将天窗架组成的平面结构连成空间受力体系，增加天窗系统的空间刚度，保证天窗架上弦的侧向稳定，并将天窗端壁所承受的风荷载传递至屋盖系统。

天窗架支撑包括天窗横向水平支撑和天窗端垂直支撑、天窗架系杆等。

（2）柱间支撑。单层厂房设置柱间支撑是为了提高厂房结构的纵向刚度和稳定性，将风荷载、纵向地震力、吊车纵向制动力、温度应力等通过柱传递到基础。柱间支撑一般采用钢支撑。柱间支撑由两部分组成，位于吊车梁以上的部分称为上层柱间支撑，位于吊车梁以下的部分称为下层柱间支撑。常用的柱间支撑形式有十字交叉形、八字形、门架形等，如图7-5所示。

5. 围护结构

（1）抗风柱。抗风柱设置在单层厂房的山墙位置处，一般沿山墙每6～8m设置一根，抗风柱起支撑山墙、将山墙风荷载传至屋盖和基础的作用。钢筋混凝土抗风柱一般采用工字

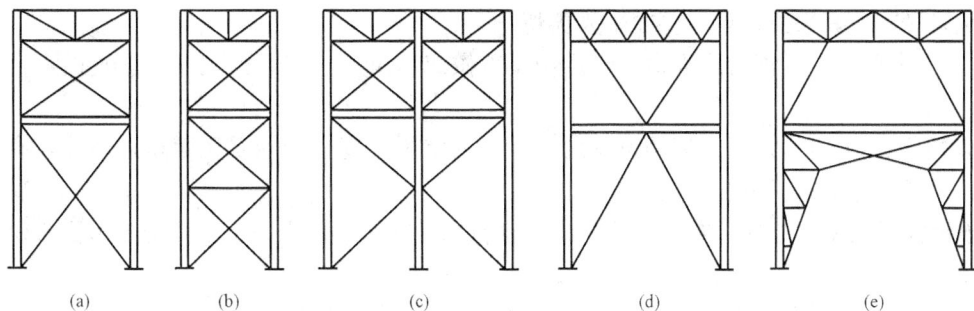

图 7-5　常用的柱间支撑形式

形或矩形截面的单节柱，钢抗风柱一般采用工字形截面的单节柱。当厂房高度与跨度不大且围护墙为砖墙时，也可采用砖壁抗风柱。

当厂房很高时，常加设抗风梁或抗风桁架，作为抗风柱的中间支撑。

（2）圈梁、过梁。当单层厂房围护墙为砌体墙时，一般要设置钢筋混凝土圈梁和过梁。

圈梁的作用是为了将墙体与柱拉结起来，以加强厂房的整体性和总体刚度，防止地基不均匀沉降及振动荷载对厂房的不利影响。圈梁设置在同一水平面内，并沿建筑物封闭。圈梁的截面形式多为矩形。

单层厂房中门窗洞口一般较大，当选用砌体墙做围护结构时应设置过梁或以圈梁代过梁，过梁的作用是承托门窗洞口上部的墙体重量。过梁的截面形式主要有矩形和 L 形两种。

（3）连系梁。连系梁除承受梁上墙体及窗等重量外，还承受水平风荷载的作用，同时连系纵向柱列，以增强厂房的纵向刚度，并将风荷载传递到纵向柱列。

钢筋混凝土连系梁的截面形式主要有矩形和 L 形两种，也有做成抽孔矩形的。矩形连系梁主要用于一砖墙，L 形连系梁主要用于一砖半墙。

在钢结构厂房中，连系梁为钢梁，钢连系梁的截面形式主要有工字形、C 形、Z 形等。

（4）基础梁。单层工业厂房围护墙常砌筑于基础梁上，以免墙柱因荷载不同出现不均匀沉降而开裂。基础梁的主要作用是承托围护墙体的重量，并将墙体竖向荷载传递至柱基础，而不需要另做墙体基础。当地基承载力较高，柱基础埋深较浅时，可不设基础梁而设置砖、石墙基或混凝土墙基。当柱间有较大的门洞时，也可不设置基础梁而做钢筋混凝土或钢门框，支于两边的柱基上，以保证它们共同沉降。

（5）墙架。狭义的墙架一般是指由墙架梁和墙架柱组成的骨架，其主要作用是支撑墙面，承受风荷载。墙架柱截面形式通常为工字形，墙架梁一般选用槽钢或 C 形檩。当厂房柱距不大且选用轻型围护墙时，通常在柱间或柱外侧直接设置墙檩，而不再另外设置墙架柱。

（6）围护墙。围护墙包括横墙（山墙）和纵墙，所使用的材料有砖、砌块、波形瓦、大型板材、彩钢压型板、铝合金压型板、彩钢夹芯板、复合墙板等多种形式。彩钢夹芯板按保温芯材的不同可分为硬质聚氨脂夹芯板、聚苯乙烯夹芯板、岩棉夹芯板、玻璃丝棉夹芯板等。

（7）屋面板。在无檩体系中，屋面板一般采用大型预应力钢筋混凝土屋面板。在有檩体系中，目前常用的屋面板有钢筋混凝土屋面板、彩钢压型板、铝合金压型板、彩钢夹芯板、瓦材、复合板等。

（8）天窗。天窗的形式主要有以下几种：

1）矩形天窗。矩形天窗是在跨间沿厂房高度方向升起局部屋面，在高低屋面的垂直面上开设采光窗，其采光特点与侧窗采光类似。

　　2）锯齿形天窗。锯齿形天窗是将厂房屋盖做成锯齿形，在两齿之间的垂直面上开设采光窗。

　　3）下沉式天窗。因天窗架的设置削弱屋架的整体刚度，增加受风面积，因此在有些设计中天窗形式也常选择下沉式或井式。

　　下沉式天窗是将相邻柱距的屋面板上下交错布置在屋架的上下弦上，通过屋面板位置的高差作采光口。

　　4）平天窗。平天窗是在屋面板上直接设置采光口或采光带，如图7-6所示。

图7-6　某工业厂房平天窗示意图

　　（9）门窗。单层工业厂房大门按开启方式可分为平开门、推拉门、卷帘门、伸缩门、折叠门等；按制作材料的不同可分为钢大门、钢—木大门、木门、彩钢夹心板门、钢板门、不锈钢门等。

　　窗按开启方式可分为平开窗、推拉窗、悬窗（上悬、中悬、下悬）、固定窗等；按制作材料的不同可分为钢窗、塑钢窗、铝合金窗、木窗等。在实际工程中，目前采用较多的是塑钢窗。

　　6. 柱基础

　　柱基础承受柱和基础梁传来的荷载，并将这些荷载传至地基。

　　单层工业厂房柱基础一般采用独立基础，独立基础的主要形式有平板式、板肋式、壳体、倒圆台、桩基础等。柱基础按施工方法可分为预制混凝土柱基础和现浇混凝土柱基础。

　　在实际工程中，单层工业厂房常用的柱基础形式是平板式基础。平板式基础有阶形和锥形两种。平板式基础外形简单，施工方便，适用于地基土质较均匀，地基承载力较大，而结构荷载不大的一般厂房。

　　7. 刚架

　　刚架根据所使用的材料不同可分为钢筋混凝土刚架、钢刚架、胶合木刚架；按结构受力条件分为无铰刚架、两铰刚架、三铰刚架；按构件截面形式分为实腹式刚架、空腹式刚架、格构式刚架等；按建筑形体分为平顶、坡顶、拱顶；按厂房跨数分为单跨和多跨。门式刚架的主要形式如图7-7所示。

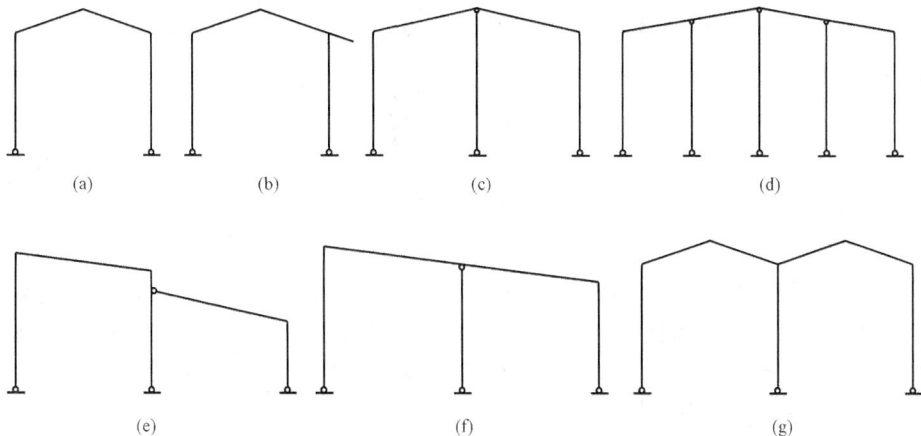

图7-7　门式刚架的主要形式

(a) 单跨双坡刚架；(b) 单跨双坡带挑檐刚架；(c) 双跨双坡刚架；(d) 四跨双坡刚架；
(e) 双跨单坡刚架；(f) 双跨单坡刚架；(g) 双跨四坡刚架

二、单层工业厂房识图

单层工业厂房的图示方法和识图方法与民用建筑基本上是相同的。厂房施工图是由建筑施工图、结构施工图、水电暖安装施工图等组成。读图时应先识读建筑施工图，对厂房的整体构造、形状和布局有了基本概念后，再识读结构施工图，然后识读安装施工图，形成厂房的整体空间概念，直至领会厂房的全部设计意图。

（一）钢筋混凝土结构厂房识图基本知识

在钢筋混凝土结构厂房施工图中，结构构配件名称一般用代号表示，习惯上用构配件名称汉语拼音的第一个字母表示。

（二）钢结构识图基本知识

钢结构是由钢板、角钢、槽钢、钢管等热轧型钢、冷加工成型的薄壁型钢以及焊接成型的钢材制造而成的结构。钢结构具有强度高、重量轻、材质均匀、抗震性能好、制作简便、施工工期短、绿色环保等优点，近几年来在单层工业厂房建筑中得到了广泛的应用。

建筑钢结构图纸分为设计图和施工详图两类。设计图为设计单位提供，施工详图通常由钢结构制造公司根据设计图绘制，有时也由设计单位代绘。

设计图是钢结构制造公司绘制施工详图的依据。在设计图中，结构设计说明部分一般包括设计依据、荷载资料、技术数据、材料选用、材质要求、螺栓选择、焊接要求、制造和安装、焊缝质量检验等级、涂装要求、运输要求等，结构图部分包括结构布置、构件截面选用、结构的主要节点构造、主要材料列表等。

施工详图又称加工图或放样图，其要求是能满足车间直接加工制造，并附有详尽的材料表。

下面简单介绍一下钢结构施工图中常用的代号、图例及标注。

1. 螺栓、孔、电焊铆钉图例及标注

钢结构构件图中的螺栓、孔、电焊铆钉图例及标注列于表7-1中。

表 7-1   螺栓、孔、电焊铆钉图例及标注

序号	名　称	图　例	说　明
1	永久螺栓		
2	高强螺栓		1. 细"＋"线表示定位线
3	安装螺栓		2. M 表示螺栓型号
4	膨胀螺栓		3. ϕ 表示螺栓孔直径
5	圆形螺栓孔		4. d 表示膨胀螺栓，电焊铆钉直径
6	长圆形螺栓孔		5. 采用引出线标注螺栓时，横线上标注螺栓规格，横线下标注螺栓孔直径
7	电焊铆钉		

2. 常用型钢的代号及标注方法

钢结构用的钢材，是按照国家标准轧制的型钢，常用的建筑型钢有角钢、工字钢、槽钢、钢板等。表 7-2 列出了常用建筑型钢的种类及标注方法。

表 7-2   常用型钢的代号及标注方法

序号	名　称	截　面	标　注	说　明
1	等边角钢		$\llcorner\, b\times t$	b 为肢宽 t 为肢厚
2	不等边角钢		$\llcorner\, B\times b\times t$	B 为长肢宽 b 为短肢宽　t 为肢厚
3	工字钢		$IN, \; QIN$	轻型工字钢加注 Q 字 N 工字钢的型号
4	槽　钢		$[N, \; Q[N$	轻型槽钢加注 Q 字 N 槽钢的型号
5	方　钢		$\square\, b$	
6	扁　钢		$-b\times t$	
7	钢　板		$\dfrac{-b\times t}{l}$	$\dfrac{宽\times 厚}{板长}$
8	圆　钢		ϕd	
9	钢　管		$DN\times\times$ $d\times t$	内径 外径×壁厚

序号	名　称	截　面	标　注	说　明
10	薄壁方钢管	□	B□$b\times t$	
11	薄壁等肢角钢	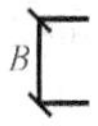	B∟$b\times t$	
12	薄壁等肢卷边角钢	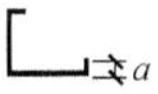	B∟$b\times a\times t$	薄壁型钢加 B 字，t 为壁厚
13	薄壁槽钢		B[$h\times b\times t$	
14	薄壁卷边槽钢		B[$h\times b\times a\times t$	
15	薄壁卷边 Z 型钢		B⨼$h\times b\times a\times t$	
16	T 型钢	T	TW$\times\times$ TM$\times\times$ TN$\times\times$	TW 为宽翼缘 T 型钢 TM 为中翼缘 T 型钢 TN 为窄翼缘 T 型钢
17	H 型钢	H	HW$\times\times$ HM$\times\times$ HN$\times\times$	HW 为宽翼缘 H 型钢 HM 为中翼缘 H 型钢 HN 为窄翼缘 H 型钢
18	起重机钢轨		QU$\times\times$	详细说明产品规格型号
19	轻轨及钢轨		$\times\times$kg/m 钢轨	

3. 焊缝代号及标注方法

钢结构的构件通常采用焊接连接、螺栓连接和铆钉连接。其中，最常用的是焊接连接。焊接是通过加热或加压，或两者并用，用或不用填充材料，使工件达到结合的一种方法。目前我国建筑钢结构施工中较多采用熔化焊，熔化焊是将待焊处的母材金属熔化以形成焊缝的焊接方法。表 7-3 列出了钢结构施工图中常用的焊缝形式及标注方式。

表 7-3　　　　　　　　常用焊接连接、螺栓连接和铆钉连接标注方式

	角　焊　缝			
	单　面　焊　接	双　面　焊　接	安　装　焊　接	相　同　焊　接
形 式	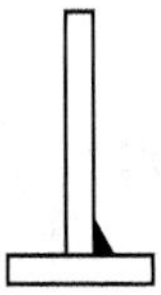		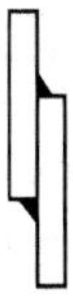	

	角 焊 缝			
标注方式	单 面 焊 接	双 面 焊 接	安 装 焊 接	相 同 焊 接
	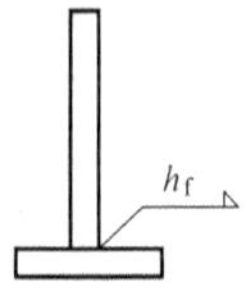 h_f	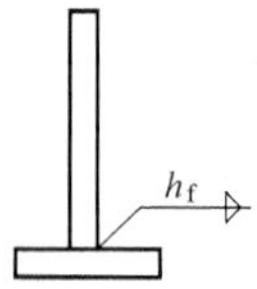 h_f	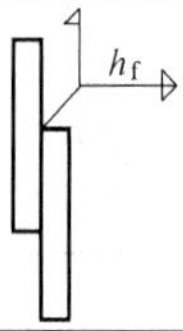 h_f	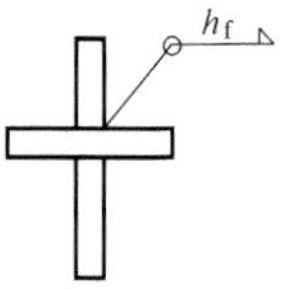 h_f

	角 焊 缝		
形式	对 接 焊 接	塞 焊 缝	三 面 围 焊
	c α α c p		
标注方式	a c a p c	h_f	h_f

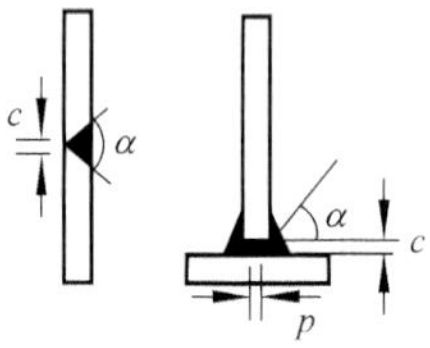

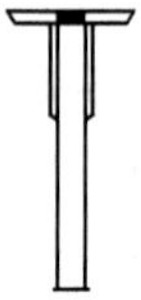

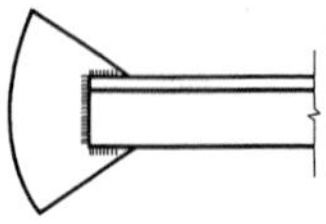

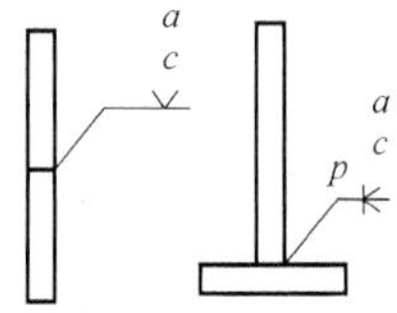

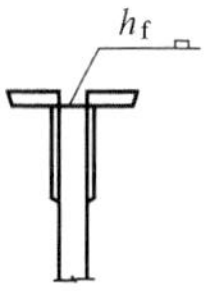

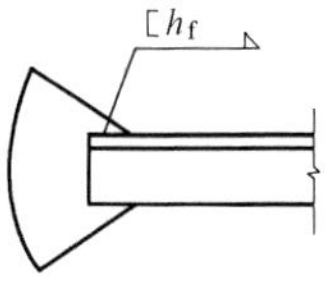

	周 围 焊 缝 现 场 施 焊	带 垫 板 施 焊
形式	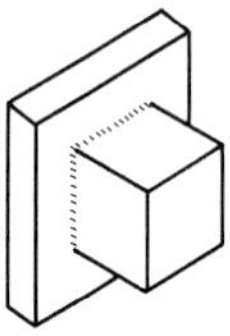	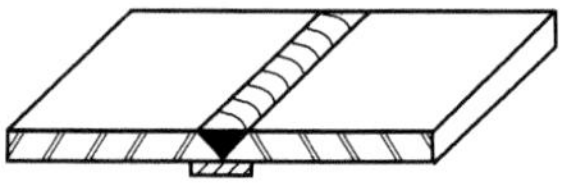
标注方式	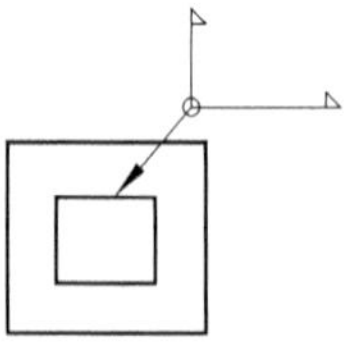	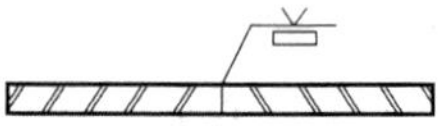

第二节 钢筋混凝土单层工业厂房施工图

现以某 21m 跨单层工业厂房部分施工图为例，介绍其识图方法。

一、建筑施工图

（一）建筑平面图

建施 1（图 7-8）为某车间的平面图，其基本内容包括以下几个方面：

（1）平面形状及尺寸。该厂房的平面形状为矩形，单跨，南北朝向。从图中可以看到，横向轴线有 13 条，其间距分别为 5400mm 和 6000mm。纵向轴线有 5 条，间距分别为 6000mm 和 4500mm。厂房总长为 72000mm，总宽为 21000mm（轴线间尺寸），其他细部尺寸应该仔细阅读。

（2）柱子和墙体。图中柱子为矩形断面，涂成黑色表示为钢筋混凝土柱。墙体是彩钢夹芯板。

（3）交通通道。该厂房两端山墙Ⓑ～Ⓒ轴间各有一个大门，纵向Ⓐ轴线外墙在④～⑤和⑨～⑩轴线间各设一个大门，纵向Ⓔ轴线外墙在⑧～⑨轴线间设一个大门。

（4）图例。厂房内的设施，一般用示意性图例表示，如建施1（图7-8）中，③～④轴线间画出了吊车的图例，从图中可以看到，该吊车为通用桥式吊车，轨距 $L_K = 19.5m$，起重量 $Q = 20/75t$；①、④、⑦、⑩、⑬轴线附近画出了落水管的位置和断面形状。

（5）门、窗。门、窗的不同类型是用不同编号来标注的，读图时应弄清楚门、窗的类型、数量、位置。

（6）剖面图剖切线位置及索引。本厂房剖面图剖切线位置在⑩～⑪轴线之间，A—A剖面处。

（二）建筑立面图

读图内容主要包括以下几个方面。

（1）厂房立面形状。从建施2（图7-9）和建施3（图7-10）中可以看出，该厂房的基本形状为矩形，屋面为双坡屋面。

（2）门、窗立面形式、立面布置。从图中可以看到条窗的分布、大门的形式及位置、排水管的布置。

（3）标高的标注。从建施2（图7-9）和建施3（图7-10）的立面图中可知室外地面标高为-0.300m，窗标高分别为1.200～3.600m和9.600～11.700m，雨篷底标高为6.000m，天沟板底标高为14.520m等，还有各部位的标高应仔细阅读。

（4）墙面装饰。墙面的装饰装修一般是在立面图中标有简单的文字说明或索引。

（5）勒脚、散水、坡道。从建施2（图7-9）和建施3（图7-10）的立面图中可以看到散水和坡道的位置及做法。

（三）剖面图

剖面图剖切线的位置和投射方向在平面图中标注，剖面图与平面图应对照阅读，读图内容包括以下几个方面：

（1）柱子、屋架的结构形式：从建施3（图7-10）剖面图中可以看到，本厂房的柱子为矩形断面的钢筋混凝土柱，带牛腿。每端山墙处设有三根矩形断面抗风柱，屋架为梯型钢屋架。

（2）屋面板及天沟板的形式。从剖面图中可以看出，屋面板为钢筋混凝土板，剖面图中表示的屋面板是示意性的，详细构造应按照结构图中标注的板型查看标准图集。剖面图中显示的天沟板同屋面板一样，也是钢筋混凝土板，板型在结构图中有标注。

（3）吊车梁、吊车的形式。从建施3（图7-10）中可以看到，吊车梁为T型钢筋混凝土吊车梁，搁置在柱子牛腿上，桥式吊车则架设在吊车梁的轨道上。

（4）有关部位的标高。从建施3中可看到，室外地面标高为-0.300m，室内标高为±0.000m，雨篷底标高为6.000m，吊车梁梁顶标高10.000m，柱顶标高12.300m，天沟板底标高为14.520m，屋面排水坡度 $i = 10\%$。

（5）索引或其他标注。有时剖面图上也标注索引符号或建筑做法等内容，在本车间剖面图中可看到墙体的详细做法。

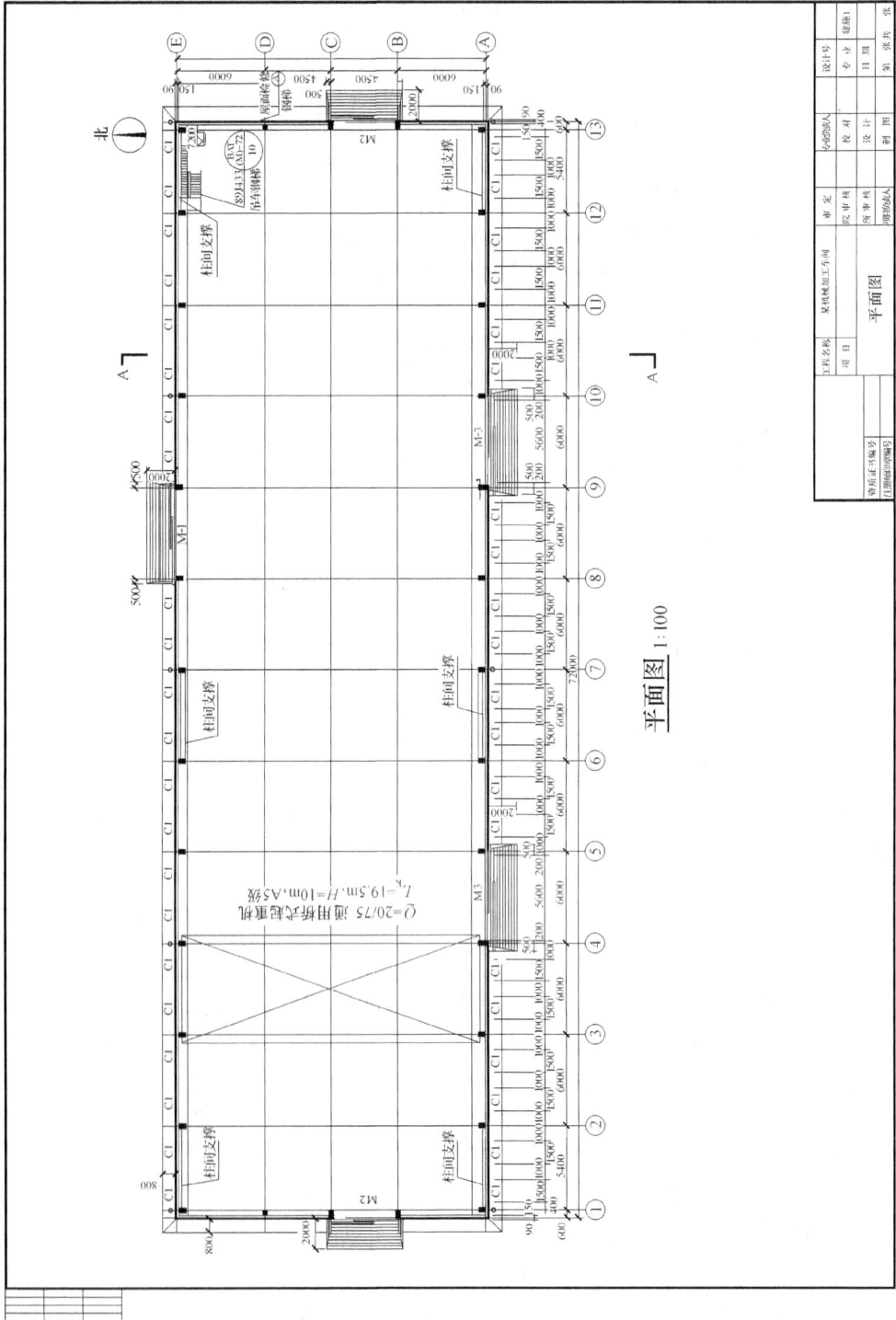

平面图 1:100

图 7 - 8　某机械加工车间建筑施工图一

南立面图

北立面图

海蓝色760彩钢板

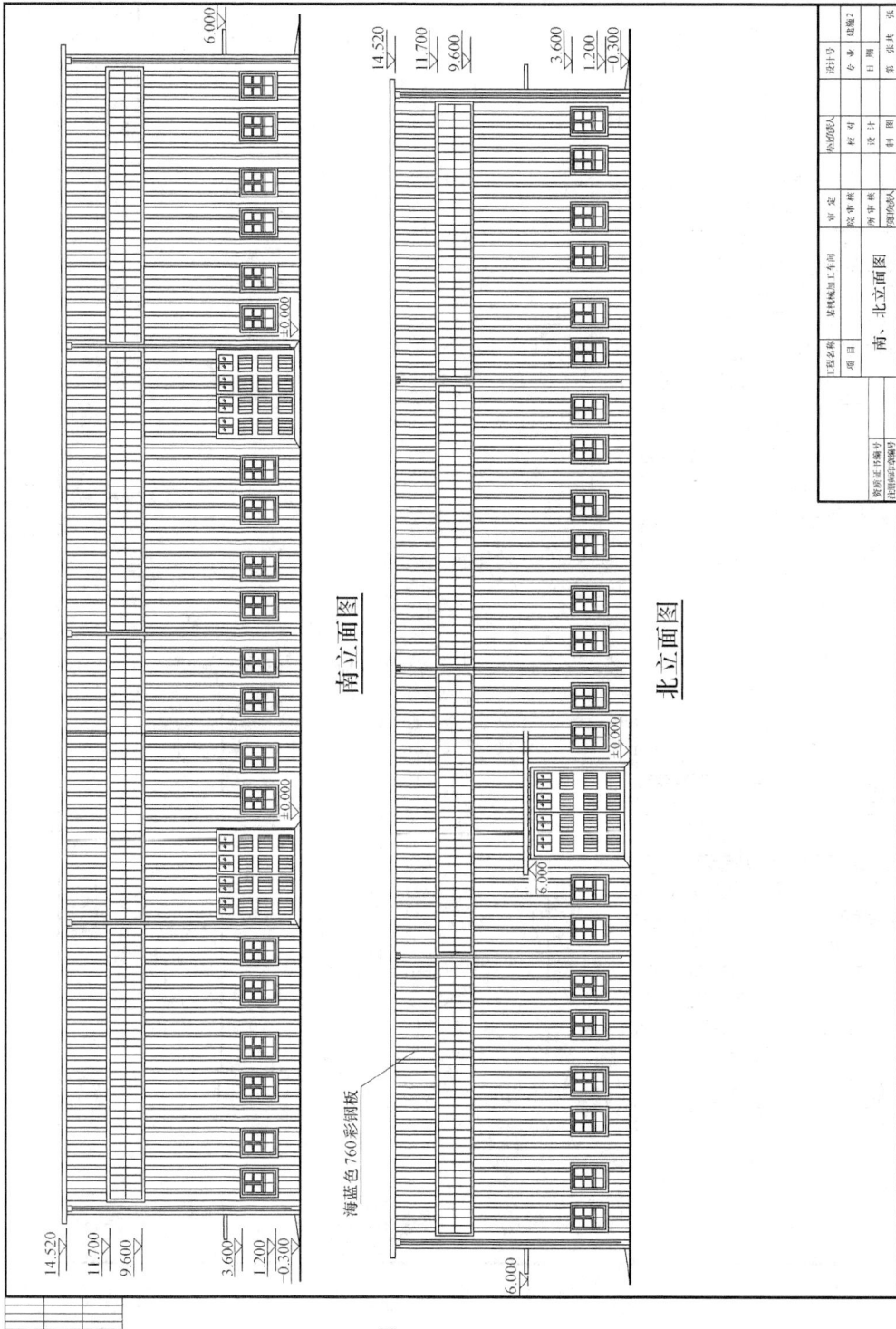

图 7-9 某机械加工车间建筑施工图二

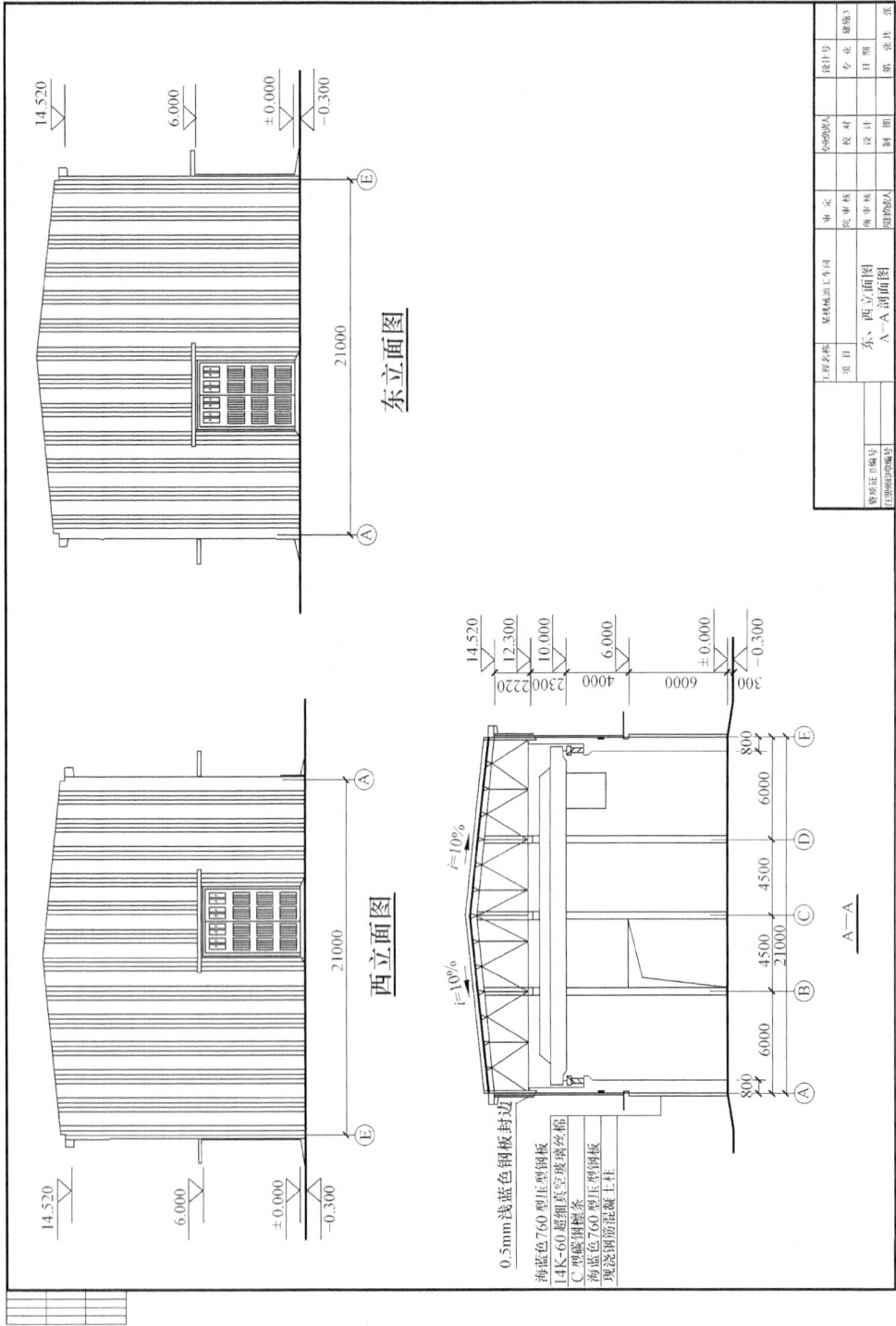

西立面图

东立面图

A—A

0.5mm浅蓝色钢板封边
海蓝色760型压型钢板
14K-60超细玻璃棉毡卷
C型檩钢檩条
海蓝色760型压型钢板
现浇钢筋混凝土柱

图7-10 某机械加工车间建筑施工图三

读图时，应将平面图、立面图、剖面图前后对照，按照由外到内、由大到小的顺序，对建筑物的形状、大小、构造、尺寸等综合阅读。

除了上述平、立、剖面图之外，还有其他构造详图或节点详图，其阅读方法与民用建筑施工图相似，在此不再多叙。

二、结构施工构图

（一）基础平面图

基础平面图是基坑（或基槽）还未回填土时的水平剖面图，用于放线、开槽以及安装基础梁等，基本内容包括以下几个方面：

（1）图名、比例及说明。如结施1（图7-11），基础平面图的比例为1∶100。

（2）定位轴线及其编号。定位轴线必须与建筑平面图相一致，从结施1中可以看到，共有13条横向定位轴线，编号分别为①、②、③、④、⑤、⑥、⑦、⑧、⑨、⑩、⑪、⑫、⑬；5条纵向定位轴线，编号分别为Ⓐ、Ⓑ、Ⓒ、Ⓓ、Ⓔ。

（3）轴线尺寸。如结施1（图7-11）所示，横向轴线间尺寸分别为5400mm、6000mm，纵向轴线间尺寸分别为6000mm、4500mm。

（4）基础的平面布置、类型、数量以及有关尺寸。结施1中的基础共有32个，分为J-1和J-2两种基础类型，基础的尺寸分别为2400mm×3600mm和2900mm×3800mm，其定位尺寸应仔细阅读。

（5）基础梁的布置、类型以及各类型的数量。读图时首先要弄清楚哪些位置有基础梁，基础梁的类型，同时应注意各类基础梁的安装位置。

（二）柱及吊车梁平面布置图

在厂房的结构施工图中，构件的标注一般采用构件代号。

从结施2（图7-12）中可以看到各柱的编号及相对于轴线的位置，其中Ⓐ、Ⓔ轴线位于边柱的柱外侧，其他轴线与柱中心线重合，抗风柱的柱外侧定位线分别为①、⑬轴线外移600mm。

结施2中每列柱的柱边均画有通长的粗实线，表示吊车梁。吊车梁旁边的中粗线表示吊车轨道，图中显示，吊车轨道为43kg/m钢轨。钢轨的两端为车挡。

（三）屋面结构布置图

屋面结构布置图包含的构件有屋架、屋面板、天沟板以及支撑系统等，基本内容包括以下几个方面。

1. 屋架布置

从结施3（图7-13）中知道，厂房有13条轴线，屋架沿轴线布置，共有13榀，屋架中心线与轴线重合。屋架有两种类型，分别为 GWJ21-3A1 和 GWJ21-3A4。

2. 支撑布置

从结施3中知道，在①～②、⑥～⑦、⑫～⑬之间布置了水平支撑和垂直支撑。沿Ⓐ、Ⓒ、Ⓔ轴布置了拉杆，在水平支撑与屋架交接处也布置有拉杆。

3. 屋面板布置

从结施4（图7-14）中知道，①～②、⑫～⑬轴线间屋面板选用了 Y-WB-3Ⅱs；②～⑫轴线间屋面板选用了 Y-WB-3Ⅱ。天沟板选用了 TGB77-1 系列。

钢筋混凝土单层工业厂房的其他结构施工图的识图方法与民用建筑相似。

基础平面布置图 1:100

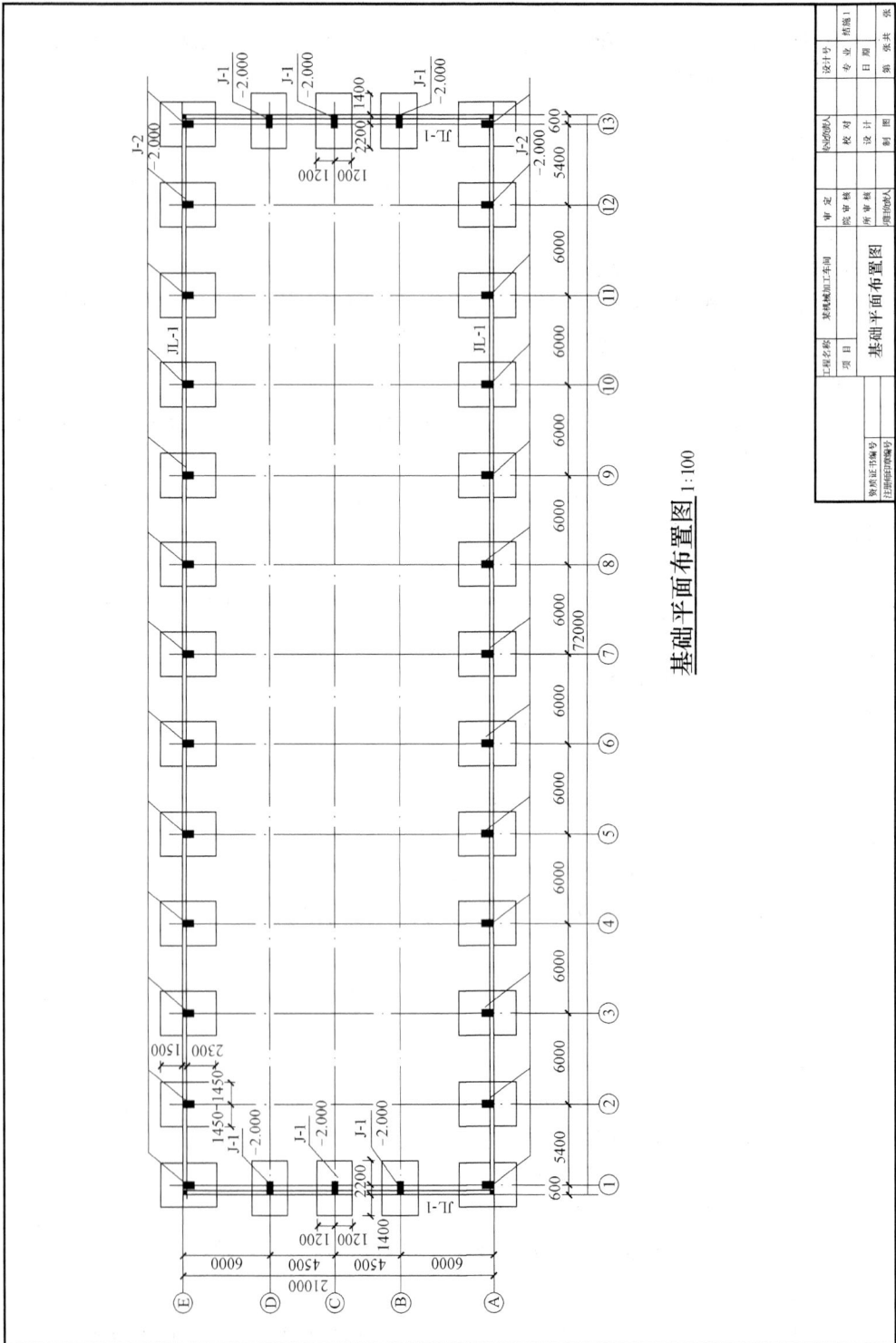

图 7-11 某机械加工车间的结构施工图一

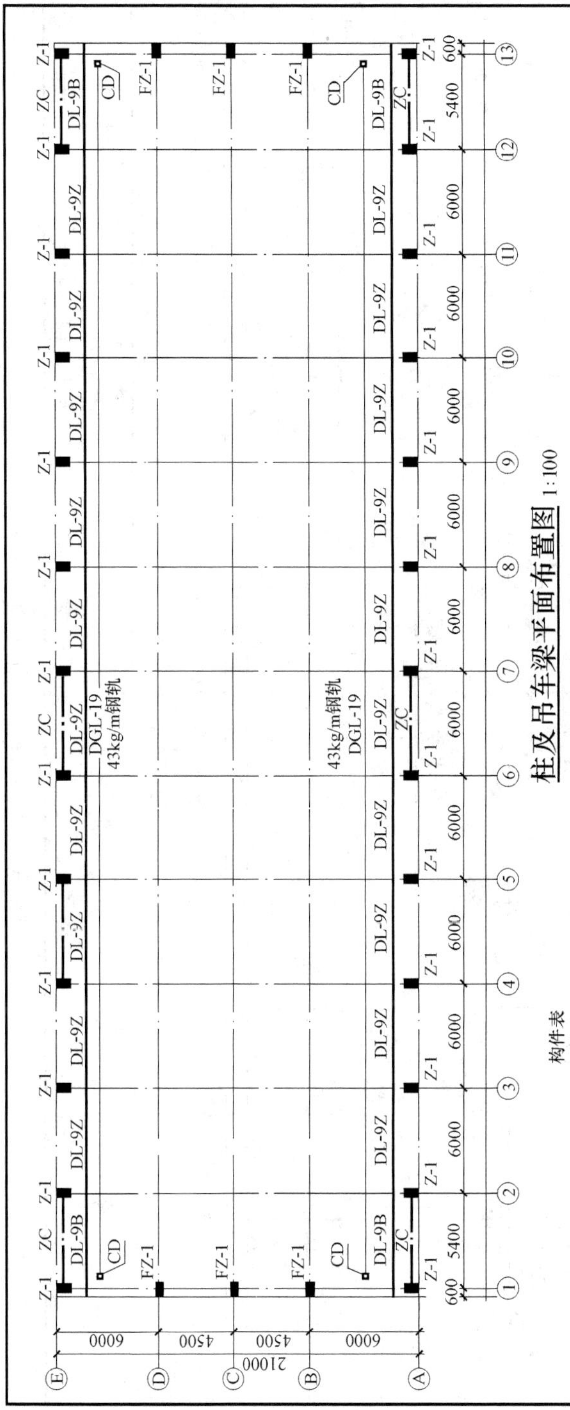

柱及吊车梁平面布置图 1:100

构件表

序号	构件名称	构件代号	图集名称	图集代号
1	轨道联结	DGL	吊车轨道联结	G-325
2	车挡	CD	吊车轨道联结	G-325
3	吊车梁	DL	钢筋混凝土吊车梁	G-323(二)
4	屋面支撑	CC,SC	梯形钢屋架	97G511
5	拉杆	LG	梯形钢屋架	97G511
6	屋架	GWJ	梯形钢屋架	97G511
7	屋面板	Y-WB-3II	预应力混凝土屋面板	92G410(一)
8	天沟板	TGB	预应力混凝土屋面板	92G410(二)
9	柱间支撑	ZC	柱间支撑	参 CG-336(三)

图 7-12　某机械加工车间的结构施工图二

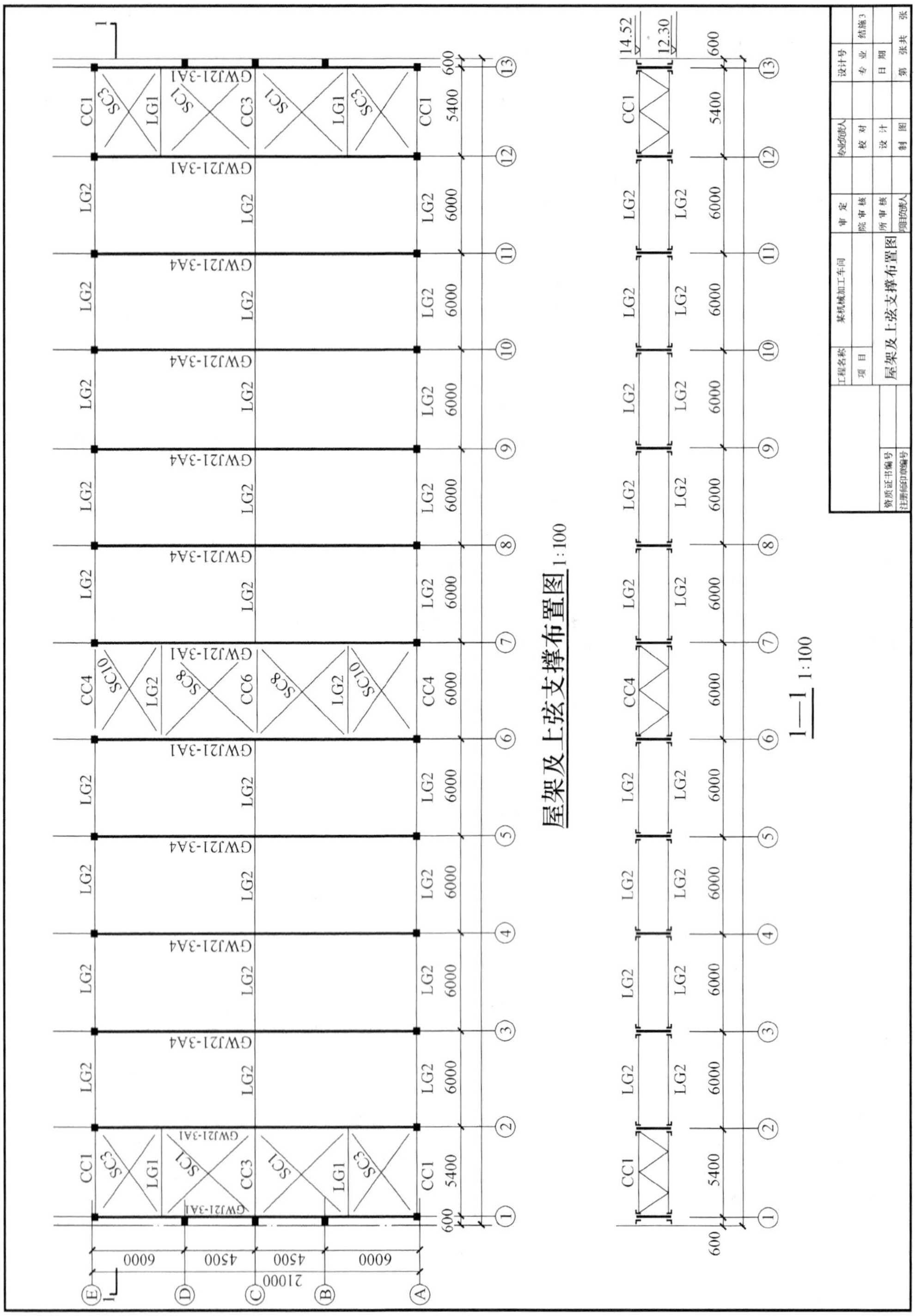

屋架及上弦支撑布置图 1:100

1—1 1:100

图 7-13 某机械加工车间结构施工图三

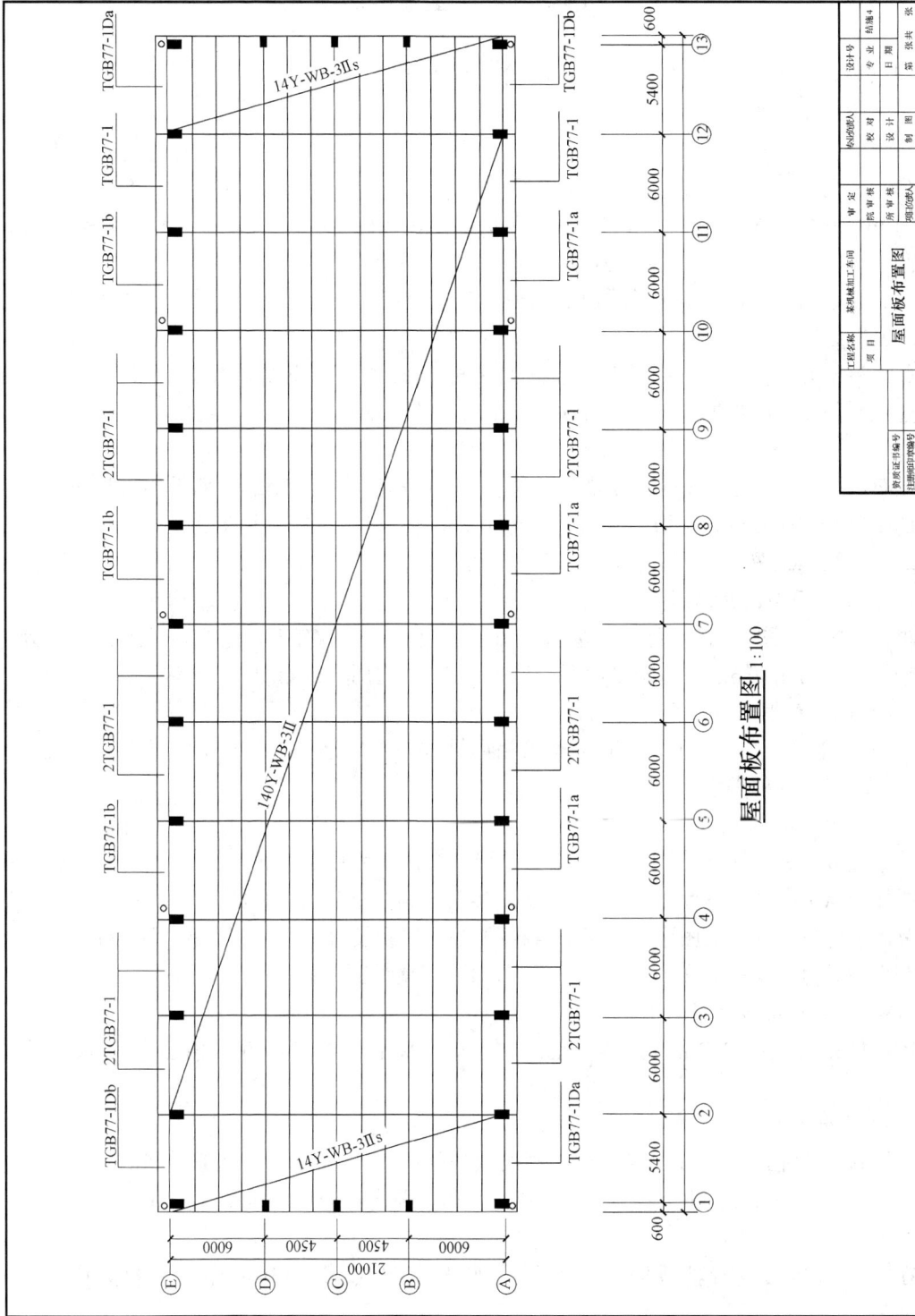

屋面板布置图 1:100

图 7－14　某机械加工车间结构施工图四

第三节　钢结构单层工业厂房施工图

现以某 30m 跨钢结构单层厂房为例，介绍其识图方法。

一、建筑施工图

（一）建筑平面图

（1）平面形状及尺寸。如图 7-15 所示，该厂房的平面形状为矩形，单跨，总长为 60000mm，总宽为 30000mm；有 11 条横向轴线，轴线间距为 6000mm；有 6 条纵向轴线，轴线间距为 6000mm，其他细部尺寸如图 7-15 中所示。

（2）交通通道。该厂房①轴线山墙ⓒ～ⓓ轴间设有一个大门，纵向ⓕ轴线外墙在②～③和⑨～⑩轴线间各设一个大门。

（3）柱子和墙体。图中柱子为工字型截面钢柱。1m 标高以下墙体为 240 砖墙。

建筑平面图中其他部分的识图方法同钢筋混凝土工业厂房。

（二）建筑立面图、剖面图的识图

图 7-16 中钢结构工业厂房外墙采用白色、蓝色彩板墙面；南北立面采用带形窗，窗台以下的砖墙面用面砖进行贴面；从东、西立面图中，可知屋面排水坡度为 10%。

二、结构施工图

（一）基础平面图的识图

根据结施 1（图 7-17）可知，基础采用柱下独立基础，有 J-1、J-2 两种形式，基础之间的轴线距离为 6000mm，基础平面图采用 1：100 的比例进行绘制。

（二）门式刚架平面布置图

结施 2（图 7-18）显示，门式刚架沿横向轴线布置，且中心线与轴线重合。门式刚架有 GJ-1 和 GJ-2 两种类型。

（三）GJ-1 施工图

从结施 3（图 7-19）可知，门式刚架采用了变截面柱和变截面梁，剖面 1—1 是刚架梁与柱拼接节点大样图，剖面 2—2～5—5 是刚架梁与梁拼接节点大样图，剖面 6—6 是刚架的柱脚节点大样图。在剖面图中标出了节点板的尺寸、螺栓孔的孔径及位置。刚架施工图中给出了钢板的编号，钢板的详细尺寸见材料表，其他要求见说明。

（四）屋面檩条布置图

屋面檩条布置图包含的构件有檩条、拉条及水平支撑等，基本内容包括以下几个方面。

1. 檩条布置

从结施 4（图 7-20）中知道，门式刚架檩条间距为 1.5m，檩条长度为 6m，采用 C 型檩 C120×60×20×2.5，中间设有一道拉条（LT），屋脊处设有斜拉条（XLT）。

2. 支撑布置

在②～③和⑨～⑩轴线间分别布置了水平支撑（SC）。其他详细内容如图 7-20 所示。

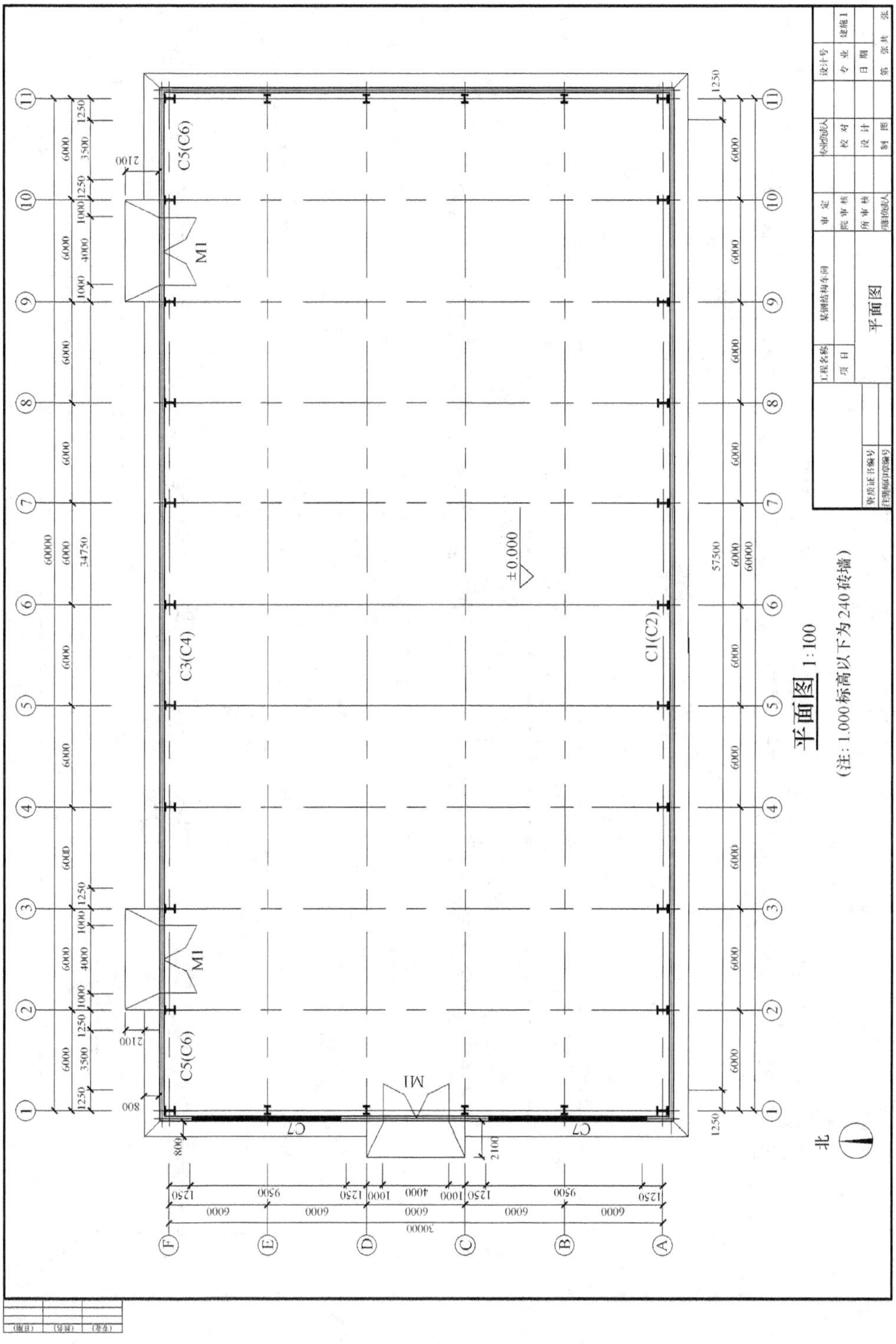

平面图 1:100

(注:1.000标高以下为240砖墙)

图 7-15 某钢结构车间建筑施工图一

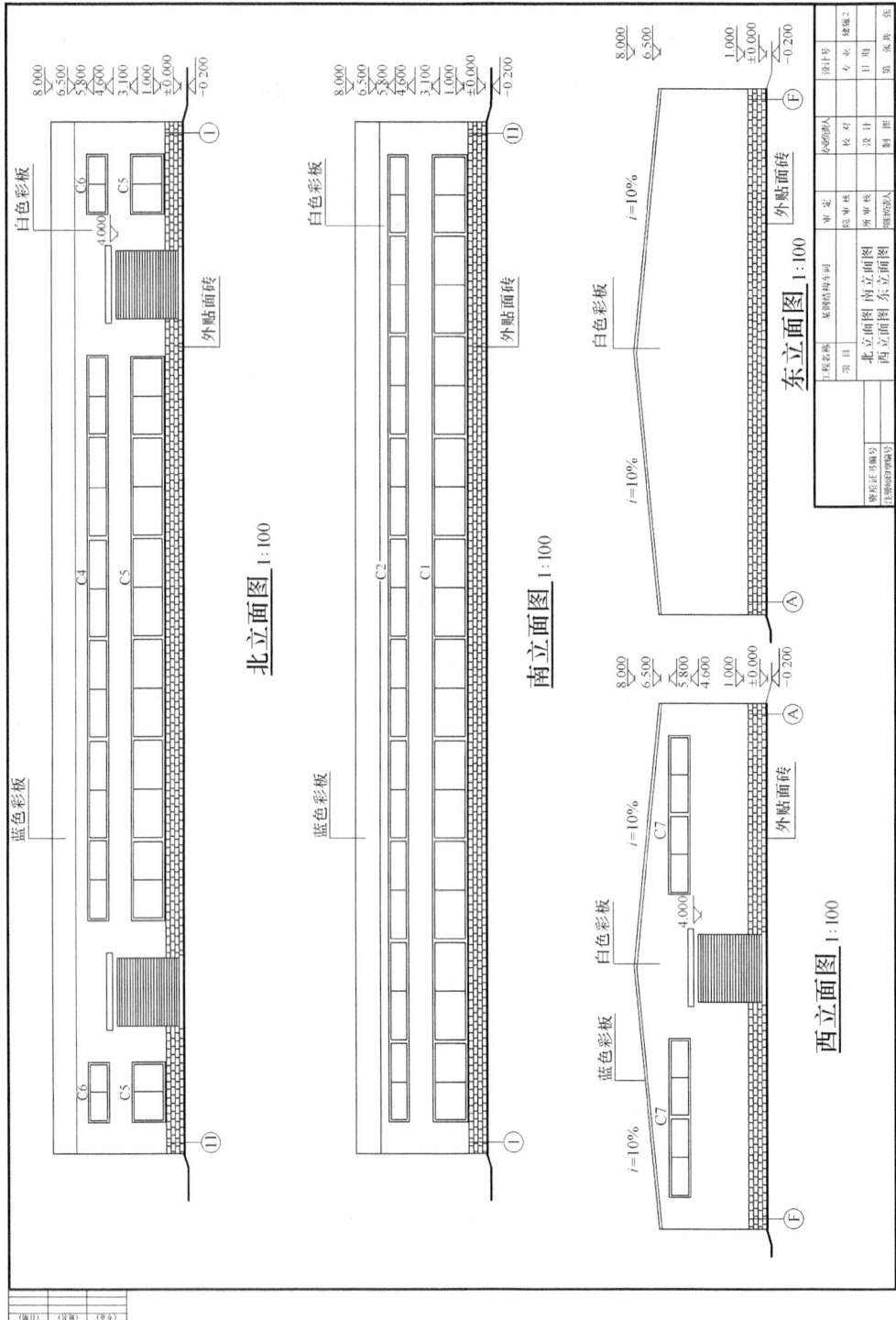

图 7－16　某钢结构车间建筑施工图二

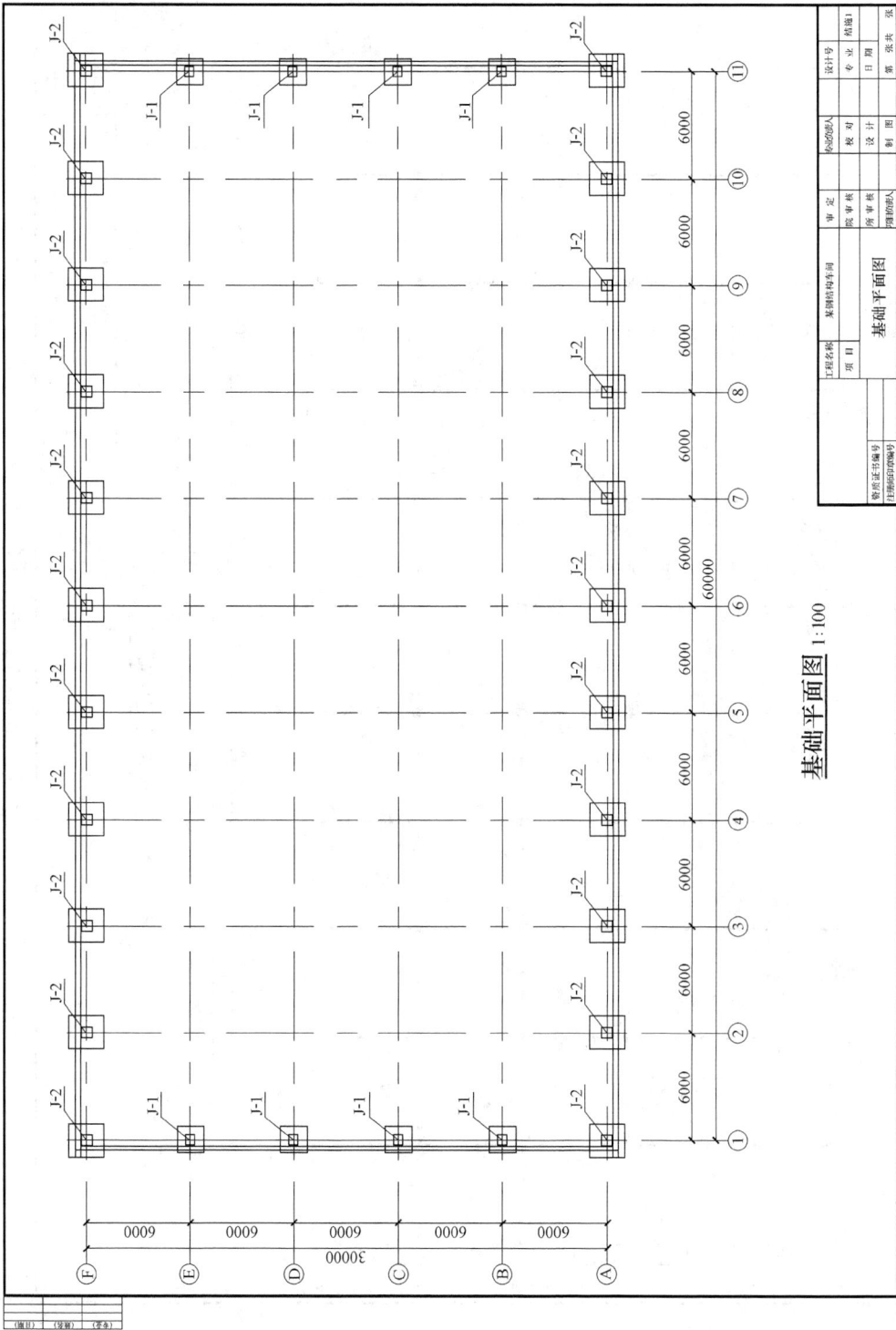

基础平面图 1:100

图 7-17 某钢结构车间结构施工图一

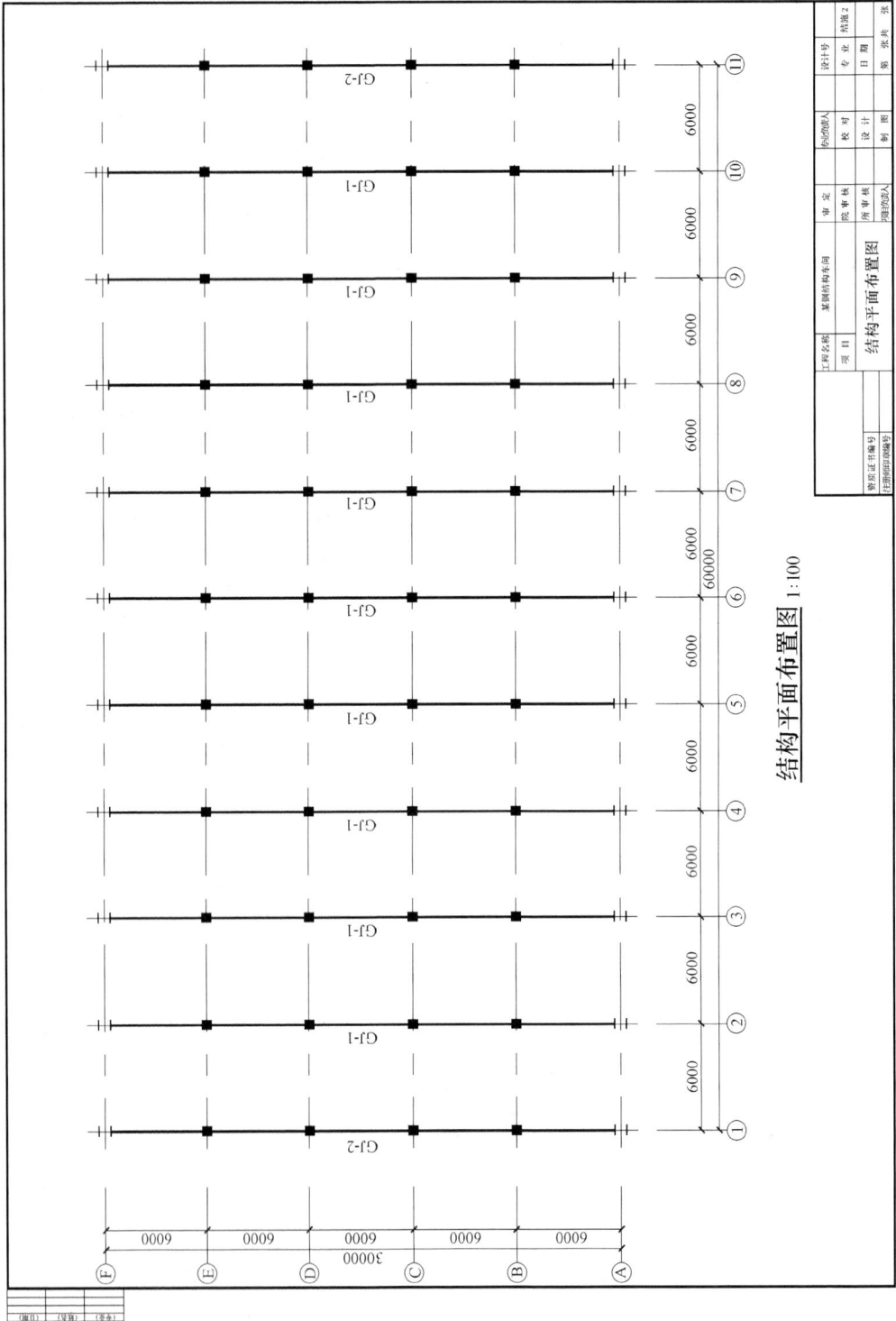

结构平面布置图 1:100

图 7-18 某钢结构车间结构施工图二

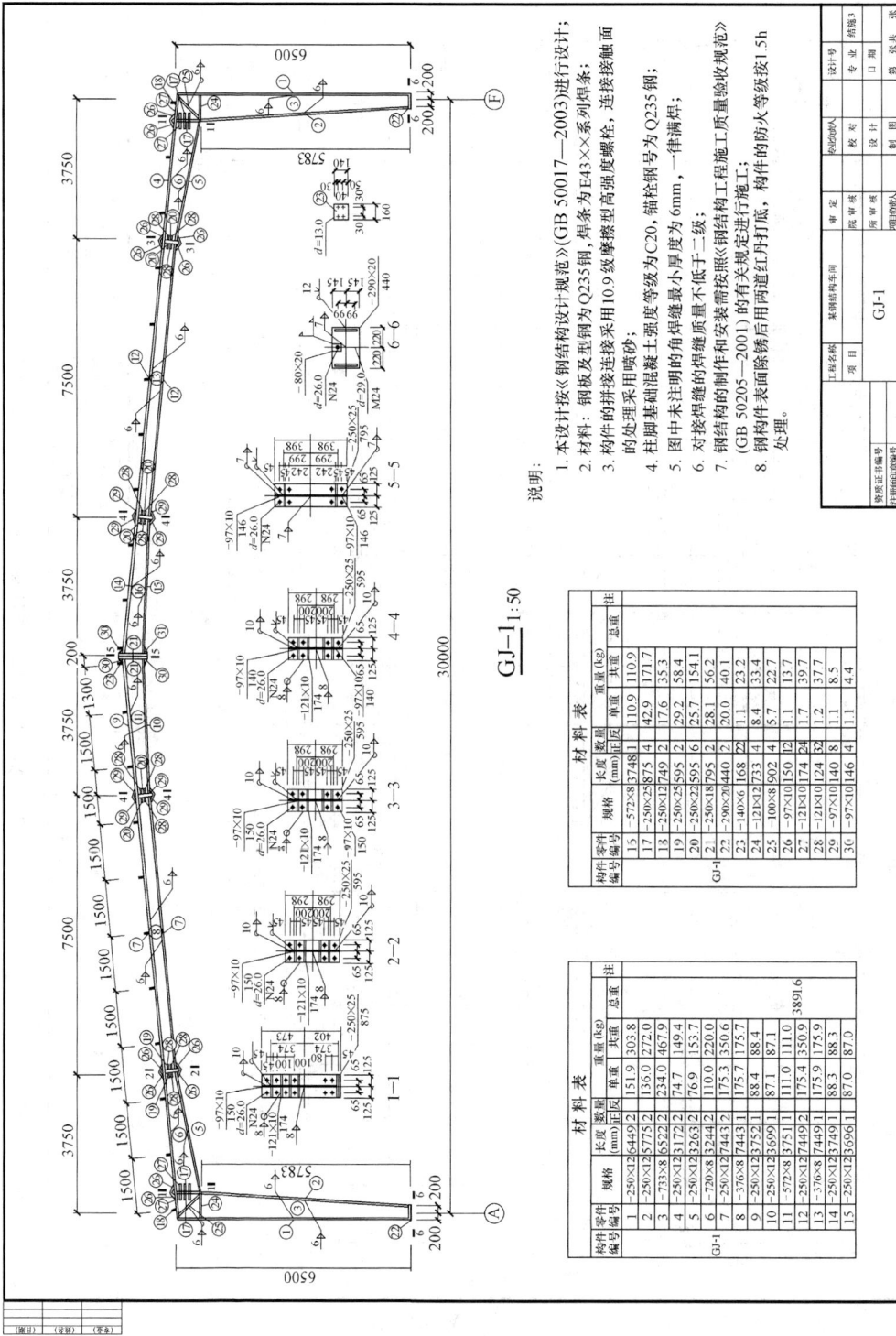

图 7-19 某钢结构车间结构施工图三

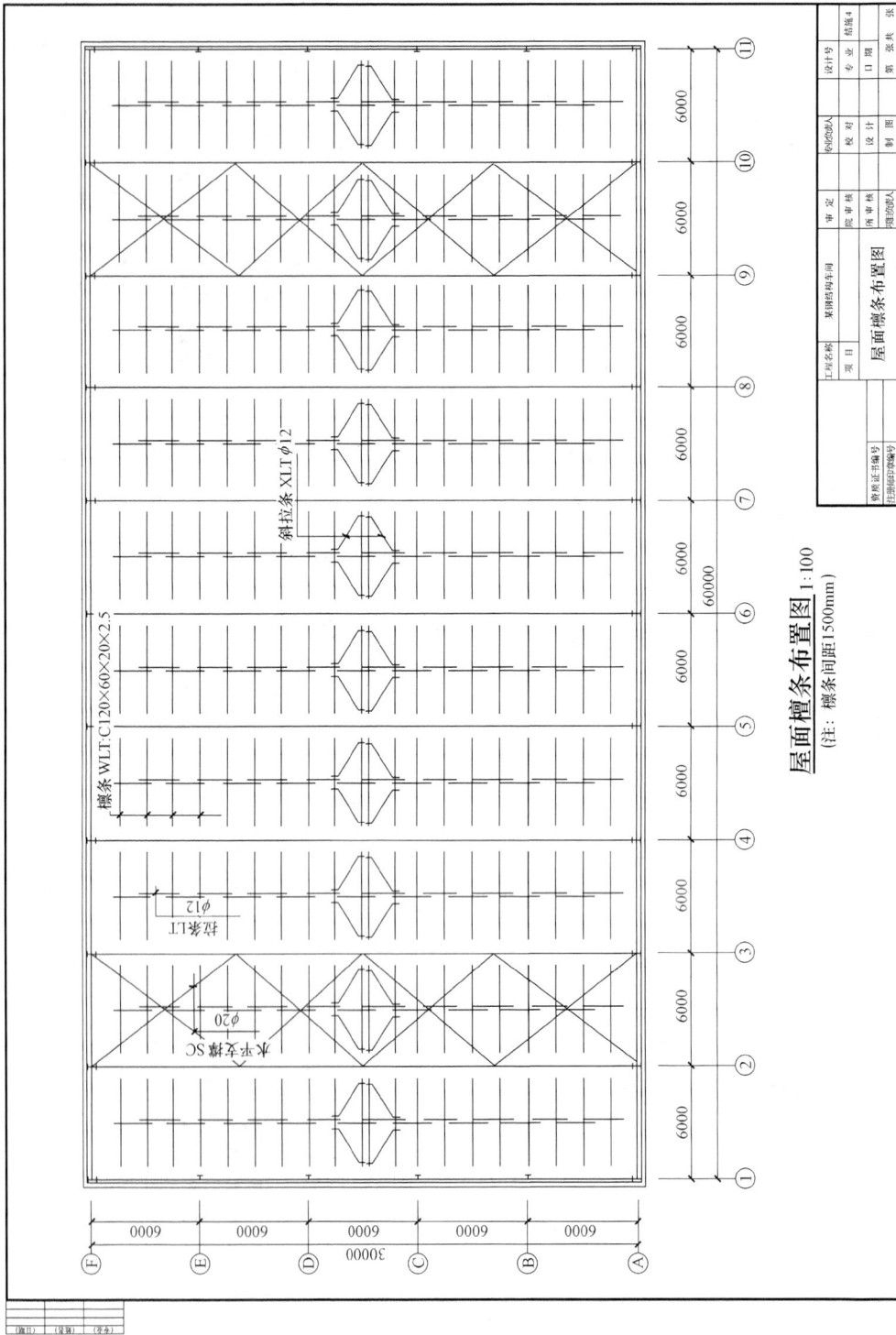

屋面檩条布置图 1:100

(注：檩条间距1500mm)

檩条 WLT:C120×60×20×2.5

斜拉条 XLT φ12

拉条 LT φ12

水平支撑 SC φ20

图 7-20　某钢结构车间结构施工图图四

第八章　建筑给水排水工程图

本章摘要：在本章中，主要学习识读常用的处于建筑内部的水工程基本图样。在学习过程中，宜联系自己的生活经验加深对给排水工程内容和原理的理解，能够把握住水的"流动方向"，并能够依据它们的"流动方向"来识读和绘制比较简单的给排水施工图。

第一节　给水排水工程概述

给水排水工程包括给水工程、排水工程和建筑给水排水工程三个方面。给水工程包括从水源取水、水的净化处理、输配水等一系列工程设施，各地的自来水公司是其典型代表；排水工程是指各种生产及生活污、废水的搜集、输送、处理、处理后的污水排入江河湖泊或利用等工程设施，各地的排水工程处或排水公司是其典型代表。建筑给水排水则是指在一个较小范围内（通常指目前各种常见的生产、生活区）的建筑室外给水排水（专业上称为小区给水排水）和建筑室内给水排水设施，从输送、利用和排放水的流程上看，它介于市政供水公司和排水公司之间。

在本章，主要介绍建筑给水排水工程图中的主要图样。

建筑给水排水工程是由各种管道及其配件和水的处理、贮存设备等所组成，整个工程与房屋建筑及其结构等工程有着密切关系。因此在学习建筑给水排水工程图之前，对建筑施工图、结构施工图等都应该有一定的认识。

建筑给水排水工程图按其内容和作用来分，有以下几种。

一、管道平面布置图

为说明一个生活小区或一个厂（校）区给水排水管道的布置情况，就需要在该区的总平面图上，画出各种管道的平面布置，这种图称为小区给排水平面布置图。如果在这种图样上加上暖气管道、燃气管道等其他管网的平面布置，则称为小区管网总平面布置图。

在一幢建筑物内需要用水的房间（厨房、厕所、浴室、实验室、锅炉房等）布置管道时，也要在建筑平面图上画上卫生设备、盥洗用具和给水、排水、热水等管道的平面图，这种图称为室内给水、排水管网平面布置图。

二、管道轴测图

为了说明管道空间联系情况和相对位置，通常还把室内管网画成轴测图，也称管道系统图。它与平面布置图互相参照，这两种图样是表达建筑室内给水排水工程设计意图的最主要图样。

三、管道配件及安装详图

管道的平面布置图和轴测图不能表达管网的细部构造，管道配件及安装详图则表达例如管道上的阀门井、水表井、管道穿墙、排水管相交处的检查井等详细构造，以便施工。

图　例	名　　称	图　例	名　　称	图　例	名　　称	图　例	名　　称
——S—— ——S——	屋顶水箱进水管		肘式龙头		水表		雨水斗
——R—— ——R——	热水管		角阀		减压孔板		承雨斗
——U—— ——U——	屋顶水箱溢水管		截止阀		温度计		组合型雨水斗
——J—— ——J——	生活、生产给水管		浮球阀		电接点压力表		无水封地漏
——H—— ——H——	热水回水管		闸阀		离心水泵		水封地漏
——Y—— ——Y——	雨水管		止回阀		管道泵		清扫口
——X—— ——X——	消火栓管道		泄压阀		潜污泵		通气帽
——Z—— ——Z——	蒸汽管		底阀		开水器		检查口
——W—— ——W——	粪便污水管		蝶阀		电热水器		存水弯
——N—— ——N——	蒸汽冷凝回水管		信号闸阀　信号蝶阀		燃气热水器		雨水口
——P—— ——P——	自动喷水管道		报警阀		污水池		排水栓
——F—— ——F——	生活废水管		安全阀		洗涤盆		伸缩节
——T——	下水道专用通气管		减压阀	YC	隔油池		乙字管
——K——	压缩空气管		电磁阀	HC	化粪池		正三通
——G——	屋顶水箱至报警阀前管		温度调节阀		盥洗槽		斜三通
——Q——	屋顶水箱至水加热器管		排气阀		小便槽		正四通　立体四通
JL-1　JL-1　标高	立管类别代号		水泵接合器		大便槽		斜四通
FL-P	喷淋系统专用排水立管		闭式消防喷头		洗脸盆		同心异径管
	接管水嘴		开式消防喷头		浴盆		偏心异径管
	淋浴器　淋浴喷头		室内单口，双口消火栓		淋浴间		多孔管
	浴盆龙头		灭火器		坐便器		喇叭口
	洗脸盆龙头	L	水流指示器		蹲便器		过滤器
	延时自闭式冲洗阀及防污器		湿式报警阀组		立式挂式小便斗		橡胶软接头
	化验龙头				冲洗水箱		波纹补偿器
	普通水龙头		压力表		阀门及阀门井		防水套管

图 8－1　常用的建筑给排水工程图图例

四、水处理工艺设备图

目前小区内的净水处理和污水处理设施也较多，水处理工艺设备图包括直供饮水工程的净水设备、储水池、化粪池、隔油池等全套图样。

五、水泵房工艺设备图

水泵房工艺设备图主要是指水泵房内水泵机组、吸水管道、压力水管道及其辅助设施的布置图样。

由于管道的截面尺寸比其长度尺寸小得多，所以在小比例的施工图中均以单线条表示管道，用图例表示管道上的配件。这些线型和图例符号，《给水排水制图标准》（GB/T 50106—2001）已作出规定。给水排水专业制图除应遵守《给水排水制图标准》（GB/T 50106—2001）的规定外，还应符合《建筑制图标准》（GB/T 50104—2001）及国家现行的有关标准、规范的规定。

图 8-1 给出了比较常见的建筑给水排水工程图中所用的图例。但值得说明的是，各地在使用这些图例的过程中，由于理解和表达习惯上的差异，可能图例略有变化。

第二节　建筑室内给水排水工程图

一、建筑室内给水工程图

建筑室内给水管道有如下内容。

（一）引入管

自室外（厂区、校区、住宅区）管网引入房屋内部的一段水平管。引入管应有不小于0.3%的坡度、斜向室外给水管网。每条引入管装有阀门，必要时还要装设泄水装置，以便于管网检修时泄水。

（二）水表节点

用以记录用水量。根据用水情况可在每个单元、每幢建筑物或整个住宅区内设置一个水表。

（三）室内配水管网

包括干管、立管、支管。

（四）配水器具与附件

包括各种配水龙头、闸阀等。

（五）升压设备

当用水量大；水压不足时，需要设置水箱和水泵等设备。

根据干管敷设位置不同，管网图式可分为下行上给式和上行下给式两种，见图 8-2。下行上给式的干管敷设在地下室或第一层地面下，一般用于住宅、公共建筑以及水压能满足要求的建筑物。上行下给式的干管敷设在顶层的顶棚上或阁楼中，由于室外管网给水压力不足，建筑物上部需设置蓄水箱或高压水箱和水泵，一般用于多层民用建筑、公共建筑（澡堂、洗衣房）或生产流程不允许在底层地面下敷设管道，以及地下水位高，敷设管道有困难的地方。

布置室内给水管网，应考虑以下几点：

（1）管系选择应使管道最短，并便于检修。

（2）给水立管应靠近用水量大的房间和用水点。

（3）根据室外供水情况（水量和水压等）和用水对象，以及消防对给水要求，室内管网可以布置成环形和树枝形两种。环形是指干管首尾相接，有两根引入管，一般用于生产性或用水要求高的建筑，如图 8-2（a）所示。树枝形是指干管首尾不相接，只有一个引入管，支管布置形状象树枝，一般用于低、多层民用建筑。

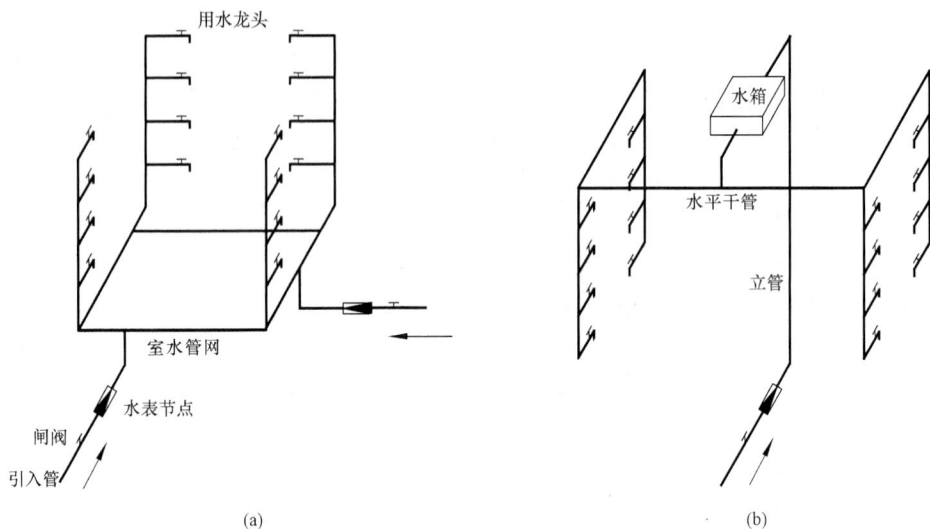

图 8-2　建筑室内给水管网布置示意

（a）水平环形下行上给式给水；（b）树枝形上行下给式给水

作建筑室内给水设计，要先绘制平面布置图，其步骤如下：

（1）用 1∶50 或 1∶25 局部放大画出用水房间的平面图，图线可比原建筑图细些以便能够突出对管线的观察。

（2）画出卫生设备的平面布置、由于大便器、小便斗是定型产品，小便槽、盥洗台、洗脸盆均另有详图。因此，平面图用中实线按比例用图例画出卫生设备的位置。如建筑设计图已布置好卫生设备，则需观察是否合理，若有不妥，可以调整。

（3）画出管道的平面布置。管道是室内管网平面布置图的主要内容，通常用单线条粗实线表示。底层平面布置图应画出引入管、下行上给式的水平干管、立管、支管和配水龙头等。

如图 8-3 所示，管道是暗装敷设方式。当管道为暗装时，图纸上除有说明外，管道线应绘在截面内。无论是明装或暗装，管道线仅表示其安装位置，并不表示其具体平面位置尺寸，如与墙面的距离等。

管网平面布置图是室内给水排水工程图的重要图样，是绘制管网轴测图的重要依据。从图 8-3 可知，A 户型卫生间的给水由 GL．a 供给，然后经过闸阀、水表、依次由右至左供给浴盆、大便器、洗脸盆及洗涤盆的用水。各段管道规格也可由图中看出（DN20 表示公称直径为 20mm 的水管）。但需要说明的是，最初进行管道的平面布置，管径规格是未知的，可以不标，待根据平面布置图画出管网轴测图进行水力计算确定管径规格后再标注。

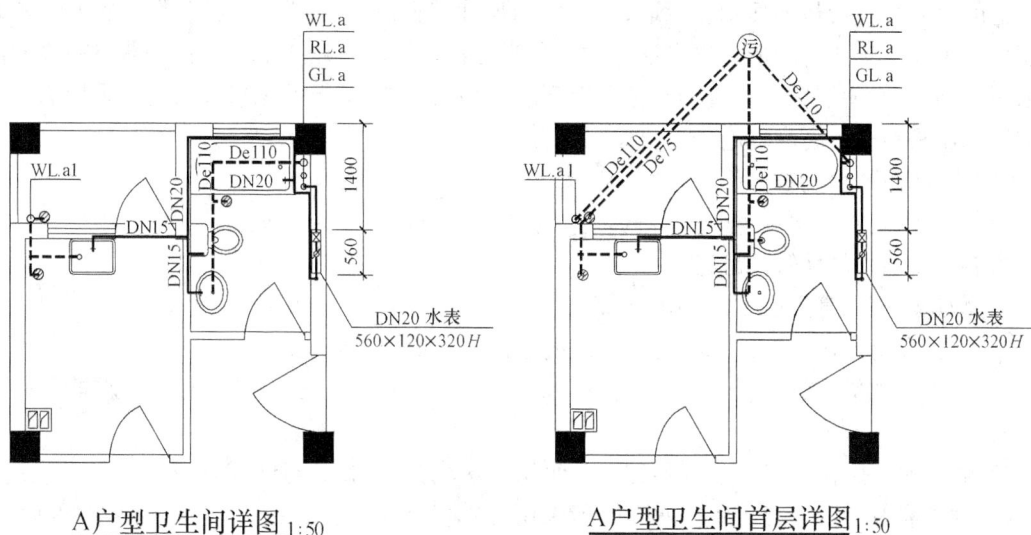

A户型卫生间详图 1:50　　　　　A户型卫生间首层详图 1:50

图 8-3　室内给排水管线平面布置图

绘制给水管道轴测图的步骤如下：

（1）轴向选择。

通常把房屋的高度方向作为 OZ 轴，OX 和 OY 轴的选择则以能使图上管道简单明了，避免管道过多地交错为原则。图 8-4 是根据图 8-3 给水管道平面布置图画出来的给水管网正面斜等测图。由于室内卫生设备多沿房屋横向布置，所以多以横向作为 OX 轴，纵向作为 OY 轴，如图 8-4 所示。

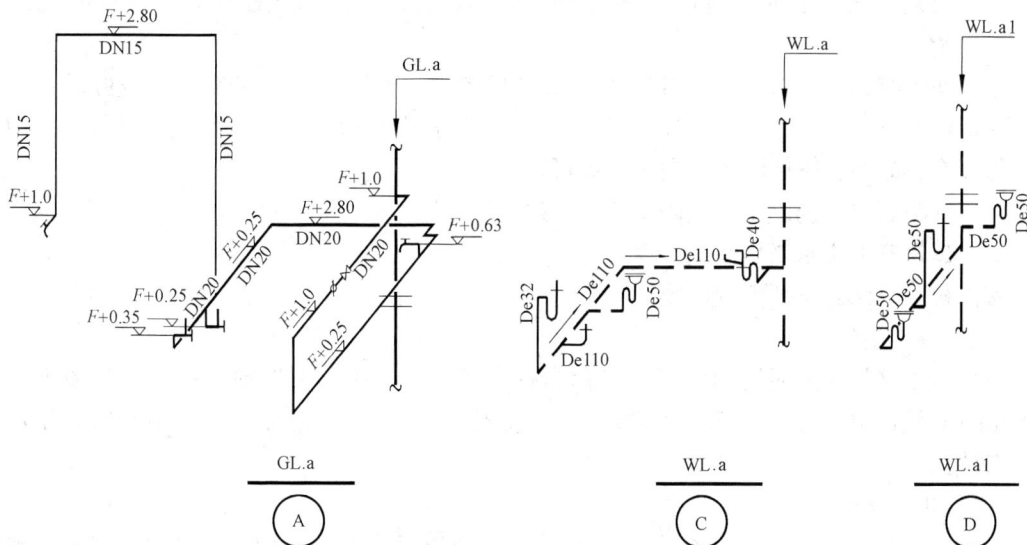

图 8-4　室内给排水管线轴测图

（2）确定轴测图的比例。

轴测图的比例可与平面布置图相同，也可不同，以表示清楚为准，管道在 OX、OY 轴方向上的尺寸可直接从平面图上量取，OZ方向尺寸根据房屋的层高和配水龙头的习惯安装高度尺寸决定。例如盥洗槽、洗涤池等的水龙头高度，一般采用1.2m左右，淋浴喷头的高度采用2.4m。大便器、小便槽的高位水箱高度采用2.4m，其上的球形阀门高度采用2.2m。这些用水器具的安装高度均应按比例画出并标明。

（3）轴测图的绘制步骤。

1）根据引入管和水平干管的标高，先画引入管和水平干管（图8-4因为针对局部布置，为表达简明，从立管画起）。

2）画从水平干管上引水的供水立管。

3）在立管上定出楼地面的标高，确定向室内引出的横支管位置。

4）从引出的横支管位置开始，根据供水横支管的走向，逐段画出引向各用水器具的供水支管。

5）画上水表、淋浴喷头、大便器高位水箱、水龙头等用水器具图例符号。

6）注上各管道的管径（室内水管一般采用公称直径标注，用DN××表示）和标高。

管道的直径可分为外径、内径、公称直径。管材为无缝钢管的管子的外径用字母D来表示，其后附加外直径的尺寸和壁厚，例如外径为108的无缝钢管，壁厚为5mm，用D108×5或ϕ108×5表示。塑料管也用外径表示，如De63，其他如钢筋混凝土管、铸铁管、镀锌钢管等采用DN表示，在设计图纸中一般采用公称直径来表示，公称直径是为了设计制造和维修的方便人为地规定的一种标准，也称公称通径，是管子（或者管件）的规格名称。管子的公称直径和其内径、外径都不相等，但接近于内径。在设计图纸中使用公称直径，目的是为了根据公称直径可以确定管子、管件、阀门、法兰、垫片等结构尺寸与连接尺寸，公称直径采用符号DN表示，如果在设计图纸中采用外径表示，应该作出管道规格对照表，表明管道的公称直径及壁厚。目前，公称直径或公称通径的说法已逐渐被公称尺寸替代。

为了使轴测图表达清楚，当各层管网布置相同时，轴测图上中间层的管路可以省略不画，在折断的支管处注上"同××"。如图8-4所示，由于所有的A户型内的管线布置均一样，可以在折断的支管处注上"同A"即可。

（4）轴测图中，仍以粗实线表示给水管道。

二、建筑室内排水工程图

室内排水管网有下列组成内容。

（一）排水横管

连接卫生器具和大便器的水平管段称为排水横管，连接大便器的水平横管管径不小于100mm，且流向立管方向有2%的坡度。当大便器多于一个或卫生器具多于两个时，排水横管应有清扫口。

（二）排水立管

管径一般为100mm，但不能小于50或所连接的横管管径。目前广泛采用UPVC（硬聚氯乙烯）管作为排水管，其公称直径与传统的铸铁管的公称直径内涵有所不同，在尺寸标注上，有的地方以"De××"表示。立管在底层和顶层应有检查口。多层建筑中则每隔一层应有一个检查口，检查口距地面高度为1.00m。

（三）排出管

把室内排水立管的污水排入检查井的水平管段，称为排出管。其管径应大于或等于100，向检查井方向应有 1‰～2‰ 的坡度（管径为 100 时坡度取 2‰，管径为 150 时坡度取 1‰）。

（四）通气管

在顶层检查口以上的一段立管称为通气管，以排除不良气味。通气管应高出屋面0.3m（平屋面）至 0.7m（坡屋面）。在寒冷地区，通气管管径应比立管管径大 50，以备冬季时管内因结冰而使管内径减少。在南方地区，通气管管径与排水立管相同，最小不应小于 50。

布置室内排水管，应注意下列各点：

（1）立管布置要便于安装和检修。

（2）立管应尽量靠近污物、杂质最多的卫生设备（如大便器、污水池），横管应有坡度，斜向立管。

（3）排出管应选最短途径与室外管道连接，连接处应设检查井。

建筑室内排水工程图主要包括室内排水管网平面布置图和室内排水管网轴测图，画法同室内给水部分，但排水管道用粗虚线表示。在用轴测图以表示其空间连接和布置情况。排水管网轴测图仍选用正面斜等测图。在同一幢房屋中，排水管的轴向选择应与给水管的轴测图一致，以便观察。由于粪便污水与盥洗、淋浴污水分两路排出室外，所以它们的轴测图也应分别画出。图 8-4 中右边两个轴测图是 A 户型卫生间污水管网轴测图。其画法与给水轴测图类似，可参照其平面布置图。

下面，给出比较完整的建筑室内给排水平面图和轴测图供参考。

如图 8-5～图 8-10 所示，是一套某教师综合楼的给排水施工图。图 8-5 是首层给排水平面布置图，识图时主要观察：整幢楼的给水入户管和排水排出管及其和它连接的第一个室外排水检查井；室内给水排水管道在首层的平面布置；给水管向楼上引出的给水立管及楼上向首层引下的排水立管。图 8-6 是标准层给排水平面布置图，主要观察：室内给水排水管道的平面布置；给水立管和排水立管的位置及编号。图 8-7 是屋顶面的给水排水管道布置图，主要观察：各种给水管道（包括消防管道）在屋面的布置及与屋顶水箱的连接；各种排水管道（包括雨水管道）在屋顶面的布置。识读图样时，须注意把各种立管的编号与底层和标准层的立管编号对应起来，搞清楚水流的"来龙去脉"。图 8-8 是给水管道轴测图，主要由此图观察给水管道的空间布置和各段管道规格；图中的水箱配管轴测图，对进出水箱水管的高程标得比较仔细，是各种水箱配管（水箱配管有进水管、溢流管、信号管、放空管等种类）安装位置的依据。图 8-9 是雨水管道和排水管道的轴测图，这种图样表示了主立管的编号、规格、横支管的接入位置及规格，但此图没有详细的室内排水管道轴测图，只有其类型表示。这是因为现代建筑室内的给排水管道布置日趋复杂，因而它们通常单独画轴测图，以免排水主管道的轴测图过于复杂。图 8-10 是屋顶水箱大样图，主要表示了水箱各种配管的平面布置尺寸。

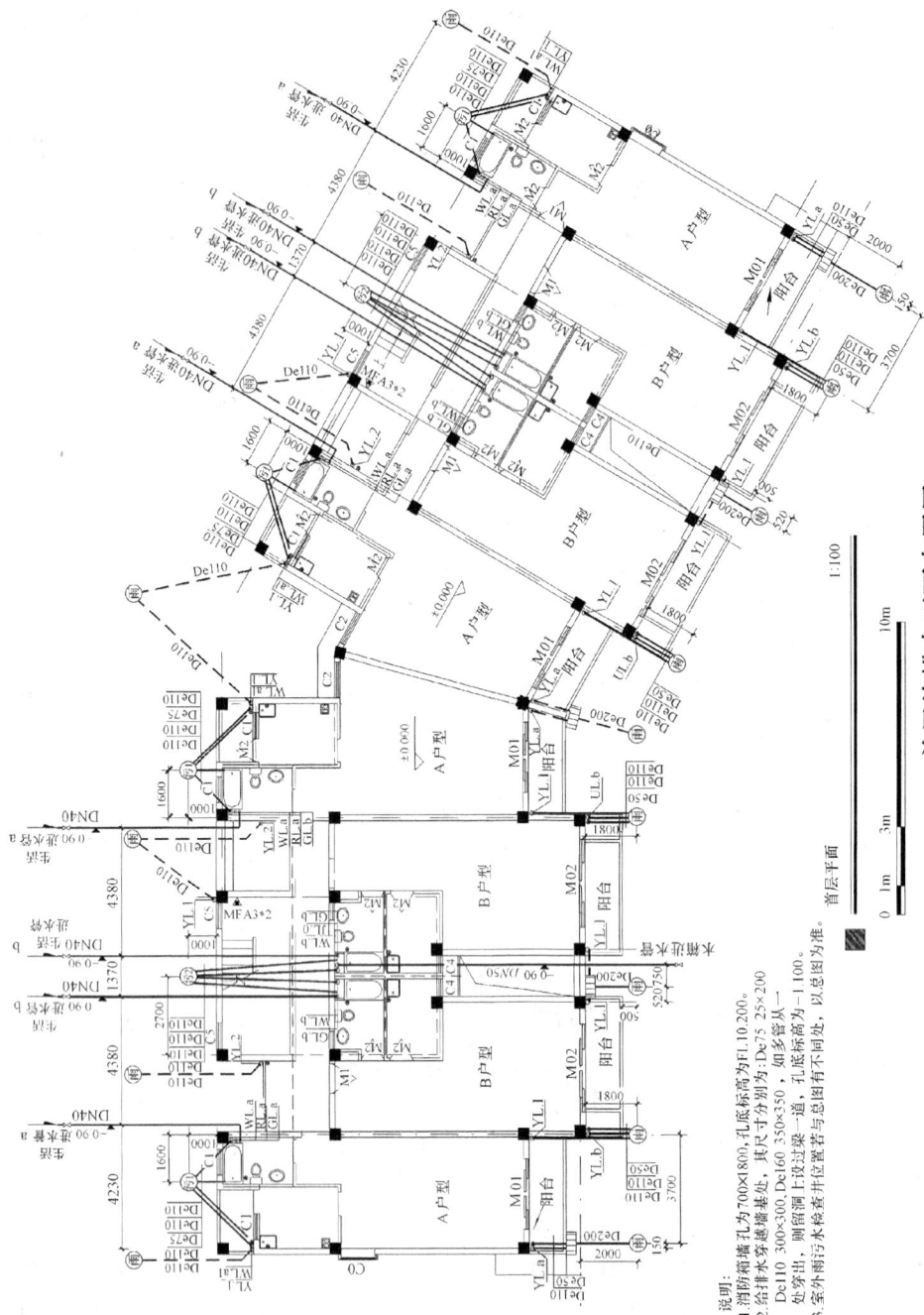

首层给排水平面布置图

首层平面

1:100

0 1m   3m   10m

图 8-5 某教师综合楼的给排水工程施工图（一）

说明：
1. 消防箱暗埋孔为700×1800，孔底标高为Fl.10.200。
2. 给水穿过地基处，De110 300×300，De160 350×350，如多管从一，De110 300×300，预留洞口设过梁一道，孔底标高为-1.100，处穿出。
3. 室外雨污水检查井位置参见总图，各图有不同处，以总图为准。

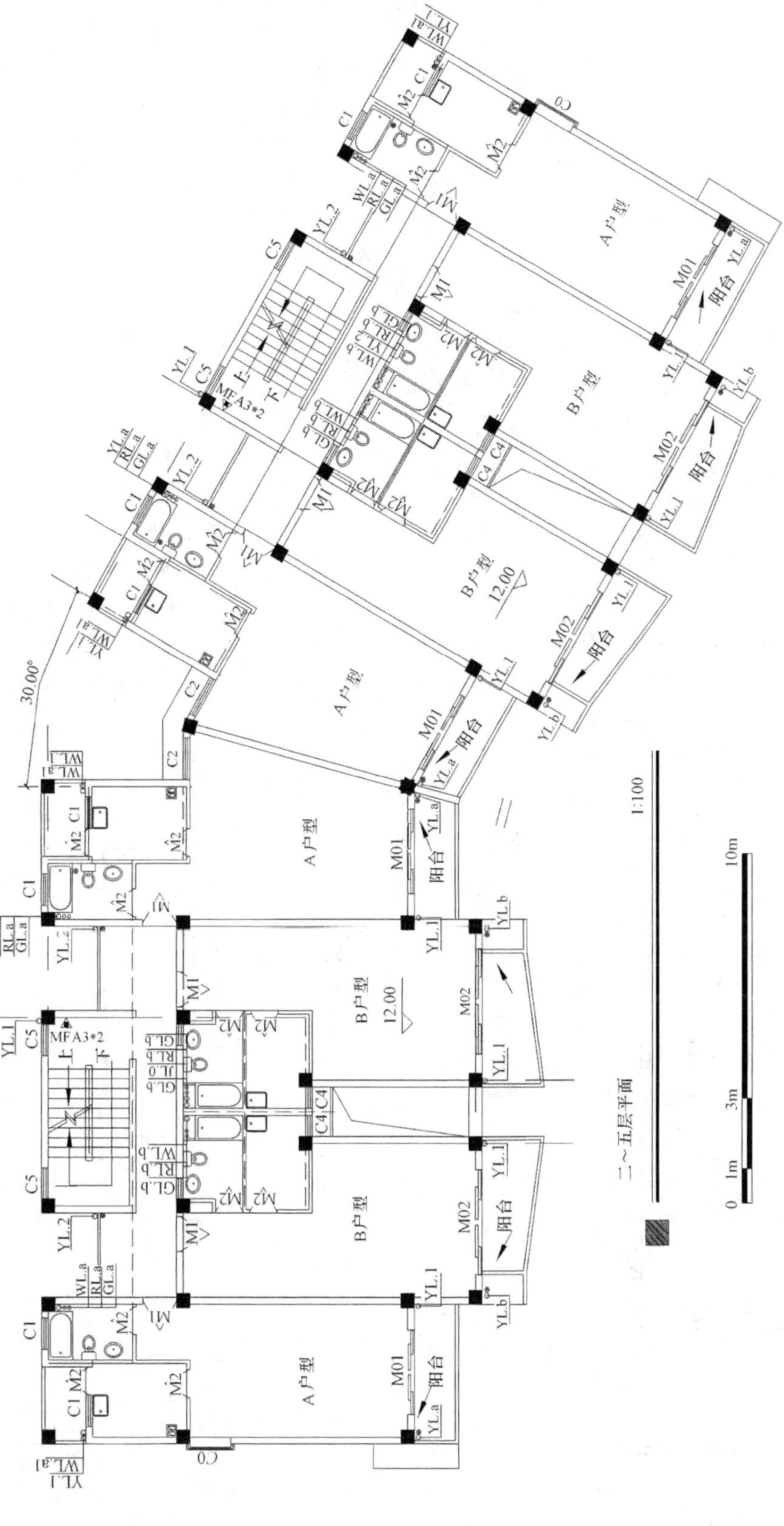

二~五层给排水平面布置图

图 8－6　某教师综合楼的给排水工程施工图（二）

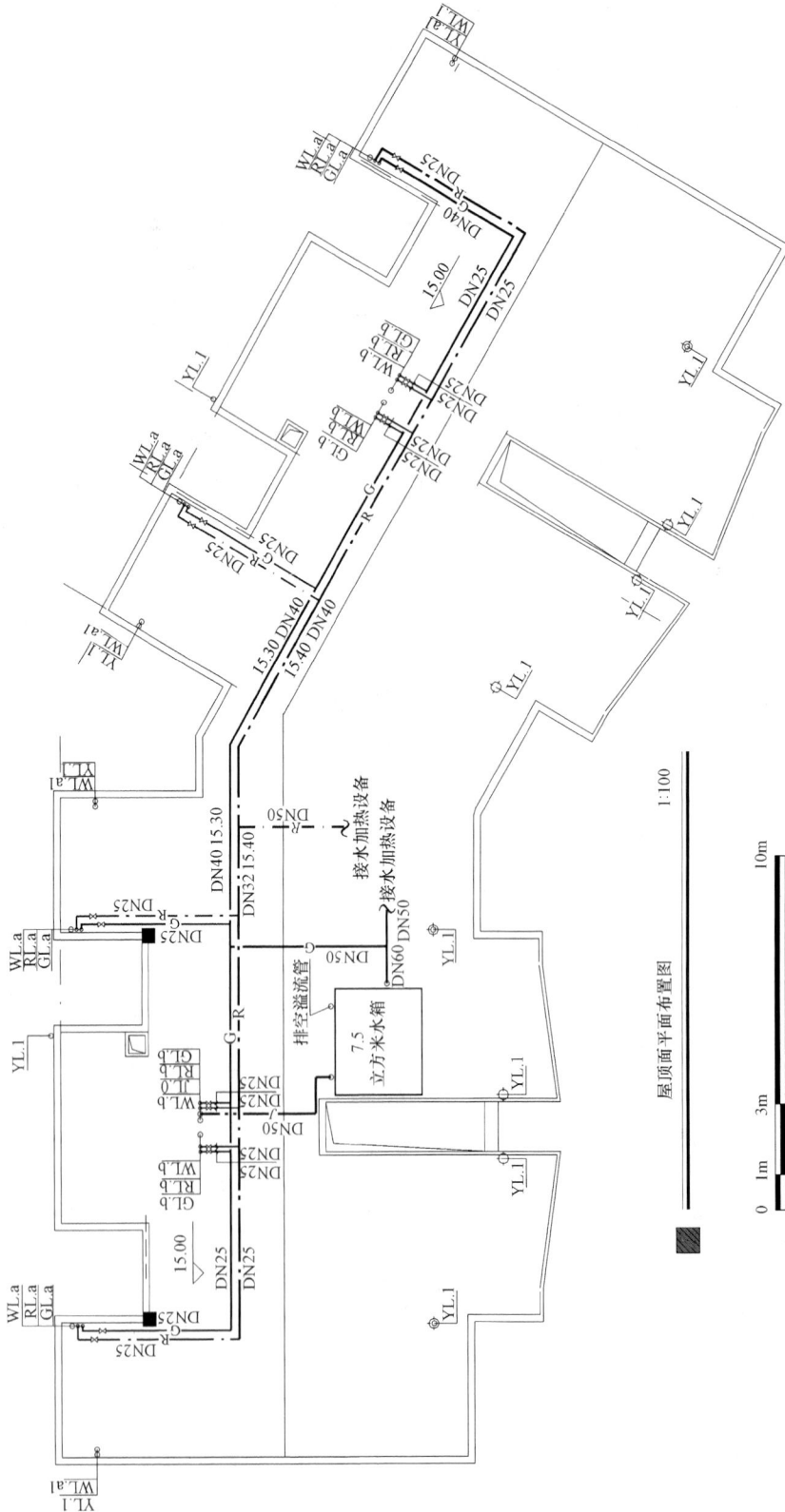

屋顶面给排水平面布置图

屋顶面平面布置图

1:100

0 1m   3m   10m

图 8 - 7　某教师综合楼的给排水工程施工图（三）

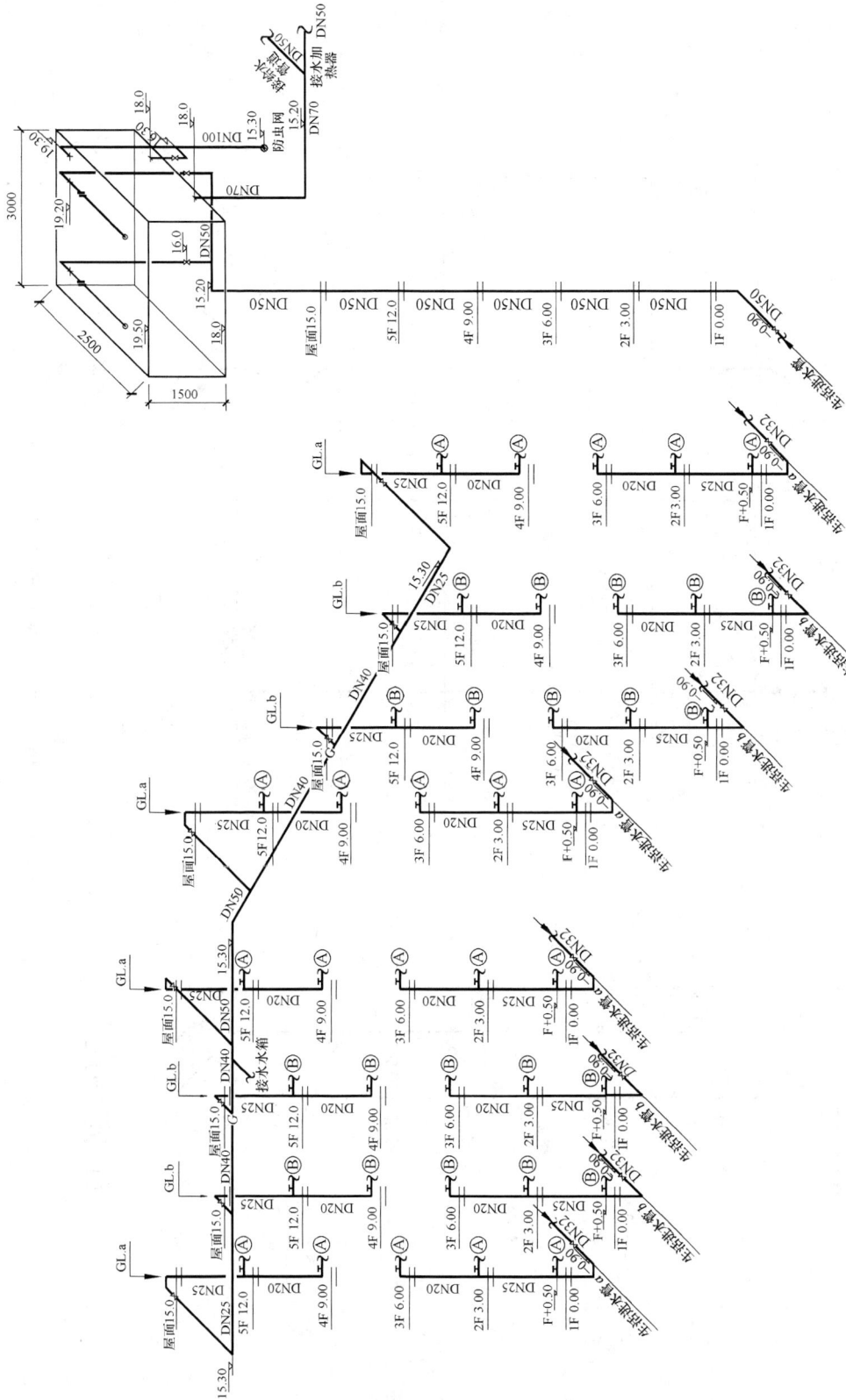

给水管道轴测图

图 8-8 某教师综合楼的给排水工程施工图（四）

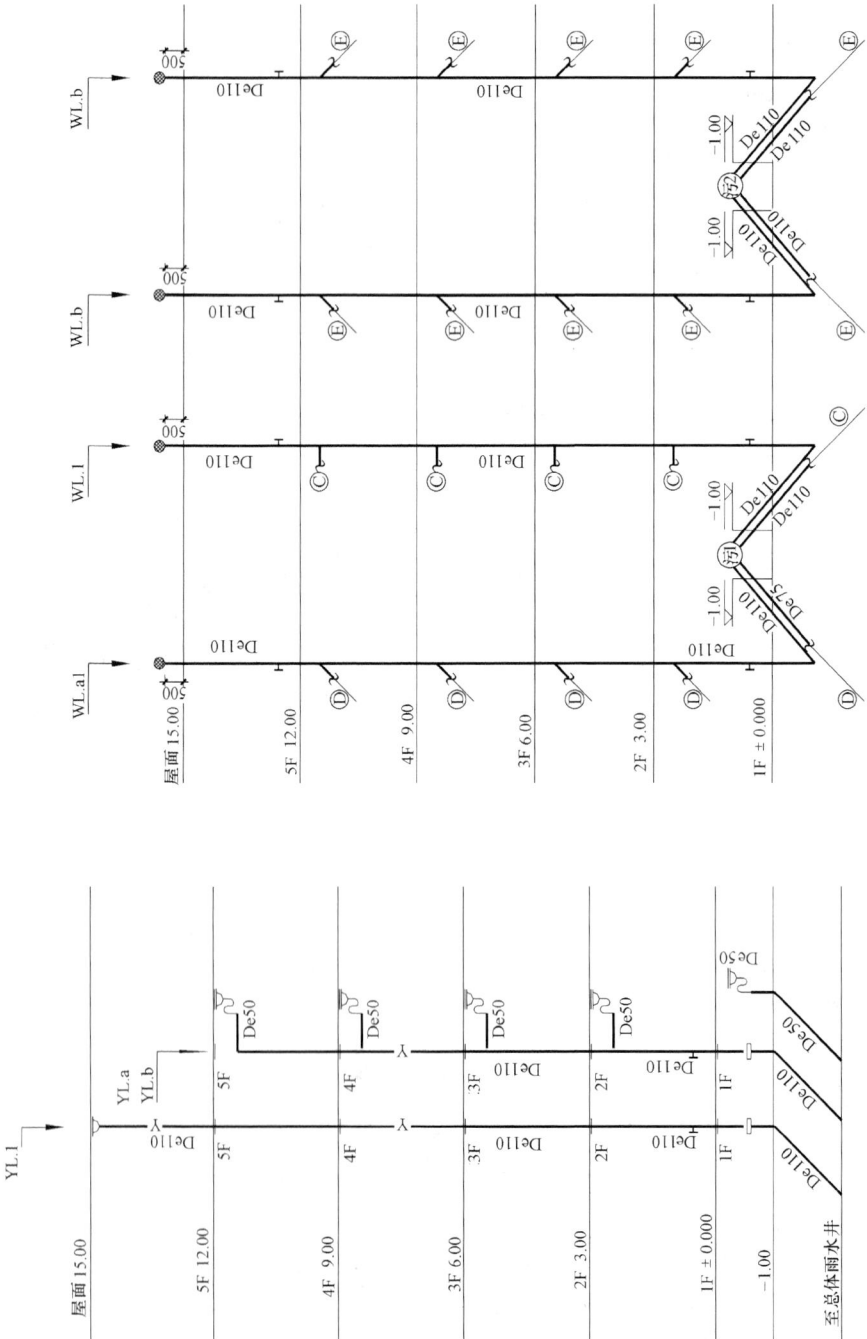

排水管道轴测图

雨水管道轴测图

图 8 - 9　某教师综合楼的给排水工程施工图（五）

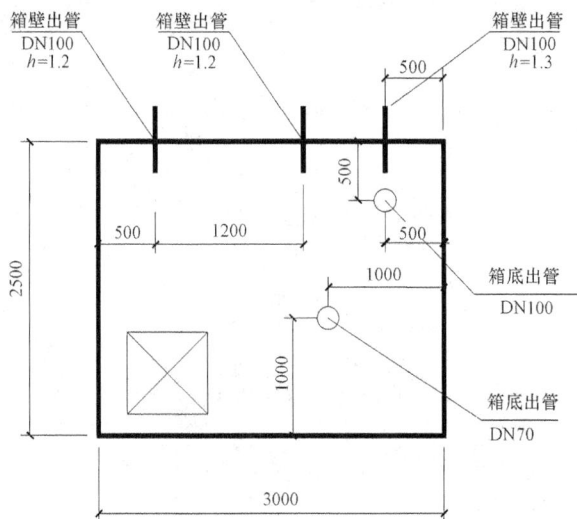

水箱出管图

生活水箱　　2500×3000×1200　　　　　　　$Q=9\,\mathrm{m}^3$

注:1. 水箱采用整体玻璃钢水箱,进出水管由厂
　　　商根据设计要求预留。

2. 水箱垫高 500mm。

3. h 为相对水箱底标高。

屋顶水箱大样图

屋顶水箱大样图

图 8-10　某教师综合楼的给排水工程施工图（六）

第三节　建筑小区给水排水管网平面布置图

建筑小区给水排水工程图反映处于市政供水和排水管网间的一个小区域的给水排水管网和工程设施布置。由于涉及的范围广，专业性强，所以着重介绍识读建筑小区给水排水的方法和要求，简要介绍其绘制方法。

建筑小区给水排水工程图主要由小区给水排水管网平面布置图、小区给水排水管道纵剖断面图及其节点详图组成。其中，小区给水排水管网平面布置图是最主要的小区给排水工程图样，也是我们重点介绍的内容。小区给水排水管道纵剖断面图是在小区地形复杂，管道种类繁多，管网布置复杂的前提下才需要绘制的，以显示路面起伏、管道敷设的埋深和管道交接、交叉情况，如市政供水干管和排水干管就一定需要绘制这样的图样。但对小区而言，小区给水排水管道纵剖断面图则不一定需要绘制，一般情况下不予绘制。但为了增加对这种图样的感性认识，本节也进行简单介绍，如图 8-11 所示。管网上的节点详图主要就是指管道上的配构件详图，在下一节进行介绍。

一、小区给水排水管网平面布置图的识读

在图 8-12 中，先观察教师宿舍楼的给排水状况，一般依据水流的方向进行识读。由图中看出，教师宿舍楼四个单元的用水分别由一条纵横东西和一条横贯南北的 DN150 的干管供给，这两根干管埋深均为 0.90m，宿舍楼用水由 DN50 的水管引入，然后分成四根

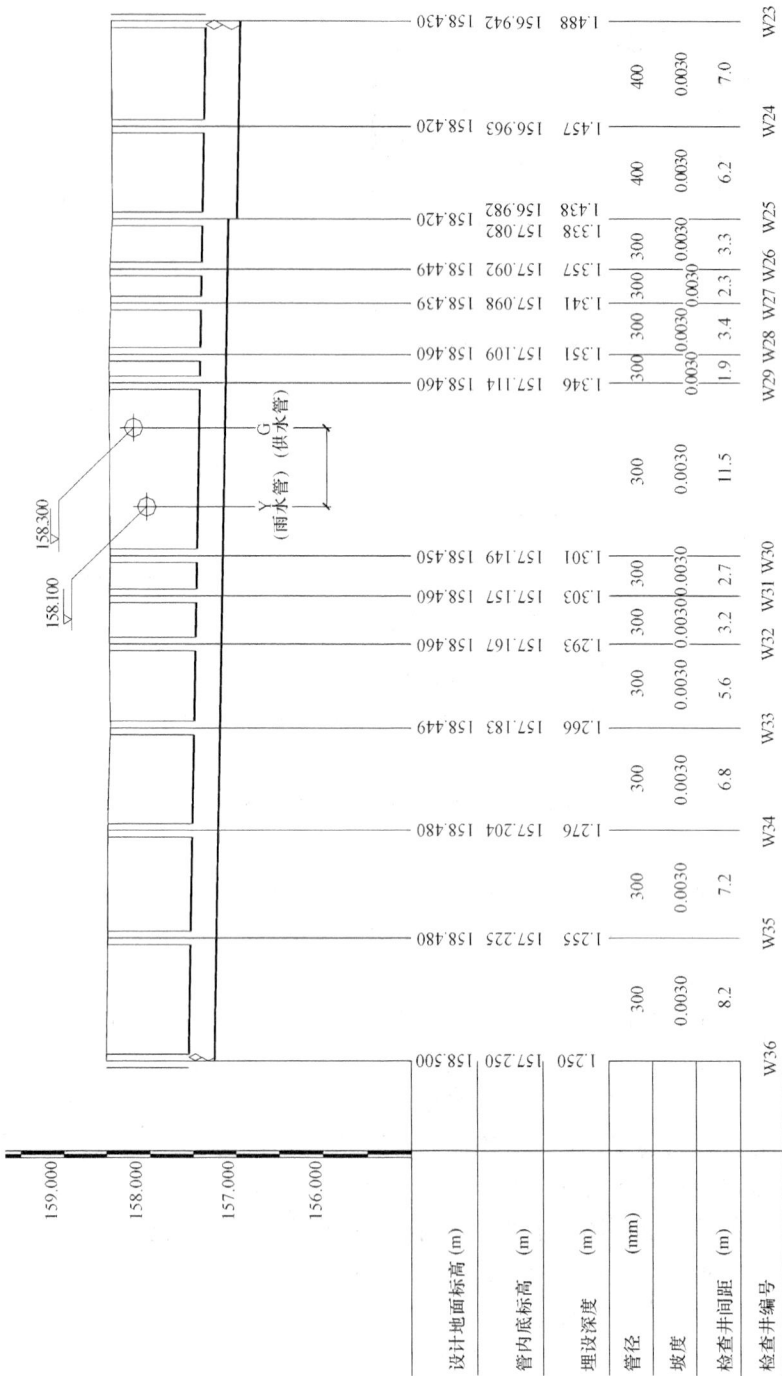

图 8-11　污水纵剖断面图

	W23	W24	W25	W26 W27	W28	W29 W30	W31 W30	W32	W33	W34	W35	W36
设计地面标高（m）	158.430	158.420	158.420	158.449 158.439	158.460 158.460		158.450 158.460	158.460	158.449	158.480	158.480	158.500
管内底标高（m）	156.942	156.963	156.982 157.082	157.092 157.098	157.109 157.114		157.149 157.157	157.167	157.183	157.204	157.225	157.250
埋设深度（m）	1.488	1.457	1.438 1.338	1.357 1.341	1.351 1.346		1.301 1.303	1.293	1.266	1.276	1.255	1.250
管径（mm）		400	400 300	300 300	300	300	300	300	300	300	300	300
坡度		0.003O	0.003O 0.003O	0.003O 0.003O	0.003O	0.003O	0.003O 0.003O	0.003O	0.003O	0.003O	0.003O	0.003O
检查井间距（m）		7.0	6.2	3.3 2.3	3.4	1.9	11.5 2.7	3.2	5.6	6.8	7.2	8.2
检查井编号												

159.000

158.000

157.000

156.000

158.300

158.100

Y（雨水管）　G（供水管）

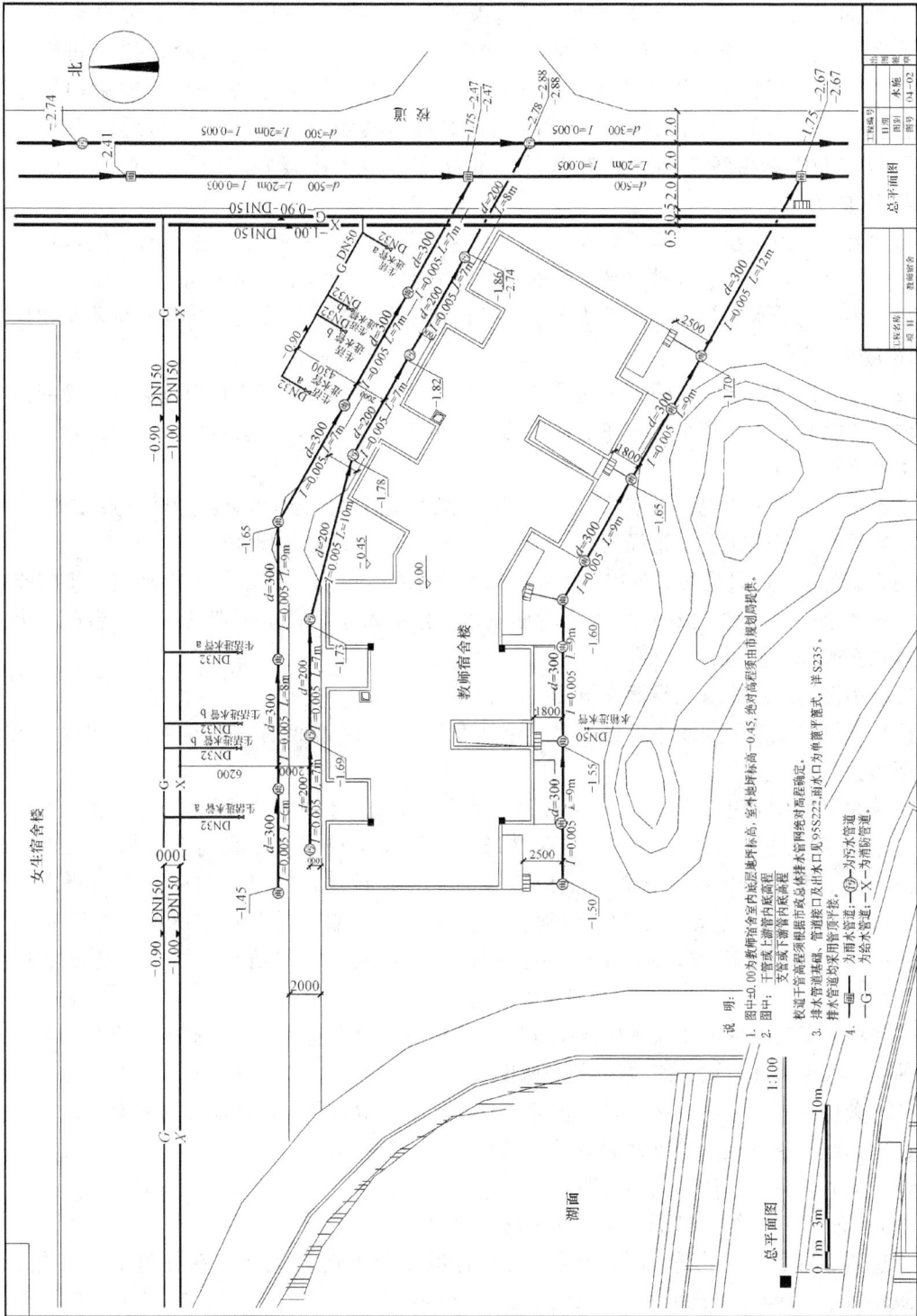

图 8-12 小区室内给水排水管道平面布置图

DN32 的供水管分别向 A、B 两种户型供水，其中中间两根向 B 户型供水，端头两根向 A 户型供水。教师宿舍楼前有一根自左向右铺设的污水排放管，将生活污水排入一条同样自北向南排放污水的排水干管。在这条管线上，我们可以看到每个污水检查井的井底高程（图中将教师宿舍室内底层地坪标高设为 ±0.000）、污水检查井之间排水管的长度 L、管径规格 d（管道内径）和坡度 I（也可用 i 表示）。宿舍楼前楼后均各有一条自左向右收集和排放雨水的雨水管道，分别收集楼前道路雨水和楼后地面雨水。我们也可以在图中看出每个雨水检查井的井底高程、雨水检查井之间雨水管的长度、管径规格和坡度。

由此可见，识读小区给水排水平面图的"诀窍"就是紧紧抓住水的流向不放，顺水而"读"。总的来讲，小区给水排水平面图的识读对象主要包括以下两个方面：

（1）小区内给水干管从市政管线的引水管、在小区内的平面布置、供应各幢建筑物用水的各建筑物引水管。

（2）小区内排水干管在建筑物前后的排水检查井、雨水口等集水设施，集水设施与排水干管的连接管线、小区排水干管在小区内的平面布置、小区排水干管将污、废水排入市政排水管道的连接管线。

对给水管线，主要观察其平面布置、管径规格、埋深及主要闸阀位置和型号；对排水管线，主要观察其平面布置、管径规格、埋深、坡度及检查井编号和规格。

图 8-12 实际上只是某高校校区给排水总平面图的一部分，但如果把教师宿舍楼看作一个独立的"小区"，把校区给排水干管看成是市政给排水干管，也可把图 8-12 当作一个小区给排水图来加以认识。

二、小区给水排水管网平面布置图的绘制

（1）抄绘建筑总平面图中各建筑物、道路等布置，画出指北针，各轮廓线可相对于建筑总平面布置图细一些。

建筑总平面图是小区管网总平面布置图的设计依据。但由于作用不同，建筑总平面图重点在于表示建筑群的总体布置、道路交通、环境绿化等，所以我们会用粗实线绘制建筑物的轮廓。而管网总平面布置图则应以管网布置为重点，所以应用粗线画出管道，而用中实线画出房屋外轮廓，用细实线画出其余地物、地貌、道路，绿化可略去不画。小区给水排水管网总平面布置图，因为小区规模一般不大，常将给水与排水管网布置画在同一张图纸上。

（2）根据建筑室内给水排水底层平面图，将有关的给水引入管、污水排出管、雨水连接管等的位置在有关建（构）筑物旁准确画出。

（3）画出室外给水和排水的各种管道，以及水表、检查井、化粪池等附属设备。

（4）标注管道管径、检查井的编号和标高，以及有关尺寸。

（5）最后，标绘图例和注写说明。

下面，介绍一下管道纵剖断面图的识读和绘制。

管道纵剖断面图由于管道的长度方向和管道直径方向的尺寸存在数量级上的差距，所以纵横比例不同，竖向常用 1:200、1:100 等，横向常用 1:1000、1:500 等。一般压力管道宜用单粗实线绘制，重要的给排水管道用双粗实线绘制（如图 8-11 中的污水管）；地面、检查井、其他管道的断面（不必按比例画出，多用小圆圈表示，但必须标出其用途、规格和高程，以便设计及审核人判断管道高程设计的合理性）等，用中实线画出。

在图 8-11 中，所表达的污水干管纵剖断面图、剖切到的检查井、地面，以及其他管道的横断面，都用断面图样的形式绘制出来。图中在其他管道的横断面处，标注了管道类型的代号、定位尺寸和标高。在断面图的下方，用表格分项列出了该干管的各项设计数据，从图中可以看出：设计地面标高、管内底标高、埋设深度、管径、坡度、检查井间距、检查井编号等内容。有时还应该标出管道所经地区的土壤类型及地基。为了更好地反映管道周围的设施和建（构）筑物等情况，还常在纵剖断面图的下方绘出管道的布置图，以便对应参照。

在这里，介绍一下用 AutoCAD 绘制建筑给水排水工程图的方法。由于建筑给水排水设计图是在建筑设计图的基础上进行的，因而可以直接套用建筑设计图样，但由于线宽有异，可以用 explode 将其"轰炸"，将建筑轮廓线及尺寸线均变为细线，定义为某一种颜色（如蓝色），然后用红色线表示粗线，使用红色线把管道画出即可。打印图纸时，把蓝色设为细线，红色设为粗线。也可以将除管道线之外的线条均定义为细线，用 Pline 将管道画出。使用这样的方法绘制给水排水施工图时，由于只突出管线，只需定义粗细线条的颜色和各种的线型就即可了。

第四节 管道上的构配件详图

室内给排水管网平面布置图、轴测图和室外给排水管网总平面布置图等，只表示了管道的连接情况、走向和配件的位置。这些图样比例较小（1∶100，1∶1000，1∶1500等），配件的构造和安装情况均用图例表示。为了便于施工，需用较大比例画出配件及其安装详图。

给排水工程的配件及构筑物种类繁多，现只将其中与房屋建筑有关的配件详图进行说明，举例介绍如下。

一、水龙头安装详图

图 8-14 是给水冷水管采用 UPVC，热水管采用铝塑复合管的水龙头安装详图。分别采用正面投影和水平投影对水龙头的安装位置进行了说明。

二、检查井详图

图 8-13 为砖砌圆形雨水检查井的详图。由于检查井外形简单，需要表达清楚的是内部三向管子连接和检查井、管沟的构造情况，所以三个投影均画成剖面图。立面图是1—1全剖面，剖切位置通过上下游管道和检查井的中心轴线。平面图是 3—3 全剖面，剖切位置通过上下游管道的中心轴线。侧面图是 2—2 剖面，剖切位置通过检查井中心，且与上下游管道中心轴线垂直。

检查井的材料、构造、尺寸、详细做法如图 8-13 所示。

说明：

1. 单位：毫米；
2. 井墙用 M7.5 水泥砂浆砌 Mu10 砖；
3. 抹面、勾缝、座浆、抹三角夹均用1:2水泥砂浆；
4. 钢筋净保护层30；
5. 接入支管翻挖部分用级配砂石，混凝土或砌砖填实；
6. 井室高度：自井底至盖板底，一般为 D+1800，为埋深不允许时可酌情减小；
7. 遇地下水时，井外壁抹面至地下水以上500，厚20；
8. 适用管径：900、1000。

尺寸及材料表

管径 D	h	砖砌体(m³)		混凝土(m³)		碎石 (m³)	抹面 μ1000 (m)	砂浆抹面 (m²)
		井室	井筒	C10	C20			
900	H<2m	1.94	0.71	1.64	h=120 h=120	0.59	0.50	5.69
	H>2m h=180	1.86	0.71	1.64	h=180 h=180	0.59	0.50	5.81
1000								

Ⅱ—Ⅱ 剖面图

Ⅰ—Ⅰ 剖面图

平面图

通用图

		设计号			
兴建 单位		设计阶段			
工程 名称	通用图	比例	1:30		
		日期	2000.8		
图纸 名称	φ1500砖砌圆形雨水 检查井(带沉砂)	图号	01-3		
项目 负责人				水通	
审定	校对	设计	制图		
审核					

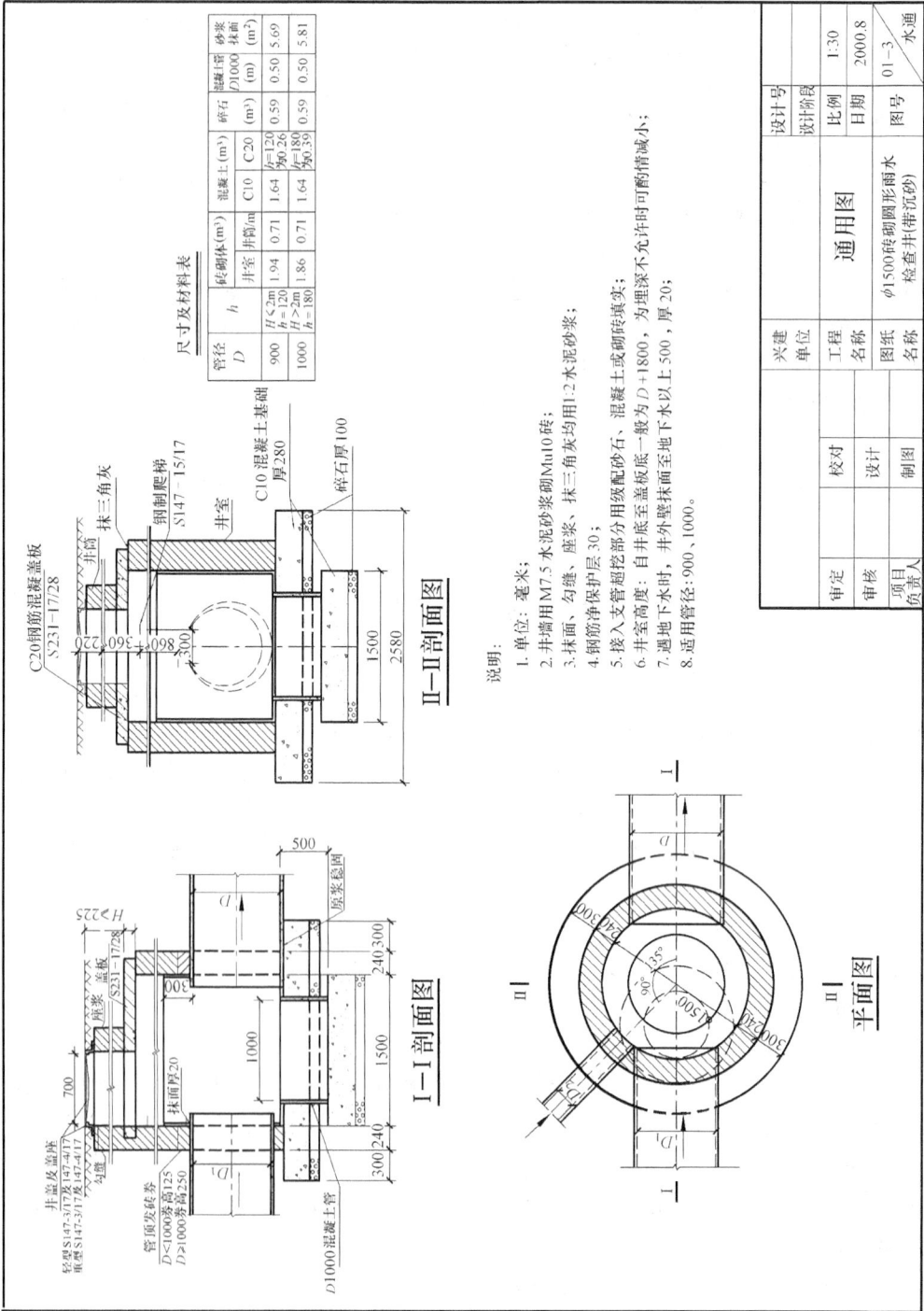

图 8-13 室外排水检查井详图

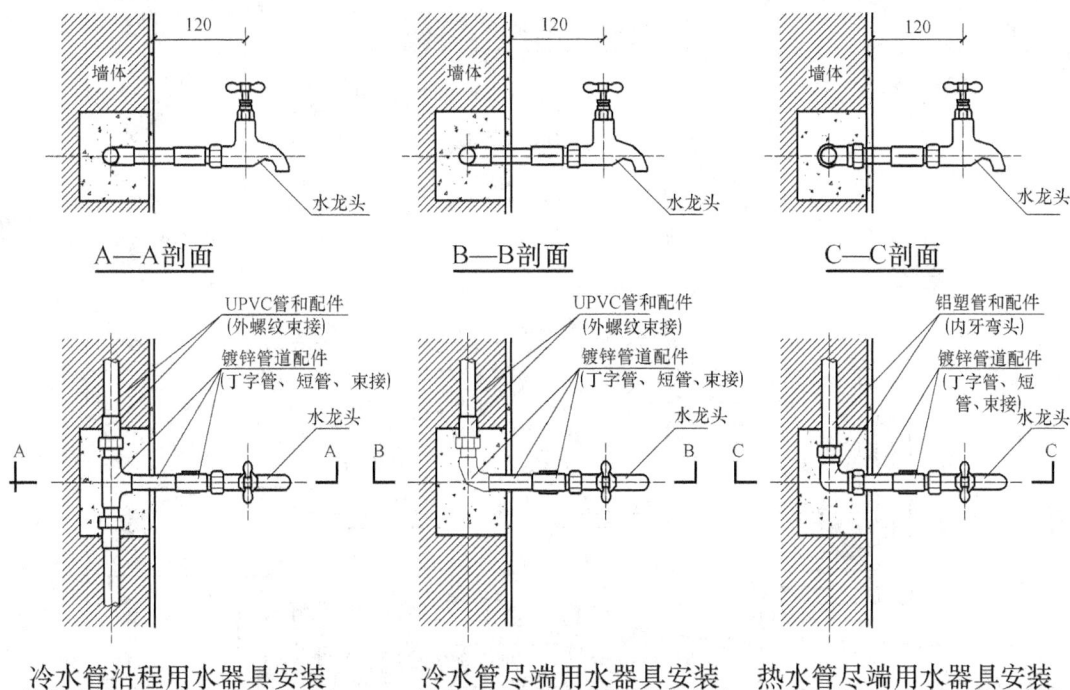

图 8-14　水龙头安装详图

第五节　水泵房设备图

水泵房是给水排水工程中一个必要的组成部分，是整个给水排水系统赖以正常运转的心脏。给水系统的水泵房主要分为取水泵房和送水泵房两大类。小区给排水工程中的水泵房属于送水泵房。小区泵房的出现，主要是因为市政供水水量和水压不能完全满足小区用水需要所致，所以很多小区都有自己的储水池和加压设施。

给水泵房工程图主要是由给排水专业人员设计的水泵房设备图，也称泵房工艺设计图。识读这种图纸，主要了解以下内容：

（1）水泵型号、扬程、流量、功率及控制设备；

（2）水泵机组的位置、间距，及其工作空间的尺寸；

（3）吸水管道、压水管道的空间位置及其走向。

在泵房工艺图中，最重要的图样就是泵房平面布置图和泵房机器间剖面图。平面图反映水泵机组及其吸、压水管线的布置尺寸，剖面图反映泵房的各部分的标高设计。如图 8-15（a）、（b）所示，依据以上识读内容对图中内容进行识读。

水池池壁套管管径及标高：

试水管：DN100 钢性防水套管，中心标高 −4.000m

溢流水管：DN200 钢性防水套管，标高详剖面

消防取水管：DN150 钢性防水套管，中心标高 −4.500m

DN150　DN150　DN150　DN150

消火栓供水管

喷淋供水管

一区生活给水管

二区生活给水管

水泵基础高出地面 150mm

B

DN150

E

DN150　接城市管网

600

DN150

二区生活给水设备预留位置

2200　　1000

① 一区生活给水设备

B

② 消火栓供水泵　　　　　　喷淋供水泵 ③

A

消防水池

700 700 700 700 800 700 700 700 700 1000

C

300

D

700

DN100　　④

试水管

1100

C

700 700 1400 970 1400 1400 1350

溢流水管
DN150

350 500

泄水管
DN100

检修口
800×800

消防水池　　　　　　　　A

5　　　　　6　　　　　　　　　　　　　8

水泵房平面 1:100

(a)

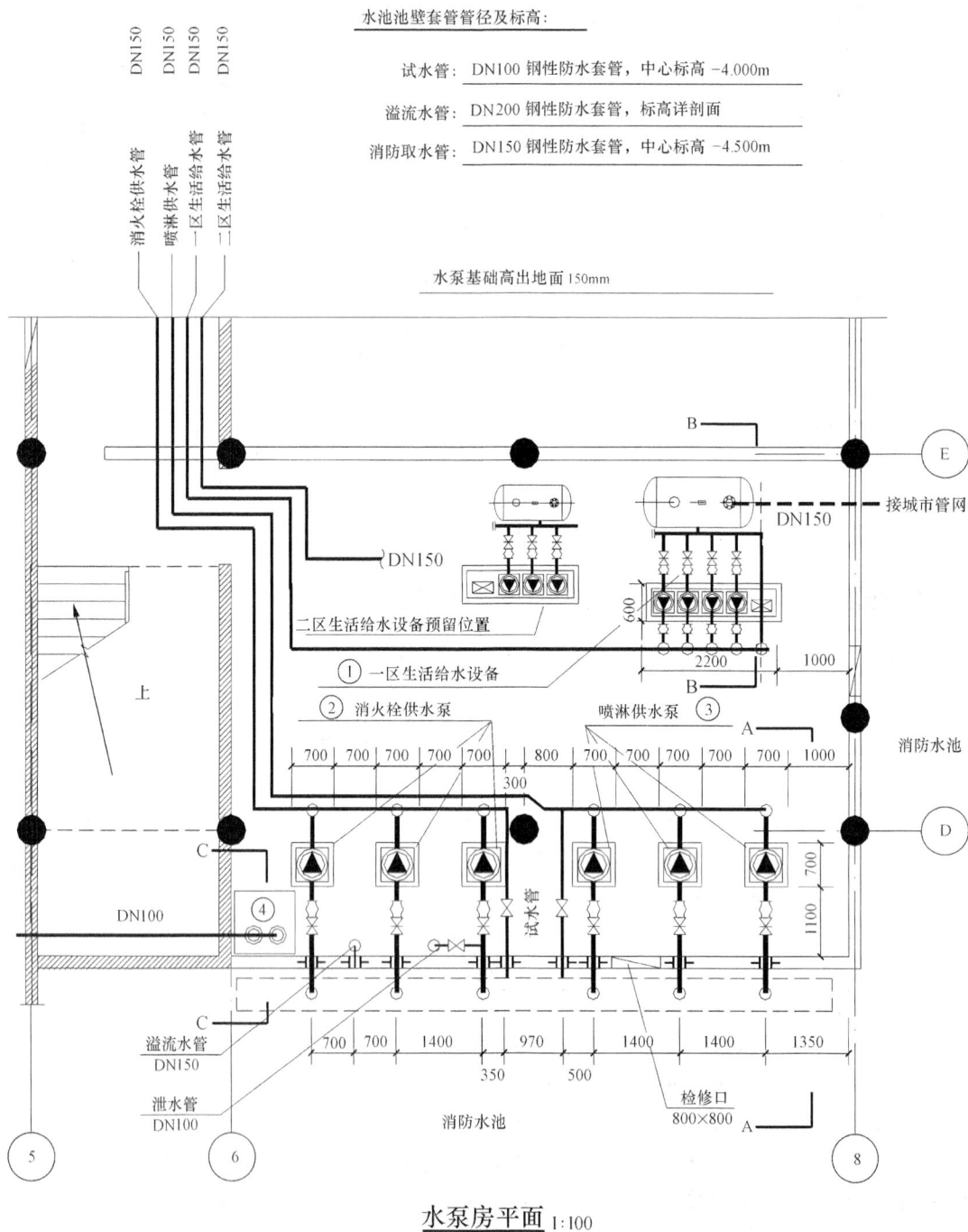

图 8-15　水泵房（一）

（a）水泵房平面图

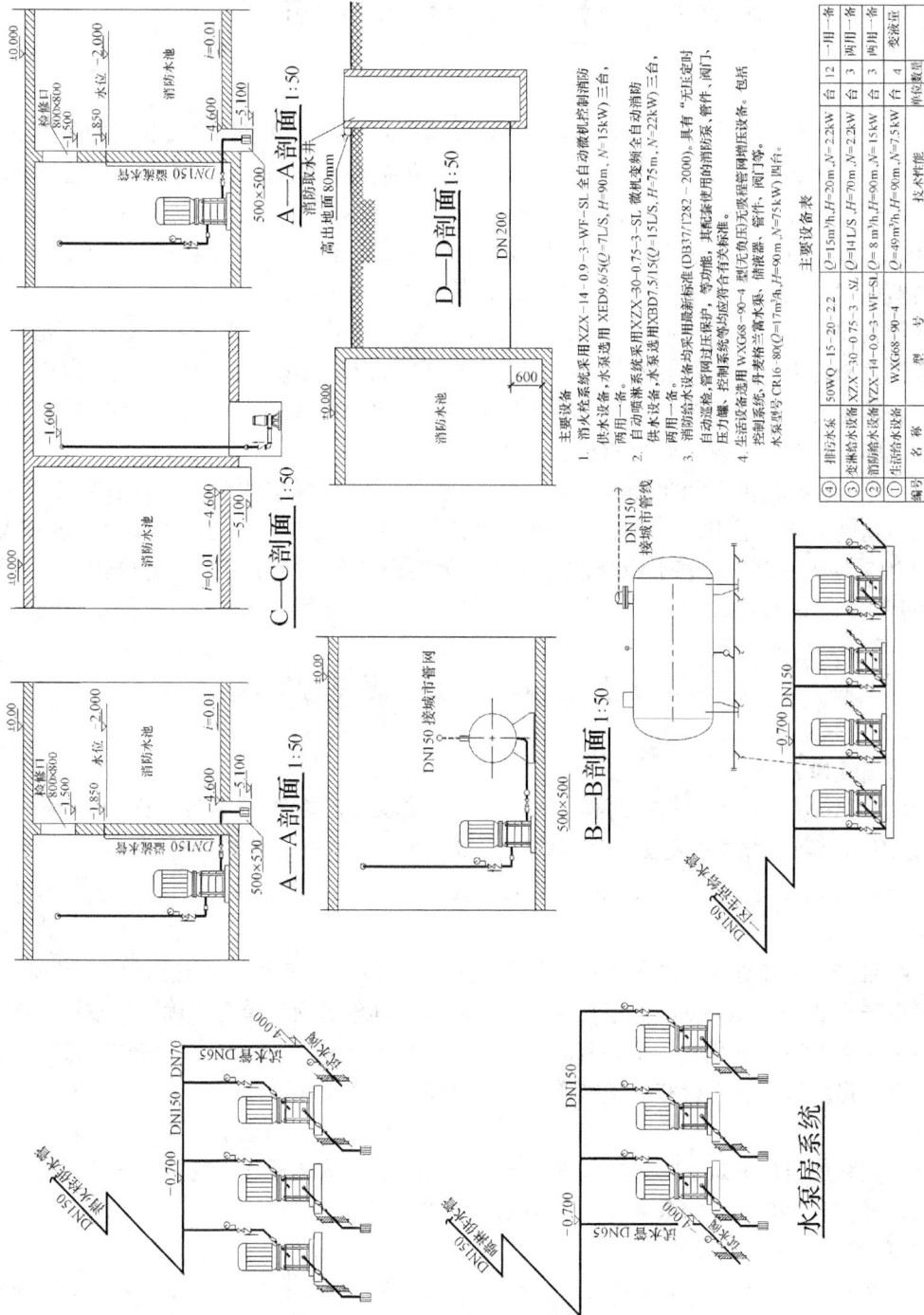

A—A剖面 1:50

消防取水井
高出地面 80mm

D—D剖面 1:50
DN 200
600
消防水池
±0.000

C—C剖面 1:50
-1.600
消防水池
±0.01
i
消防水池
-4.600
-5.100
±0.00

A—A剖面 1:50
检修口 800×800
水位 -2.000
消防水池
±0.01
i
-1.850
-4.600
-5.100
±0.00
500×500
DN150 取水泵

B—B剖面 1:50
DN150 接城市管网
500×500

消防水池
检修口 800×800
-1.500
水位 -2.000
-1.850
-4.600
-5.100
±0.00
500×500
DN150 取水泵

主要设备

1. 消火栓系统采用XZX-14-0.9-3-WF-SL全自动微机控制消防供水设备。水泵选用XED9.65(Q=7L/S,H=90m,N=15kW)三台，两用一备。
2. 自动喷淋系统采用XZX-30-0.75-3-SL微机变频全自动消防供水设备选用XBD7.5/15(Q=15L/S,H=75m,N=22kW)三台，两用一备。
3. 消防给水设备均采用最新实用推荐标准(DB337/1282—2000)，具有"无压定时自动巡检,管网过压保护",等功能。其配套使用的消防泵、管件、阀门、压力罐、控制柜等均应符合有关标准。
4. 生活设备选用WXG68-90-4型(无负压)变频管网增压设备。包括稳流罐、隔膜罐、补液器、管件、阀门等。控制系统、并考格CR16-80(Q=7m³/h,H=90m,N=75kW)四台。

主要设备表

编号	名称	型号	技术性能	单位	台数	备注
①	生活给水泵	WXG68-90-4	Q=49m³/h,H=90m,N=7.5kW	台	4	四用
②	消防水泵	YZX-14-0.9-3-WF-SL	Q=8m³h,H=90m,N=15kW	台	3	两用一备
③	变频给水设备	XZX-30-0.75-3-SL	Q=14L/S,H=70m,N=22kW	台	2	两用
④	排污水泵	50WQ-15-20-2.2	Q=15m³/h,H=20m,N=2.2kW	台	12	一用一备

(b)小区给水泵房设备图
图8-15　水泵房(二)

DN150
DN150 接城市管网
-0.700
DN150

水泵房系统

DN150
-0.700
DN150 DN65
±0.000
DN65

DN150
-0.700
DN150 DN70 DN65
±0.000

第九章　计算机绘制建筑图

本章摘要：本章主要介绍 AutoCAD 2006 的基础知识、绘图环境的设置、常用绘图及编辑命令、注写文字、标注尺寸、图形输出以及计算机绘制建筑图的方法和步骤等内容。

计算机辅助设计（Computer Aided Design，简称 CAD）和计算机辅助制造（Computer Aided Manufacturing，简称 CAM）是工程技术领域内发展迅速、产生经济效益和社会效益显著的高新技术，是衡量一个国家工业生产现代化水平的重要标志之一。

计算机制图技术是 CAD 和 CAM 的重要基础，充分利用了计算机的高速数据处理能力和海量数据存储能力，是一种能充分发挥设计师的创造能力，精确、灵活、快速地表达他们设计思想和理念的一种先进技术。与传统的手工绘图相比，计算机制图效率和图纸质量大为提高，制成的图形便于修改、储存和管理。

美国 Autodesk 公司开发的 AutoCAD 软件，历经了多次版本的更新，具有功能强大、操作方便、精确可靠、适用面广、便于开发等特点，应用领域非常广泛。本章以 AutoCAD 2006 中文版软件为平台，将基本命令说明和操作示例相结合，旨在帮助读者快速掌握计算机绘图的基本知识和技能。

第一节　使用 AutoCAD 2006 的基础知识

一、用户界面

在安装好 AutoCAD 2006 中文版软件之后，启动软件的方法是单击桌面上 AutoCAD 2006 的快捷图标，或单击桌面上"开始"按钮，在弹出的开始菜单中选择"所有程序→Autodesk→AutoCAD 2006-Simplified Chinese→AutoCAD 2006"命令，再单击运行，即可启动软件。

AutoCAD 2006 启动后，弹出"新功能专题研习"窗口，若选择"是"，单击"确定"按钮，可以查看 AutoCAD 2006 的新功能介绍；若选择其他选项，单击"确定"按钮，则直接进入 AutoCAD 2006 的用户界面。AutoCAD 2006 中文版的用户界面由标题栏、菜单栏、工具栏、命令提示行、状态行和绘图区等组成，如图 9-1 所示。

1. 标题栏

标题栏在程序窗口的最上方，左端显示 AutoCAD 2006 的图标和当前所操作的图形文件名称及其路径，右端是窗口的最大化、最小化及关闭按钮。

2. 菜单栏

菜单栏共有 11 项菜单，包含了 AutoCAD 2006 的核心命令和功能，多数菜单下面还有子菜单。操作方法举例：将光标移到菜单栏的"绘图"下拉菜单处，单击鼠标左键，弹出其下拉菜单，如图 9-2 所示，移动鼠标选择菜单中的某个命令，再单击鼠标左键，系统就会运行该命令。

使用菜单命令时应注意以下几点：

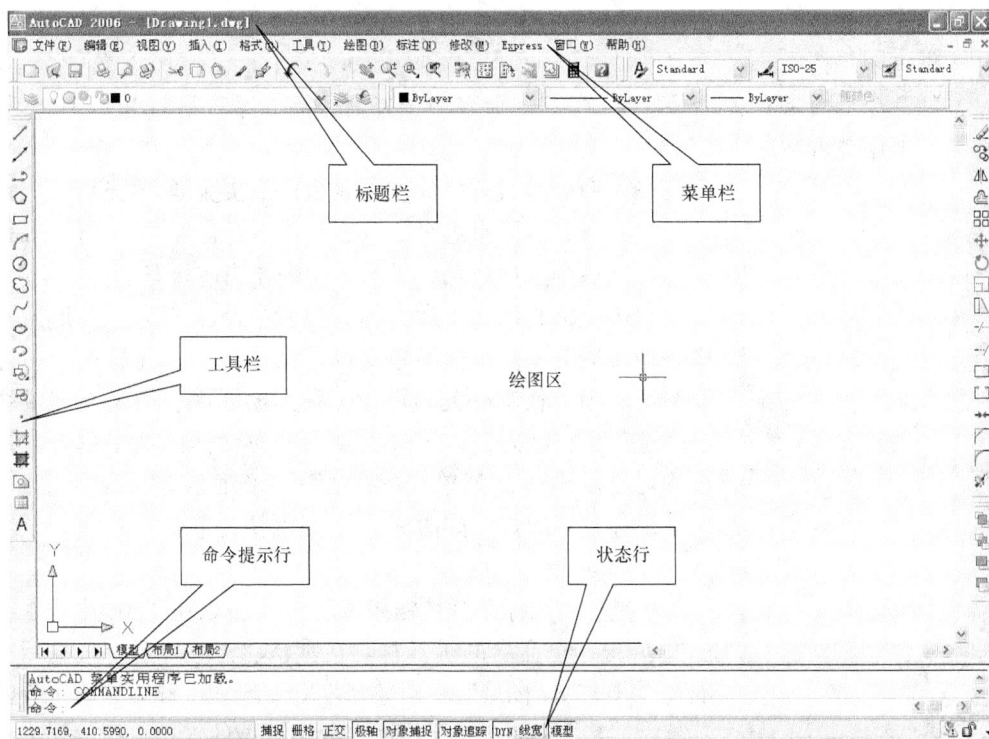

图 9-1　AutoCAD 2006 中文版用户界面

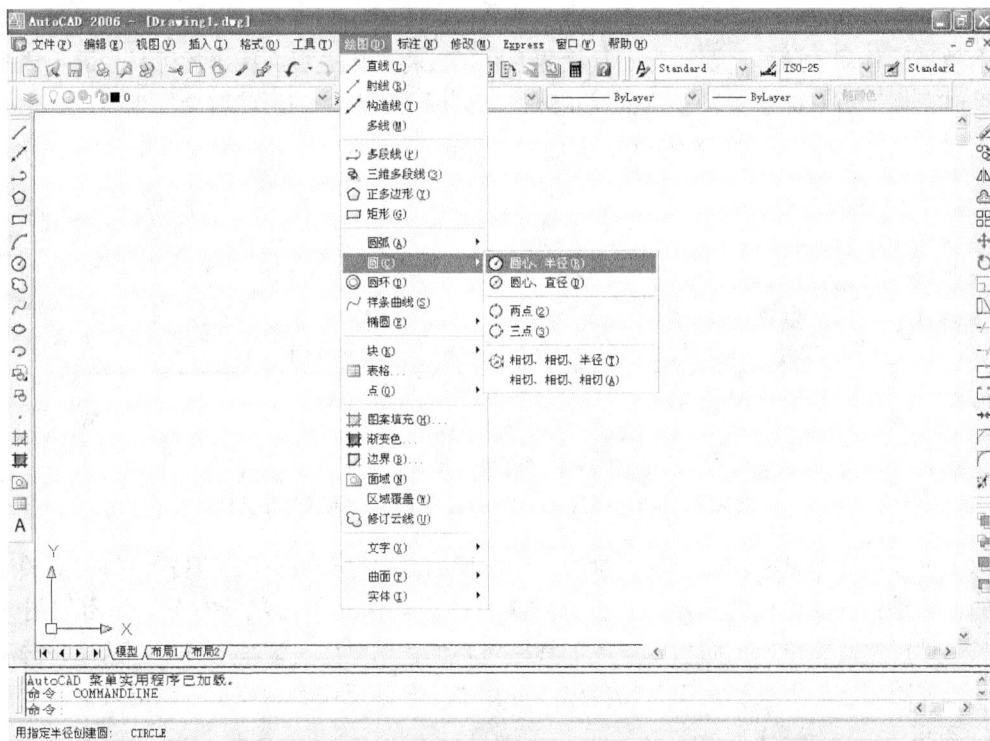

图 9-2　AutoCAD 2006 的"绘图"下拉菜单

（1）命令后面带有三角形标记"▶"，则表明其下还有一个级联的子菜单，用户可在新的菜单中做进一步选择。

（2）如命令后面带有省略号标记"…"，则表明选择命令后，系统将打开一个对话框，通过该对话框用户可做进一步设置。

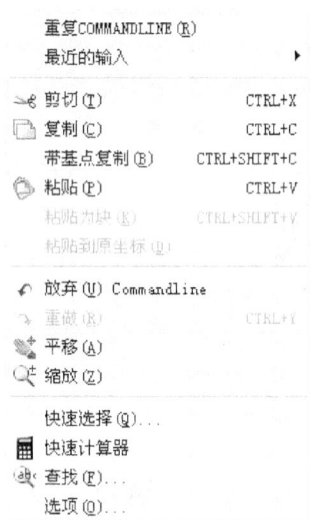

（3）命令后跟有快捷键，表示按下快捷键即可运行该命令。

（4）命令后跟有组合键，表示按下组合键即可运行该命令。

（5）命令呈现灰色，表示该命令在当前状态下不可使用。

单击鼠标右键时，在光标的位置上将出现另一种形式的菜单，即快捷菜单。快捷菜单提供的命令选项与光标的当前位置及系统的当前状态有关。将光标移至绘图区、模型空间或图纸空间选项卡、状态栏、工具栏及一些对话框区域中单击鼠标右键均可显示出快捷菜单。操作方法举例：移动光标至绘图区，单击鼠标右键即弹出如图9-3所示的快捷菜单。

图9-3　快捷菜单

3．工具栏

工具栏由图标命令按钮组成。在 AutoCAD 2006 中，系统共提供了30个已命名的工具栏，在默认状态下，系统仅显示"标准"、"样式"、"图层"、"对象特性"、"绘图"和"修改"等6个工具栏，其中前4个工具栏放在绘图区域的上边，后两个工具栏分别放在绘图区域的两边，如图9-1所示。

若用户要求将工具栏移动到其他地方成为浮动窗口，可移动光标箭头到工具栏边缘，然后按下鼠标左键，此时工具栏边缘将出现一个灰色矩形框，继续按住左键并移动鼠标，工具栏就会随光标移动。此外，要改变工具栏的形状，可将光标放置在拖出的工具栏的上或下边缘，此时光标变成双面箭头，按住鼠标左键移动鼠标，工具栏的形状就会发生变化，图9-4所示。

（a）　　　　　　　　　　　　　　　　　　　（b）

图9-4　"标准"工具栏

（a）默认的"标准"工具栏；（b）改变形状后的"标准"工具栏

除了可以移动工具栏及改变其形状外，还可根据需要打开或关闭工具栏。打开或关闭工具栏的方法是：移动光标到任意一个打开的工具栏上，然后单击鼠标右键，弹出如图9-5所示的工具栏快捷菜单，上面列出了各工具栏的名称，用鼠标左键单击菜单上的某一选项就会打开或关闭相应的工具栏。工具栏名称前带有"√"标记，表示该工具栏已打开。

4．绘图区

绘图区是用户绘图的工作区域，在该区域中显示用户绘制的图形。默认情况下，Auto-

CAD 2006 使用世界坐标系。绘图区左下角是坐标系图标，图标中"X"和"Y"字母分别表示水平方向的 x 轴和竖直方向的 y 轴，箭头指向为正方向，用户也可用"UCS"命令设置倾斜的用户坐标系以便于绘图。

AutoCAD 2006 提供了两种作图环境，一种称为模型空间，另一种称为图纸空间。在绘图区底部有 3 个选项卡 \模型 /布局1 /布局2 ，默认情况下，"模型"选项卡是按下的，表明当前作图环境是模型空间，用于绘图。单击"布局 1"或"布局 2"选项卡，可切换至图纸空间，此时绘图区将出现一张虚拟的图纸，用户可设定该图纸的幅面，将模型空间的图样按不同的缩放比例布置在虚拟图纸上以便出图。

5. 命令提示行

命令提示行位于命令行窗口中，显示键盘或鼠标输入的命令、参数以及运行命令过程中的提示，在默认情况下，命令行窗口仅显示三行内容，但用户也可根据需要改变窗口的大小，操作方法是：将光标放在命令提示行窗口的上边缘，使其变成双面箭头，然后按住鼠标左键上下拖动鼠标，就可以增加或减少命令窗口的显示行数。如果需要查看更多的操作信息，可按键盘上的 F2 功能切换键，打开"AutoCAD 文本窗口"进行查看，"AutoCAD 文本窗口"如图 9-6 所示。

在 AutoCAD 2006 中，和移动、改变工具栏的方法一样，可以将"命令行"窗口拖放为浮动窗口，并且处于浮动状态的"命令行"随用户拖放位置的不同，其标题显示的方向也不同。将光标移至浮动窗口内单击鼠标右键则弹出快捷菜单，从中选择"透明"命令，打开"透明"对话框，可以改变窗口的透明级别。

图 9-5 工具栏快捷菜单

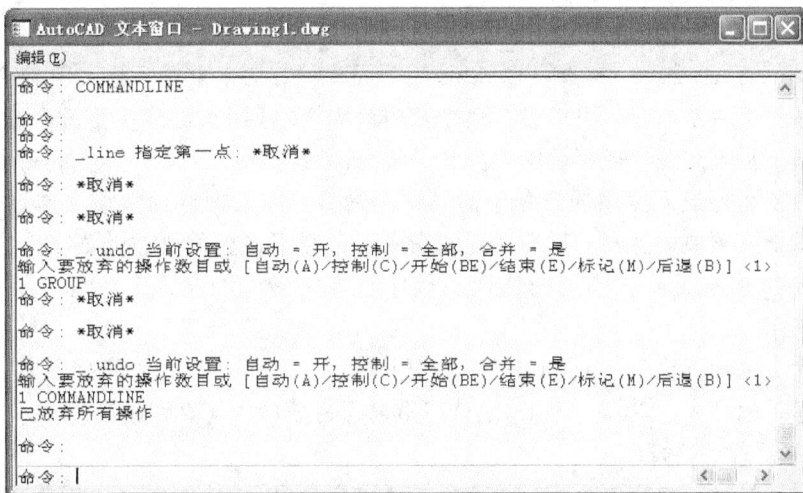

6. 状态行

状态行用于显示或设置当前的绘图状况。该行左边显示当前光标所在位置点的三维坐标值 (x, y, z)，可按功能键 F6 来切换是否显示坐标。右边是绘图工具状态显示，从左到右

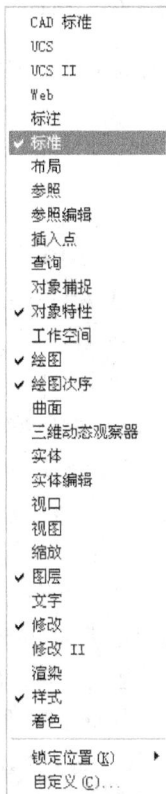

图 9-6 AutoCAD 文本窗口

依次是"捕捉"、"栅格"、"正交"、"极轴"、"对象捕捉"、"对象追踪"、"DYN"、"线宽"和"模型"共9个功能块按钮，如图9-7所示。用鼠标左键单击某功能块，可实现对应功能的切换，该按钮凹下时功能打开，凸起时功能关闭。

捕捉 栅格 正交 极轴 对象捕捉 对象追踪 DYN 线宽 模型

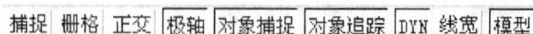

图9-7 状态栏

二、AutoCAD 2006 的基本操作

（一）命令的输入

常用的 AutoCAD 2006 命令输入方式有三种。

1. 命令行输入

当命令提示区出现"命令："提示符时，由键盘输入完整的 AutoCAD 命令名，然后按 Enter 键或空格键运行。有些命令具有缩写的名称（也称命令别名）。例如输入 CIRCLE 或 C 均可以启动画圆命令，可以通过用 ASCII 文本编辑器（如记事本）编辑 acad. pgp 文件来修改现有命令别名或添加新的命令别名。

有时直接键入命令会打开相应的对话框，如果不想使用对话框，可以在命令前加上"一"。例如在命令提示下输入－LAYER，LAYER 命令将显示与"图层特性管理器"等价的对话框命令行提示，由命令行输入参数对图层特性进行设定。

2. 图标按钮输入

用鼠标选中工具栏中的图标按钮单击鼠标左键即可运行该命令。这种命令输入方式快速有效，AutoCAD 2006 的大多数命令输入都可这样完成。此时命令行显示的命令与从键盘输入的命令一样，但其前面有下划线。

3. 菜单输入

用鼠标左键单击菜单选项，然后拖动鼠标移动光标至下拉菜单或其子菜单上某项命令，再单击，即可运行该命令。

运行完命令后，命令提示区会重新出现"命令："提示符。

在命令运行过程中，用户可以随时按键盘左上角的"Esc"键来终止命令的运行。

（二）命令的重复、撤销与重做

1. 重复命令

（1）在 AutoCAD 2006 中，用户可以采用下面几种方法来重复运行命令。

要重复运行上一个命令，可以在"命令："提示符下按回车键或空格键，或在绘图区中单击鼠标右键，从弹出的快捷菜单中选择"重复"命令。

（2）要重复运行最近使用的命令中的某一个命令，可在命令窗口或文本窗口中单击右键，从弹出的快捷菜单中选择"近期使用的命令"条目下最近使用过的6个命令之一运行，或在绘图区中单击右键，从弹出的快捷菜单中选择"最近的输入"条目下某个命令之一运行。

（3）在命令提示下输入 MULTIPLE 命令，然后在"输入要重复的命令名："提示下输入需要重复运行的命令，这样，AutoCAD 将重复运行该命令，直到用户按"Esc"键为止。

2. 撤销前面所运行的命令

如果要撤销最近一个或多个运行的命令，返回命令运行前的状态，用户有多种方法可以选择。

（1）一次或多次单击标准工具栏里的 图标。

（2）一次或多次选择运行菜单命令"编辑"→"放弃"。

（3）在"命令:"提示符下输入 UNDO 命令，然后在命令行中输入要放弃的操作数目，可以一次撤销前面进行的多步命令操作。注意某些与图形绘制无关的命令如保存、打印等无法撤销。

3. 重做

如果要重做使用 UNDO 命令放弃的最后一个操作，可以使用 REDO 命令或用鼠标左键单击（依次单击）菜单"编辑"→"重做"命令。

（三）透明命令

透明命令是指在其他命令运行时可以输入的命令。透明命令经常用于更改图形设置或显示选项，例如 GRID、ZOOM、PAN 等命令。要执行某透明命令，可单击其工具栏按钮或在任何提示下在命令行输入单引号＋命令。在命令行中，命令前有双尖括号">>"提示是在执行透明命令，透明命令执行完毕后，恢复运行原命令。

举例：要求在绘制直线时打开点栅格并将其设置为一个单位间隔，然后继续绘制直线。

命令：line

指定第一点：'grid

>>指定栅格间距(X)或[开(ON)/关(OFF)/捕捉(S)/纵横向间距(A)]<0.000>:1

正在恢复运行 LINE 命令。

指定第一点：

……

在透明命令打开的对话框中所做的修改，直到被中断的命令已经运行后才能生效。同样，在透明命令运行过程中改变系统变量，新的系统变量值在开始下一命令时才能生效。

（四）鼠标的功能

用 AutoCAD 2006 软件绘图，鼠标是必不可少的信息输入工具。鼠标产品很多，有两键式、三键式和两键＋中间滚轮式鼠标，为了提高绘图效率建议使用流行的两键十中间滚轮式鼠标，下面以两键＋中间滚轮式鼠标为例介绍其各个按键功能。

（1）左键：是拾取键，用于单击工具栏按钮和选取菜单选项运行命令，或在绘图过程中单击选择图形对象、指定点，或双击图形对象进入对象特性对话框等。

（2）右键：鼠标右键的功能是可以设定的，单击菜单命令"工具"→"选项"，打开如图 9-8 所示的"选项"对话框，在"用户系统配置"选项卡的"Windows 标准"分组框中可定义鼠标右键的功能，建议设置鼠标右键相当于回车键，这样会大大提高作图效率。在有些情况下，单击右键或其组合键将弹出快捷菜单。例如在绘图区，如同时按下 Shift＋右键，将出现对象捕捉快捷菜单，方便选择对象捕捉模式。

（3）中间滚轮：主要用于显示控制。旋转滚轮向上或向下，相当于运行实时缩放（等同于单击按钮）；按住滚轮不放和拖曳，相当于实时平移（等同于单击按钮）；双击滚轮，相当于缩放到图形范围（等同于单击按钮）；按下 Shift 键，同时按住滚轮不放和拖曳相当于垂直或水平的实时平移。

双按钮鼠标的左右键功能同上。

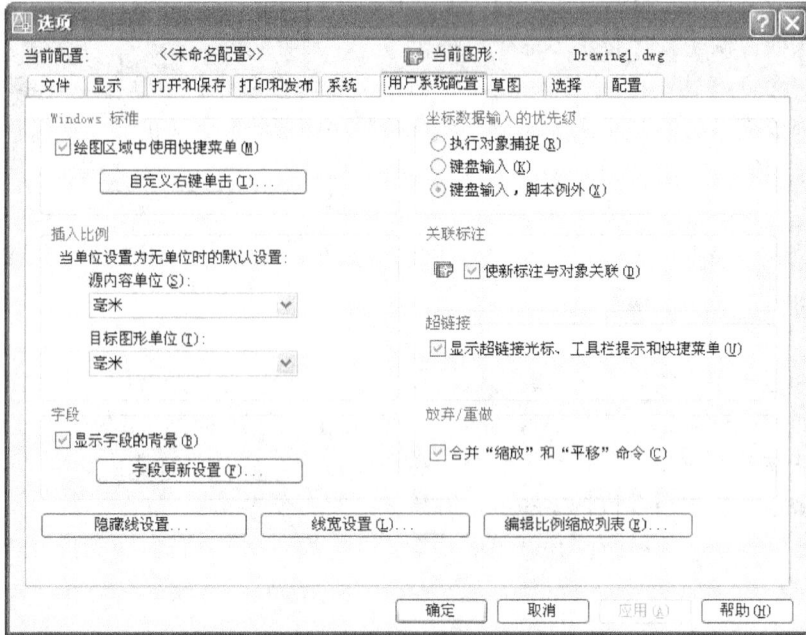

图 9-8 "选项"对话框

（五）功能键和快捷键

快捷键是指用于启动命令的键或键组合（有时称为加速键）。如快捷键 F1～F12、组合键 "Ctrl＋O"、"Ctrl＋S" 等。按 Ctrl＋O 打开文件，按 Ctrl＋S 保存文件，结果与从 "文件" 菜单中选择 "打开" 和 "保存" 相同。除系统设置的快捷键外，用户还可以创建新快捷键或者修改现有的快捷键。

熟悉系统设置的功能键和快捷键的用法，可以提高计算机操作的速度。表 9-1 是 AutoCAD 2006 系统提供的快捷键 F1～F12 的功能列表。

表 9-1　　　　　　　　　　　　　　　功能键 F1～F12 的功能

快捷键	功　　能	快捷键	功　　能
F1	启动帮助窗口	F7	打开/关闭栅格显示功能
F2	打开/关闭文本窗口	F8	切换正交模式
F3	打开/关闭对象捕捉模式	F9	切换捕捉功能
F4	切换数字化仪启用模式	F10	切换极轴追踪功能
F5	切换等轴测平面方位	F11	切换对象捕捉追踪功能
F6	切换坐标显示	F12	打开/关闭动态输入功能

注　数字化仪的游标器或笔针可用作定点设备，是一种输入设备。

（六）文件管理命令

计算机绘图时都有新建文件或打开文件、绘图后存储文件并正常退出的过程。这个过程是通过运行命令实现的，而且其操作方法与大多数软件相同，表 9-2 给出了 AutoCAD 2006 提供的部分文件管理命令及其功能列表。

表 9-2   文件管理命令及其功能

命令	菜单命令	工具栏图标	功 能	说 明
NEW	文件→新建	▢	创建新的图形文件	
OPEN	文件→打开	◁	调用已有的文件	
QSAVE	文件→保存	🖫	保存文件到磁盘	
SAVE AS	文件→另存为		可以将当前绘制的图形另取一个文件名存储到磁盘	
PLOT	文件→打印	⎙	由输出设备输出图形	启动命令后，弹出"打印"对话框，可对输出设备、纸张大小、图形方向等内容进行设置
QUIT 或 EXIT	文件→退出			

1. 新建文件

命令调用途径：

(1) "标准"工具栏：单击"新建文件"按钮（▢图标）。

(2) 菜单命令："文件"→"新建"。

(3) 命令行：输入 NEW。

默认情况下，启动命令后，弹出如图 9-9 所示的"选择样板"对话框。默认的文件扩展名为".dwt"，这些文件称为样板文件。用户可在在文件列表框中选择一个要打开的文件，或是在"文件名"文本框中输入要打开的文件名称（可以包含路径），然后单击"打开"按钮。此外，还可在文件列表框中通过双击文件名打开该文件。该对话框顶部有"搜索"下拉列表，左边有文件位置列表，可利用它们确定要打开文件的位置。

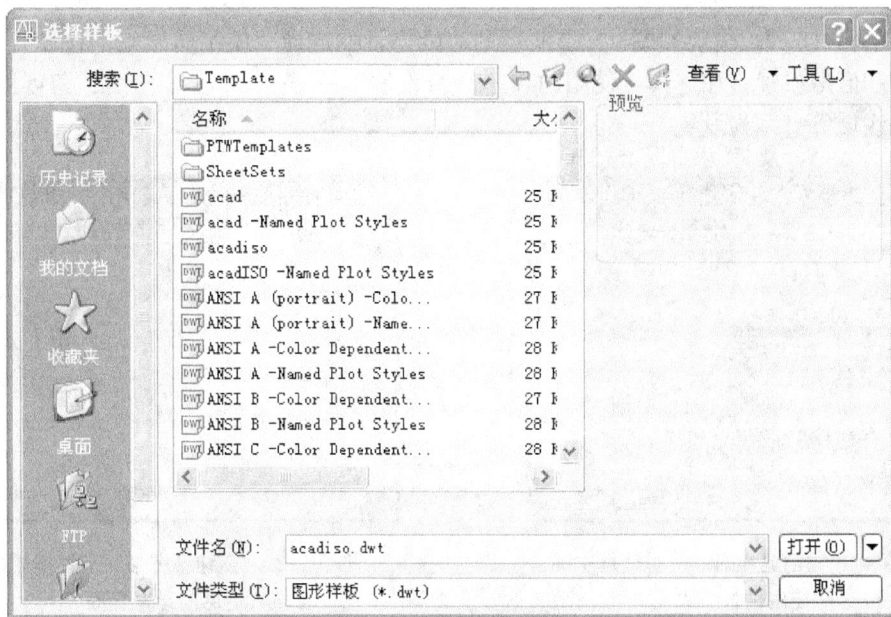

图 9-9 "选择样板"对话框

用户也可以使用默认设置，单击"打开"按钮右边的▽图标，用户可以选择"无样板打开—英制（I）"即"acad"样板文件，或选择"无样板打开—公制（M）"即"acadiso"样板文件来创建新文件。

样板文件中通常包含与绘图相关的一些通用设置，如图层名、线型、文字样式、标注样式和标题栏等，利用样板文件创建新图形，使新图具有与样板图相同的作图环境，不仅提高了绘图的效率，而且还能保证同一项目图形的统一性。AutoCAD 2006 中有许多标准的样板文件，它们都保存在 AutoCAD 安装目录中的"Template"文件夹里，但这些样板文件样式及其设置通常不符合我国的制图标准，用户可以建立自己的样板文件，建立某项目所需要的绘图环境。

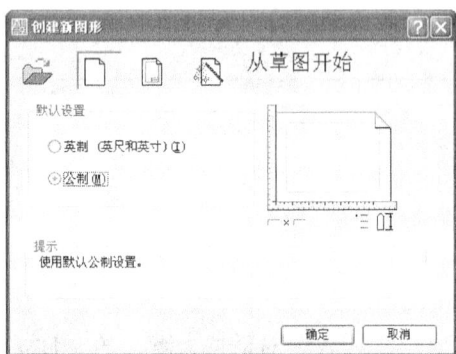

图 9-10　"创建新图形"对话框中的
"从草图开始"界面

若要显示"创建新图形"对话框，可以执行菜单命令"工具"→"选项"→"系统"，在"基本选项"选项卡中，设置"显示启动对话框"，再单击"应用"按钮，关闭对话框。或在命令行输入 STARTUP，当出现"输入 STARTUP 的新值 ＜0＞"提示后，输入"1"，然后运行新建文件命令，弹出如图 9-10 所示的"创建新图形"对话框。

上面对话框中有三个按钮，提供了创建新图形的三种方式，各按钮功能如下：

单击图标"□"，出现如图 9-10 所示的对话框，可以采用系统默认的英制或公制设置快速开始绘图。

单击图标"□"，出现如图 9-11 所示的对话框，可以选择不同的样板，然后开始绘图。

单击图标"▧"，出现如图 9-12 所示的对话框，如选择"使用向导＋快速设置"，可以进入单位和区域设置；如选择"使用向导＋高级设置"，则进入单位、角度、角度测量、角度方向、区域等一系列设置。

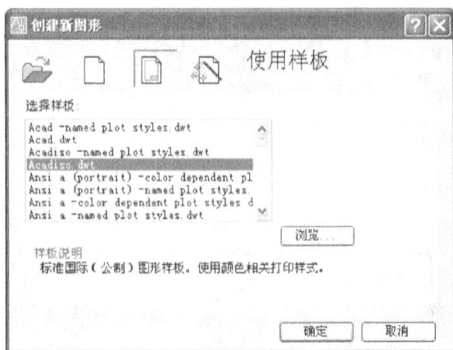

图 9-11　"创建新图形"对话框中的
"使用样板"界面

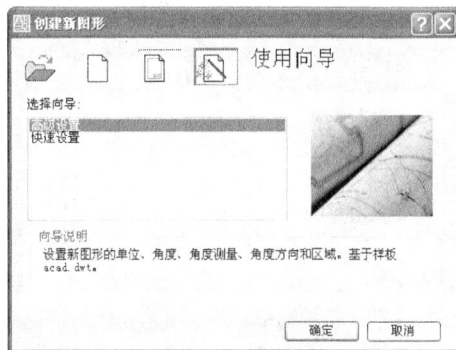

图 9-12　"创建新图形"对话框中的
"使用向导"界面

2. 打开图形文件

命令调用途径：

(1) "标准"工具栏：单击"打开文件"按钮（图标）。

(2) 菜单命令："文件"→"打开"。

(3) 命令行：输入 OPEN。

启动命令后，弹出如图 9-13 所示的"选择文件"对话框，用户可在文件列表框中选择要打开的一个或多个文件（按住 Ctrl 或 Shift 键可选择多个文件），或是在"文件名"文本框中输入要打开文件的名称（可以包含路径），单击"打开"按钮。此外，还可在文件列表框中通过双击文件名打开文件。该对话框顶部有"搜索"下拉列表，左边有文件位置列表，可利用它们确定要打开文件的位置。

"选择文件"对话框还提供了图形文件预览功能。运行"查看"菜单，可选择查看方式，有"列表"、"略图"、"预览"等，选择其中的"预览"，当用鼠标左键单击某一图形文件名称时，预览区域中会显示出该文件的预览图像。

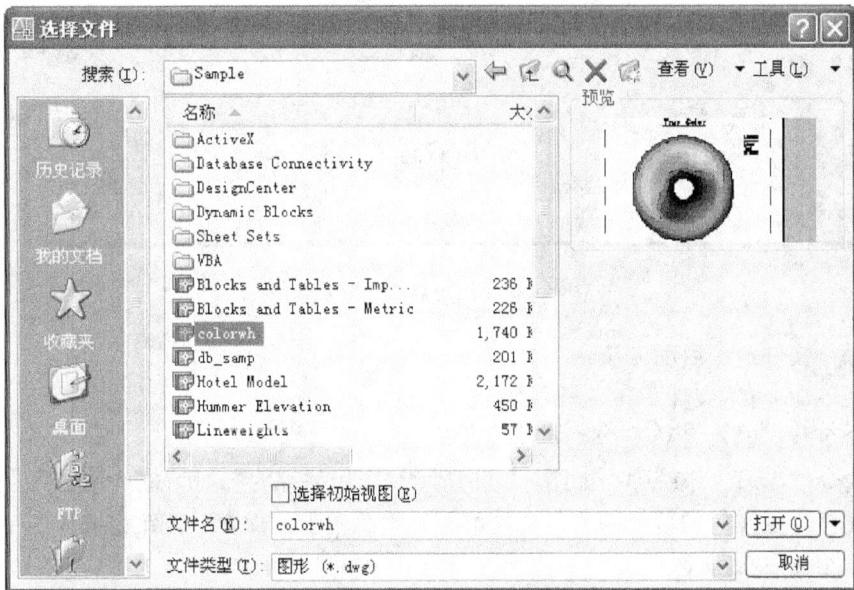

图 9-13 "选择文件"对话框

用户单击"打开"按钮右边的图标，用户还可以选择以"打开"、"以只读方式打开(R)"、"局部打开(P)"和"以只读方式局部打开(T)"四种方式打开图形文件。如果以"打开"和"局部打开"方式打开图形时，可以对图形文件进行编辑。如果采用"以只读方式打开"和"以只读方式局部打开"方式打开图形时，则无法对图形文件进行编辑。

3. 保存图形文件

将图形文件保存到磁盘，有两种方式。一种是快速保存命令，以当前文件名保存图形；另一种是指定新文件名保存图形。

快速保存文件命令启动方法：

(1) "标准"工具栏：单击"保存文件"按钮（图标）。

(2) 菜单命令："文件"→"保存"。

（3）命令行：输入 QSAVE。

以上命令发出后，系统将当前图形文件以原文件名直接存入磁盘，没有任何提示。如当前文件名是默认名且是第一次存储，则弹出"图形另存为"对话框，如图 9-14 所示，默认文件名为"Drawing1.dwg"，用户可在此对话框中选择路径，指定文件的新文件名、文件类型，然后单击"保存"按钮完成。

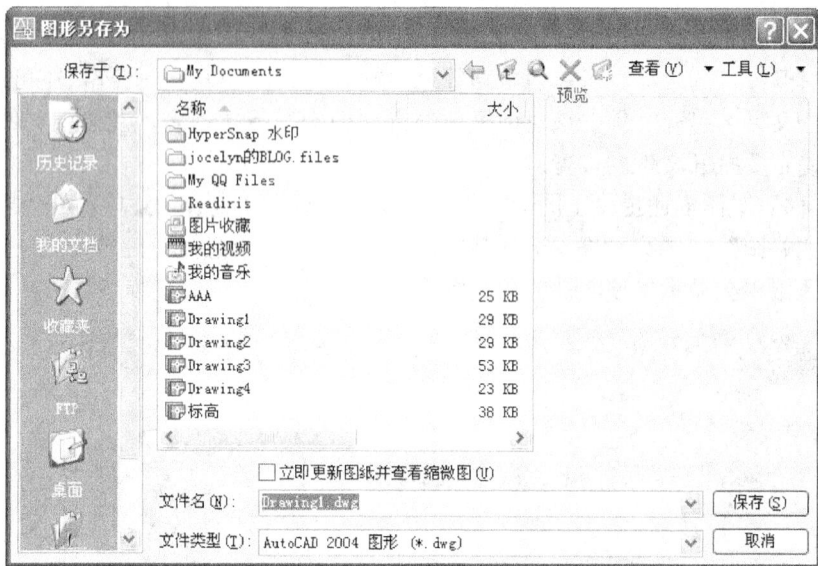

图 9-14 "图形另存为"对话框

换名保存文件命令启动方法：

（1）菜单命令："文件" → "另存为"。

（2）命令行：输入 SAVEAS。

以上命令发出后，系统弹出如图 9-14 所示"图形另存为"对话框。用户可在此对话框中选择路径，指定文件的新文件名、文件类型，然后单击"保存"按钮完成。

4. 自动保存文件设置

应养成经常存盘的习惯，防止出现电源故障或发生其他意外事件时图形及其数据丢失。AutoCAD 2006 可以定时保存文件，通过执行菜单命令"工具" → "选项"，打开"选项"对话框，在"打开和保存"选项卡中设置自动保存文件的时间间隔。

5. 退出 AutoCAD 2006

命令启动方法：

（1）菜单命令："文件" → "退出"。

（2）命令行：输入 QUIT（或 EXIT）。

在运行命令时，如果图形文件尚未保存，会出现退出前是否要保存文件的对话框，如图 9-15 所示。单击"是（Y）"则保存图形文件，退出 AutoCAD 2006 系统。如当前文件名是默认名且是第一次存储，则弹出如图 9-14 所示"图形另存为"对话框。单击"否（N）"不保存图形

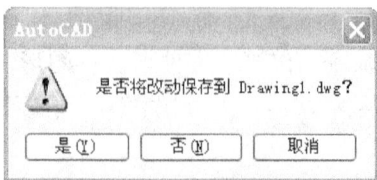

图 9-15 "退出"对话框

文件而直接退出 AutoCAD 2006 系统。

第二节 绘图环境的基本设置

在新的项目图纸绘制之初，通常要依据国家工程制图标准和行业标准对绘图环境进行设置，这样就能使得整个项目的图纸风格统一、规范。计算机绘图环境的设置内容视具体情况各不相同，一般包括图幅、单位、图层名、线型、文字样式、标注样式、图框及标题栏等，将包含这些设置内容的图纸保存为样板文件供需要时调用是非常必要和有益的。

一、图幅、单位的设置

命令启动方法：

（1）"标准"工具栏：单击"新建文件"按钮（▯图标）。

（2）菜单命令："文件"→"新建"。

（3）命令行：输入 NEW。

启动命令后，弹出"创建新图形"对话框，执行"使用向导→高级设置"命令，然后"确定"按钮，进入单位、角度、角度测量、角度方向、区域等一系列设置。

"高级设置"向导包含"单位"、"角度"、"角度测量"、"角度方向"和"区域"等 5 部分内容。使用此向导时，可以单击"上一步"和"下一步"按钮在对话框之间切换，单击最后一页上的"完成"按钮可关闭向导，并以指定的设置创建新图形。

"单位"设置区域，选小数制单位，设置精度为"0.00"，如图 9 - 16 所示；在"角度"对话框内，设置精度为"0"，如图 9 - 17 所示；在"角度测量"对话框内，选择角度测量的起始方向为"东"，如图 9 - 18 所示；在"角度方向"对话框内，选择角度测量的方向为"逆时针"，如图 9 - 19 所示；在"区域"对话框内，输入 A2 图幅的尺寸，如图 9 - 20 所示。上述内容设置完成后，运行"ZOOM"命令，选"AIL"，让图幅充满屏幕。

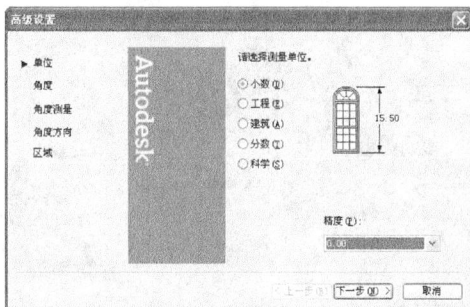

图 9 - 16　单位设置　　　　　　　　　　图 9 - 17　角度设置

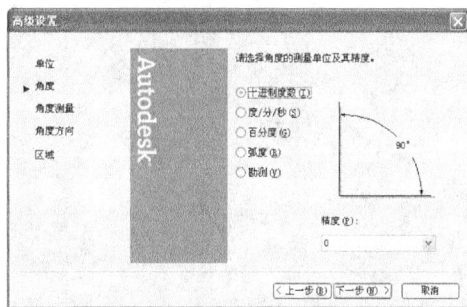

设置完成后，还可以用 UNITS 命令来更改单位、角度、角度测量和角度方向等设置内容，用 LIMITS 命令来更改区域大小以及关闭和打开界限检查，如果栅格设置为开，此设置还将限定栅格点所覆盖的绘图区域，使用 LIMITS 命令打开界限检查时，此设置也将可输入的坐标限制在该矩形区域内。

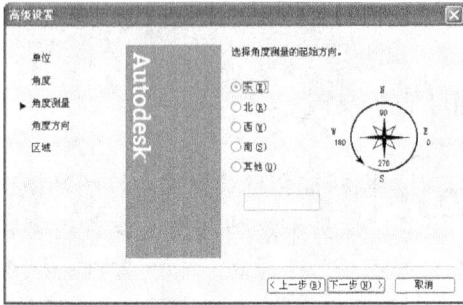
图 9-18 角度测量设置

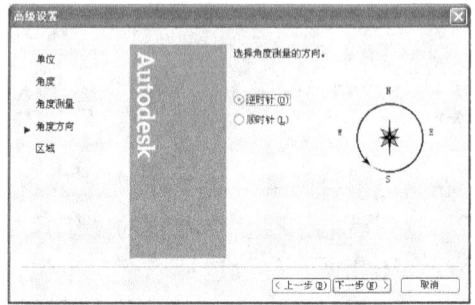
图 9-19 角度方向设置

二、图层的设置

图层是 AutoCAD 2006 软件系统提供用户用于管理和控制绘图的工具。通过将对象分类

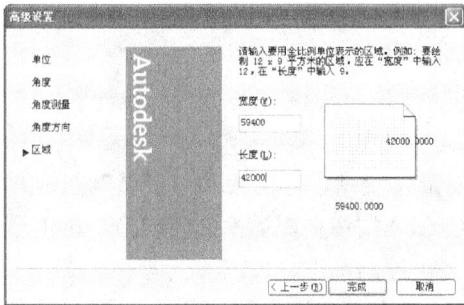
图 9-20 区域设置

放到各自的图层中，可以快速有效地控制对象的显示以及对其进行修改。例如在绘制建筑工程图纸时，可以为设计概念上相关的一组对象（例如墙、柱、轴线、标注等）创建若干个图层，并为这些图层指定通用特性如图层颜色、线型、线宽等。图层犹如多张透明图纸，在各层"图纸"中都可以绘制图形，然后根据需要将某些图层或全部图层重叠在一起形成所需的最终图纸，如图 9-21 所示，设置图层可以使图纸内容的管理与控制更具条理性。

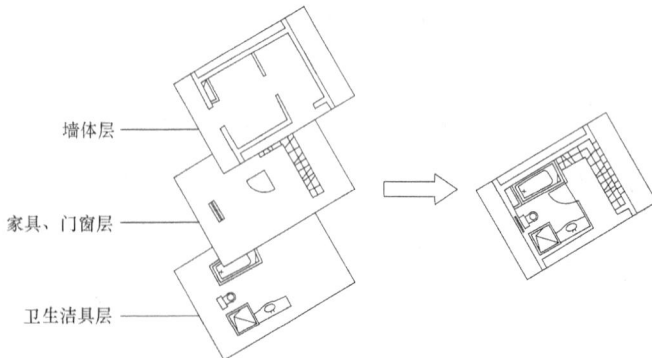
图 9-21 "图层"示意图

（一）创建新图层

创建一个新图形后，即可进行图层设置。

设置图层命令启动途径：

（1）"对象特性"工具栏：单击"图层特性管理器"按钮（▒ 图标）。

（2）菜单命令："格式"→"图层"。

（3）命令行：输入 LAYER。

启动命令后弹出如图 9-22 所示对话框。

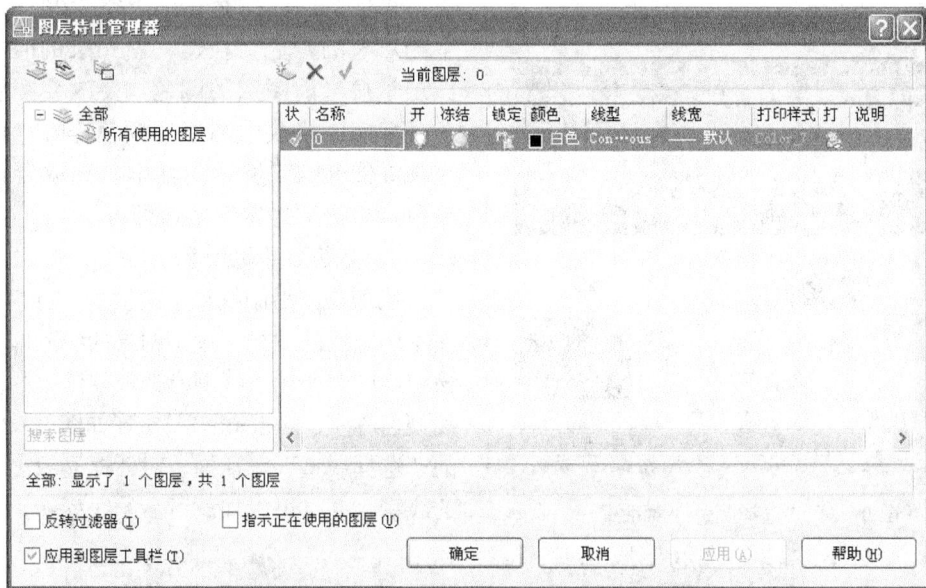

图 9-22　"图层特性管理器"对话框

运行新建图层按钮，列表中出现新建图层，图层名称默认为"图层 1"，如图 9-23 所示，此时该图层名处于编辑状态，可以直接输入新图层名。

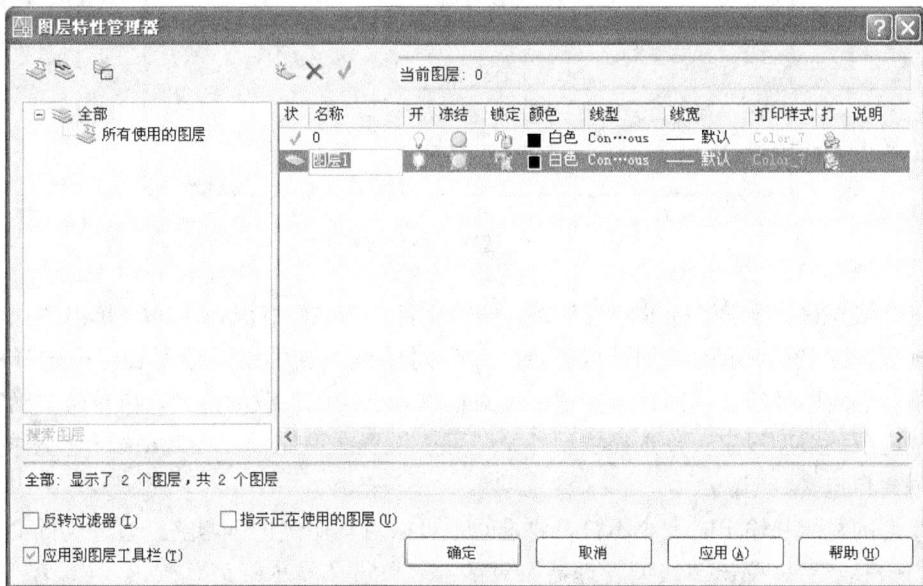

图 9-23　"创建新图层"对话框

1. 改变图层名称

对于已经创建的图层，要改变该图层的名称，选中该图层，单击该图层的名称，使图层名处于编辑状态，输入新图层名即可，图层的名称最好能体现该层的特点。

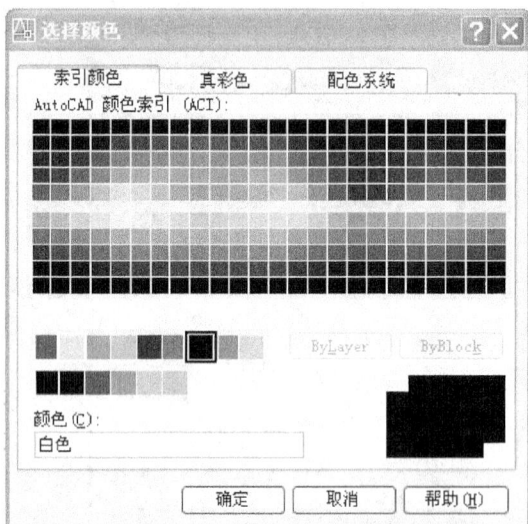

图 9-24　"选择颜色"对话框

2．设定图层的颜色

设定图层的颜色，即设定绘制在该图层上的对象的颜色，在建立新图层的时候，新图层承接当前图层的颜色，要改变图层的颜色，单击要修改的图层的颜色符号（白色），出现如图 9-24 所示对话框，选取要设定的颜色，单击"确定"按钮即可。

3．设定图层的线型

线型是由沿图线显示的横线、点、间隔或文本所组成的图样，设定图层的线型即指定在该层绘图时所用的线型。选取要修改的图层的线型名称（Continuous），出现如图 9-25 所示的"选择线型"对话框，对话框显示出已加载的线型，并且可以加载所需的线型。

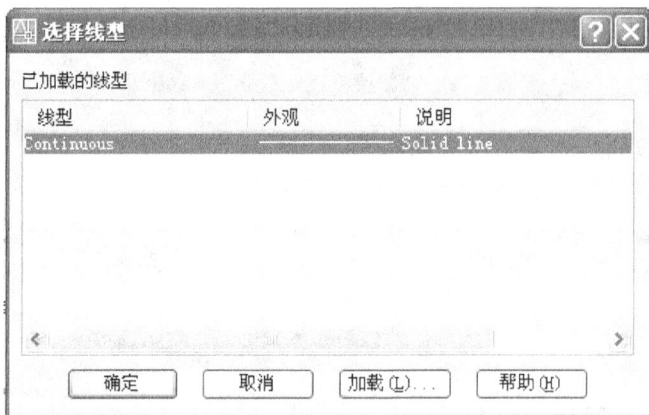

图 9-25　"选择线型"对话框

AutoCAD 2006 提供了标准的线型库，线型文件名为 ACADISO.LIN，单击"加载"按钮，出现如图 9-26 所示的"加载或重载线型"对话框，在可用线型列表框中选择所需线型，单击"确定"按钮，返回"选择线型"对话框，选定刚加载的线型，再单击"确定"按钮，完成图层的线型设定。除选择线型外，还可以设置线型比例以控制横线和空格的大小，也可以创建自定义线型。

当线型的显示和输出时大小不符合要求时，可以对其比例进行调整。通过执行菜单命令"格式"→"线型"，弹出"线型管理器"对话框，单击"显示细节"按钮，"线型管理器"对话框显示"全局比例因子"和"当前对象缩放比例"可供调整，如图 9-27 所示。

"全局比例因子"的值控制系统变量 LTSCALE，该系统变量可以全局修改新建和现有对象的线型比例。"当前对象比例"的值控制系统变量 CELTSCALE，该系统变量可设置新建对象的线型比例。默认情况下，全局线型比例和单个线型比例均设置为 1.0，比例越小，每个绘图单位中生成的重复图案就越多。也可以在命令行键入调整线型比例的命令

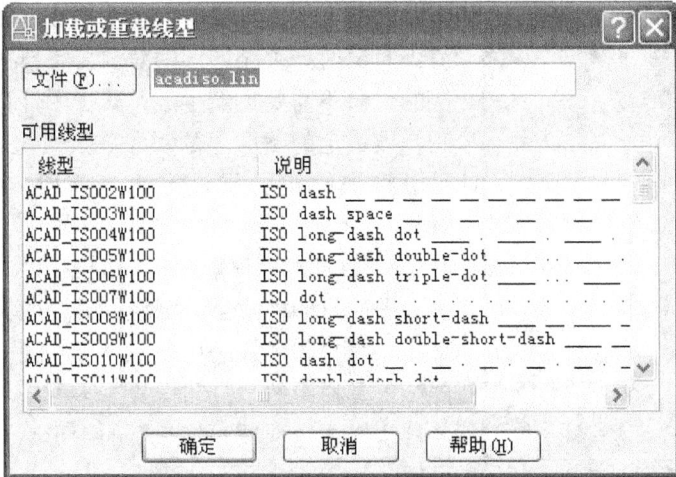

图 9-26 "加载或重载线型"对话框

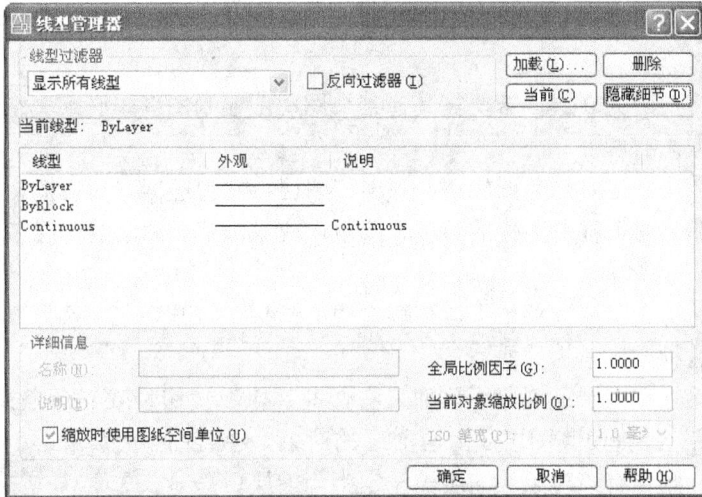

图 9-27 "线型管理器"对话框

LTSCALE 或 CELTSCALE，达到全局修改或单个修改每个对象的线型比例因子，达到以不同的比例使用同一个线型的目的。也可以不依赖图层而明确地指定线型，方法是打开"对象特性"工具栏菜单，在"线型控制"列表中选定相应的线型，如没有所需的线型，可单击"其他"按钮，弹出"线型管理器"对话框，加载所需线型。

4. 设定图层的线宽

在"图层特性管理器"对话框中选取要修改的图层的"线宽"一栏，打开如图 9-28 所示的"线宽"对话框，选择所需的线宽，单击"确定"按钮，完成线宽设定。也可以打开"对象特性"工具栏菜单，在"线宽控制"列表中选定相应的线宽。

5. 控制图层状态

图层状态包括关闭或打开、冻结或解冻、锁定或解锁等，单击图层的状态栏目就可实现该栏目的状态切换。关闭或冻结的层上图形在屏幕上是不可见的，也不能打印，但并没有被

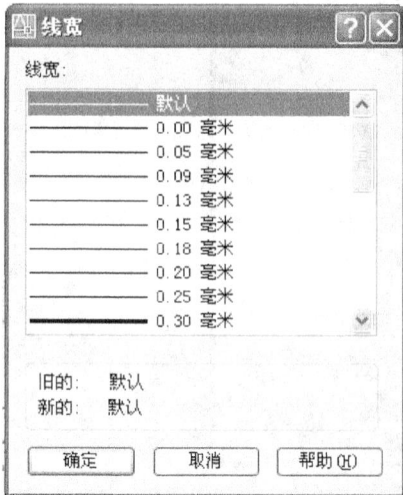

图 9-28 "线宽"对话框

删除。二者的区别在于：在重生成（REGEN）、消隐或渲染对象时，关闭图层的对象要重新被生成，而冻结图层的对象不需要重新生成，减少了计算机的数据处理时间。被锁定的图层上的对象在屏幕上可见但不可编辑，可以将被锁定的层设定为当前层，并向其添加图形对象。

6. 图层打印设置

图层打印样式是一个特性设置的集合，这些特性定义在一个打印样式表中。默认情况下，"图层特性管理器"工具栏中的"打印样式"不可用，在选择"使用命名打印样式"选项并打开新的图形后，"打印样式"才可用。

系统默认每个图层的图形对象均可以打印，即打印图标为，当打印图标为时，表示该图层上图形对象不可打印，可以通过单击该图标进行切换。

（二）设定（切换）当前层

系统默认的当前层为 0 层，若要在其他某个图层上绘制图形，必须先将该层切换为当前层。通常采用的方法有两种。

（1）单击"图层"工具栏上图标，弹出"图层特性管理器"对话框，在对话框列表里选择某一图层，单击对话框左上角的"✓"按钮，或双击某一图层的图层名，该图层即被设定为当前层。

（2）单击工具栏"图层"菜单下拉列表右边的箭头，打开列表，选择要设置为当前层的图层名称即可，这种方法最为简便。

（3）单击工具栏"图层"菜单下拉列表右边的"≋"按钮，或在命令行运行下列命令：ai_molc，提示：选择将使其图层成为当前层的对象，在绘图区选择某一对象，则含有该对象的图层被设定为当前层。

（三）删除图层

要删除无用的图层，可在"图层特性管理器"工具栏中，选定相应的图层，单击 ✕ 按钮，系统会标记出要删除的图层，再单击"确定"或"应用"按钮即可。应注意到当前层、0 层、定义点层（Defpoints）及包含图形对象的层不能删除，否则会出现如图 9-29 所示的警告提示。

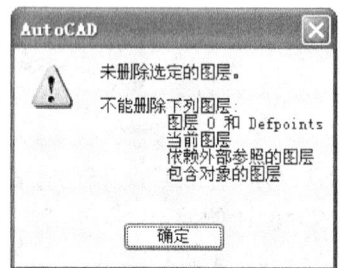

图 9-29 删除图层提示

第三节 常用的绘图命令

图形是由一些基本的图形元素如直线、园、弧线等组成的，手工绘图时需借助丁字尺、三角板、圆规等绘图工具，AutoCAD 2006 是通过提供绘制图形元素的命令和一些作图的辅助功能，利用人机交互的方法来建立图形，并且还提供了丰富的图形编辑命令来修改、生成图形元素。本节仅介绍一些常用的绘图命令。

AutoCAD 2006 提供了多种绘图命令，图 9 - 30 所示的是"绘图"工具栏，图 9 - 31 所示的是"绘图"菜单，它们包含了绝大多数的绘图命令。

图 9 - 30 "绘图"工具栏

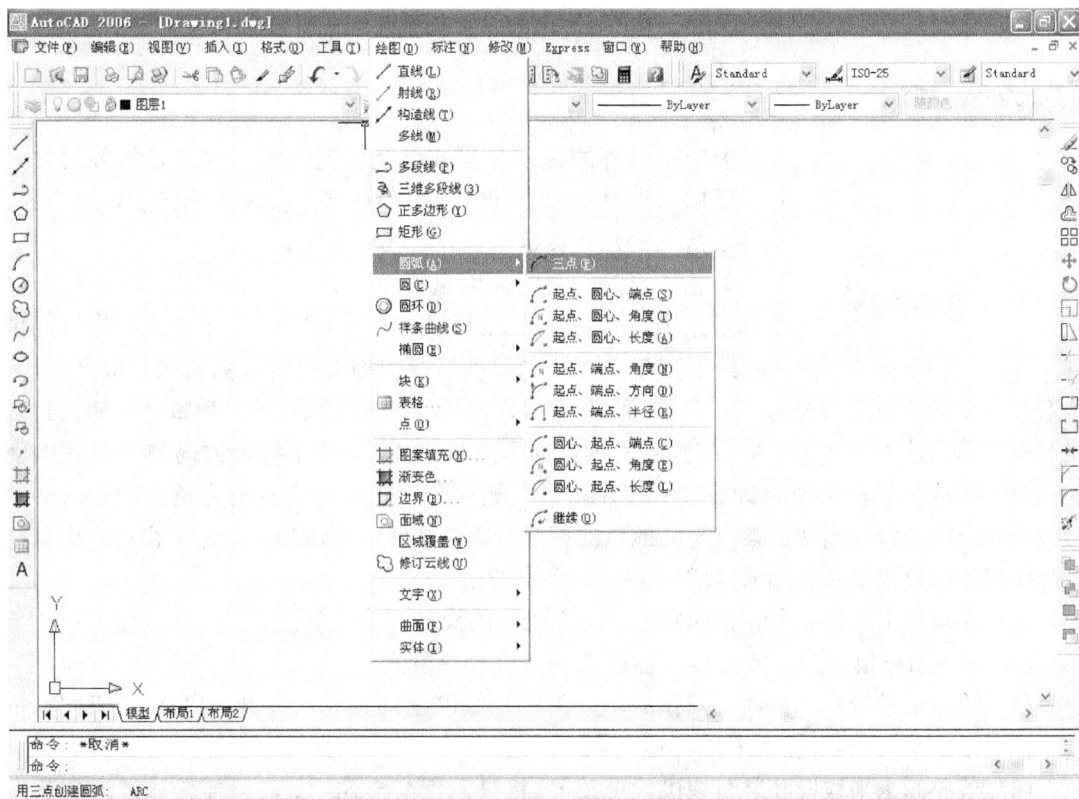

图 9 - 31 "绘图"菜单

一、常用绘图命令的使用

（一）画线段

使用 LINE 命令，可以创建连续的线段。线段的端点可以用鼠标在绘图区指定或由键盘输入坐标（绝对坐标或相对坐标）确定。在一根由多条线段连接而成的简单直线中，每条线段都是一个单独的直线对象，可以单独编辑而不影响其他线段。

1. 命令调用途径

（1）"绘图"工具栏：单击"直线"按钮（图标）。

（2）菜单命令："绘图" → "直线"。

（3）命令行：输入 LINE（命令别名 L）。

2. 操作过程示例

单击"直线"按钮，命令行显示：

命令：_line 指定第一点：指定 A 点

指定下一点或[放弃(U)]：指定 B 点

指定下一点或[放弃(U)]：指定 C 点

指定下一点或[闭合(C)/放弃(U)]：指定 D 点

指定下一点或[闭合(C)/放弃(U)]：U(放弃 D 点)

指定下一点或[闭合(C)/放弃(U)]：U(放弃 C 点)

指定下一点或[闭合(C)/放弃(U)]：指定 E 点

指定下一点或[闭合(C)/放弃(U)]：C(按 Enter 键，ABE 线框闭合)

结果如图 9-32 所示。

3. 操作提示

（1）方括号外的提示是当前默认状况，方括号内是另外的方式选择。若输入选择项圆括号内的数字和字母，表示选择了某种方式，则出现相应的提示，按提示输入参数则逐步完成操作。

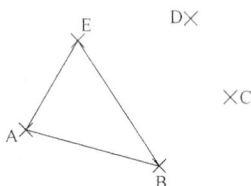

（2）指定点时，一般采用鼠标单击定点，也可以在命令行上输入坐标值来定点。当进行二维绘图时，只需在 xy 平面内指定点的位置。点位置的坐标表示方式有绝对直角坐标、绝对极坐标、相对直角坐标和相对极坐标等。绝对直角坐标的输入格式为"x，y"。两坐标值之间用"，"号分隔开，例如（-30，10）。绝对极坐标的输入格式为"$R<\alpha$"。R 表示点到原点的距离，α 表示极轴方向与 x 轴正向间的夹角。若从 x 轴正向逆时针旋转到极轴方向，则 α 角为正，反之 α 角为负。例如（60<120）、（45<-30）。当知道某点与其他点的相对位置关系时可使用相对坐标。相对坐标与绝对坐标相比，仅仅是在坐标值前增加了一个符号"@"。

（3）在运行 LINE 命令时，如要放弃前面绘制的线段，输入 U。

（4）按 Enter 键结束，或者按 C 键闭合一系列直线段。

（5）要以最近绘制的直线或圆弧的端点为起点绘制新的直线，可再次启动 LINE 命令，然后在"指定第一点："提示下按 Enter 键。

（6）若要画水平线段和竖直线段，可按 F8 键进入正交模式，此时只需输入线段的长度值，就可以绘出水平线段和竖直线段，非常方便。

（二）画圆

可以使用多种方法创建圆。默认方法是指定圆心和半径。

1. 命令调用途径

（1）"绘图"工具栏：单击"圆"按钮（◎图标）。

（2）菜单命令："绘图"→"圆"。

（3）命令行：输入 CIRCLE（命令别名 C）。

2. 操作过程示例

单击"圆"按钮◎，命令行显示：

命令：_circle

指定圆的圆心或[三点(3P)/两点(2P)/相切、相切、半径(T)]：

指定圆心 O 点

指定圆的半径或[直径(D)]：用鼠标指定 A，以 AO 为半径画圆。

图 9-32　画连续线段

绘图结果如图 9-33 所示。

3. 操作提示

（1）选择"三点（3P）"选项，可用三点方式画圆。

（2）选择"两点（2P）"选项，可以两点确定圆直径画圆。

（3）选择"相切、相切、半径（T）"选项，可以指定半径画出与两直线、圆或圆弧相切的圆。

图 9-33 画圆

（4）通过菜单还可选用"相切、相切、相切（A）"，画出与三条直线、圆或圆弧相切的圆。

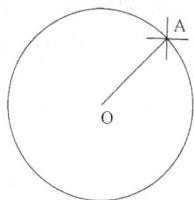

（三）画圆弧

可以使用多种方法创建圆弧，默认方法是三点画弧方法。其他方法都是从起点到端点逆时针绘制圆弧。

图 9-34 画圆弧菜单

1. 命令调用途径

（1）"绘图"工具栏：单击"圆弧"按钮（ 图标）。

（2）菜单命令："绘图"→"圆弧"。

（3）命令行：输入 ARC（命令别名 A）。

其中从菜单中运行"圆弧"命令最为直观明了，画圆弧方式共有 11 种，如图 9-34 所示。

2. 操作过程示例

单击"圆弧"按钮 ，命令行显示：

命令：_arc 指定圆弧的起点或［圆心（C）］：指定圆弧起点 A

指定圆弧的第二个点或［圆心（C）/端点（E）］：指定圆弧通过点 B

指定圆弧的端点：指定圆弧端点 C

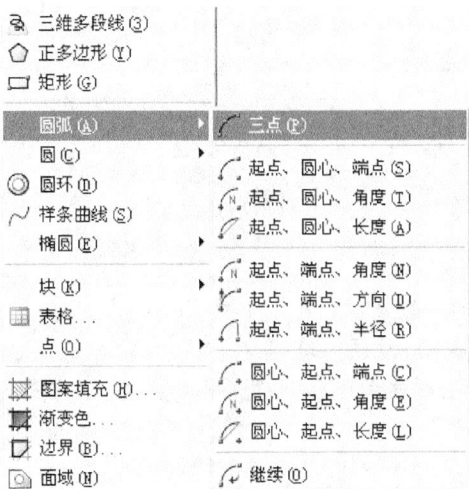

绘图结果如图 9-35 所示。

3. 操作提示

（1）绘制圆弧后，在"指定第一点"提示下，通过启动 LINE 命令并按 Enter 键，可以画出一端与圆弧相切的直线，只需指定线长。反之，完成直线绘制之后，在"指定起点"提示下，重新运行 ARC 命令并按 Enter 键，可以绘制一端与直线相切的圆弧，只需指定圆弧的端点。

图 9-35 画圆弧

（2）可以使用同样的方法连接后续绘制的圆弧。使用菜单创建连接圆弧，可从"绘图"下拉菜单中单击"圆弧"命令，然后单击"继续"，则圆弧与前一对象相切。

（3）使用"起点、圆心、角度"命令绘制圆弧时，在命令行的"指定包含角："提示下输入角度值，输入值的正负将影响到圆弧的绘制方向。在系统默认情况下，若输入正的角度值，则所绘制的圆弧是从起始点沿逆时针方向绘出；如果输入负的角度值，则沿顺时针方向绘制圆弧。

（4）使用"起点、圆心、长度"命令绘制圆弧时，用户所给定的弦长不得超过起点到圆

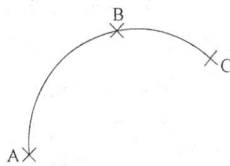

心距离的两倍。另外在命令行的"指定弦长:"的提示下，所输入的值如为负值，则以该值的绝对值作为对应的整圆空缺部分圆弧的弦长。

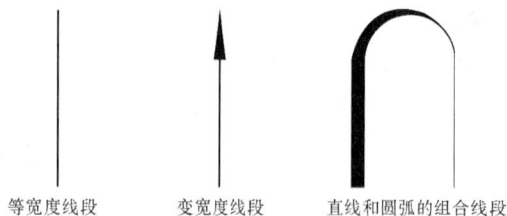

等宽度线段　　　变宽度线段　　　直线和圆弧的组合线段

图 9-36　多段线示例

（四）画多段线

多段线是作为单个对象创建的相互连接的序列线段。可以创建直线段、弧线段或两者的组合线段。多段线提供单个直线所不具备的编辑功能。例如创建多段线之后，可以对其进行编辑，可以调整多段线的宽度和曲率，或者将其转换成单独的直线段和弧线段。图 9-36 为多段线示例。

1. 命令启动方式

（1）"绘图"工具栏：单击"多段线"按钮 ⤵。

（2）菜单命令："绘图"→"多段线"。

（3）命令行：输入 PLINE（命令别名 PL）。

2. 操作过程示例

单击"圆弧"按钮 ⤵，命令行显示：

指定起点:指定起点 A

当前线宽为 0.0000

指定下一点或[圆弧(A)/半宽(H)/长度(L)/放弃(U)/宽度(W)]:@－600,0

指定下一点或[圆弧(A)/闭合(C)/半宽(H)/长度(L)/放弃(U)/宽度(W)]:A

指定圆弧的端点或[角度(A)/圆心(CE)/闭合(CL)/方向(D)/半宽(H)/直线(L)/半径(R)/第二个点(S)/放弃(U)/宽度(W)]:W

指定起点宽度<0.0000>:0

指定端点宽度<0.0000>:40

指定圆弧的端点或[角度(A)/圆心(CE)/闭合(CL)/方向(D)/半宽(H)/直线(L)/半径(R)/第二个点(S)/放弃(U)/宽度(W)]:@0,－300

指定圆弧的端点或[角度(A)/圆心(CE)/闭合(CL)/方向(D)/半宽(H)/直线(L)/半径(R)/第二个点(S)/放弃(U)/宽度(W)]:L

指定下一点或[圆弧(A)/闭合(C)/半宽(H)/长度(L)/放弃(U)/宽度(W)]:@300,0

指定下一点或[圆弧(A)/闭合(C)/半宽(H)/长度(L)/放弃(U)/宽度(W)]:W

指定起点宽度<40.0000>:80

指定端点宽度<80.0000>:0

指定下一点或[圆弧(A)/闭合(C)/半宽(H)/长度(L)/放弃(U)/宽度(W)]:@300,0(按 Enter 键)

绘图结果如图 9-37 所示。

3. 操作提示

（1）绘制多段线的弧线段时，圆弧的起点就是前一条线段的端点。可以指定圆弧的角度、圆心、方向或半径，通过指定一个中间点和一个端点也可以完成圆弧的绘制。

图 9-37　直线和弧线的组合线段

（2）可以通过绘制闭合的多段线来创建多边形。要闭合多段线，在"指定下一点或［圆弧(A)/闭合(C)/半宽(H)/长度(L)/放弃(U)/宽度(W)］:"提示下输入 C（闭合）并按Enter 键。

（3）使用"宽度"和"半宽"选项可以设置要绘制的下一条多段线的宽度。零（0）宽度生成细线，大于零的宽度生成宽线。多段线是否填充，受 FILL 命令的控制。运行该命令，输入 ON，"填充"模式打开，则填充该宽线；如果输入 OFF，"填充"模式关闭，则只画出轮廓。"半宽"选项通过指定宽多段线的中心到外边缘的距离来设置宽度。

（五）画多线

多线由一组平行线组成，平行线的数目为1～16，这些平行线称为元素，利用多线命令可快速绘制建筑物的墙体以及道路等。绘制多线之前，可以修改多线的对正和比例。所谓多线对正亦即确定将在光标的左侧，或右侧，或位于光标的中心上绘出多线。

1. 定义多线样式

创建多线样式主要是控制元素的数量和每个元素的特性。多线的特性包括元素的总数和每个元素的位置，即每个元素与多线中间的偏移距离、颜色、线型、多线封口类型及其背景填充颜色等。

（1）命令调用途径：

1）菜单命令："格式"→"多线样式"。

2）命令行：输入 MLSTYLE。

（2）操作过程示例：

执行菜单命令"格式"→"多线样式"，弹出如图 9-38 所示的"多线样式"对话框。

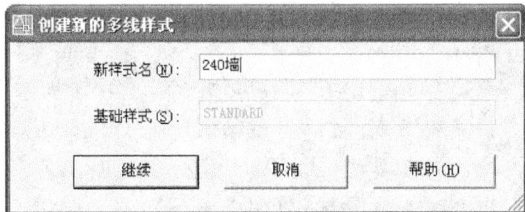

单击"新建"按钮，弹出"创建新的多线样式"对话框，在新样式名栏内输入名称如"240墙"后，出现如图 9-39 所示的"创建新的多线样式"对话框。

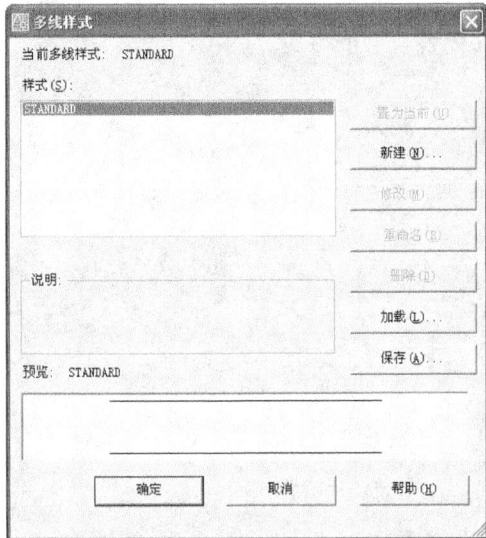

图 9-38　"多线样式"对话框　　　　　图 9-39　"创建新的多线样式"对话框

单击"继续"按钮，弹出"新建多线样式：240墙"对话框，如图9-40所示。

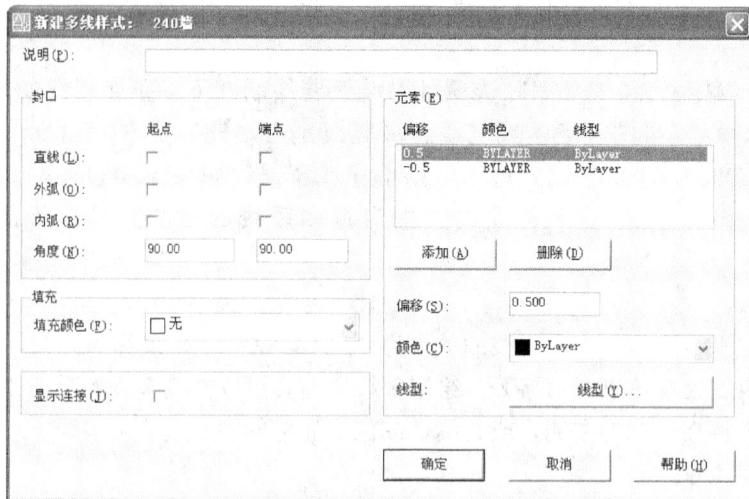

图9-40　"新建多线样式：240墙"对话框

在"封口"选项区域，确定多线的封口形式、填充和显示连接。

在"元素"选项区域，选择上偏移元素，在"偏移"栏内，将上偏移值0.5改为120，选择下偏移元素，在"偏移"栏内，将下偏移值－0.5改为－120。还可以单击"添加"按钮，在元素栏内增加了一个元素，分别利用"颜色"、"线型"按钮设置各元素的颜色和线型。

单击"确定"按钮，返回到"多线样式"对话框。

单击"置为当前"按钮，最后运行"确定"按钮，完成定义多线样式。

（3）操作提示：

在"多线样式"对话框中，单击"保存"将多线样式保存到文件（默认文件为acad.mln）。可以将多个多线样式保存到同一个文件中，如果要创建多个多线样式，要在创建新样式之前保存当前样式，否则，将丢失对当前样式所做的修改。

2. 画多线

（1）命令调用途径：

1）菜单命令："绘图"→"多线"。

2）命令行：输入MLINE（命令别名ML）。

（2）操作过程示例：

执行菜单命令"绘图"→"多线"，命令行提示：

当前设置：对正＝上，比例＝20.00，样式＝240墙

指定起点或[对正(J)/比例(S)/样式(ST)]:J

输入对正类型[上(T)/无(Z)/下(B)]:Z

指定起点或[对正(J)/比例(S)/样式(ST)]:S

输入多线比例，<20.00>:1

指定起点或[对正(J)/比例(S)/样式(ST)]:指定起点A

指定下一点或[闭合(C)/放弃(U)]:指定起点B(操作与直线类似)

按Enter键。（如果指定了三个或三个以上的点，可以输入C闭合多线）

结果如图 9-41（b）所示。

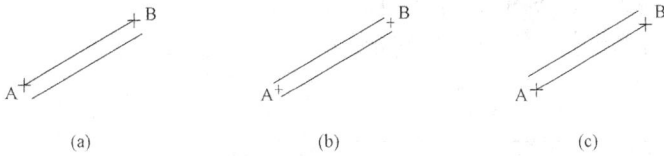

图 9-41 多线"对正"设置
(a) 上对正类型；(b) 无对正类型；(c) 下对正类型

（3）操作提示：

1）比例控制多线的全局宽度而不影响线型比例，例如比例因子为 2 绘制多线时，其宽度是样式定义的宽度的两倍，比例因子为 0 将使多线变为单一的直线。

2）不能编辑 STANDARD 多线样式或图形中正在使用的任何多线样式的元素和多线特性，要编辑现有多线样式，必须在使用该样式绘制任何多线之前进行。

3. 编辑多线

（1）命令调用途径：

1）菜单命令："修改"→"对象"→"多线"。

2）命令行：输入 MLEDIT。

（2）操作过程示例（以十字打开为例，即在两条多线之间创建打开的十字交点）：执行菜单命令"修改"→"对象"→"多线"，出现如图 9-42 所示的"多线编辑工具"对话框。

图 9-42 "多线编辑工具"对话框

该对话框以四列显示样例图像。第一列控制交叉的多线，第二列控制 T 形相交的多线，第三列控制角点结合和顶点，第四列控制多线中的打断。

单击"多线编辑工具"框内的"T 形打开"按钮，命令行提示：

选择第一条多线：选择一条多线

选择第二条多线：选择相交的多线

选择第一条多线或 [放弃 (U)]：按 Enter 键

交叉多线被打开后如图 9-43 (c) 所示。

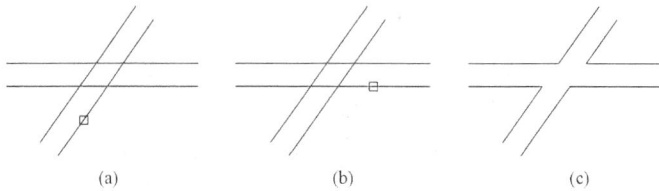

     (a)   (b)   (c)

图 9-43　多线"十字打开"

(a) 选择第一条多线；(b) 选择第二条多线；(c) 十字打开结果

（六）图案填充

在建筑的剖面图、详图中常常要求填充材料的图例用以表示材料的类型，AutoCAD 2006 提供了图案填充的功能，用户可以方便地使用预定义填充图案填充区域。也可以使用当前线型定义的简单线图案，或使用某种颜色的实体填充图案，或使用用户自己创建的更复杂的填充图案。

AutoCAD 2006 允许创建渐变填充。渐变填充在一种颜色的不同灰度之间或两种颜色之间使用过渡，渐变填充提供光源反射到对象上的外观，可用于增强图形的表现。进行图案填充之前要在"图案填充和渐变色"对话框（图 9-44）中指定填充图案的类型、填充比例、角度及填充区域，完成设置后才能进行填充。

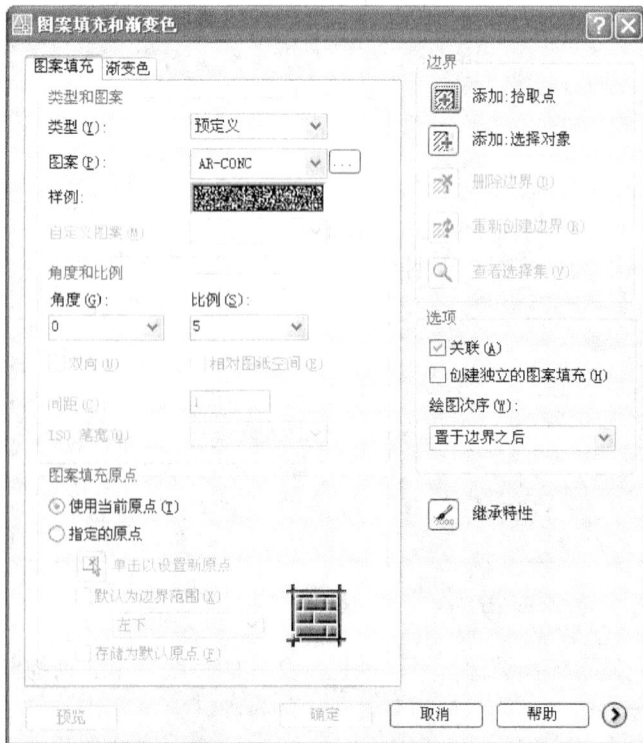

图 9-44　"图案填充和渐变色"对话框中的"图案填充"选项卡

1. 命令调用途径

（1）"绘图"工具栏：单击"图案填充"按钮（▨图标）。

（2）菜单命令："绘图"→"图案填充"。

（3）命令行：输入 BHATCH 或 HATCH（命令别名 BH）。

2. 操作过程示例一

在如图 9-45（a）所示的半径为 1000 的圆内填入混凝土图例。

单击"图案填充"按钮▨，出现"图案填充和渐变色"对话框。

选择"图案填充"选项卡，单击"图案"下拉列表框右侧的［...］按钮，打开"填充图案选项板"对话框，在"其他预定义"选项卡中选择图案"AR-CONC"，单击"确定"按钮返回。

在"角度"和"比例"框中分别填入 0 和 5，如图 9-44 所示；

单击▦按钮，命令行提示：

拾取内部点或［选择对象(S)/删除边界(B)］：

指定圆内任意一点，系统自动寻找闭合的边界——圆周。

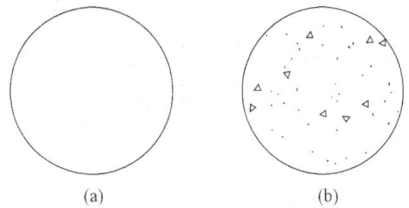

单击"预览"按钮，观察填充后的预览图，如果满意，按 Enter 键或单击右键确认完成，填充后结果如图 9-45（b）所示。如果不满意，按 Esc 键返回"图案填充和渐变色"对话框，重新设置相关参数。

图 9-45　图案填充
(a) 填充前；(b) 填充后

3. 操作过程示例二

在图 9-45（a）所示半径为 1000 的圆内填入渐变色。

单击"图案填充"按钮▨，出现"图案填充和渐变色"对话框。

选择"渐变色"选项卡，选中"双色"单选按钮，在"颜色"对话框中选定颜色 1 和颜色 2，选择"渐变图案"预览窗口选中第二排第二种变色效果图案，如图 9-46 所示。

单击▦按钮，命令行提示：

拾取内部点或［选择对象(S)/删除边界(B)］：

指定圆内任意一点，系统自动寻找闭合的边界——圆周。

单击"预览"按钮，观察填充后的预览图，如果满意，按 Enter 键或单击右键确认完成，结果如图 9-47（b）所示。如果不满意，按 Esc 键返回"图案填充和渐变色"对话框，重新设置相关参数。

4. 操作提示

（1）"类型"下拉列表框用于设置填充的图案类型，包括"预定义"、"用户定义"和"自定义"3 个选项供选择，选择"预定义"选项，可以使用 AutoCAD 2006 提供的图案。

（2）在"类型"下拉列表框中选择"预定义"选项时，"图案"下拉列表框才可用，通过其下拉列表或单击下拉列表框右侧的［...］按钮，选择所需的图案。

（3）单击"添加：选择对象"按钮▨，可以选择一些对象作为填充边界。

（4）填充边界中常常包含一些闭合区域，这些区域称为孤岛，若希望在孤岛中也填充图案，则单击"删除边界"按钮▨，选择要删除的孤岛。

（5）默认情况下，填充图案从坐标原点开始形成，也可以从指定的点开始形成填充图案。

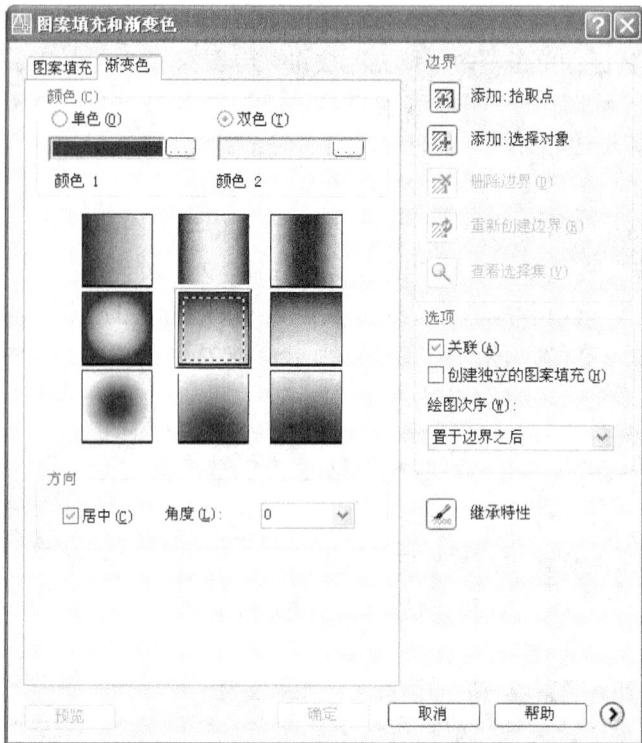

图 9-46　"图案填充和渐变色"对话框中的"渐变色"选项卡

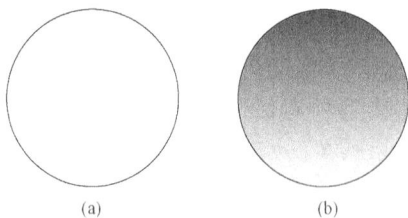

图 9-47　渐变图案填充前后图示
(a) 填充前；(b) 填充后

（6）可以对同一区域多次运行填充图案命令，形成图案的叠加。如钢筋混凝土图例可选用 ANSI31 和 AR-CONC 两种图案填充叠加而成。

二、精确的作图命令

计算机绘图比手工绘图更精确，主要是因为软件中设置了多种功能以保证绘出图形的精确度。例如要以某圆心和某交点为端点画直线段，如没有软件的辅助作图功能帮助，单凭观察来定点，就不可能准确找到圆心和交点，AutoCAD 2006 提供的对象捕捉功能可以帮助用户快速准确地捕捉到这些特殊点，从而能够精确地制图。

使用对象捕捉可指定对象上的精确位置。例如使用对象捕捉可以绘制到圆心或多段线中点的直线。不论何时提示输入点，都可以指定对象捕捉。在打开对象捕捉的情况下，当光标移到对象的捕捉位置时，将自动显示捕捉标记和提示。

1. 自动捕捉方式

执行菜单命令"工具"→"草图设置"，在弹出的对话框中选择"对象捕捉"选项卡，对常用的捕捉模式进行设置，在对话框中选择一个或多个捕捉模式，如图 9-48 所示，单击"确定"按钮完成设置。

打开该对话框的途径有：

（1）移动鼠标至状态栏中的"对象捕捉"按钮，单击右键，弹出快捷菜单，选择"设置"命令。

（2）菜单命令："工具"→"草图设置"。

（3）单击"对象捕捉"工具栏上最后一个按钮。

（4）命令行：OSNAP。

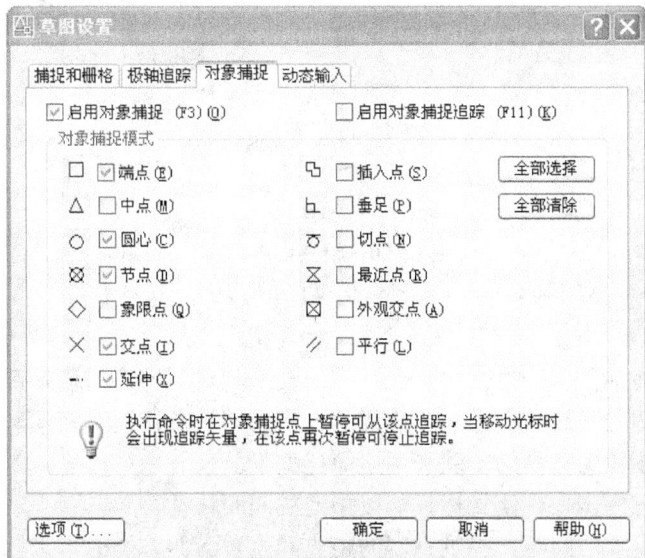

图 9-48　"对象捕捉"设置

在作图过程中可根据需要打开或关闭对象捕捉模式，方法是单击状态栏中的"对象捕捉"按钮，使其凹陷或凸出，或按 F3 键进行切换。

2. 覆盖捕捉方式

将光标放在任一工具栏图标上单击右键，在弹出的菜单中选择"对象捕捉"，即可打开如图 9-49 所示的"对象捕捉"工具栏。

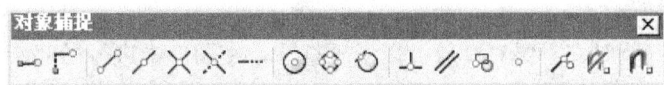

图 9-49　"对象捕捉"工具栏

在绘图和编辑过程中，当系统提示输入一个点时，用户可选择"对象捕捉"工具栏内的捕捉模式，或按 Ctrl 或 Shift 键＋鼠标右键，利用弹出式菜单选择捕捉模式，再移动鼠标捕捉目标，这种对象捕捉的方式称为覆盖捕捉方式，它只影响当前要捕捉的点，操作一次后自动退出对象捕捉状态。

3. 操作过程示例

求作图 9-50 所示三角形 ABC 的垂线，得到垂心。

三角形三条边上的垂线交点即为垂心。画图前打开对象捕捉，设置捕捉模式包含"端点"和"垂足"。

单击"绘图→直线"图标／，命令行提示：

＿line 指定第一点：[将光标放在 A 点附近，出现捕捉交点的靶标和提示，并自动捕捉到 A 点，如图 9-50（a）所示，按下鼠标左键。]

指定下一点或［放弃（U）］：［把光标放到 BC 线垂足附近，出现捕捉垂足的靶标和提示，并自动捕捉到垂足点，如图 9-50（b）所示，按下鼠标左键。]

指定下一点或［放弃（U）］：（按 Enter 键，画出一条垂线）

用同样的方法画出另两条垂线线，得到三角形的垂心 O，结果如图 9-50（c）所示。

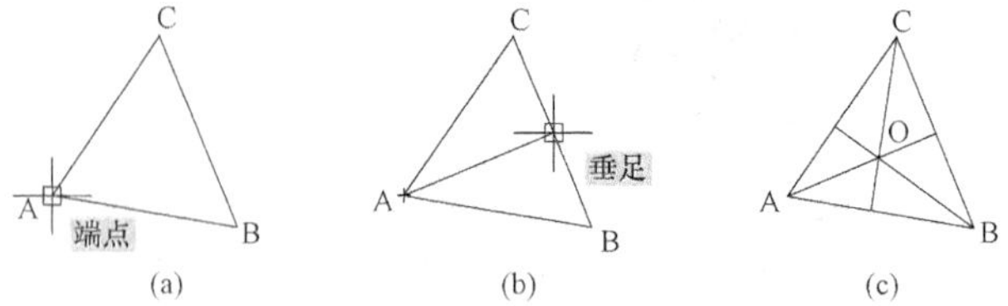

图 9-50　绘三角形垂线

（a）捕捉 A 点；（b）捕捉 BC 边的垂足；（c）三垂线交点 O

4. 常用绘图工具

状态栏上的"捕捉"、"栅格"、"正交"、"极轴"、"对象追踪"均是帮助绘图者在不同情况下精确、快捷作图的工具，其设置和应用的方法与"对象捕捉"相同，而且是在同一对话框中设置。常用绘图辅助工具的功能和用途简述如下：

捕捉：控制光标的步长，使光标只能以指定的间距移动。

栅格：控制可见点的间距，提供直观的距离和位置参照，类似于坐标纸。

正交：将光标限制在水平或垂直方向上，可绘制水平线或垂直线。

极轴：光标按设定的角度显示对齐路径和参数提示，给绘制角度线带来方便。

对象追踪：追踪对象捕捉中的点，使用该功能时，注意同时打开对象捕捉。

AutoCAD 软件控制精确绘图的方法和工具还有很多，例如用 CAL 命令输入公式得到图形中的点；用菜单命令"工具"→"查询"，可精确地获得封闭线框的面积、两点的距离、对象的质量及其特性等数据；综合利用"对象捕捉"和"极轴"的功能，可以直观地按符合投影规律的方式作图。

三、视图显示控制

使用图形中的细节时，需要对其放大以便于查看，在图形中进行局部特写时，需要将图形缩小以观察总体布局，此外还需要对图形进行平移、刷新、重新生成等操作，有时还需要多窗口视图和鹰眼视图。AutoCAD 2006 提供了丰富的视图显示控制功能，可以观察到图形的任何部分。

视图显示控制操作命令只改变当前视口图形对象的显示比例，而不改变图形中对象的绝对大小。

（一）图形缩放

在"标准"工具栏中有"实时缩放"、"返回上次显示"和"窗口缩放"按钮，将光标移至"窗口缩放"图标上，然后按下鼠标左键不放直到显示出如图 9-51 所示的工具栏，拖动鼠标至某按钮，松开左键，则运行相应的缩放命令。

图 9-51　"标准"工具栏中"窗口缩放"菜单

"缩放"工具栏，如图 9-52 所示，与"标准"工具栏中的图形缩放命令图标相同。

1. 实时缩放

单击实时缩放按钮，光标将变为带有加号（＋）和减号（－）的放大镜形状，按住鼠标左键向上拖动鼠标移动光标，就可以放大视图，向下拖动鼠标移动光

图 9-52 "缩放"工具栏

标则可以缩小视图。要退出实时缩放状态，可按 Esc 键或 Enter 键，或单击鼠标右键显示快捷菜单，选择其中的"退出"选项即可退出实时缩放。

2. 恢复上次视图显示

在绘图过程中，经常要将图形的局部区域放大以方便作图，绘制完成后，又要恢复上一次的视图显示，以观察图形的整体效果，单击 图标，将缩放显示上一个视图，连续按几次按钮，将恢复显示前几次显示过的视图，最多可恢复此前的 10 个视图。

3. 全部缩放

运行 图标，"全部缩放"显示用户定义的栅格界限和图形范围，无论哪一个视图较大。

4. 范围缩放

运行 图标，"范围缩放"使用尽可能大的、可包含图形中所有对象的放大比例显示视图。视图包含已关闭图层上的对象，但不包含冻结图层上的对象。

5. 窗口缩放

运行 图标，指定要查看的矩形区域的两个角点，缩放显示由两个角点定义的矩形窗口框定的区域。

6. 动态缩放

运行 图标，显示的视图框表示视口，可以在图形中移动，或改变它的大小。确定视图框大小和位置后将其中的图像平移或缩放，以充满整个视口。

7. 比例缩放

运行 图标，要求输入比例因子（nX 或 nxp)，以指定的比例因子缩放显示。输入的值后面跟着 x，是根据当前视图指定比例，例如输入 .5x 使屏幕上的每个对象显示为原大小的 1/2；输入值后跟着 xp，是指定相对于图纸空间单位的比例，例如输入 .5xp 以图纸空间单位的 1/2 显示模型空间。

8. 中心缩放

运行 图标，指定中心点，以输入缩放比例或高度所定义的窗口为标准进行缩放。高度值较小时增加缩放比例，高度值较大时减小缩放比例。

选定图形对象缩放示例：（命令别名 Z，'zoom 为透明命令）

运行命令 ZOOM，命令行提示：

指定窗口角点,输入比例因子(nX 或 nXP),或者

［全部(A)/中心(C)/动态(D)/范围(E)/上一个(P)/比例(S)/窗口(W)/对象(O)]＜实时＞:O

选择对象：(选择一个或多个对象，按 Enter 键)

将以最大可能比例在视口显示一个或多个选定的对象并使其位于绘图区域的中心。

（二）鸟瞰视图

执行菜单命令"视图"→"鸟瞰视图"，或在命令行运行命令 dsviewer，出现"鸟瞰视图"窗口。窗口内有个视图框，其中用于显示当前视口中视图边界的粗线矩形大小可以使用

"鸟瞰视图"工具栏按钮改变，从而调整"鸟瞰视图"窗口中图像的放大比例，或以增量方式重新调整图像的大小。要缩小图形，可将视图框放大；要放大图形，请将视图框缩小。单击左键可以执行所有平移和缩放操作，单击鼠标右键结束平移或缩放操作。

（三）平移图形

单击平移图形按钮🖐，或在命令行运行命令 pan，系统进入实时平移状态，光标形状变为手形🖐。按住鼠标上的拾取键可以锁定光标相对于视口坐标系的当前位置，图形显示随光标向同一方向移动，释放拾取键，平移将停止。将光标移动到图形的其他位置，然后再按拾取键，接着从该位置平移显示。要停止平移，按 Enter 键或 Esc 键，或单击鼠标右键打开快捷菜单，选择"退出"选项即可退出平移。

（四）重画

在命令行运行命令 redraw（命令别名 R），当前视图重新被整理一次，消除了绘图过程中出现的残留图形。

（五）全部重画

执行菜单命令"视图"→"重画"，或在命令行运行命令 redrawall（命令别名 RA），将在所有视口中重画图形，消除某些编辑操作留在显示区域中的点标记和杂散像素。

（六）重生成

执行菜单命令"视图"→"重生成"，或在命令行运行命令 regen（命令别名 RE），在当前视口中重生成整个图形并重新计算所有对象的屏幕坐标，创建图形数据库索引，从而优化了显示和对象选择的性能。

（七）全部重生成

执行菜单命令"视图"→"全部重生成"，或在命令行运行命令 regenall（命令别名 REA），在所有视口中重生成整个图形并重新计算所有对象的屏幕坐标，创建图形数据库索引，从而优化了显示和对象选择的性能。

第四节　常用的修改命令

AutoCAD 2006 除提供了丰富的绘图命令外，还提供了丰富的图形修改命令，用户可以方便地对图形对象进行移动、复制、旋转、缩放、删除以及参数修改等操作，从而极大地提高了绘图的灵活性。本节介绍"修改"菜单中的常用命令。

一、对象的选取

"修改"菜单中的大多数命令在运行后，命令行提示"选择对象:"，有些命令在执行中也有这样的提示。这里所指的"对象"是绘图时产生的所有实体，如直线、圆、剖面线、尺寸等。此时一个称为"对象选择靶"的小框将取代图形光标上的十字线，而被选中的对象则以高亮虚线显示。用户应熟练掌握对象的选择方法，常用的对象选取方法有以下几种。

1. 逐个地选取对象（默认）

在"选择对象:"提示下，移动矩形拾取框选择对象，选中的对象将被亮显，按 Enter 键结束对象选择，用户可以逐个选择多个对象。

2. 指定矩形区域选取对象

在"选择对象:"提示下，指定对角点来定义矩形区域，区域背景的颜色将更改，变成透明的。从左向右拖动光标，仅选择完全位于矩形区域中的对象，称为窗口选择；从右向左拖动光标，选择矩形窗口包围的或相交的对象，称为交叉选择。

3. 指定不规则形状的区域选取对象

在"选择对象："提示下，输入 wp，指定几个点定义一个完全包含选择对象的不规则形状区域，按 Enter 键闭合多边形选择区域并完成选择。

4. 指定选择栏

在"选择对象："提示下，输入 f（栏选），指定若干点创建经过要选择对象的选择栏，按 Enter 键完成选择。

5. 循环选择

选择彼此接近或重叠的对象通常是很困难的。可以在"选择对象："提示下，按住 Ctrl 键并循环单击这些对象，直到所需对象亮显时按回车键选定，按 Esc 键关闭循环。（按 Ctrl 键时，选择预览不可用。）

6. 从多个对象中删除选择

在"选择对象："提示下，输入 r（删除）并使用任意选择选项可以将对象从选择集中删除。如果使用"删除"选项并想重新为选择集添加对象，输入 a（添加）。通过按下 Shift 键并再次选择对象，或者按住 Shift 键然后单击并拖动窗口或交叉选择，也可以从当前选择集中删除对象。总之可以在选择集中重复添加和删除对象。

二、对象的修改

绘图时，不仅要用到绘图命令，而且也经常要用修改命令对图形进行编辑，如删除（ERASE）、移动（MOVE）、偏移（OFFSET）、修剪（TRIM）等。图 9-53 和图 9-54 所示为"修改"工具条和"修改"下拉菜单。当光标移至工具条图标上时，会自动出现该图标的命令名称提示。不管是使用下拉菜单或工具条输入命令时，在命令提示区都将显示命令名（英文名），下面介绍几种常用的修改命令。

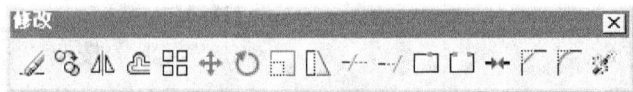

图 9-53 "修改"工具栏

（一）从图形中删除对象

1. 命令调用途径

（1）"修改"工具栏：单击"删除"按钮（⌫图标）。

（2）菜单命令："修改"→"删除"。

（3）命令行：输入 ERASE。

2. 操作示例

单击删除按钮"⌫"，命令行提示：

选择对象：（选择对象，完成后按 Enter 键）

过程如图 9-55 所示。

（二）复制对象

1. 命令调用方法

（1）"修改"工具栏：单击"复制"按钮（⬡图标）。

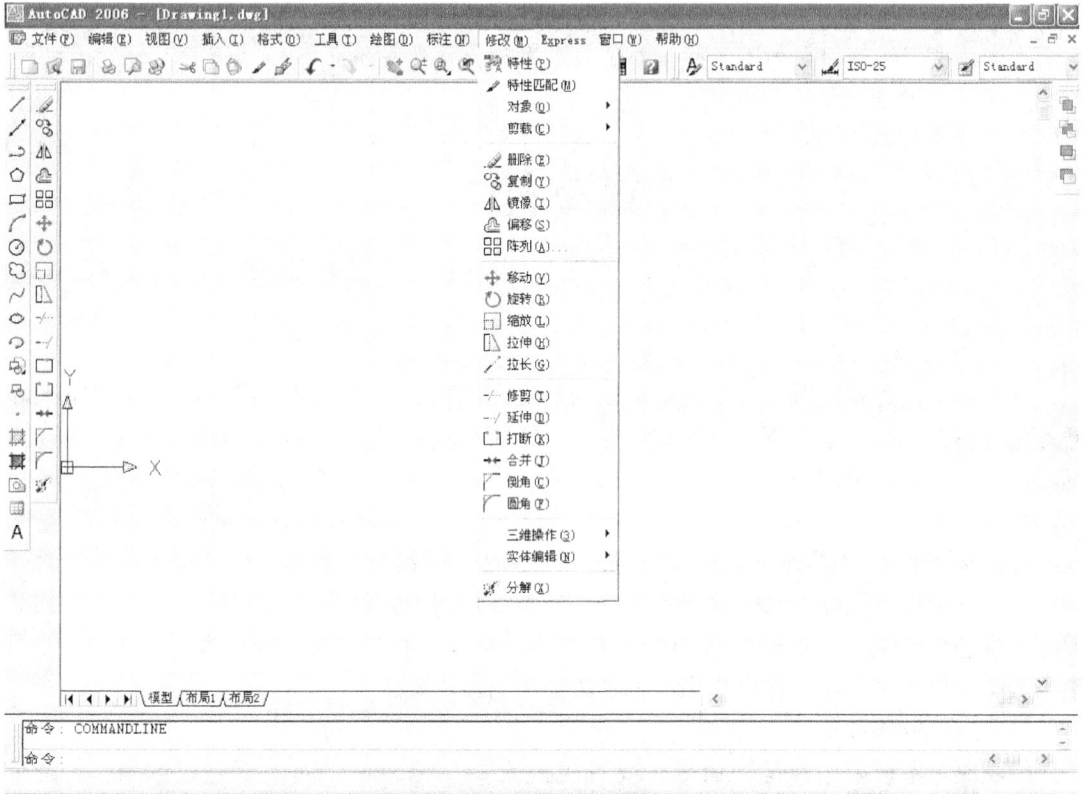

图 9-54　"修改"下拉菜单

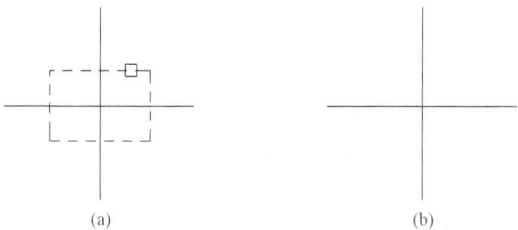

(a)　　　　　　　　　　　(b)

图 9-55　删除对象

(a) 选定对象；(b) 选定对象被删除后

（2）菜单命令："修改" → "复制"。

（3）命令行：输入 COPY。

2. 操作示例

单击"复制"按钮 "🐾"，命令行提示：

选择对象：（选择对象，完成后按 Enter 键）

指定基点或[位移(D)]＜位移＞:指定基点 A 或输入 D

指定第二个点或[退出(E)/放弃(U)]＜退出＞:指定点 B(指定的两点定义一个矢量,指示复制的对象移动的距离和方向)

指定第二个点或[退出(E)/放弃(U)]＜退出＞:指定点 C

指定第二个点或[退出(E)/放弃(U)]＜退出＞:按 Enter 键

过程如图 9-56 所示。

（三）偏移对象

所谓偏移对象即在距现有对象指定的距离处创建与现有对象平行或具有同心结构的类似对象。

1. 命令调用途径

（1）"修改"工具栏：单击"偏移"按钮（🔲图标）。

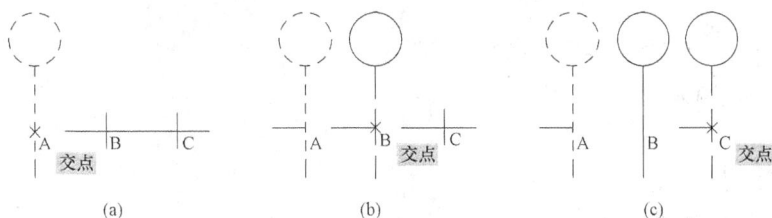

图 9-56　复制图形

(a) 指定基点；(b) 指定点 B；(c) 指定点 C

（2）菜单命令："修改"→"偏移"。

（3）命令行：输入 OFFSET。

2. 操作示例一

已知偏移距离创建对象。

单击偏移按钮"⬛"，命令行提示：

当前设置:删除源=否　　图层=源 OFFSETGAPTYPE=0

指定偏移距离或[通过(T)/删除(E)/图层(L)]<通过>:100

选择要偏移的对象,或[退出(E)/放弃(U)]<退出>:选择源对象直线 A

指定要偏移的那一侧上的点,或[退出(E)/多个(M)/放弃(U)]<退出>:指定直线 A 左侧任一点(得到直线 A 的平行线 B)

选择要偏移的对象,或[退出(E)/放弃(U)]<退出>:选择源对象圆 C

指定要偏移的那一侧上的点,或[退出(E)/多个(M)/放弃(U)]<退出>:指定圆 C 外任一点(得到圆 C 的同心圆 D)

选择要偏移的对象,或[退出(E)/放弃(U)]<退出>:按 Enter 键

结果如图 9-57 所示。

3. 操作示例二

创建通过指定点的对象。

单击偏移按钮"⬛"，命令行提示：

图 9-57　偏移直线和圆

当前设置:删除源=否　　图层=源 OFFSETGAPTYPE=0

指定偏移距离或[通过(T)/删除(E)/图层(L)]<通过>:T

选择要偏移的对象,或[退出(E)/放弃(U)]<退出>:选择源对象水平线

指定通过点或[退出(E)/多个(M)/放弃(U)]<退出>:指定 A 点

选择要偏移的对象,或[退出(E)/放弃(U)]<退出>:按 Enter 键

过程如图 9-58 所示。

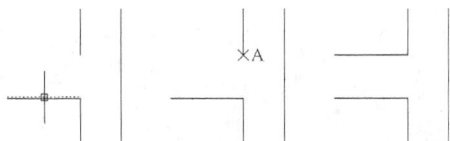

图 9-58　源对象通过点偏移

（四）旋转对象

旋转对象即以指定基点，按指定角度旋转对象。旋转角度决定对象绕基点旋转的角度，旋转轴通过指定的基点，并且平行于当前 UCS 的 Z 轴。

1. 命令调用途径

（1）"修改"工具栏：单击"旋转"按钮（⟳

图标）。

（2）菜单命令：“修改”→“旋转”。

（3）命令行：输入 ROTATE。

2. 操作示例一

按指定角度旋转对象。

单击旋转按钮“🔄”，命令行提示：

命令：_rotate

UCS 当前的正角方向：ANGDIR＝逆时针　　ANGBASE＝0

选择对象：指定对角点1和2(找到6个对象)

选择对象：按 Enter 键

指定基点：指定基点3

指定旋转角度，或[复制(C)/参照(R)]＜0＞：30，按 Enter 键。

过程如图 9 - 59 所示。

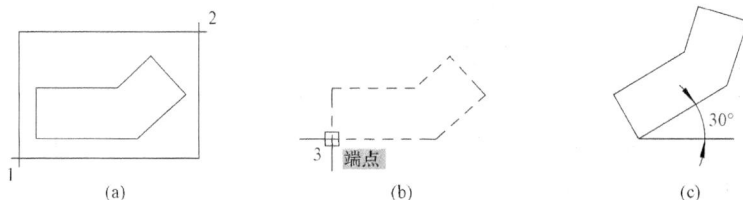

图 9 - 59　旋转对象

(a) 选定的对象；(b) 指定基点；(c) 结果

3. 操作示例二

复制对象并旋转。

单击旋转按钮“🔄”，命令行提示：

命令：_rotate

UCS 当前的正角方向：ANGDIR＝逆时针　　ANGBASE＝0

选择对象：指定对角点1和2(找到6个对象)

选择对象：按 Enter 键

指定基点：指定基点3

指定旋转角度，或[复制(C)/参照(R)]＜0＞：C，按 Enter 键

指定旋转角度，或[复制(C)/参照(R)]＜0＞：30，按 Enter 键

过程如图 9 - 60 所示。

4. 操作示例三

以参照角度旋转对象。

单击旋转按钮“🔄”，命令行提示：

命令：_rotate

UCS 当前的正角方向：ANGDIR＝逆时针　　ANGBASE＝0

选择对象：指定对角点1和2(找到6个对象)

选择对象：按 Enter 键

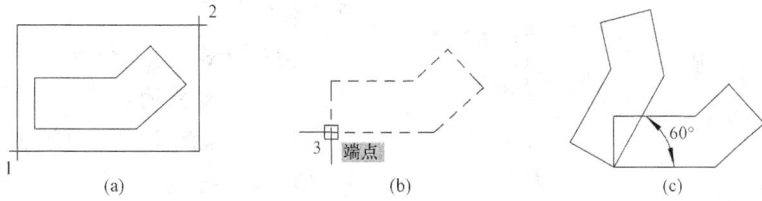

图 9 - 60 复制对象并旋转

(a) 选定的对象；(b) 指定基点；(c) 结果

指定基点：指定基点 4

指定旋转角度，或[复制(C)/参照(R)]<0>：R

指定参照角<42>：指定 4 点

指定参照角<42>：指定第二点：指定 5 点

指定新角度或[点(P)]<0>：0

过程如图 9 - 61 所示。

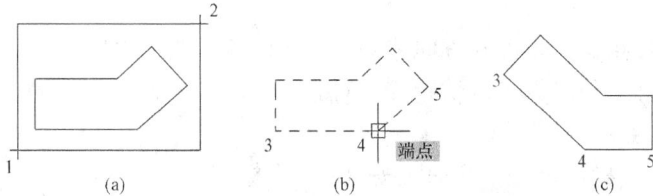

图 9 - 61 以参照角度旋转对象

(a) 选定的对象；(b) 基点 4，参照点为 4，5；(c) 结果

（五）镜像对象

可以绕指定轴翻转对象创建对称的镜像图像。镜像对创建对称图形非常有用，因为可以快速地绘制半个对象，然后将其镜像，而不必绘制整个对称图形。输入两点确定临时镜像线，并可以选择在镜像创建对象的同时删除原对象还是保留原对象。

1. 命令调用方法

(1) "修改"工具栏：单击"镜像"按钮（▲▲图标）。

(2) 命令菜单："修改" → "镜像"。

(3) 命令行：输入 MIRROR。

2. 操作示例

按指定角度旋转对象。

单击镜像按钮"▲▲"，命令行提示：

命令：_mirror

选择对象：指定对角点(从 1 点到 2 点，找到 3 个)

选择对象：按 Enter 键

指定镜像线的第一点：指定 A 点

指定镜像线的第一点：指定镜像线的第二点：指定 B 点

要删除源对象吗？[是(Y)/否(N)]<N>：按 Enter 键(若选 Y，则镜像对象的同时删除

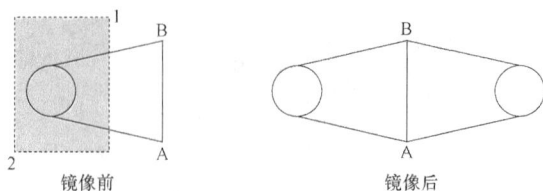

图 9-62　镜像对象

源对象）

过程如图 9-62 所示。

3. 文字对象的镜像特性

当图形中的文字对象被镜像时，文字镜像效果与系统变量 MIRRTEXT 的值有关。MIRRTEXT 默认设置是 1（开），这将导致文字对象同其他对象一样被镜像处理。MIRRTEXT 设置为关（0）时，文字将不进行反转。参见图 9-63 所示。改变系统变量 MIRRTEXT 的值的方法是在命令行键入 MIRRTEXT，按 Enter 键，出现提示"输入 MIRRTEXT 的新值＜0＞："，输入相应的值即可。

图 9-63　文字镜像特性

（六）移动对象

可以将原对象以指定的角度和方向移动，是将对象在图纸中作位置移动。使用坐标、栅格捕捉、对象捕捉和其他工具可以精确移动对象。

1. 命令调用途径

（1）"修改"工具栏：单击"移动"按钮（✛图标）。

（2）菜单命令："修改"→"移动"。

（3）命令行：输入 MOVE。

2. 操作示例

按指定角度旋转对象。

单击移动按钮"✛"，命令行提示：

命令：_move

选择对象：选定窗子

选择对象：按 Enter 键

指定基点或［位移(D)］＜位移＞：指定第一个点 1

指定基点或［位移(D)］＜位移＞：指定第二个点或＜使用第一个点作为位移＞：指定第二个点 2

过程如图 9-64 所示。

3. 操作提示

在提示输入第一点的坐标值时，按 Enter 键跳过，而直接输入第二点的坐标值，可以使用相对距离移动对象，坐标值将用作相对位移，而不是基点位置。如在"正交"模式和极轴追踪打开的同时可以直接输入移动的距离。

（七）缩放对象

可以使用缩放命令，将对象按统一比例放大或

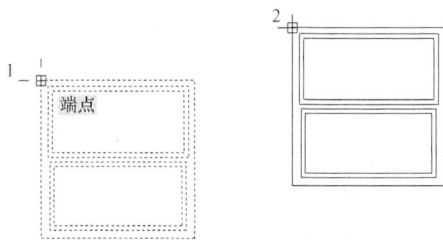

图 9-64　移动对象

缩小，缩小和放大对象在图纸中的大小。缩放对象，需指定基点和比例因子（或根据当前图形单位，指定要用作比例因子的长度）。比例因子大于 1 时将放大对象。比例因子介于 0 和 1 之间时将缩小对象，缩放可以更改选定对象的所有标注尺寸。

1. 命令调用途径

（1）"修改"工具栏：单击"缩放"按钮（▢图标）。

（2）菜单命令："修改"→"缩放"。

（3）命令行：输入 SCALE。

2. 操作示例

按比例因子缩放对象。

单击"缩放"按钮"▢"，命令行提示：

命令：_scale

选择对象:选定一矩形框

选择对象:按 Enter 键

指定基点:指定 1 点

指定比例因子或[复制(C)/参照(R)]<0>:0.5

过程如图 9-65 所示。

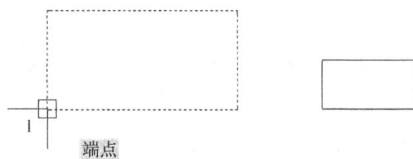

图 9-65　缩放对象

3. 操作提示

还可以利用参照（R）进行缩放。使用参照进行缩放将现有距离作为新尺寸的基础。要使用参照进行缩放，需指定当前距离和新的所需尺寸。例如如果对象的一边是 4.8 个单位长度，要将它扩到 7.5 个单位长度，则用 4.8 作为参照长度。指定新的所需尺寸为 7.5，则图形中的所有对象被相应地缩放。

（八）修剪对象

可以绕指定轴翻转对象创建对称的镜像图像。镜像对创建对称的对象非常有用，因为可以快速地绘制半个图形。

1. 命令调用途径

（1）"修改"工具栏："修剪"按钮（⊬图标）。

（2）菜单命令："修改"→"修剪"。

（3）命令行：输入 TRIM。

2. 操作示例

按指定角度旋转对象。

单击"修剪"按钮"⊬"，命令行提示：

命令：_trim

当前设置:投影＝UCS,边＝无

选择剪切边

选择对象或<全部选择>:选择圆(作为修剪边界)

选择对象:按 Enter 键

选择要修剪的对象,或按住 Shift 键选择要延伸的对象,或[栏选(F)/窗交(C)/投影(P)/边(E)/删除(R)/放弃(U)]:用鼠标单击直线在圆内区域的某个部位

选择要修剪的对象,或按住 Shift 键选择要延伸的对象,或[栏选(F)/窗交(C)/投影(P)/

边（E）/删除（R）/放弃（U）］:按 Enter 键

过程如图 9-66 所示。

3. 操作提示

对象既可以作为剪切边，也可以是被修剪的对象。修剪若干个对象时，使用不同的选择方法有助于选择当前的剪切边和修剪对象。如图 9-67（a）所示，当提示选择剪切边时，不是选择剪切边，而是按 Enter 键，则选中所有对象，那么各个对象既作为剪切边界又是被修剪对象，当命令行提示"选择要修剪的对象，或按住 Shift 键选择要延伸的对象，或［栏选（F）/窗交（C）/投影（P）/边（E）/删除（R）/放弃（U）］:"时，用鼠标单击图 9-67（b）所示的圆和直线上的 4 个部位，修剪过程如图 9-67（c）所示。

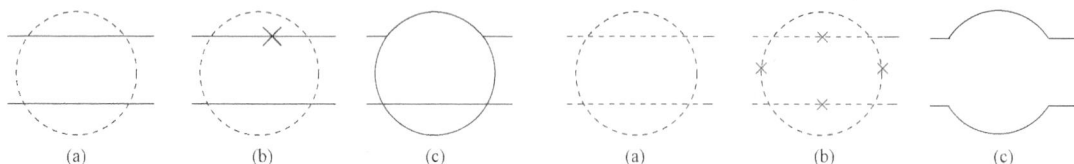

| （a） | （b） | （c） |

图 9-66　修剪对象

（a）选取剪切边；（b）选取被剪切部位；（c）结果

图 9-67　修剪对象

（a）选取剪切边；（b）选取被剪切部位；（c）结果

（九）拉伸对象

使用拉伸对象命令，可以重定位穿过或在交叉选择窗口内的对象的端点。将拉伸交叉窗口部分包围的对象，而移动（而不是拉伸）完全包含在交叉窗口中的对象或单独选定的对象。

1. 命令调用途径

（1）"修改"工具栏：单击"拉伸"按钮（图标）。

（2）菜单命令："修改"→"拉伸"。

（3）命令行：输入 STRETCH。

2. 操作示例

单击"拉伸"按钮""，命令行提示：

命令：_stretch

以交叉窗口或交叉多边形选择要拉伸的对象...

选择对象:指定对角点(从点 1 到点 2,采用交叉选择窗口)

选择对象:按 Enter 键

指定基点或［位移（D）］＜位移＞:指定点 3

指定第二个点或＜使用第一个点作为位移＞:指定点 4

过程如图 9-68 所示。

3. 操作提示

STRETCH 将仅移动位于交叉选择内的顶点和端点，不更改那些位于交叉选择外的顶点和端点。STRETCH 不修改三维实体、多段线宽度、切线或者曲线拟合的信息。

（十）延伸对象

可以延伸对象，使它们精确地延伸至由其他对象定义的边界边。

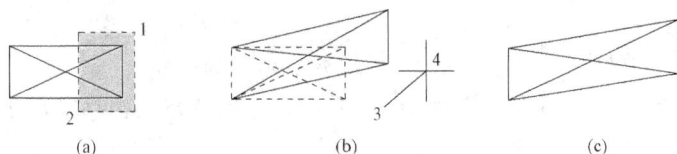

图 9-68 拉伸对象

(a) 选择对象；(b) 指定基点和位移点；(c) 结果

1. 命令调用途径

(1) "修改"工具栏：单击"延伸"按钮（图标）。

(2) 命令菜单："修改"→"延伸"。

(3) 命令行：输入 EXTEND。

2. 操作示例

在此例中，将对象精确地延伸到由一个圆定义的边界边。

单击延伸按钮"→"，命令行提示：

命令：_extend

当前设置：投影＝UCS,边＝无

选择边界的边...

选择对象或＜全部选择＞:选定圆环

选择对象:按 Enter 键

选择要延伸的对象,或按住 Shift 键选择要修剪的对象,或［栏选(F)/窗交(C)/投影(P)/边(E)/放弃(U)］:依次选择要延伸的对象的一端

选择要延伸的对象,或按住 Shift 键选择要修剪的对象,或［栏选(F)/窗交(C)/投影(P)/边(E)/放弃(U)］:按 Enter 键

过程如图 9-69 所示。

3. 操作提示

无需退出 EXTEND 命令就可以修剪对象。按住 Shift 键并选择要修剪的对象。

（十一）倒角

倒角是通过延伸（或修剪），用斜线连接两个非平行的直线类对象或使两者相交。可以倒角的对象包括直线、多段线、射线、构造线甚至三维实体。尤其对于多段线，倒角命令可以方便地一次为多段线的所有角点加倒角。

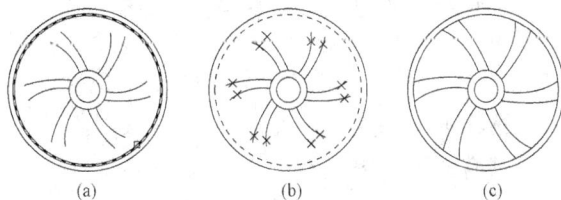

图 9-69 延伸对象

(a) 选定边界；(b) 选定要延伸的对象；(c) 结果

1. 命令调用途径

(1) "修改"工具栏：单击"倒角"按钮（图标）。

(2) 菜单命令："修改"→"倒角"。

(3) 命令行：输入 CHAMFER。

2. 操作示例一

通过指定距离进行倒角。

单击"倒角"按钮"厂"，命令行提示：

命令：_chamfer

（"修剪"模式）当前倒角距离 1=0.0000,距离 2=0.0000

选择第一条直线或［放弃(U)/多段线(P)/距离(D)/角度(A)/修剪(T)/方式(E)/多个(M)］：d

指定第一个倒角距离＜20.0000＞:30

指定第二个倒角距离＜30.0000＞:15

选择第一条直线或［放弃(U)/多段线(P)/距离(D)/角度(A)/修剪(T)/方式(E)/多个(M)］:指定第一条直线上的 1 点

选择第二条直线，或按住 Shift 键选择要应用角点的直线：指定第二条直线上的 2 点

过程如图 9-70 所示。

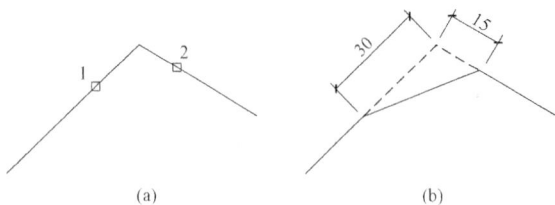

图 9-70　通过指定距离进行倒角

(a)选定倒角的两边;(b)结果

3. 操作示例二

按指定长度和角度进行倒角。

单击"倒角"按钮"厂"，命令行提示：

命令：_chamfer

（"修剪"模式）当前倒角距离 1=0.0000,距离 2=0.0000

选择第一条直线或［放弃(U)/多段线(P)/距离(D)/角度(A)/修剪(T)/方式(E)/多个(M)］:A

指定第一条直线的倒角长度＜0.0000＞:35

指定第一条直线的倒角角度＜0＞:30

选择第一条直线或［放弃(U)/多段线(P)/距离(D)/角度(A)/修剪(T)/方式(E)/多个(M)］:指定第一条直线上的 1 点

选择第二条直线，或按住 Shift 键选择要应用角点的直线：指定第二条直线上的 2 点

过程如图 9-71 所示。

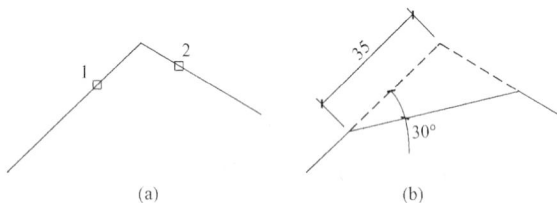

图 9-71　按指定长度和角度进行倒角

(a)选定倒角的两边；(b)结果

4. 操作示例三

对闭合多段线倒角。

单击"倒角"按钮"厂"，命令行提示：

命令：_chamfer

（"修剪"模式）当前倒角距离 1=0.0000,距离 2=0.0000

选择第一条直线或［放弃(U)/多段线(P)/距离(D)/角度(A)/修剪(T)/方式(E)/多个(M)］：A

指定第一条直线的倒角长度＜0.0000＞: 35

指定第一条直线的倒角角度＜0＞：30

选择第一条直线或［放弃(U)/多段线(P)/距离(D)/角度(A)/修剪(T)/方式(E)/多个

(M)]：指定闭合多段线某条直线上的一点

过程如图 9-72 所示。

5. 操作提示

（1）倒角距离是每个对象与倒角线相接或与其他对象相交而进行修剪或延伸的长度。如果两个倒角距离都为 0，则倒角操作将修剪或延伸这两个对象直至它们相交，但不创建倒角线。

（2）默认情况下，对象在倒角时被修剪，但可以用"修剪"选项指定保持不修剪的状态。

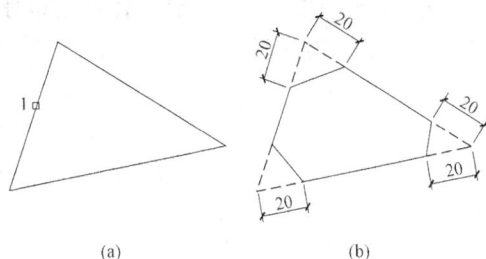

图 9-72 对闭合多段线倒角
(a)指定某点边；(b)结果

（3）对整条多段线倒角时，只对那些长度足够适合倒角距离的线段进行倒角，当某些多段线线段太短小于设定的倒角距离时，则不能进行倒角。

（十二）倒圆角

倒圆角是通过一个指定半径的圆弧光滑地连接两个对象。可以进行倒圆角的对象有圆弧、圆、椭圆和椭圆弧、直线、多段线、射线、样条曲线、构造线甚至三维实体。直线、构造线和射线等相互平行时也可倒圆角，圆角半径由 AutoCAD 自动计算。利用倒圆角命令还可以一次为多段线的所有角点加圆角。

1. 命令调用途径

（1）"修改"工具栏：单击"圆角"按钮（图标）。

（2）菜单命令："修改"→"圆角"。

（3）命令行：输入 FILLET。

2. 操作示例一

为圆内两直线倒圆角。

单击"圆角"按钮""，命令行提示：

命令：_fillet

当前设置：模式=修剪,半径=0.0000

选择第一个对象或[放弃(U)/多段线(P)/半径(R)/修剪(T)/多个(M)]：R

指定圆角半径<0.0000>：15

选择第一个对象或[放弃(U)/多段线(P)/半径(R)/修剪（T)/多个(M)]：选择第一根直线

选择第二个对象,或按住 Shift 键选择要应用圆角的对象：选择第二根直线

过程如图 9-73 所示。

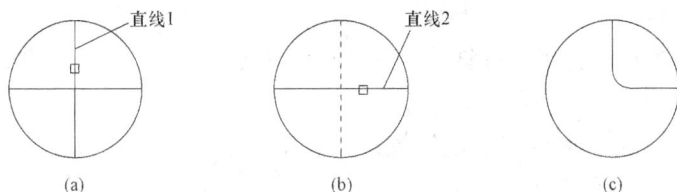

图 9-73 对圆内直线倒角
(a) 选定第一条直线；(b) 选定第二条直线；(c) 结果

根据指定的位置，选定的对象之间可以存在多个可能的圆角。试对比图 9 - 74 中的直线选择位置和倒圆角结果。

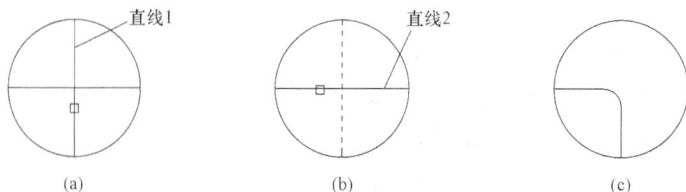

图 9 - 74　对圆内直线倒角
(a) 选定第一条直线；(b) 选定第二条直线；(c) 结果

3. 操作示例二

为两平行直线倒圆角。

单击"圆角"按钮"⌐"，命令行提示：

命令：_fillet

当前设置：模式＝修剪，半径＝0.0000

选择第一个对象或[放弃(U)/多段线(P)/半径(R)/修剪(T)/多个(M)]：选择直线 1

选择第二个对象，或按住 Shift 键选择要应用圆角的对象：选择直线 2

结果如图 9 - 75 所示。

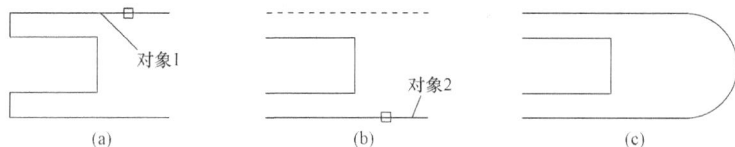

图 9 - 75　对圆内直线倒角
(a) 选定第一条直线；(b) 选定第二条直线；(c) 结果

4. 操作提示

(1) 如果设置圆角半径为 0，则被圆角的对象将被修剪或延伸直到它们相交，并不创建圆弧。

(2) 当为平行直线、参照线和射线倒圆角时，第一个选定对象必须是直线或射线，第二个对象可以是直线、构造线或射线。

(3) 可以为整个多段线加圆角或从多段线中删除圆角，操作方法类似多段线的倒角。

(4) 默认情况下，对象在倒角时被修剪，但可以用"修剪"选项指定保持不修剪的状态。

(十三) 打断对象

可以将一个对象打断为两个对象，对象之间可以有间隙，也可以没有间隙。

1. 命令调用途径

(1) "修改"工具栏：单击"打断"按钮（囗图标）。

(2) 菜单命令："修改"→"打断"。

(3) 命令行：输入 BREAK。

2. 操作示例

打开门洞。

单击"打断"按钮"⬜"，命令行提示：

命令：_break 选择对象：选择被打断直线

指定第二个打断点或［第一点(F)］：F

指定第一个打断点：指定点 1

指定第二个打断点：指定点 2

过程如图 9-76 所示。

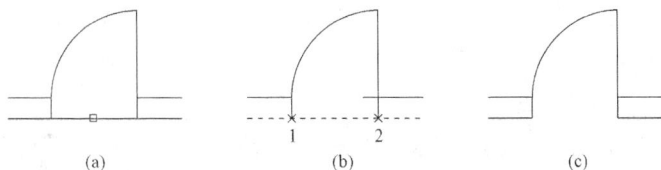

图 9-76 打断直线

(a) 选定被打断直线；(b) 选定两个断点；(c) 结果

3. 操作提示

要打断对象而不创建间隙，可在相同的位置指定两个打断点。完成此操作的另一个方法是在提示输入第二点时输入@0，0。

（十四）利用关键点（夹点）进行编辑

在命令状态下，用鼠标选中图形对象，图形对象变为虚线高亮显示，对象关键点上将出现蓝色小方框（又称夹点），单击需编辑的关键点，该点处的蓝色小方框变成红色，即进入关键点的编辑状态，可以拖动这些夹点快速拉伸、移动、旋转、缩放或镜像对象。

第五节 注 写 文 字

建筑工程图纸中不仅有图形对象，还包含文字对象。标注尺寸、撰写技术要求和施工说明等都要用到文字，AutoCAD 2006 提供了强大的文字注写功能及文字编辑功能。

图形中的所有文字都具有与之相关联的文字样式，注写文字或标注持尺寸之前，必须要给文字字体定义文字样式。在文字样式中设置字体、字号、倾斜角度、方向和其他文字特征。程序均使用当前的文字样式，如果要使用其他文字样式来创建文字，可以将其他文字样式置于当前。

当前文字样式的设置显示在命令行提示中。可以使用或修改当前文字样式，或者创建和加载新的文字样式。创建了文字样式，就可以修改其特征、名称或在不再需要它时将其删除。

一、创建文字样式

1. 命令调用途径

创建文字样式，首先要打开"文字样式"对话框，命令调用途径如下：

(1) "文字"工具栏：单击"文字样式"按钮（Ａ图标）。

(2) 菜单命令："格式" → "文字样式"。

(3) 命令行：输入 STYLE（'STYLE 为透明命令）。

"文字样式"对话框打开后如图 9-77 所示。

图 9-77　系统默认的"文字样式"对话框

该对话框内有四个选项卡，选项卡中列出的均为系统默认文字样式设置。

系统默认的文字样式设置说明见表 9-3，默认的文字样式仅能注写西文，不能注写汉字。

表 9-3　　　　　　　　　　　　　　默认的文字样式设置说明

设置项目	默认	说　　明
样式名	STANDARD	名称最长为 255 个字符，包括字母、数字以及特殊字符，例如，美元符号（＄）、下划线（＿）和连字符（－），可以是中文。列表中包括已定义的样式名并默认显示当前样式。要更改当前样式，可从列表中选择另一种样式，或选择"新建"以创建新样式
字体名	txt.shx	与字体相关联的文件（字符样式），又称字型文件
大字体	无	用于非 ASCII 字符集（例如汉字、日语等）的特殊字形文件。选定"使用大字体"后，该选项变为"大字体"，用于选择大字体文件
高度	0	字符高度，根据输入的值设置文字高度。如果输入 0.0，每次用该样式输入文字时，系统都将提示输入文字高度。输入大于 0.0 的高度值则为该样式设置固定的文字高度
宽度比例	1	字的宽、高比，用于扩展或压缩字符
倾斜角度	0	使字符按设定的角度倾斜。输入一个 －85 和 85 之间的值将使文字倾斜
反向	否	反向显示文字
颠倒	否	颠倒显示文字
垂直	否	显示垂直对齐的字符。只有在选定字体支持双向时"垂直"才可用
预览		随着字体的改变和效果的修改动态显示样例文字。在字符预览图像下方的方框中输入字符，将改变样例文字。预览图像不反映文字高度

2. 操作提示

单击"新建"按钮，显示"新建文字样式"对话框，并为当前设置自动提供"样式 *n*"名称（其中 *n* 为所提供样式的编号）。可以采用默认值或在该框中输入名称，然后选择"确定"使新样式名使用当前样式设置，这里输入样式名"文字样式 1"，如图 9-78 所示，再单击"确定"按钮，回到"文字样式"对话框，具体的设置内容如图 9-79 所示，不再赘述。

图 9-78 "新建文字样式"对话框

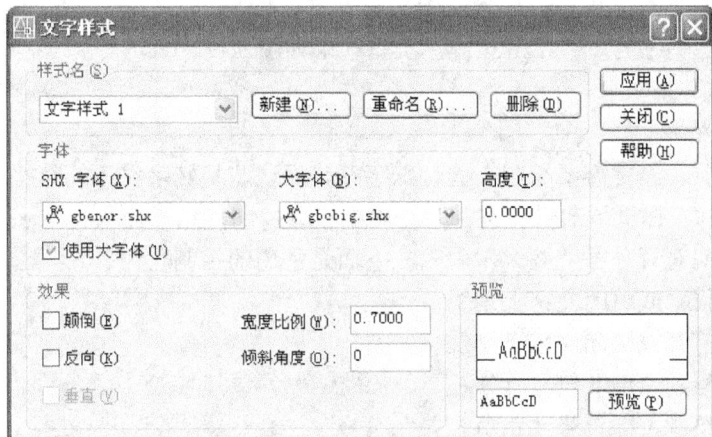

图 9-79 "文字样式"对话框

SHX 字体选择"gbenor. shx"，大字体选择"gbcbig. shx"，宽度比例设置为 0.7000，高度设置为 0.000。这里所选的两种字形文件（文件后缀为 .shx）是 Autodesk 公司专为中国用户设置的符合中国国标的仿宋字体，可用于书写汉字、数字、字母和特殊字符。

完成设置后，单击"应用"按钮，将对话框中所做的样式更改应用到图形中具有当前样式的文字，单击"关闭"按钮，结束新建文字样式设置。

二、注写文字

在 AutoCAD 2006 中，系统提供单行注写文字和多行注写文字两种方式。

（一）创建单行文字

使用单行文字命令创建单行或多行文字，按 Enter 键结束每行。每行文字都是独立的对象，可以重新定位、调整格式或进行其他修改。创建单行文字时，可以指定文字样式并设置对齐方式，对齐方式说明见图 9-80。文字样式设置文字对象的默认特征，对齐决定字符的哪一部分与插入点对齐，左对齐是默认选项。

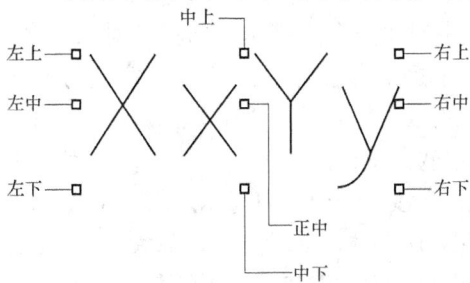

1. 命令调用途径

（1）菜单命令："绘图"→"文字"→"单行文字"。

图 9-80 对齐方式

（2）命令行：输入 TEXT（DTEXT）。

2. 单行文字注写示例

执行菜单命令"绘图"→"文字"→"单行文字"，命令行提示：

命令：_dtext

当前文字样式：文字样式 1　当前文字高度：0.0000

指定文字的起点或[对正(J)/样式(S)]：指定 1 点

指定高度＜0.0000＞：300

指定文字的旋转角度＜0＞：0

输入文本"本工程±0.000 相当于绝对标高 12.450m"，要结束一行并开始另一行，按 Enter 键三次，结果如图 9 - 81 所示。

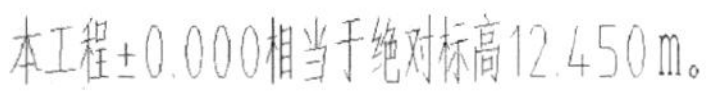

本工程±0.000相当于绝对标高12.450m。

图 9 - 81　单行文字书写

3. 特殊字符的输入

在工程制图时，经常需要绘制一些特殊字符，而这些特殊字符不能直接从键盘输入。为此，AutoCAD 2006 提供了通过在文字字符串中包含控制信息来插入特殊字符的方法，每个控制序列都通过一对百分号"％％"引入。下面是常用的控制代码：

（1）％％o：打开或关闭文字上划线。

（2）％％u：打开或关闭文字下划线。

（3）％％d：绘制"度"符号（°）。

（4）％％p：绘制公差符号"正负公差"符号（±）。

（5）％％％：标注百分号％。

（6）％％c：绘制圆直径标注符号（φ）。

例如在注写文字时输入以下内容：％％uAutoCAD％％u，％％c100，％％p20，80％％％％，32％％d，屏幕显示的内容是：AutoCAD，φ100，±20，80％，32°。

（二）创建多行文字

工程图纸中注写多行文字说明的段落，可以利用系统提供的在位文字编辑器（或其他文字编辑器）来创建。输入文字之前，应指定文字边框的对角点，文字边框用于定义多行文字对象中段落的宽度，而多行文字对象的长度取决于文字量，而与边框的长度无关，并且可以用夹点来移动或旋转多行文字对象。

1. 在位文本编辑器

在确定文字边框后，显示在位文本编辑器，包括"文字格式"对话框和"多行文字编辑器"两部分，简要注释如图 9 - 82 所示。

"多行文字编辑器"是透明的，因此用户在创建文字时可看到文字是否与其他对象重叠。操作过程中要关闭透明度，可复选"选项"菜单上的"不透明背景"，也可以将已完成的多行文字对象的背景设置为不透明，并设置其颜色。还可以从 ASCII 或 RTF 格式输入或粘贴文字。

可以设置制表符和缩进文字来控制多行文字对象中的段落外观。也可以在多行文字中插入字段。字段是设置为显示可能会修改的数据的文字。字段更新时，将显示最新的字段值。

文字的大多数特征由文字样式控制。文字样式设置默认字体和其他选项，如大小、行距、对正和颜色。可以使用当前文字样式或选择新样式。STANDARD 文字样式是默认设置。

在多行文字对象中，可以通过将格式（如下划线、粗体和不同的字体）应用到单个字符来

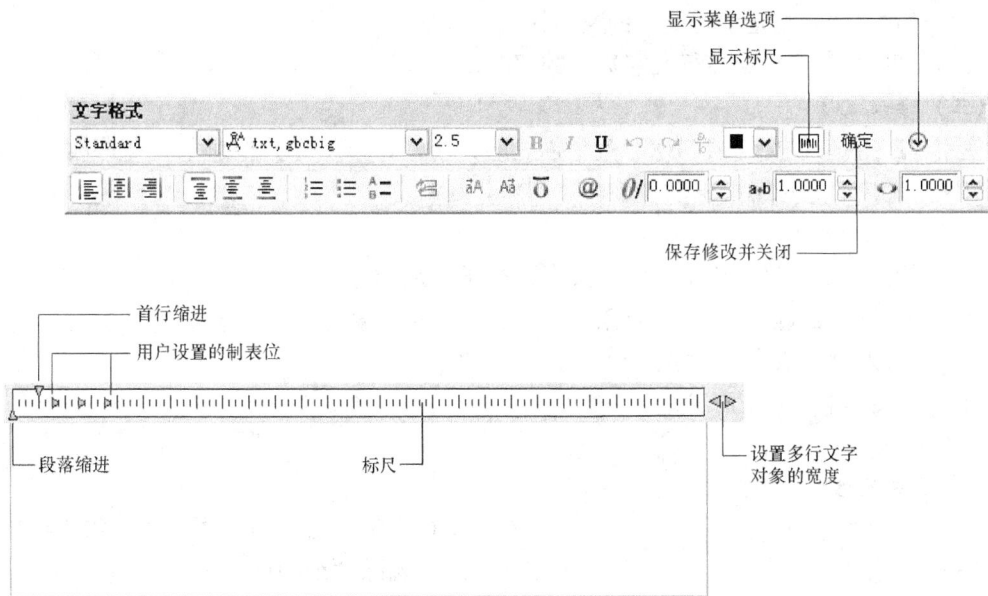

图 9-82　在位文本编辑器

替代当前文字样式，还可以创建堆叠文字（如分数或形位公差）并插入特殊字符。

2．命令调用途径

(1)"绘图"工具栏：单击"多行文字"按钮（**A**图标）。

(2)菜单命令："绘图"→"文字"→"多行文字"。

(3)命令行：输入 MTEXT。

3．多行文字注写示例

执行菜单命令"绘图"→"文字"→"多行文字"，命令行提示：

命令：_mtext 当前文字样式："Standard"　当前文字高度：2.5

指定第一角点：指定文字边框第一点 A

指定对角点或[高度(H)/对正(J)/行距(L)/旋转(R)/样式(S)/宽度(W)]：指定第一条尺寸界线原点或<选择对象>：指定文字边框对角点 B

在"多行文字编辑器"内书写文字，如图 9-83 所示。

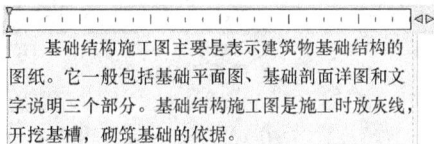

图 9-83　多行文字书写

要保存修改并退出编辑器，可以单击工具栏上的"确定"按钮，或单击编辑器外部的图形，或按 Ctrl＋Enter 组合键。

4．操作说明

执行菜单命令"绘图"→"文字"→"多行文字"，命令行提示："指定对角点或[高度(H)/对正(J)/行距(L)/旋转(R)/样式(S)/宽度(W)]："，其中的 6 个选项说明如下：

(1) 高度 (H)：指定多行文字字符的高度。

(2) 对正 (J)：指定矩形区域中文字的对正方式。

(3) 行距 (L)：指定多行文字的行间距。

(4) 旋转 (R)：指定文字区域的旋转角度。

（5）样式（S）：指定多行文字的文字样式。

（6）宽度（W）：指定多行文字边界的宽度。

（三）修改文字

使用 TEXT 命令或是 MTEXT 命令创建的文字，都可以像其他对象一样修改。可以编辑现有文字的内容，也可以移动、旋转、删除和复制。

1. 命令调用途径

（1）"绘图"工具栏：单击"多行文字"按钮（**A**图标）。

（2）菜单命令："修改"→"对象"→"文字"→"编辑"。

（3）鼠标左键：双击该文字。

（4）命令：输入 DDEDIT。

2. 修改示例一

单行文字修改。

图 9-84　单行文字修改

双击单行文字"结构施工图与建筑施工图"，进入编辑状态，删除"结构施工图与"，修改完成后按两次 Enter 键退出，结果如图 9-84 所示。

3. 修改示例二

多行文字修改。

双击多行文字，弹出在位文本编辑器，即"文字格式"对话框和"多行文字编辑器"，将"分类"改为"分类"，修改完成后按"确定"按钮退出，结果如图 9-85 所示。

图 9-85　多行文字修改

三、显示和修改对象特性

绘制的所有图形对象都具有其特性，系统提供了一个"特性"命令，可以显示和修改对象特性。利用"特性"选项板可以列出选定对象或对象集的特性的当前设置，并且可以修改任何可以通过指定新值进行修改的特性。

打开"特性"选项板的命令如下。

（1）"标准"工具栏：单击"特性"按钮（图标）。

（2）菜单命令："修改"→"特性"。

（3）命令行：输入 properties。

打开"特性"选项板后，如果未选择对象，"特性"选项板只显示当前图层的基本特性、图层附着的打印样式表的名称、查看特性以及关于 UCS 的信息，如图 9-86 所示。选择单个对象,"特性"选项板上显示选定对象的特性,如图 9-87、图 9-88 所示。如果选择多个对象时,"特性"选项板只显示选择集中所有对象的公共特性,如图 9-89 所示。

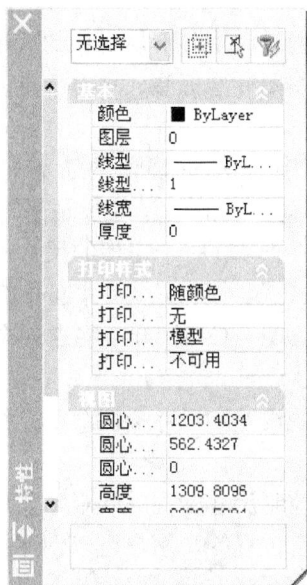

图 9-86 未选对象时的"特性"选项板

图 9-87 选定"直线"时的"特性"选项板

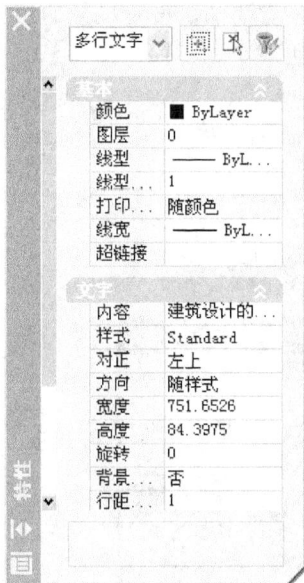

图 9-88 选定"多行文字"的"特性"选项板

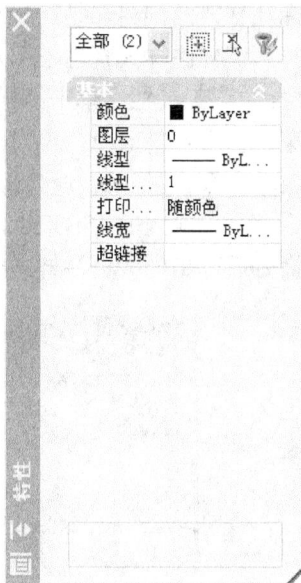

图 9-89 选定多个对象的"特性"选项板

默认情况下,系统变量 DBLCLKEDIT 设置为 ON,双击编辑模式处于打开状态,此时双击对象即可打开"特性"选项板,但块和属性、图案填充、渐变填充、文字、多线和外部参照除外,如果双击这些对象中的任何一个,将显示专用于该对象的对话框而不是"特性"选项板,如上面单行文字和多行文字的修改。

第六节　尺寸标注命令

尺寸标注是工程图中的重要组成部分，用以描述工程设计中各形体对象的大小及相对位置关系，是工程施工的重要依据。在图纸设计中按工程制图标准标注尺寸对于方便施工，保证工程质量有着重要的意义。

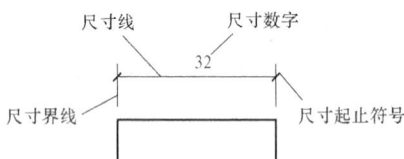

图 9-90　尺寸的四个组成要素

尺寸标注是一项细致而繁琐的工作，AutoCAD 2006 提供了一套完整、灵活的尺寸标注系统，使用户可以轻松地完成这项任务。一个完整的尺寸标注由如图 9-90 所示的尺寸线、尺寸界线、尺寸起止符号和尺寸数字四个部分组成，AutoCAD 2006 将这四个组成部分视为一个整体对象。

下面主要介绍尺寸标注的基本方法，包括尺寸样式的设置和尺寸标注命令，并通过典型实例说明怎样建立及编辑建筑工程图中常用的尺寸。

尺寸标注样式是尺寸标注设置的命名集合，可用来控制尺寸标注的外观，如尺寸界线与轮廓的距离、尺寸起止符号的样式、尺寸数字字高、文字位置等。用户可以创建尺寸标注样式，指定标注的格式，使所标注的尺寸符合国家或行业制图标准。

（一）"标注样式管理器"对话框

命令调用途径见下面内容。

尺寸标注样式的创建，是通过打开"标注样式管理器"对话框，设置尺寸的相关变量来实现的。打开"标注样式管理器"对话框的命令调用途径如下：

（1）"标注"工具栏：单击"样式"按钮（图标）。

（2）菜单命令："标注"→"样式"。

（3）菜单命令："格式"→"标注样式"。

（4）命令行：输入 DIMSTYLE。

输入命令后弹出的"标注样式管理器"对话框如图 9-91 所示。

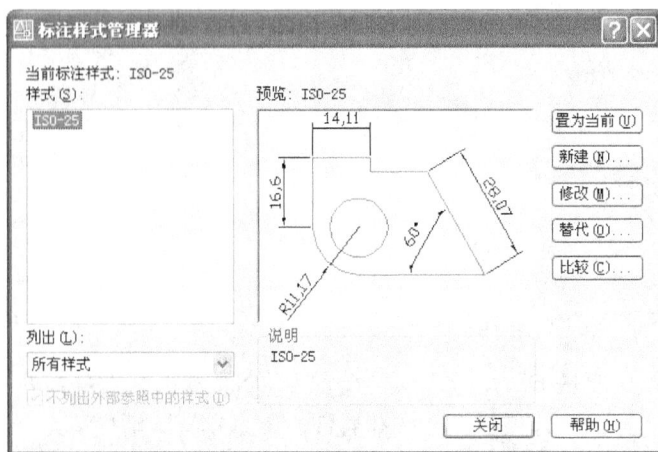

图 9-91　"标注样式管理器"对话框

在该对话框中，预览窗口中列出的为系统默认标注样式，标注样式名 ISO-25，用户可以此标注为基础，创建符合我国《房屋建筑制图统一标准》的标注样式。

单击"新建"按钮，弹出如图 9 - 92 所示的"创建新标注样式"对话框。

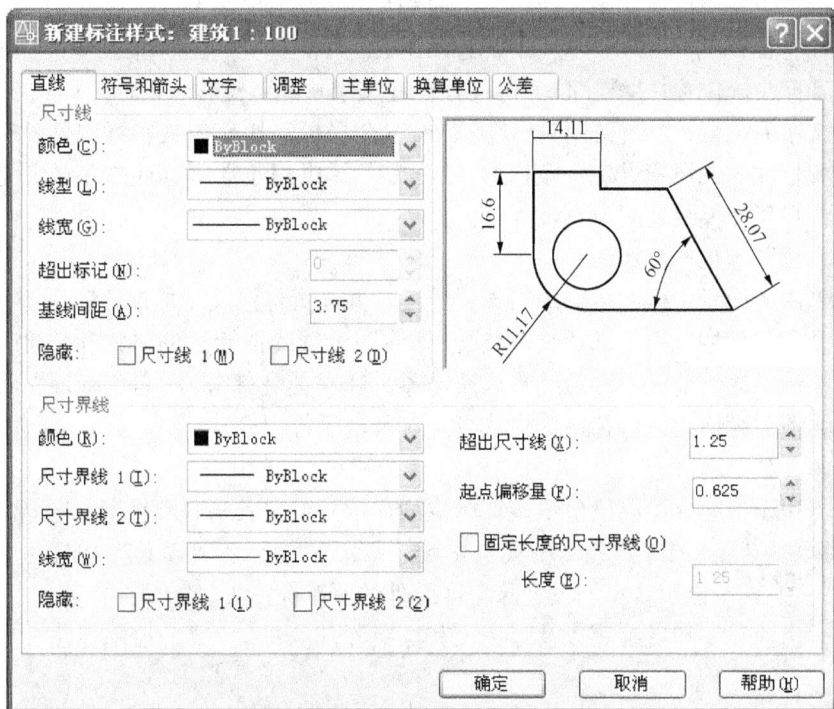

在对话框内的"新样式名"文本框中键入新创建的尺寸标注样式的名称，如"建筑 1∶

图 9 - 92 "创建新标注样式"对话框

100"；在"基础样式"下拉列表框中可以选择新创建的尺寸标注样式将以哪个已有的样式为模板；在"用于"下拉列表框中可以指定新创建的尺寸标注样式将用于哪种类型的尺寸标注。单击"继续"按钮将关闭"创建新标注样式"对话框，并弹出如图 9 - 93 所示的"新标注样式：建筑 1∶100"对话框，用户可以在该对话框的各选项卡中设置相应的参数。

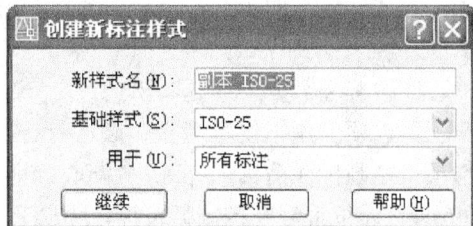

图 9 - 93 "新建标注样式：建筑 1∶100"对话框

（二）"新建标注样式：建筑 1∶100"对话框各选项卡的设置内容及功能

在"创建新标注样式"对话框中可以定义新样式的特性。此对话框最初显示的是在"创建新标注样式"对话框中所选择的基础样式的特性。"新建标注样式"对话框包含 7 个选项卡，各选项卡的设置内容及功能介绍如下。

1. "直线"选项卡

该选项卡用于设置尺寸线、尺寸界线、箭头和圆心标记的格式和特性。包括"尺寸线"

和"尺寸界限"两个选项组。"尺寸线"选项组设置尺寸线的特性，"尺寸界线"控制尺寸界线的外观。

2."符号和箭头"选项卡

该选项卡用于设置箭头、圆心标记、弧长符号和折弯半径标注的格式和位置。"箭头"选项组控制标注箭头的外观；"圆心标记"控制直径标注和半径标注的圆心标记和中心线的外观；"弧长符号"控制弧长标注中圆弧符号的显示；"半径标注折弯"控制折弯（Z字型）半径标注的显示。

3."文字"选项卡

该选项卡用于设置标注文字的格式、放置和对齐。包括"文字外观"、"文字位置"和"文字对齐"三个选项组。"文字外观"控制标注文字的格式和大小；"文字位置"控制标注文字的位置；"文字对齐"控制标注文字放在尺寸界线外边或里边时的方向是保持水平还是与尺寸界线平行。

4."调整"选项卡

该选项卡用于控制标注文字、箭头、引线和尺寸线的放置，包括"调整选项"、"文字位置"、"设标注特征比例"和"调整"4个选项组。"调整选项"控制基于尺寸界线之间可用空间的文字和箭头的位置；"文字位置"设置标注文字从默认位置（由标注样式定义的位置）移动时标注文字的位置；"设标注特征比例"设置全局标注比例值或图纸空间比例，使用全局比例为所有标注样式设置设定一个比例；"调整"提供用于放置标注文字的其他选项，手动放置文字或在尺寸界线之间绘制尺寸线。

5."主单位"选项卡

该选项卡用于设置主标注单位的格式和精度，并设置标注文字的前缀和后缀。包括"线性标注"和"角度标注"两个选项组。"线性标注"设置线性标注的格式和精度，确定测量单位比例，控制不输出前导零和后续零以及零英尺和零英寸部分；"角度标注"显示和设置角度标注的当前角度格式，包括单位格式、精度及消零等内容。

6."换算单位"选项卡

该选项卡用于指定标注测量值中换算单位的显示并设置其格式和精度。包括"显示换算单位"、"换算单位"、"消零"和"位置"4个选项组。"显示换算单位"向标注文字添加换算测量单位；"换算单位"显示和设置除角度之外的所有标注类型的当前换算单位格式；"消零"控制不输出前导零和后续零以及零英尺和零英寸部分；"位置"控制标注文字中换算单位的位置。

7."公差"选项卡

控制标注文字中公差的格式及显示。包括"公差格式"和"换算单位公差"两个选项组。"公差格式"控制公差格式；"换算单位公差"设置换算公差单位的格式，如精度及消零等内容。

（三）尺寸标注类型

基本的标注类型包括线性、径向（半径和直径）、角度、坐标、弧长等，其中线性标注可以是水平、垂直、对齐、旋转、基线或连续（链式）。图9-94展示了常用的基本标注类型。

AutoCAD 2006"标注"工具栏如图9-95所示。

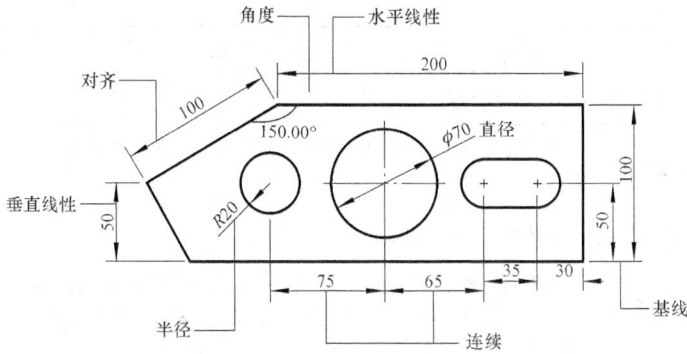

图 9-94 基本标注类型

图 9-95 "标注"工具栏

表 9-4 列出了工具栏中的各个图标及其相应功能。

表 9-4   "标注"工具栏各图标及其功能

图标	名称	功 能 说 明
	线性标注	程序将根据指定的尺寸界线原点或选择对象的位置自动应用水平或垂直标注,创建线性标注时,可以修改文字内容、文字角度或尺寸线的角度
	对齐标注	创建与指定位置或对象平行的标注
	弧长标注	弧长标注用于测量圆弧或多段线弧线段上的距离
	坐标标注	坐标标注测量原点(称为基准)到标注特征(例如部件上的一个孔)的垂直距离。坐标标注由 X 或 Y 值和引线组成
	半径标注	半径标注使用可选的中心线或中心标记测量圆弧和圆的半径和直径
	折弯标注	选择圆弧或圆:选择一个圆弧、圆或多段线弧线段,创建折弯半径标注
	直径标注	半径标注使用可选的中心线或中心标记测量圆弧和圆的半径和直径
	角度标注	角度标注测量两条直线或三个点之间的角度
	快速标注	创建系列基线,或连续标注,或为一系列圆或圆弧创建标注
	基线标注	基线标注是自同一基线处测量的多个标注。创建基线或连续标注之前,必须创建线性、对齐或角度标注。基线标注和连续标注都是从上一个尺寸界线处测量的,除非指定另一点作为原点
	继续标注	连续标注是首尾相连的多个标注。创建基线或连续标注之前,必须创建线性、对齐或角度标注。基线标注和连续标注都是从上一个尺寸界线处测量的,除非指定另一点作为原点

图标	名称	功　能　说　明
	快速引线标注	设置引线和引线注释的特性
	公差	创建带有或不带引线的形位公差，形位公差表示特征的形状、轮廓、方向、位置和跳动的允许偏差
	圆心标记	创建圆或圆弧的圆心标记或中心线
	编辑标注	编辑标注对象上的标注文字和尺寸界线。可以单独地修改图形中现有标注对象的所有部分，也可以使用标注样式修改图形中现有标注对象的所有部分
	编辑标注文字	创建标注后，可以修改现有标注文字的位置和方向或者替换为新文字
	标注更新	更新对象的标注样式
	标注样式	打开"标注样式管理器"对话框按钮

（四）建筑工程图标注样式设置实例

在工程图的绘制过程中，通常要用到不同的标注样式，比如一张建筑（结构）平面图中还可能有节点详图，两者的绘图比例不同，平面图的标注样式和详图的标注样式就不同。为提高绘图效率，通常的做法是先设置好所需的标注样式，在标注尺寸时，只需调用相应的尺寸标注样式，避免了反复修改尺寸变量。

下面以 1∶100 建筑平面图中常用的尺寸标注样式为例，介绍设置的步骤及其参数，这里 1∶100 的含义是指计算机出图时所采用的比例，因而在绘图时使输入的长度数值与工程图中的尺寸标注数值相一致。

执行菜单命令"标注"→"标注样式"，在弹出的"标注样式管理器"对话框中单击"新建"按钮，在弹出的"创建新标注样式"对话框中设置的"新样式名"为"建筑1∶100"，单击"继续"按钮，在弹出的"新建标注样式：建筑1∶100"对话框中各选项卡的设置如下：

（1）"直线"选项卡：基线间距800，超出尺寸线200，起点偏移量200。

（2）"符号和箭头"选项卡：箭头形式为建筑标记，箭头大小200，其余选项默认。

（3）"文字"选项卡：文字高度350，与尺寸线对齐，从尺寸线偏移150。

（4）"调整"选项卡：全局比例与绘图比例一致，选项默认。

（5）"主单位"选项卡：精度0，舍入0，其余选项默认。

（6）"换算单位"选项卡：选项默认。

（7）"公差"选项卡：选项默认。

单击"确定"按钮，关闭"新建标注样式：建筑1∶100"对话框，回到"标注样式管理器"对话框，再单击"置为当前"按钮，关闭"标注样式管理器"对话框，完成设置。

（五）尺寸标注示例

利用上面设置的标注样式"建筑1∶100"，试完成图9-96的两道尺寸线标注。

执行菜单命令"标注"→"线性"，命令行提示：

命令：_dimlinear

指定第一条尺寸界线原点或＜选择对象＞：指定点1

指定第二条尺寸界线原点：指定点2

指定尺寸线位置或

［多行文字(M)/文字(T)/角度(A)/水平(H)/垂直(V)/旋转(R)］：指定点3

标注文字＝1200

命令：

结果如图9-97所示。

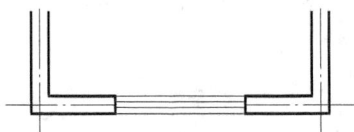

图9-96 局部建筑平面图

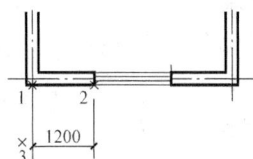

图9-97 第一个线性尺寸标注

执行菜单命令"标注"→"连续"，命令行提示：

命令：_dimcontinue

指定第二条尺寸界线原点或［放弃(U)/选择(S)］＜选择＞：指定点4

标注文字＝1500

指定第二条尺寸界线原点或［放弃(U)/选择(S)］＜选择＞：指定点5

标注文字＝1200

指定第二条尺寸界线原点或［放弃(U)/选择(S)］＜选择＞：按Enter键

选择连续标注：按Enter键

结果如图9-98所示。

执行菜单命令"标注"→"基线"，命令行提示：

命令：_dimbaseline

指定第二条尺寸界线原点或［放弃(U)/选择(S)］＜选择＞：按Enter键

选择基准标注：运行第一个线性尺寸标注的左边尺寸界线

指定第二条尺寸界线原点或［放弃(U)/选择(S)］＜选择＞：指定点5

标注文字＝3900

指定第二条尺寸界线原点或［放弃(U)/选择(S)］＜选择＞：按Enter键

选择基准标注：按Enter键

结果如图9-99所示。

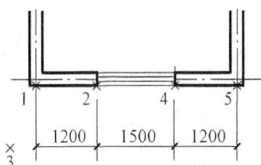

图9-98 第一道连续尺寸标注

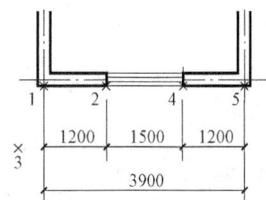

图9-99 第二道尺寸标注

第七节　块　命　令

建筑图中有大量的图例和专业符号，如轴线编号、标高符号、卫生洁具等，重复绘制费时费力。AutoCAD 2006 提供了图块操作功能，可以将多个对象组成一个整体即图块，需要时将其作为单独的对象插入到图形中，这样就避免了重复劳动，提高了作图效率，还减小了文件的大小，节约了磁盘储存空间。

一、创建图块

利用创建图块命令可以将图形的一部分或整个图形创建成图块，用户可以给图块起名、定义图块插入基点。

1. 命令调用途径

（1）"绘图"工具栏：单击"创建块"按钮（🖪图标）。

（2）菜单命令："绘图"→"块"→"创建"。

（3）命令行：输入 BLOCK。

2. 创建"图块"示例

将图 9-100 所示的标高符号创建为图块。

当创建图块的命令运行后，会弹出"块定义"对话框，如图 9-101 所示。在"定义块"对话框中可以定义块，下面对各选项组进行设置。

"名称"下拉列表框内可以指定块的名称：标高。

"基点"选项组用于指定块的插入基点：单击"拾取点"按钮，在当前图形中拾取插入基点 A，如图 9-102（a）所示。

"对象"选项组用于指定新块中要包含的对象：单击"选择对象"按钮，选取标高符号全部对象，如图 9-102（b）所示。该选项组单选按钮允许用户选择创建块之后如何处理这些对象，是保留还是删除选定的对象，或者是将它们转换成块实例。

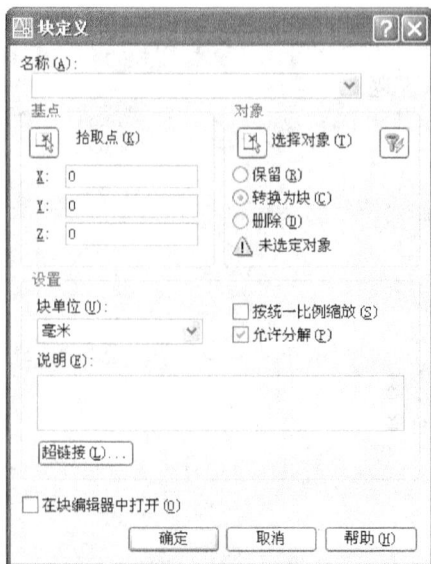

图 9-101　"块定义"对话框

图 9-100　"标高"符号

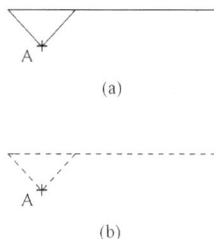

（a）

（b）

图 9-102　定义"标高"图块

（a）指定基点；（b）选取标高符号对象

"设置"选项组按默认选择。

单击"确定"按钮完成"标高"图块定义。

二、写图块

当采用 block 命令创建图块时，该图块只能在该张图中供插入使用，而不能供其他图形文件调用，如果其他图形文件也要调用该图块，可用命令 WBLOCK 写出图块，即将该图块以图形文件方式存入磁盘，这样图块就能由其他图形文件随意调用。

运行 WBLOCK 命令后，弹出"写块"对话框，如图 9-103 所示。"写块"对话框会显示不同的默认设置，这取决于是否选定了对象、是否选定了单个图块或是否选定了非图块的其他对象。"写块"对话框中选项组的内容与"块定义"对话框中选项组的内容类似。

将块名取为"标高"，单击"确定"按钮完成将上面创建的"标高"图块写入桌面的操作，如图 9-104 所示。

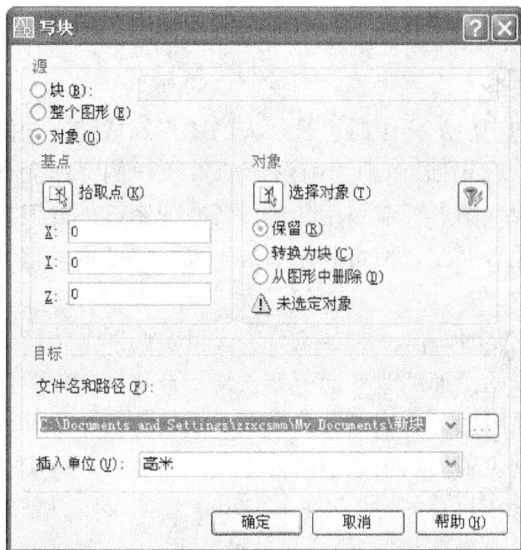

图 9-103 "写块"对话框

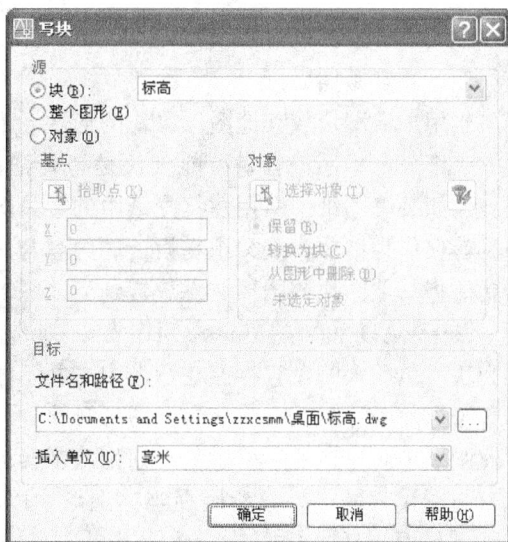

图 9-104 "标高"图块写入磁盘

三、插入图块

在图形中定义块后，可以在图形中根据需要多次插入块，插入块时，将基点作为放置块的参照点。

命令调用途径：

（1）"绘图"工具栏：单击"插入块"按钮（图标）。

（2）菜单命令："插入" → "块"。

（3）命令行：输入 insert。

单击"插入块"按钮，打开如图 9-105 所示的"插入"对话框。

在块"插入"对话框中，运行"名称"下拉列表框右边下拉"符号，选择插入块名，或者单击"浏览"按钮，从弹出的"选择图形文件"对话框中找到要插入的图形文件，单击"打开"按钮，然后返回"插入"对话框进行其他参数设置。"分解"复选框确定插入块是否"分解"还原为最原始的对象，而非块对象。块的插入点、缩放比例和旋转角度可以在对话框中输入，也可以在屏幕上指定。按图 9-105 所示的设置，单击"确定"按钮，需在屏幕上指定插入点，完成图块插入。

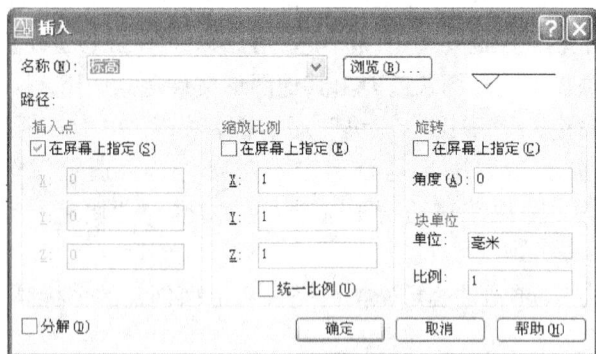

图 9-105 "插入"对话框

四、外部参照

当用户将图块或其他图形以块的形式插入到当前图样中时，被插入的图形就成为当前图样的一部分，但用户有时可能仅仅是想要把另一个图形作为当前图形的一个样例，作为参照。例如装修图纸中引用建筑图纸中的家具图块（图形）或引用建筑设备专业图纸中的卫生洁具等仅作为参照，观察正在设计的内容与其是否匹配，便可利用 AutoCAD 2006 的外部参照功能将其他图块或图形文件放置到当前图形中。

AutoCAD 2006 将外部参照作为一种块定义类型，但外部参照与块有重要区别。将图形作为块参照插入时，它存储在图形中，并不随原始图形的改变而更新；将图形作为外部参照附着于当前图形时，会将该参照图形链接到当前图形，将当前图形存盘并重新打开时，其他专业图纸中对参照图形所做的任何修改都会自动更新显示在当前图形中。

与图块相同，外部参照在当前图形中以单个对象的形式存在，但由于外部参照只是链接到图形而未插入其中，因此附着外部参照不会显著增加图形文件的大小。一个图形可以作为外部参照同时附着到多个图形中。反之，也可以将多个图形作为外部参照附着到单个图形。

（一）插入外部参照

1. 命令调用途径

（1）"参照"工具栏：单击"外部参照"按钮（图标）。

（2）菜单命令："插入"→"外部参照"。

（3）命令行：输入 XATTACH。

2. 插入外部参照示例

以外部参照方式插入标高图块。

执行菜单命令"插入"→"外部参照"命令后，弹出图 9-106 所示的"选择参照文件"对话框。

选择"标高"图形，单击"打开"按钮，弹出图 9-107 所示的"外部参照"对话框，单击"确定"按钮，将外部参照文件链接到指定位置。

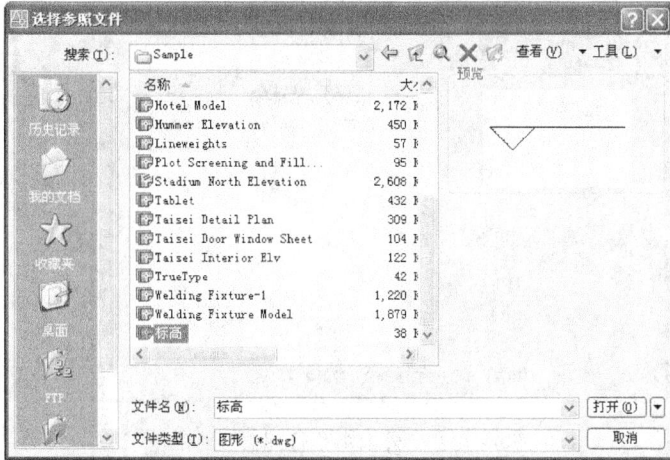

图 9-106 "选择参照文件"对话框

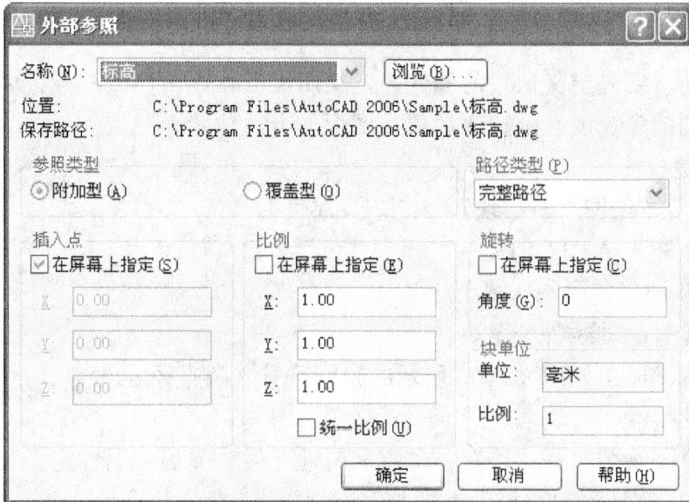

图 9-107 "外部参照"对话框

（二）外部参照的编辑

用户可以对参照的图形文件运行数种操作，包括附着、更新和拆离它们。

命令调用途径：

（1）"参照"或"插入点"工具栏：单击"外部参照管理器"按钮（ 图标）。

（2）菜单命令："插入"→"外部参照管理器"。

（3）命令行：输入 XREF。

执行菜单命令"插入"→"外部参照管理器"后，弹出如图 9-108 所示的"外部参照管理器"对话框，在其中可附着、拆离、重载、卸载、绑定、列出和重命名当前图形中的外部参照以及修改其路径。

五、定义带有属性的图块

1. 属性的概念

属性是将数据附着到块上的标签或标记，属性是从属于块的文本信息，属性中可能包含

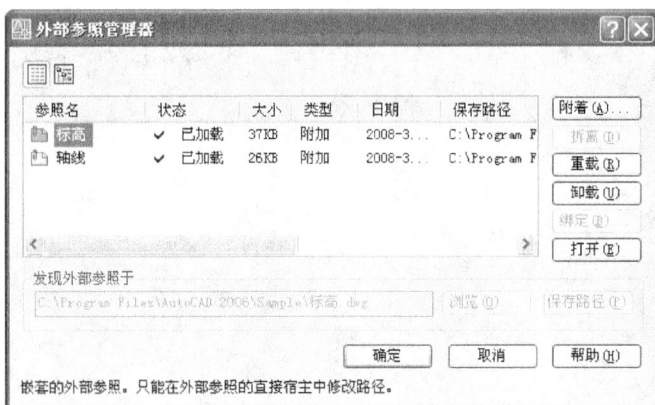

图 9-108 "外部参照管理器"对话框

的数据诸如轴线编号、门窗名称、洁具编号等，它是块的组成部分，用户可以定义带有属性的块，当插入带有属性的块时，可以交互地输入块的属性。

2. 定义图块的属性

在定义图块前，要先定义该块的属性。定义属性后，该属性以其标记名在图形中显示出来，并保存有关的信息。属性标记要放置在图形的合适位置。

3. 命令调用途径

（1）菜单命令："绘图"→"块"→"定义属性"。

（2）命令行：输入 ATTDEF。

4. 带属性图块的创建和插入实例

创建带轴线编号的轴线符号图块。

（1）按制图标准绘出如图 9-109 所示的轴线符号（圆直径 800）。

（2）定义图块属性。

图 9-109 轴线符号

执行菜单命令"绘图"→"块"→"定义属性"后，弹出"属性定义"对话框，设置相关属性，如图 9-110 所示，完成后单击"确定"按钮，命令行提示：

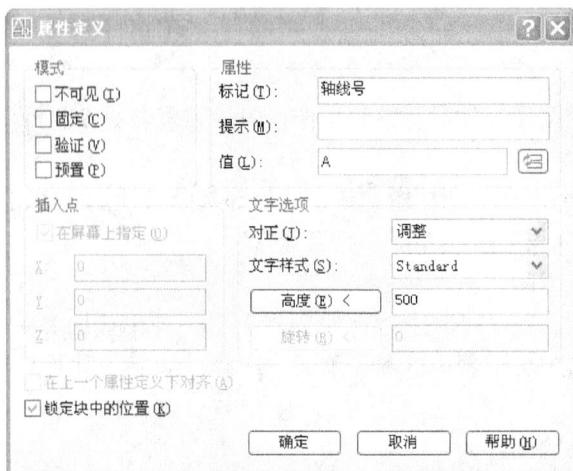

图 9-110 "属性定义"对话框

命令：_attdef

指定文字基线的第一个端点：任意指定一点

指定文字基线的第二个端点：@350,0

将属性标记移动到轴线符号的中心，如图 9 - 111 所示。

（3）创建图块。

图 9 - 111　属性定义

执行菜单命令"绘图"→"块"→"创建"后，弹出"块定义"对话框，图块名称取为"轴线符号"，拾取"圆心"点为"基点"，选择的对象是图 9 - 111 所示的轴线符号及其属性标记，单击"确定"按钮完成设置，弹出"编辑属性"对话框，设置如图 9 - 113 所示，再单击"确定"按钮。

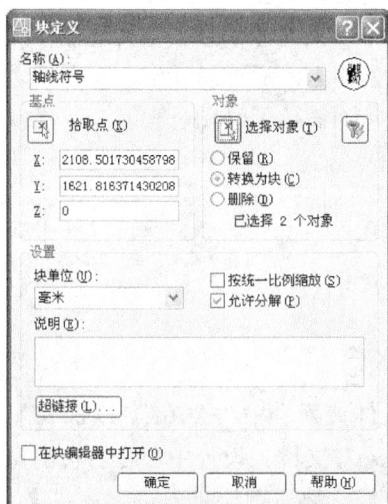

图 9 - 112　轴线符号"块定义"对话框　　　　　　图 9 - 113　"属性编辑"对话框

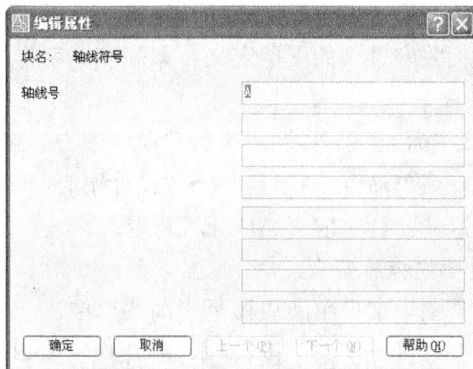

（4）写图块。

运行命令 WBLOCK，将上面定义的图块"轴线符号"存入磁盘。

（5）插入图块。

单击"绘图"工具栏中图块插入图标，弹出如图 9 - 114 所示"插入"对话框。

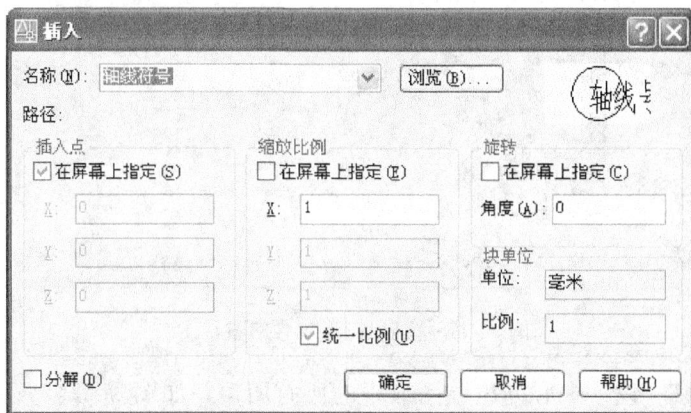

图 9 - 114　轴线符号"插入"对话框

在"名称"中通过下拉列表或"浏览"选择要插入的图块名"轴线符号"，其余均按默认设置，完毕后单击"确定"按钮，在命令行提示：

命令：_insert

指定插入点或[基点(B)/比例(S)/旋转(R)/预览比例(PS)/预览旋转(PR)]：任选一点

输入属性值

轴线号<A>：10

结果如图 9 - 115 所示。

图 9 - 115　轴线符号⑩

六、设计中心

AutoCAD 2006 提供了"设计中心"的功能。通过设计中心，用户可以方便地查阅不同文件的图层、文字样式、标注样式、图块等信息，并可以把这些信息很方便地拖移到当前图形中。源图形可以位于用户的计算机上、网络位置或网站上。通过设计中心在图形之间复制和粘贴相关内容（如图层定义、布局和文字样式等）从而简化了绘图过程。

1. 命令调用途径

（1）"标准"工具栏：单击"设计中心"按钮（图标）。

（2）菜单命令："工具"→"设计中心"。

（3）命令行：输入 ADCENTER。

2. 图块拖移实例

将某图形文件中图块移至当前图形中。

单击"设计中心"按钮，展开弹出窗口左侧文件夹列表中"AutoCAD 2006 \ Sample \ DesignCEnter"子目录，选中"House Designer. dwg"文件，设计中心在右边的窗口中列出图形包含的命名项目，有标注样式、标格样式、布局、块、图层、外部参照、文字样式、线型等 8 项，如图 9 - 116 所示。

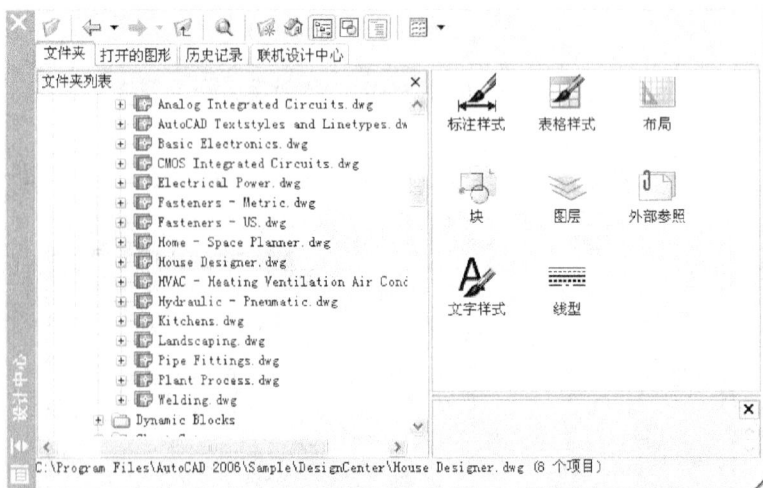

图 9 - 116　列出图形包含的项目

双击项目"块"，设计中心列出该图形中的所有图块，如图 9 - 117 所示。选中某一图块，单击鼠标右键，弹出快捷菜单，选择 [插入块] 选项，即可将此图块插入到当前图形中。用类似的方法还可将图层、标注样式及文字样式等项目插入到当前图形中。

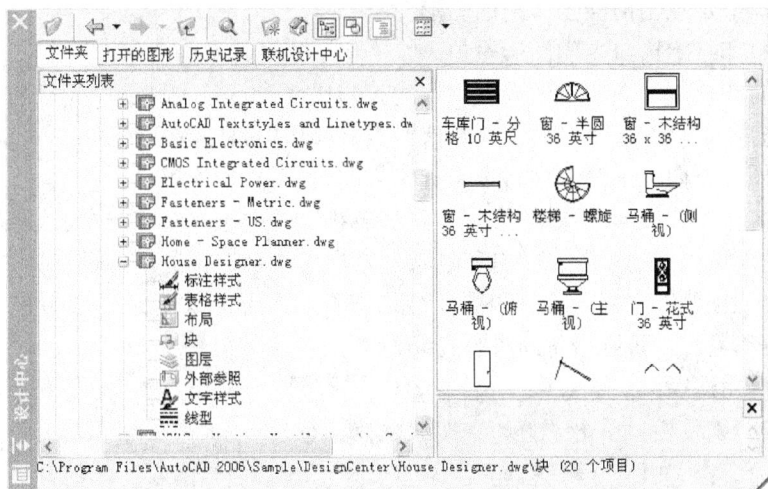

图 9 - 117　列出图块项目

第八节　打 印 输 出

制图完毕后，可以使用多种方法输出图形，可以将图形打印在图纸上，也可以创建成文件供其他应用程序使用，通常采用的打印设备是打印机或绘图仪，简单的打印流程如图 9 - 118 所示。

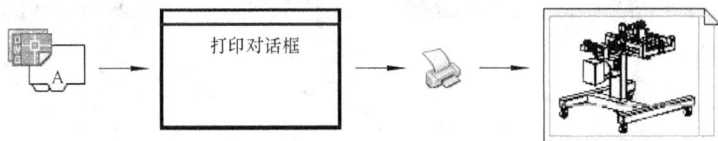

图 9 - 118　打印流程图

AutoCAD 2006 有两种图形环境，即图纸空间和模型空间，默认情况下都是在模型空间绘图和输出。打印图形时需根据制图的比例确定打印比例、图纸幅面和缩放比例，还要调整图形在图纸上的位置和方向，这些均需要通过打印对话框来进行打印设置。

一、打印步骤

在模型空间中将绘制好的工程图样布置在标准幅面的图框内，就可以输出图形了。输出图形的主要步骤如下。

（1）执行菜单命令"文件"→"打印"，弹出"打印"→"模型"对话框。

（2）在该对话框的"打印机/绘图仪"选项卡的"名称"下拉列表中选择一种打印设备（可对其特性进行设置）。

（3）在"图纸尺寸"选项卡的下拉列表中，选择图纸图纸幅面。

（4）在"打印份数"文本框中，输入要打印的份数。

（5）在"打印区域"选项卡中设置图形的打印范围，其中各选项含义如下：

图形界限：将打印图形界限所定义的全部图形区域。

显示：打印显示在当前绘图区内的图形。

窗口：将打印指定窗口内的图形对象。

（6）在"打印比例"选项卡中设置图形的打印比例。

（7）在"打印偏移"选项卡中设置打印原点（如居中打印等）。

（8）在"图形方向"选项卡中，设定打印方向。

（9）在"打印样式表（笔指定）"下，从"名称"框中选择打印样式表。

（10）在"着色视口选项"和"打印选项"选项卡中，选择适当的设置。

（11）单击"预览"按钮，若打印图样结果满意，按 Esc 键返回"打印"对话框，单击"确定"按钮打印输出，否则需重新进行打印设置。

二、命令调用途径

（1）"标准"工具栏：单击"打印"按钮（🖨 图标）。

（2）菜单命令："文件"→"打印"。

（3）命令行：输入 PLOT。

三、打印图形实例

从绘图仪输出一张 A2 建筑平面图。

打开该建筑平面图后，完成如图 9-119 所示的"打印"→"模型"对话框中的设置，单击"预览"按钮预览打印效果，如图 9-120 所示。若满意，按 Esc 键返回"打印"对话框，单击"确定"按钮开始打印输出；若不满意，按 Esc 键返回"打印"对话框，继续修改设置，直至满意为止。

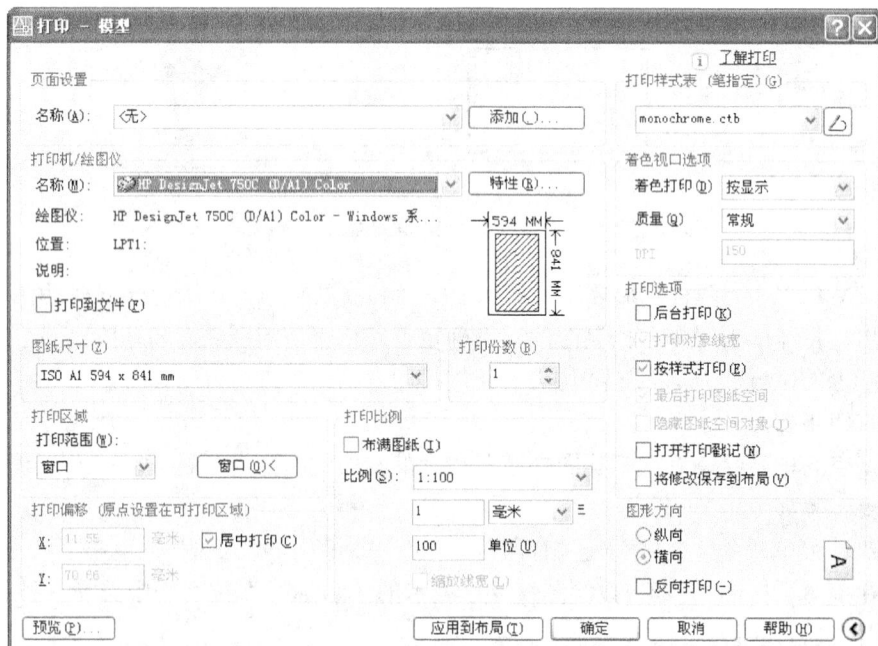

图 9-119　"打印—模型"对话框

底层平面图 1:100

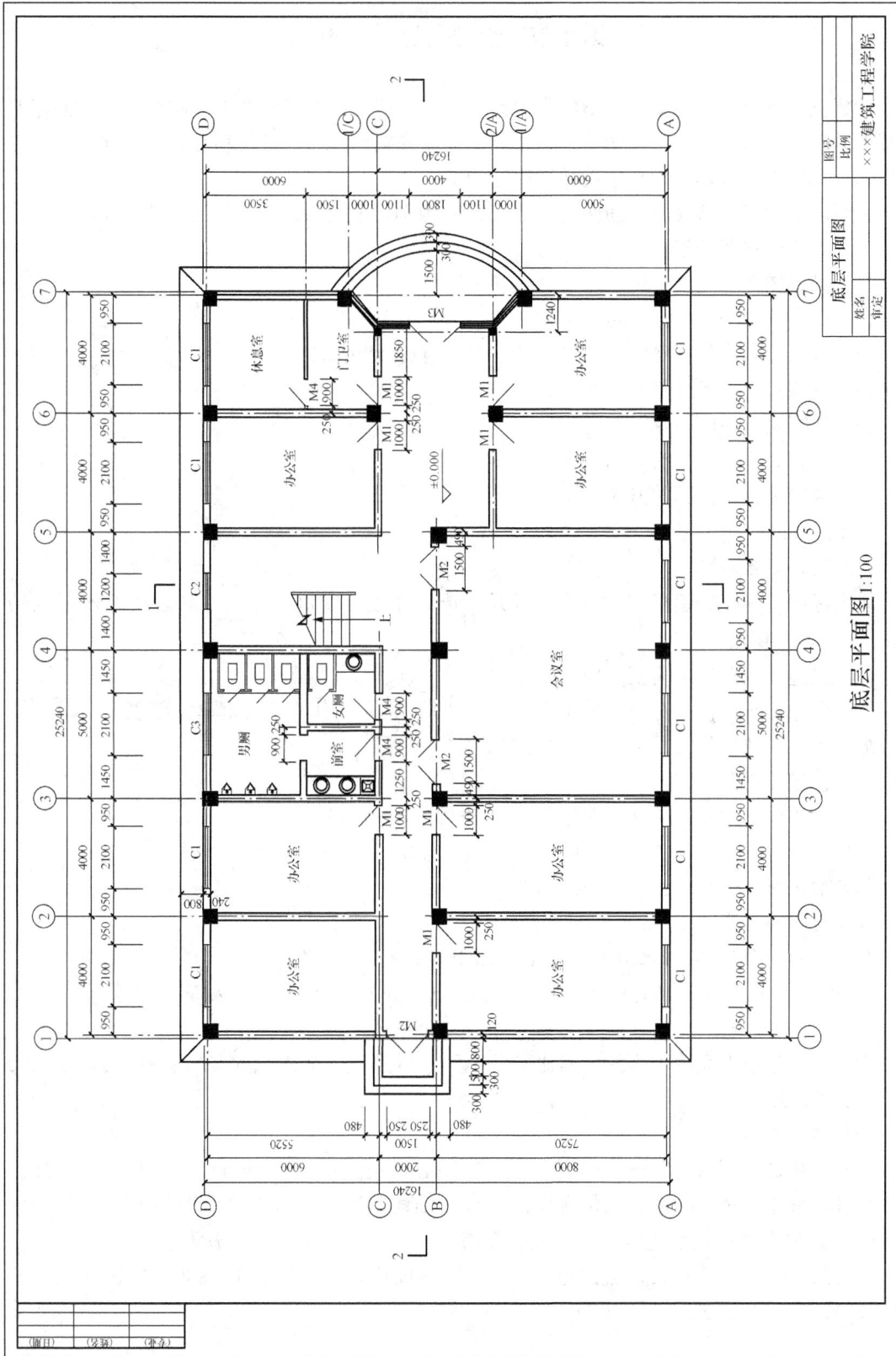

图 9-120 预览打印效果

第九节　绘　制　建　筑　图

计算机绘图比手工绘图更加精确和快捷，但要发挥出计算机绘图的优越性，一方面需要很好地掌握工程图的绘图理论知识，另一方面则需要熟悉绘图软件的功能，并且通过不断的上机练习和绘图实践，摸索和掌握计算机绘图的技巧。

下面以绘制某建筑底层平面图（图 9-121）为例，说明绘制建筑图的方法和步骤。

一、绘制建筑图的步骤

（1）设置图幅、比例、单位，定义线型和图层。

（2）画出建筑图样的定位轴线。

（3）按尺寸和比例精确绘制图形，并及时进行编辑和修改。

（4）标注尺寸和各种符号、代号。

（5）注写文字说明，填写标题栏。

（6）检查、修改，存盘，退出。

二、绘制建筑平面图的方法

1. 设置绘图环境

（1）打开一张新图。

单击标准工具栏新建按钮"□"，打开"选择样板"窗口，在名称列表中双击公制的"acadiso"打开新图。

（2）设定长度单位，角度方向。

执行菜单命令"格式"→"单位"，打开"图形单位"窗口，设定单位精度为"0"，用于缩放插入内容的单位为"毫米"，角度默认逆时针为正。

（3）设定绘图区域。

执行菜单命令"格式"→"图形界限"，命令行提示：

指定左下角点或［开(ON)/关(OFF)］<0,0>:按 Enter 键

指定右上角点<420,297>:42000,29700

命令行:ZOOM

指定窗口的角点,输入比例因子(nX 或 nXP),或者

［全部(A)/中心(C)/动态(D)/范围(E)/上一个(P)/比例(S)/窗口(W)/对象(O)］<实时>:A(按 Enter 键)

因为一般建筑平面图采用的出图比例是 1:100，所以 2 号图纸的实际绘图区域放大 100 倍后应为 59400×42000。

（4）建立图层。

执行菜单命令"格式"→"图层"，弹出"图层特性管理器"窗口，创建轴线、墙线、门窗、柱、文字、尺寸标注、图框等图层。设定轴线图层的线型为"CENTER"，"全局比例因子"为 50，墙线的线宽度为"0.6"，图层颜色设置等如图 9-122 所示。

（5）按本章所述的相关方法创建"240 墙"多线样式、"建筑 1:100 标注样式"和"文字样式 1"文字样式。

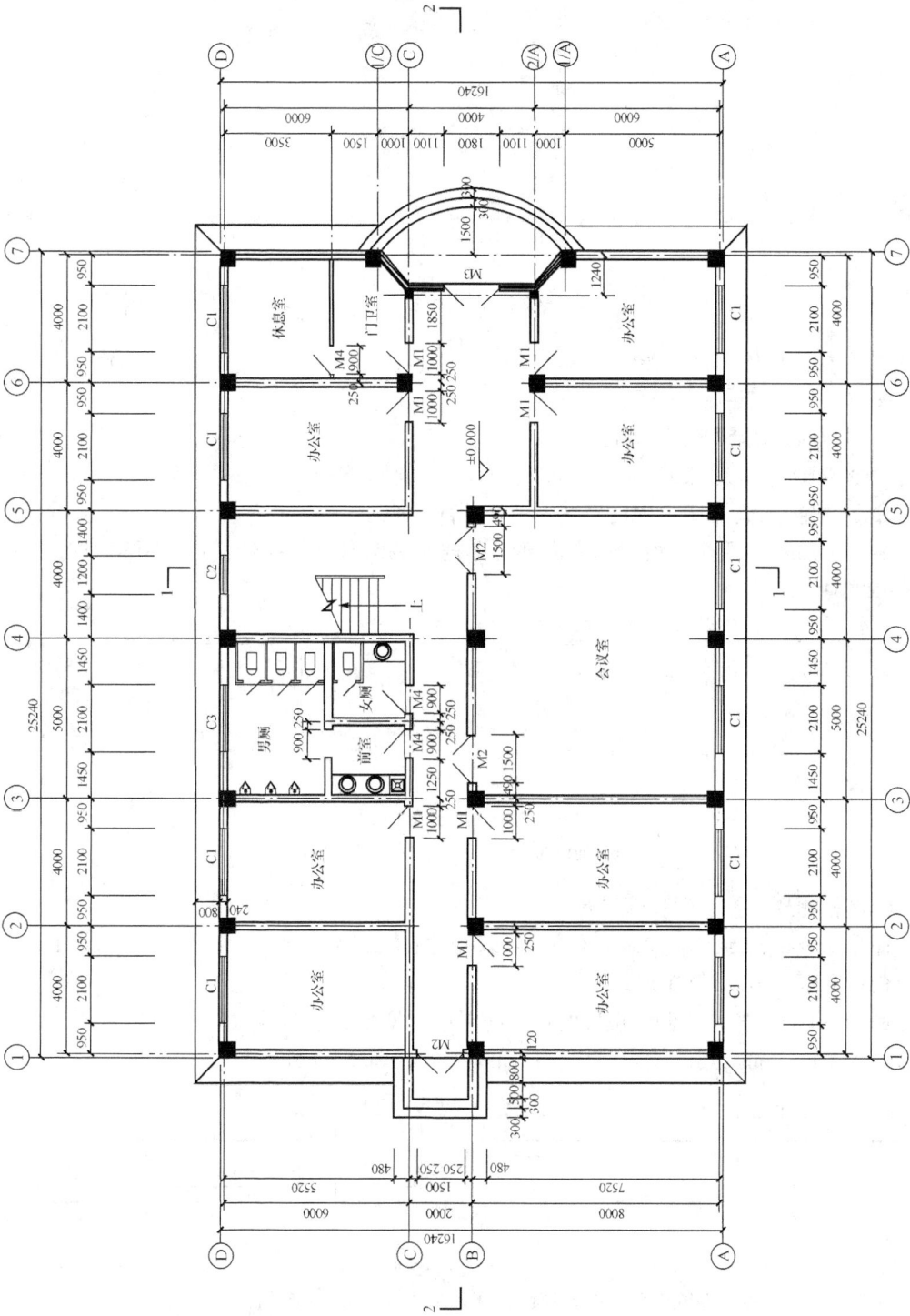

底层平面图 1:100

图 9 - 121 底层平面图

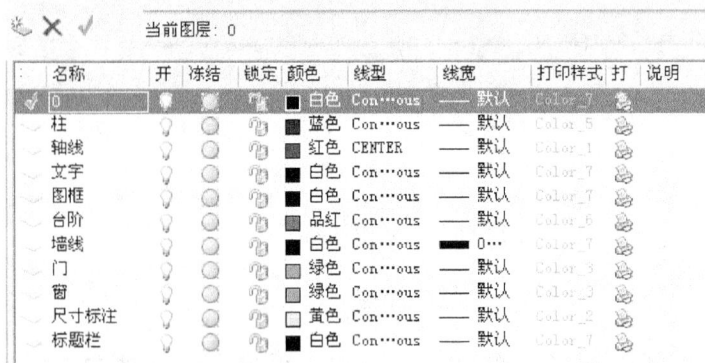

图 9 - 122　图层设置

2. 绘制图框、标题栏和会签栏

切换图框层为当前层。

（1）绘制图框。按下列步骤进行：

运行命令 rectang，绘制 59400×42000 矩形。

运行命令 offset，选中矩形向内偏移，偏移距离 1000。

运行命令 stretch，用交叉窗口选中内部矩形框左端向右水平拉伸，拉伸距离 1500，过程如图 9 - 123 所示。

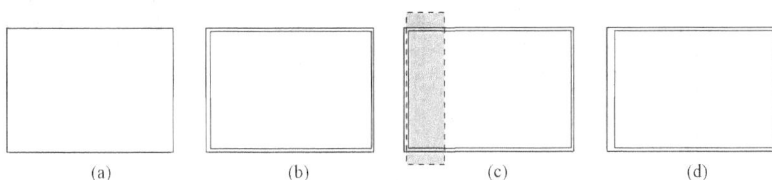

图 9 - 123　图框绘制

(a) 画矩形；(b) 向内偏移矩形；(c) 拉伸内框；(d) 结果

（2）绘制标题栏。按下列步骤进行：

运行命令 rectang，绘制 14000×3200 矩形，见图 9 - 124 （a）。

运行命令 explode，分解矩形。

运行命令 offset，按尺寸偏移矩形的左边和下边，见图 9 - 124 （b）。

运行命令 trim，将无用的线段剪切掉，如图 9 - 124 （c）所示。

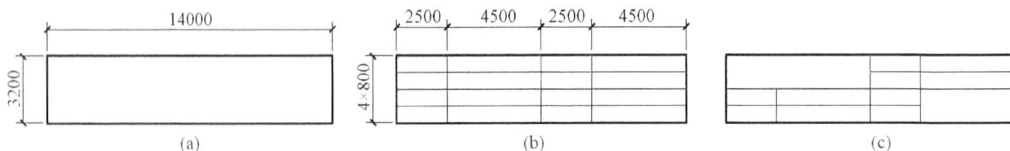

图 9 - 124　标题栏绘制

(a) 绘制矩形框；(b) 偏移矩形框的两邻边；(c) 修剪掉多余部分

运行命令 text，输入相关文字，字高分别为 500、700，结果如图 9 - 125 所示。

（3）绘制会签栏。方法步骤与绘制标题栏类似，结果如图 9 - 126 所示。

底层平面图	图号	
	比例	
姓名	×××建筑工程学院	
审定		

图 9-125　标题栏

（4）保存图形。将绘制好的标题栏、会签栏移至图框的相应位置，将图形命名为"图框.dwg"存盘。

3. 绘制建筑平面图

（1）绘制平面图的定位轴线。切换轴线层为当前层，按下列步骤进行：

图 9-126　会签栏

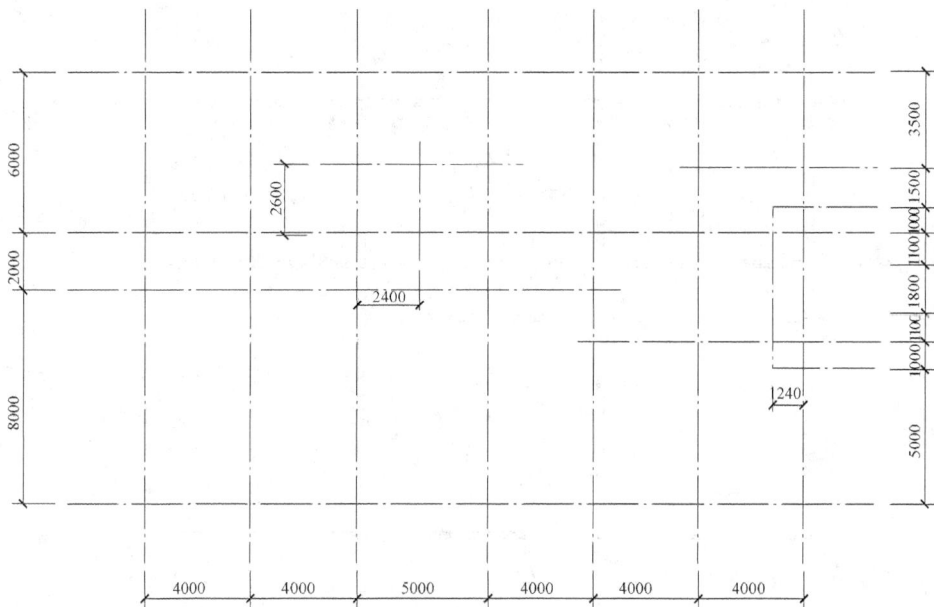

运行命令 line，绘制最左边和最下边的轴线，轴线长度根据平面图尺寸及比例估计，本例水平方向轴线长约 30000，垂直方向轴线长约 20000。

运行命令 offset，按轴线尺寸偏移水平和垂直方向轴线，并利用夹点编辑修正，得到如图 9-127 所示的轴网；

图 9-127　轴线网

（2）绘制墙线。切换墙层为当前层，按下列步骤进行：

运行命令 mlstyle，建多线样式"240 墙"（因墙厚为 240，故相对 0 线偏移量设置为正负 120，设置用直线封口多线的起点和端点）。

运行命令 mline，沿轴线绘制墙线（注意打开对象捕捉，自动捕捉交点画线，完成后如图 9-128 所示）。

运行命令 mledit，利用多线编辑功能对墙线进行编辑和修改，结果如图 9-129 所示。

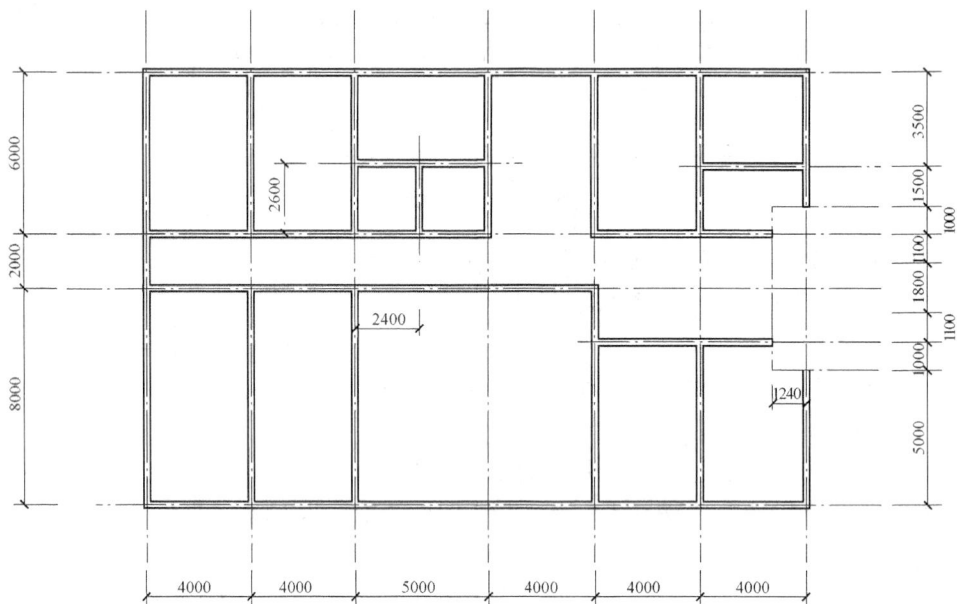

图 9-128 绘制墙线

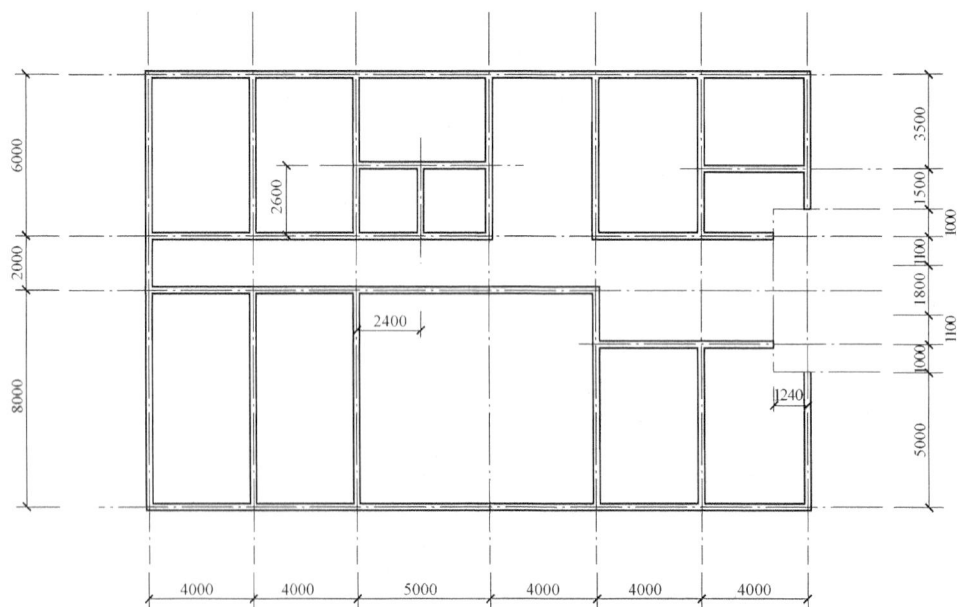

图 9-129 修整后墙线

（3）绘制柱。切换柱层为当前层，按下列步骤进行：

运行命令 rectang，绘制柱图样（柱尺寸按 350×350）

运行命令 bhatch，选用 solid 图案填充柱，使其变为实心柱，如图 9-130 所示。

运行命令 copy，复制出其他位置的柱子（注意打开对象捕捉，选择合适的基点和第二点，完成后如图 9-131 所示）。

图 9-130 填充柱
（a）填充前；（b）填充后

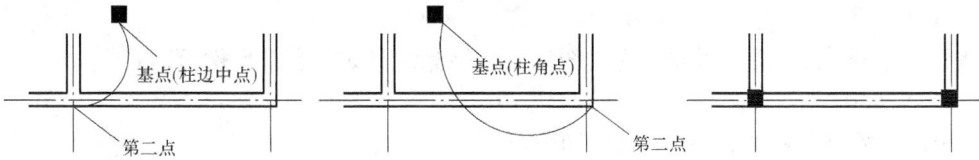

图9-131　复制柱

（4）绘制窗。切换窗层为当前层，按下列步骤进行：

运行命令offset，按尺寸偏移轴线，作为辅助线，用后删除。

运行命令trim，修剪墙线开窗洞。

运行命令line，画窗线，先画一条，其他线采用偏移方法得到（中间两条线间距60）。

运行命令text，注写窗编号，如C1、C2等。

运行命令line，画窗口两边封口墙线，注意此时要切换图层为墙线层。

结果如图9-132所示。

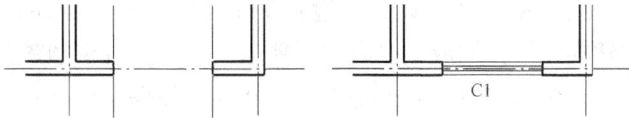

图9-132　绘制窗

（5）绘制门。切换门层为当前层，按下列步骤进行：

运行命令offset，按尺寸偏移轴线，作为辅助线，用后删除。

运行命令trim，修剪墙线开门洞。

运行命令line，画门扇（可以先以1、2两点为端点画线段，再旋转45°得到）。

运行命令text：注写文字门编号，如M1、M2等；

运行命令line，画门两边封口墙线，注意此时要先切换墙线层为当前层。

结果如图9-133所示。

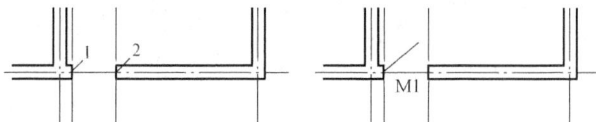

图9-133　绘制门

（6）标注尺寸。切换尺寸标注层为当前层，使用适当类型的标注功能完成建筑平面图外部三道尺寸和内部尺寸的标注。

（7）标高标注。切换尺寸标注层为当前层，标注标高，如图9-134所示。

（8）标注轴线符号。切换轴线层为当前层，创建轴线符号图块，利用插入功能进行轴线编号。

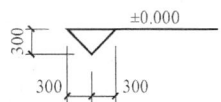

图9-134　标注标高

（9）文字标注。切换文字层为当前层，使用单行文字和多行文字注写功能，标注各类文字如房间名称、技术说明等，字型、字高按照国家制图标准规定。

（10）其余细部绘制。切换杂项层为当前层，完成剖切符号、散水、台阶等图样的绘制。

4. 插入图框

运行命令 insert，插入图框，完成图框内文字标注（如图名、比例等）。

5. 完成绘图

对全图作检查、修改，最终完成图形绘制存盘退出。

三、AutoCAD 2006 绘制建筑图注意事项

1. 必须精确作图

充分利用系统提供的"对象捕捉"功能和作图辅助功能，按尺寸精确作图，这是保证图纸质量的重要环节。

2. 改变作图观念

灵活应用图形修改命令功能，适当地由图形对象"生成"图形对象，而不是用"绘图"命令去画每个对象，特别注意各个命令的选项以及相近命令的用法，提高作图效率，做到事半功倍。

3. 养成良好的作图习惯

选用符合制图标准的字型文件，设置合适的文字样式、尺寸标注样式；合理地设置图层，并在作图时及时切换图层；缩放、平移图形要适度，不要过于频繁；在绘图中，应养成定时存盘的习惯，为防止突然停电或死机使所做工作前功尽弃。

4. 充分利用系统的帮助功能

AutoCAD 2006 提供了强大的帮助系统，可以从中得到 AutoCAD 2006 的完整信息，有效地使用帮助系统定会获益匪浅。

限于篇幅，更多的内容读者可参考其他书籍或通过自学掌握。

参 考 文 献

［1］何铭新，等．画法几何及土木工程制图．武汉：武汉工业大学出版社，2000.

［2］王书文．画法几何及土木工程制图．苏州：苏州大学出版社，2006.

［3］中华人民共和国建设部．GB/T 50001—2001 房屋建筑制图统一标准．北京：中国计划出版社，2002.

［4］中华人民共和国建设部．GB/T 50104—2001 建筑制图标准．北京：中国计划出版社，2002.

［5］中华人民共和国建设部．GB/T 50105—2001 建筑结构制图标准．北京：中国计划出版社，2002.

［6］谭伟建，等．建筑制图与阴影透视．北京：中国建筑出版社，1998.

［7］陈文斌，等．建筑工程制图．上海：同济大学出版社，1997.

［8］中华人民共和国建设部．GB/T 50106—2001 给水排水制图标准．北京：中国计划出版社，2002.

［9］中华人民共和国建设部．03G101-1 03G101-2 03G101-3 04G101-4 混凝土结构施工图平面整体表示方法制图规则和构造详图．北京：中国计划出版社，2006.